科学出版社“十三五”普通高等教育研究生规划教材

创新型现代农林院校研究生系列教材

林业定量遥感：框架、模型和应用

黄华国　田　昕　陈　玲　编著

科学出版社

北　京

内 容 简 介

本书是作者在北京林业大学“植被定量遥感技术专题”研究生课程的讲义和课件基础上撰写的，是作者长期在林业遥感科研一线工作的思考、成果、经验的总结。本书注重林业行业中的特殊性，包括山区地形、高大森林植被、多云雨天气、生物多样性需求等，构建广义定量遥感理论和林业应用的桥梁，提出了林业定量遥感的框架、模型和应用体系，并结合作者在林学背景研究生教学中的经验、体会，力图深入浅出地介绍林业定量遥感的框架、重难点、解决方案和应用前沿。全书共8章。第一章介绍林业定量遥感框架和重难点，第二章介绍定量遥感正向模型，第三章介绍定量遥感反演方法，第四章至第七章分别介绍激光雷达、微波遥感、热红外遥感和高光谱遥感的林业应用方法，第八章则综合介绍多源数据的模拟、融合及其病虫害遥感、林火遥感、石漠化、生物多样性等方面的监测案例。

本书可作为高等院校相关专业研究生的教材，也可供相关专业本科生、研究及应用人员参考。

图书在版编目（CIP）数据

林业定量遥感：框架、模型和应用 / 黄华国，田昕，陈玲编著. —北京：科学出版社，2020.6

ISBN 978-7-03-064513-5

Ⅰ.①林… Ⅱ.①黄… ②田… ③陈… Ⅲ.①森林遥感-研究生-教材 Ⅳ.①S771.8

中国版本图书馆CIP数据核字（2020）第030630号

责任编辑：王玉时　韩书云 / 责任校对：严　娜
责任印制：张　伟 / 封面设计：耕者设计

科学出版社 出版
北京东黄城根北街16号
邮政编码：100717
http://www.sciencep.com

北京厚诚则铭印刷科技有限公司 印刷
科学出版社发行　各地新华书店经销
*
2020年6月第　一　版　开本：787×1092　1/16
2023年1月第二次印刷　印张：15
字数：356 000

定价：138.00元

（如有印装质量问题，我社负责调换）

序　　言

党的十八大把生态文明建设纳入中国特色社会主义事业“五位一体”总体布局，林业发展建设进入了新时代。在新形势下，林业对遥感业务应用，尤其在林业参数遥感定量反演方面，提出了更高的要求。而林业定量遥感反演基础理论和应用分析方法是推动我国林业遥感应用由定性到定量转变的核心内容。

李小文院士曾经指出“遥感研究面临两大问题：需要实现从定性到定量的过渡；需要多学科交叉，加强基础研究”。定量遥感一直以来是遥感学科的重点和难点。定量遥感为从遥感数据到专题信息的转换提供了手段，从而有效推动卫星遥感应用的发展，促进各行业遥感业务运行体系的建设，使我国从遥感应用大国走向应用强国。

回顾往昔，在国家科技计划30多年来的持续支持下，定量遥感的基础理论和应用分析研究得到了快速发展。在遥感正向建模、复杂地表遥感机理、遥感信息时空尺度效应与扩展及植被三维结构和水热参量的多模式协同反演机制等方面取得了一系列重要成果，在我国各个行业中得到了广泛的应用。林业遥感通过不断吸收、转化和融合定量遥感知识，不断丰富和完善自身的理论和技术体系；同时也通过反馈应用效果，促进了定量遥感的发展。

《林业定量遥感：框架、模型和应用》一书紧密结合林业遥感应用需求，分析了相关领域的国内外发展现状及趋势，基于多模式遥感手段，系统地描述了正向模型、反演方法及多源数据融合、协同应用方法等，提出了林业定量遥感的框架、模型和应用体系。

该书是作者长期在林业遥感科研一线工作的成果和经验的总结，是我国林业定量遥感基础研究和应用分析方面一本较为重要的著作，可供相关研究与应用人员、高等院校师生等参考。

李增元

2019年10月

前　言

林业遥感是林业尤其是森林经营管理学科的核心课程之一。没有准确的遥感观测，就没有大面积的快速遥感资源调查，也就没有全球森林资源监测和全球变化研究。林业遥感的发展经历了航片判读与卫片解译的定性分类阶段、蓄积量估测的定量统计阶段和当前关键参数定量反演阶段。随着遥感数据源的不断丰富，国家对森林资源调查时空分辨率的需求不断提高，林业遥感的定量化进入了攻坚阶段。与此同时，定量遥感领域的研究成果不断更新，有望为林业遥感精度的提高提供理论基础。而林业院校的研究生对定量遥感还比较陌生，开设林业定量遥感课程将在传播定量遥感理论、提高林业遥感基础理论水平、推动森林资源监测能力提升方面起到重要作用。本书三位作者兼具林学、森林经理和定量遥感知识背景，在多项国家自然科学基金、高分辨率对地观测系统重大专项和重点研发课题经费的资助下，不断探索定量遥感和林业应用融合的潜力，取得了一系列有价值的成果；同时也深知构建一套林业定量遥感理论和技术体系非常必要。因此，本书在相关研究成果的总结和凝练的基础上，力图较为系统地阐述林业定量遥感的框架、模型和应用。

本书注重林业行业中的特殊性，包括山区地形、高大森林植被、多云雨天气、生物多样性需求等，构建广义定量遥感理论和林业应用的桥梁，提出了林业定量遥感的框架、模型和应用体系，并结合作者在林学背景研究生教学中的经验、体会，力图深入浅出地介绍林业定量遥感的框架、重难点、解决方案和应用前沿。全书共 8 章。第一章介绍林业定量遥感框架和重难点，第二章介绍定量遥感正向模型，第三章介绍定量遥感反演方法，第四章介绍激光雷达的林业应用，第五章介绍微波遥感的林业应用，第六章介绍热红外遥感的林业应用，第七章介绍高光谱遥感的林业应用，第八章介绍多源数据模拟、融合及其病虫害遥感、林火遥感、石漠化、生物多样性等方面的监测案例。本书由北京林业大学研究生院资助出版；参与课题研究的其他老师和同学为本书的出版也做出了贡献，他们是于强、漆建波、林起楠、杜凯、黄侃、王景旭、胡佩伦、孙统、王川、苏安妮、饶月明、王雨，在此一并表示衷心的感谢。

由于作者的水平有限，加上林业定量遥感的概念仅反映了我们最近的研究进展和想法，难免有疏漏和不足之处，敬请同行专家、老师和同学批评指正。

作　者

2019 年 10 月

目　　录

第一章　定量遥感和林业应用

天山不可名，云气与之平。暑退石苔润，凉生树叶轻。细德蝉翼寂，遥感雁来声。澹尔平林际，深黄半熟橙。

——【中国·明末清初思想家、文学家】王夫之《南窗漫记引》

1.1　定量遥感基础

遥感（remote sensing，RS），顾名思义，即遥远地感知并获得物体的信息。所谓遥远，与距离远近无关，只要不接触被观测的目标即可。所谓感知，是指通过遥感器采集目标对象的数据，并通过对数据的分析来获取有关地物目标属性或现象的信息。

遥感采集的数据可以有多种形式，包括电磁波（光、热、无线电等）、力（重力、磁力等）和机械波（声波、地震波等）等。通常所说的遥感，往往狭义地指电磁波遥感，即在不与探测目标相接触的情况下，应用探测仪器把目标的电磁波特性记录下来，通过分析揭示出物体的特征、性质及其变化的综合性探测技术。

遥感属于地球科学的范畴，是对地观测系统、对地观测方法和对地观测理论的总称。遥感有三大要素：地球表层上的观测目标、平台上的传感器和观测方法。对林业而言，观测目标为林业工作者关心的森林、草原、湿地等地表类型及其动态变化。利用航天、航空和地面平台上的遥感传感器，才能获取观测目标的反射、散射或者发射的电磁辐射能，进而推断地物特征。观测获得的数据，必须经过处理和分析，才能定性、定量地研究地球表层各要素的空间分布特征及时空变化规律，为林业资源调查及环境监测等服务。根据遥感的发展阶段不同，可将其分为以下两类。

（1）传统遥感

早期的遥感主要研究宏观、动态地获取地物特征的方法，多以定性识别地物为主。建立的模型主要基于统计回归，即利用遥感获取的数值（digital number，DN）来直接估计地表特征变量。传统遥感能够连续提供垂直观测的地表的面状图像，但是定量信息不足，没有系统的理论模型支撑，经验模型居多。

（2）定量遥感

定量遥感或称遥感量化研究，主要是指从对地观测电磁波信号中定量提取地表参数的技术和方法，区别于仅依靠经验判读的定性识别地物的方法（范闻捷等，2009）。定量遥感有两重含义：一是遥感数据是定量的，即在电磁波不同波段内，能给出表征地表特性的精确物理量及其准确的空间位置；二是反演是定量的，即通过实验的或物理的模型，将定量遥感数据与地学参量联系起来，从而反演或推算出某些地学或生物学信息。

定量遥感是一门交叉学科，涉及物理学、数学、计算机科学、信息科学、植物生理学和林学等。在林业应用中，需要重点理解定量模型的理论基础，包括植被生理生态基础、植被反射和散射信号原理、地表参数和电磁波信号之间的关系的正向模型和反演模型等。

【思考：定量遥感的下一个发展阶段是什么？】

1.1.1 植被生理生态基础

本小节重点介绍叶片的结构和反射、透射、荧光的关系，阐述叶绿素、含水量、光合作用在不同波段的响应机理，解释为什么遥感可以定量地提取植被参数。遥感观测的植被电磁波谱特征，通常是在冠层尺度上反映叶片的群体特征。为了解叶片群体的电磁波谱特征，首先应当了解单叶的电磁波谱特征。

1. 叶片结构及光的交互作用

光辐射与单叶的相互作用基本上包括两种物理过程，即散射（反射、透射）与吸收，为了更好地理解这种相互作用过程，了解叶的剖面结构是十分必要的。图 1.1 为叶片结构及光在叶片中的作用过程示意图。

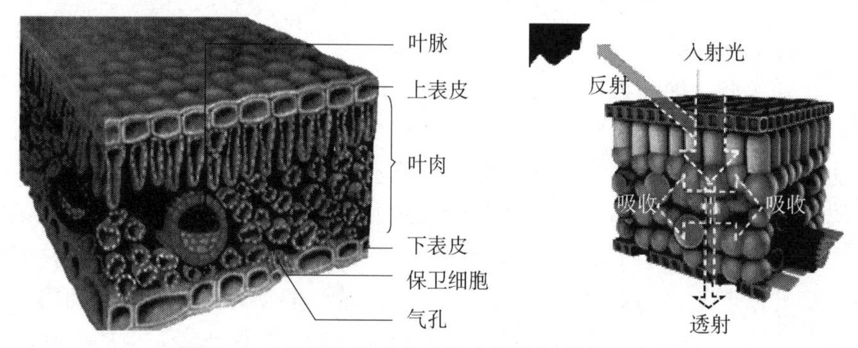

图 1.1 叶片结构及光在叶片中的作用过程示意图

由图 1.1 可知，叶片结构主要包括：

1）叶表皮层外的蜡层。蜡层很薄，目视光滑，镜面反射较为明显。但是从微观上看，蜡层表面仍然有明显的起伏变化，起伏程度与叶片年龄有关。另外，不同植被叶片的蜡层成分和厚度均有所不同。蜡层的镜面反射性质是影响叶片朗伯反射/透射的主要来源，在特定角度会产生反射辐射的偏振现象。

2）表皮层，分为上表皮层和下表皮层。表皮层上布满了气孔，是叶片与外界进行物质与能量交换的窗口。当植被缺水并不严重时，内部的水汽压一般大于外界大气的水汽压，而二氧化碳（CO_2）气体浓度却正好相反。当气孔开放时，叶片水汽通过气孔由内往外扩散，同时 CO_2 则由外向内传播，这两个过程同时进行但方向相反。气孔的开放程度由植被自身状态决定，比如当缺水时，植被会缩小气孔，甚至关闭气孔以减少水分损失。

3）栅栏组织与海绵组织，统称叶肉。栅栏组织紧靠上表皮下方，因紧密排列成栅状而得名，内含大量叶绿素。海绵组织位于栅栏组织下方，叶绿素少，层次不清。叶肉包含水分、叶绿素、胡萝卜素、蛋白质等物质。其中，叶绿素是光合作用的主要成分；叶绿素、水分、胡萝卜素等对电磁波的吸收具有强烈的波段选择性，是影响叶片波谱特征的主要因子。由于这些成分的大小不同，根据其波长相对大小不同，它们的散射可大致分为瑞利散射（分子）、米氏散射（叶绿体）和漫散射（细胞壁）三类散射。

2. 单叶的波谱特征

图 1.2 显示了典型绿色叶片的波谱响应特征。一般来说，叶片色素（主要是叶绿素）对可见光反射率的影响很大，水、蛋白质和其他化学物质主要影响近红外波段到中红外波段的反射率。健康叶片的近红外反射率高，内部的细胞结构进一步增强了多次散射，因而该部分反射率较高。

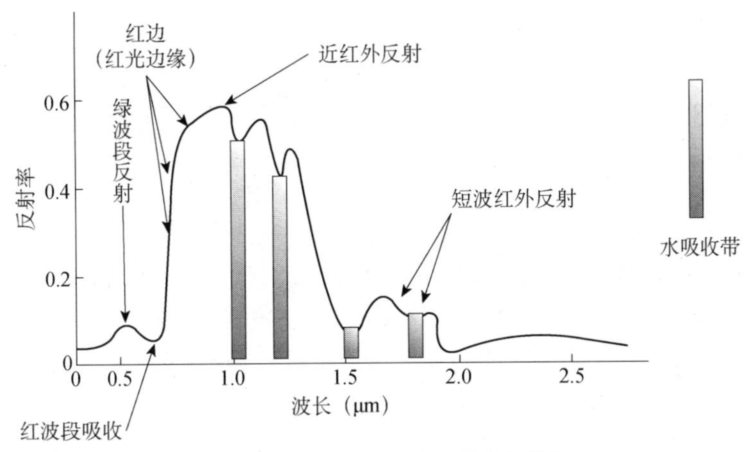

图 1.2　典型绿色叶片的波谱响应特征

根据图 1.2 显示的基本特征，光可以分为以下 4 个波谱区。

（1）可见光

可见光（visible，0.4～0.7μm）在 0.55μm 附近有一个反射峰。该峰主要由叶绿素、胡萝卜素和叶黄素决定。首先，叶绿素 a 和叶绿素 b 在以 0.45μm 与 0.64～0.68μm 为中心有两个强烈的吸收带（占总吸收量的 65%～75%）；胡萝卜素、叶黄素在 0.43～0.48μm 有强烈的吸收带（占总吸收量的 25%～35%）。该峰的存在正好说明了叶子为什么呈绿色。例如，叶绿素 a 和叶绿素 b 的总浓度约为 $24\mu g/cm^2$，则胡萝卜素的浓度约为 $8\mu g/cm^2$。

【思考：绿叶为什么变黄变红？花儿为什么那么红？】

（2）红边

红边（red edge，0.7～0.78μm）这一范围介于红波段的强吸收谷与近红外波段的高反射平台之间，又称为植被反射率的红边波段。红边能指示性地表征植被的营养、长势、水分和叶面积等，并得到了广泛的应用。当植被生物量大、色素含量高、生长力旺盛时，红边会向长波方向移动；而当发生病虫害、污染、叶片老化等现象时，叶片的红边会向短波方向移动。

【思考：哪些传感器有红边波段？】

（3）近红外

在近红外（NIR，0.78～1.35μm）这一波段范围内，叶片对太阳辐射的吸收可以忽略，散射作用占据了主导地位。其主要机理是细胞壁与细胞孔腔的折射率差异明显，造成透入叶片内部的电磁波在叶片内部多次反射与折射。如果多次散射向上便增强反射光，如果向下折射穿出下表皮层便增强透射光。由于这一过程具有明显的随机性质，向上和向下概率近似相等，因此反射率与透射率是相近的。在这一波段范围内具有很宽、很强的反射峰是植被所独有的波谱特征，因此可以用于构建植被指数。不过，当叶片遭受干旱或者病虫害胁迫时，细胞可能发生萎缩，会减少折射率差异，进而降低多次散射。

【思考：为什么多次散射向上会增强总反射？】

（4）短波红外

短波红外（SWIR，1.35～2.5μm）这一波段范围的反射特征主要由液态水的吸收特性所决定。对可见光而言，液态水的透过率很高；但在短波红外波段，存在两个强烈的水吸收峰，其中心分别在 1.42μm 与 1.96μm 处。因此，叶片光谱在这两个中心带上存在两个强烈的吸收谷，其谷深与液态水含量有关，可用于含水量反演。

【思考：哪些传感器有短波红外波段？文献中有哪些常用的水分指数？】

3. 叶绿素荧光的发生

光合作用是提供植物所有物质和能量代谢的基础，它包括一系列光物理、光化学和生物化学转变的复杂过程。其中，原初反应（primary reaction）是光合色素分子被光能激发而引起的第一个光化学反应的过程，它包括光能的吸收、传递和转换。在原初反应中，有一部分光能损耗以较长波长的荧光（fluorescence）方式释放（通常不到 1%的入射能量）。荧光占比极小，属于弱遥感信号；但是它是光合作用过程的直接反映，和植被生产力的相关性很好。

由于植物发射的荧光信号与植被光合作用状态直接关联，尤其是植物受到逆境胁迫时，荧光发射强度会随着叶绿素分子效能的改变而改变，因此荧光被认为是探测植被光合功能受植物生理状态及环境条件影响的敏感“探针”。

【思考：哪些传感器有荧光观测能力？如此微弱的信号怎么能够被卫星捕获？】

综上所述，单叶的波谱特征基本上被叶内部所含物质种类和数量、叶内部结构、叶片生理状态所控制，因此当植被某一参数发生变化时，会导致敏感波段的波谱特征发生变化，这为遥感定量提取植被参数提供了理论基础。

【思考：如果把叶片结构和生理生化参数都输入模型中，能否模拟出叶片的光谱特征？怎样模拟？针叶应该怎么考虑？】

1.1.2　植被反射和散射信号原理

本小节从全谱段出发，阐述电磁波成像过程中的主要影响因素，以及建模应该考虑的主要变量。

1. 电磁辐射的传播过程

根据光源或者说辐射来源的不同，遥感可分为主动遥感和被动遥感两大类。主动遥感，如雷达，以人工辐射源向被探测目标发射一定波长的电磁辐射，然后接收和记录反射回来的电磁波并根据这种回波信息识别目标物属性。被动遥感是指接收和记录目标物反射太阳辐射或者目标物本身的发射辐射的信息。其中目标物反射电磁波以可见光、近红外等短波波段为主；目标物发射的电磁波则以红外和微波为主。

如图 1.3 所示，太阳辐射或主动遥感发射的电磁波通过大气层到达地表，与目标物发生作用后，目标物所反射及本身发射的电磁波再穿过大气层才能被传感器所吸收，因此大气对太阳辐射具有很大的影响。另外，电磁波与物质之间可能发生以下相互作用。

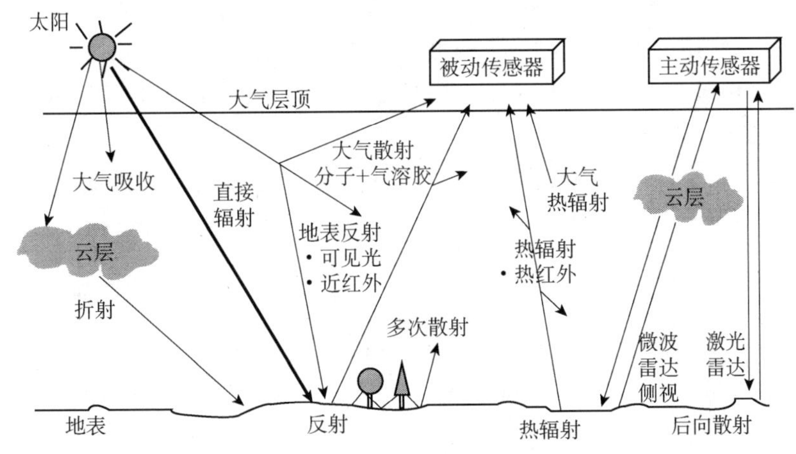

图 1.3 定量遥感的辐射传输过程

1）透射，即辐射穿过该物体。

2）吸收，用于加热该物体，而所有高于绝对零度的物质都能发射能量，故辐射作为该物体结构和温度的函数而被发射。

3）散射，即向所有非入射方向偏折（包括镜面反射），并最终被吸收或被再次散射。

由于作用的目标物质不同，电磁辐射与其相互作用引起的变化主要表现在数量、方向、波长、偏振和相位上的变化。传感器将这些变化记录下来，转化为图像或曲线，用来识别物体特征和属性。

2. 电磁波谱与大气窗口

按连续的波长或频率的顺序，将电磁波排列成谱，即称电磁波谱（图 1.4）。从电磁波谱图可以看出，它包括了宇宙中的 γ 射线、X 射线、紫外、可见光和红外及无线电波（包括微波）。由于产生电磁波的波源不同，它们的波长和频率也不同。由于大气介质传输的影响和探测器本身的局限性，当前遥感所利用的只是整个电磁波谱中的一小部分。

大气中包含各种气体分子，会选择性地散射和吸收不同波长区间的电磁波。此外，气溶胶也会严重影响大气透过率。太阳辐射仅被大气层少量反射或吸收，大部分能透过大气层，通常人们将那些能透过大气层的波谱区间称为大气窗口。根据电磁辐射透过大气层的情况，遥感技术中所能利用的大气窗口如下。

1）紫外-可见光-近红外区，有以下三个窗口：①0.3～1.3μm，该窗口总体对电磁波的透射率达 90%以上，包括紫外（0.3～0.38μm）、可见光全部（0.4～0.76μm）和部分近红外波段（0.76～1.3μm），属于地物的反射波谱。不过紫外波段很难用于航天平台。②1.5～1.8μm，该窗口透射率近 80%，对区分岩石有较好的效果，因此在地质遥感中很有潜力。例如，陆地卫星 4 号、5 号的专题制图仪就设有 1.55～1.75μm 的波段。③2.0～2.5μm，仍属地物反射波谱，但太阳入射辐射能量很弱，对成像的传感器要求较高。

2）中红外区，有以下两个窗口，即 3～4μm 和 4.5～5μm，这两个窗口为反射和发射的混合窗口，地物反射的太阳辐射和自身发射的热辐射能量相当。

3）远红外区，有 1 个窗口，即 8～14μm，这个窗口主要用于发射热辐射能量，故称为发射窗口。由于臭氧、水汽和二氧化碳的影响，该窗口内的大气透射率仅为 60%～70%。该窗口在气象预报、林火监测、城市热岛、温度场制图、地震预警及地质遥感等方面应用较多。

4）微波区，常用的窗口有 4 个，即 0.8～1.1cm（Ka）、2.4～3.8cm（X）、3.8～7.5cm（C）和 10～30cm（L）。其中，0.86cm（Ka）、3cm（X）、5.6cm（C）和 25cm（L）是成像雷达中常用的波段。微波窗口属于发射光谱范围，这个窗口不受大气干扰，透射率可达 100%，是全天时全天候的遥感波段。目前波长更长的 P 波段也逐渐受到重视。

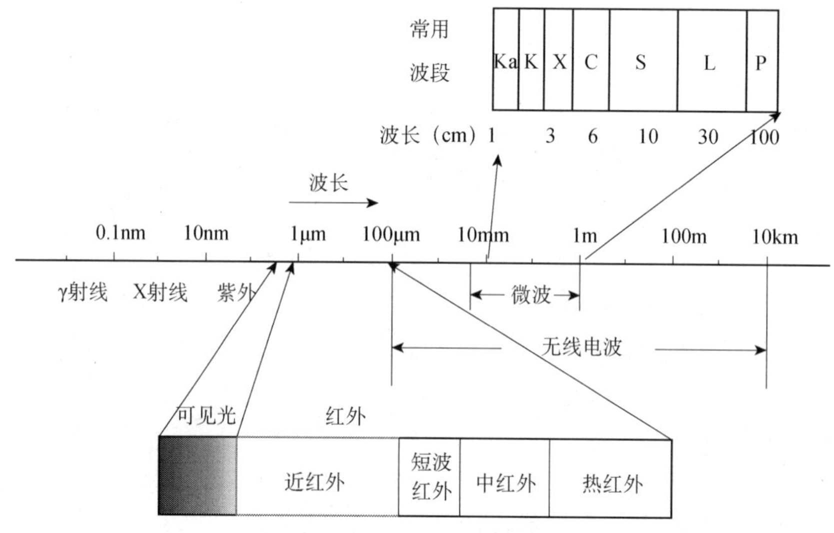

图 1.4　遥感中应用的波段

【思考：目前不能利用的波段有哪些？未来有没有可能发掘这些波段？】

3. 电磁辐射在森林中的传播

如图 1.5 所示，太阳辐射或传感器主动发射的电磁波通过大气层到达森林冠层顶部，与森林内部发生一系列的相互作用后，产生的回波信号被传感器所接收。

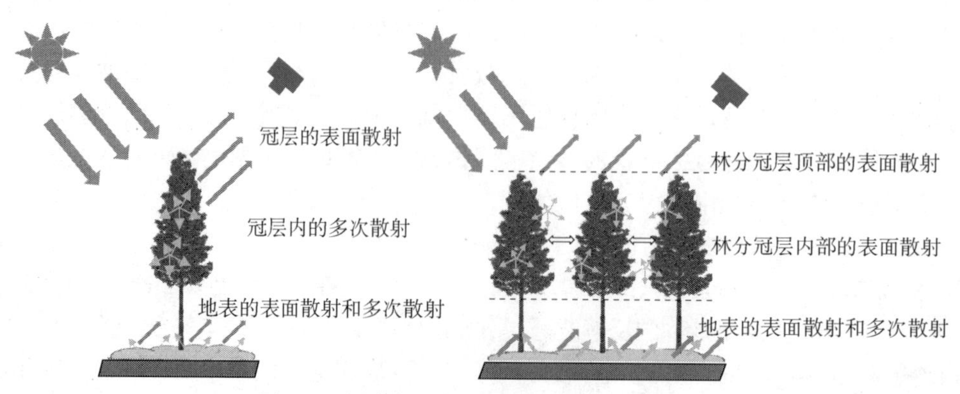

图 1.5　电磁波与单木和林分的相互作用机制

传感器接收到的电磁波信号可能包括以下三部分。

1）树冠顶部的表面散射信号。

2）辐射进入树冠内部，在树冠内部经多次散射后最终离开树冠被传感器接收。

3）辐射到达地表，经地表的表面散射和多次散射后被传感器接收。

传感器接收到的森林冠层的电磁波信号与信号源、大气层、森林冠层及森林地表等多种因素有关，因此在建立林业定量遥感模型时，需考虑以下因素。

1）物候情况：物候主要决定叶量、叶绿素含量、叶组织的含水量等，直接影响光谱反射值的大小。一般可将物候分为生长季开始、生长旺季、落叶期和休眠期 4 个阶段。由于季节的变化，尤其在叶刚萌发后和叶子脱落期间，其细胞结构、叶绿素等都发生了显著变化，光谱值有较大的差异。

2）健康状况：健康植物在红光区光合作用强、吸收强，而在近红外区则反射强。生长差的植株则在红光区吸收弱，近红外区反射弱。当植株受到污染或病虫害危害后，其光谱特征与生长差的植株具有近似的特点。其主要原因在于叶片中的各种色素发生了变化，细胞组织受到了损害。

3）森林结构：林木间距、冠幅、叶片密度及林下植被覆盖情况共同决定着地表是否被森林植被全覆盖。覆盖度决定了植被和土壤混合比例，也显著影响森林光谱。此外，森林的光谱反射值还取决于垂直结构、组分光照与阴影比例等。理论上，不同树种应该具有不同的光谱反射特性，因此不同森林类型、不同混交方式也会对森林的总体反射产生很大的影响。

4）辐射源和传感器的高度和角度：这两个因素决定了太阳-目标-传感器的几何特征，会受地表的双向反射特性（也就是二向反射分布函数，参见 1.1.4）影响。此外，传感器观测视场角不同，也决定着视场内的具体地物组成，会引起空间分辨率差异，造成尺度效应。另外，传感器高度不同时，电磁反射穿过大气层的厚度也不同，因此高度和角度不同也必须考虑大气层的相互作用。

1.1.3 正向模型和反演模型

由于遥感信号（反射率、散射强度、极化特征、热辐射、距离等）与地表参数之间存在某种“函数”关系，故可以建立从地表到遥感信号的“正函数”，也可以建立遥感信号到地表参数的“逆函数”。当然，这个“函数”是非常复杂的模型，不一定是可解析的数学方程。“正函数”就是正向模型，“逆函数”就是反演模型。

正向模型是指从提取的遥感专题信息的应用需要出发，对遥感信息形成过程进行模拟、统计、抽象或简化，最后用文字、数学公式或者其他的符号系统表达出从地物属性到遥感信号的整个过程。反演模型则是指根据遥感数据定量化地反推地物属性信息的过程，即依据有限调查数据反向求解未知参数，也就是“正向模型”的“逆过程”。

定量遥感模型可以分为以下三种。

1）统计模型：基于植被变量与遥感数据的相关关系，对一系列的观测数据作经验性的统计描述或进行相关性分析，构建遥感参数与地面观测数据之间的统计回归方程。其也叫作经验模型。

2）物理模型：模型参数具有明确的物理意义，并试图对作用机理进行数学描述，包括辐射传输（radiative transfer，RT）、几何光学（geometric optics，GO）和计算机模拟模型（徐希孺，2005）。其中，辐射传输描述光辐射和粒子（包括电子、质子、中子等基本粒子）在均匀介质中传播的规律；几何光学模型考虑地表的非均匀的宏观几何结构，把地表假设为若干具有已知几何形状和光学性质的几何体集合，然后通过几何光学原理计算光照和阴影比例，用线性组合合成方向反射率。计算机模拟模型接近真实地还原电磁波在三维空间中的传播过程。

3）半经验模型：在理论模型中加入试验数据进行修正，是统计模型和物理模型的混合。其参数往往是经验参数，但具有一定的物理意义，具备上述两种模型的优点且较大程度地回避了二者的缺点。

三种模型的比较见表 1.1。

表 1.1 三种定量遥感模型对比

类型	优点	缺点
统计模型	参数少；容易建立且可以有效概括从局部区域获取的数据，简便，实用性强	有地域局限性，可移植性差；理论基础不完备，缺乏对物理机理的足够理解和认识，参数之间缺乏逻辑关系
物理模型	精度高；地域限制少；理论基础较完备；可移植性强	参数多，获取困难；模型复杂，通常为非线性，实用性较差；先验假设较多
半经验模型	兼具统计模型和物理模型的优点	经验参数较难确定

1.1.4 定量遥感的研究内容和几大难题

1. 定量遥感的研究内容

经典的定量遥感是狭义的概念，研究内容面向光学和热红外（范闻捷等，2009），包括以下 7 个方面。

（1）传感器辐射定标

建立传感器每个探测元件输出的数值（digital number，DN）与它所对应的像元内实际地物的辐射亮度之间的定量关系就是辐射定标（calibration）。通常会进行地面实验室定标。但是，由于传感器的老化或者不均匀性，仍然需要定期对在轨的传感器进行定标试验，然后发布新的定标系数。常见的方法有星上定标、场地定标及交叉定标。

（2）大气纠正

在 1.1.2 中已经描述，传感器成像过程包含大气的吸收和散射作用，导致原始影像中包含物体表面和大气层的共同信息。想要准确获取物体表面的光谱属性，必须将影像中大气的影响分离出来。通常可通过大气辐射传输模型、简化辐射传输模型的暗像元法、不变目标统计法或者大气阻抗植被指数法等进行大气纠正。

（3）辐射传输建模

遵循遥感系统的物理规律建立考虑辐射传输过程的模型，就是辐射传输建模，属于正向建模。其目的是通过建立光和地表（通常是植被冠层）的传输过程，来完整地解释成像机制。根据建模的思路不同，建模通常分为几何光学模型（GOM）、辐射传输模型（RTM）、辐射传输和几何光学混合模型（GORTM）及计算机模拟模型 4 类。随着各类应用对精度需求的提升，考虑三维结构的计算机模拟模型逐渐成为研究的重要工具。

（4）多角度效应研究

朗伯体是指物体具有漫反射属性，即对光线的反射是各向同性的。但是，自然地物通常为非朗伯体，即地物表面反射有方向性，且这种方向性还依赖于入射方向。因此，不同角度观测的遥感信号存在差异，这就是多角度效应。为定量描述方向性反射，通常采用二向反射分布函数（bidirectional reflectance distribution function，BRDF）。BRDF 的重要特性之一是存在热点和冷点效应，即在与太阳入射方向正好相同的观测方向附近存在一个反射峰值（热点），与此相对的观测方向上阴影较多，图像明显更暗（冷点）。一方面，BRDF 可以用于归一化多角度反射率；另一方面，从不同方向观测植被可以得到 BRDF 形状信息，具有提取地物立体结构特征信息的潜力。在热红外波段也存在类似的角度效应，称为热辐射方向性。

（5）尺度效应与混合像元分解

在某一尺度上观察到的性质、总结出的原理或规律，在另一尺度上可能有效、相似，也可能需要修正，加之遥感观测信息多空间分辨率共有的特点，从定量遥感出发的地学描述必然存在多尺度问题（李小文，2005，2013；李小文等，2009）。相同成像条件下，只是分辨率不同导致的遥感反演地表参量不一致的现象称为遥感尺度效应。遥感尺度效应非常复杂，涉及像素大小、地表空间异质性、遥感辐射传输过程、产品反演模型及产品尺度转换等方面。

实际上，不同尺度的遥感信号都是多种地物与电磁波相互作用的混合结果，包括水平维和垂直维的散射与发射信号的混合。其中，水平维的混合像元问题是定量遥感的基础问题之一。混合像元分解是指从实际光谱数据（一般为多地物光谱混合的数据）中提取各种地物成分（端元），以及各成分所占的比例（丰度）的方法。端元提取和丰度估计是混合像元分解的两个重要的过程，常用的有纯像元指数法（pure pixel index，PPI）。

（6）遥感反演

遥感反演是遥感辐射传输建模的反向过程，是从遥感信号中提取各种地表参数的过程。由于遥感提供的变量通常小于未知数，反演本质上是一个病态反演问题。为了顺利求解，产生了不同的反演策略。常见的方法包括统计回归方法、代价函数方法、分阶段迭代反演方法和机器学习方法等。

（7）数据同化

通过遥感观测来调整过程模型预测值的过程，称为数据同化。首先，需要构建动态过程模型，比如森林生长模型、作物生长模型和气候模型等。其次，将遥感反演的状态变量（如叶面积指数、地表温度、土壤含水量等）与过程模型模拟值进行对比。再次，构建合适的代价函数，采用优化算法调整模型的初始条件（初始值）或部分模型参数，即对模型重新初始化或参数化，使遥感观测值与相应模型模拟值之间的差距最小。最后，根据优化模型的模拟结果，来提高遥感反演精度和预测精度。常见的经典同化算法包括三维变分算法、四维变分算法和集合卡尔曼滤波算法等。

2. 定量遥感的研究难点

尽管定量遥感已经有了三十多年的发展，但目前仍然存在很多待解决的问题。其中，和林业相关的核心难点问题如下。

（1）复杂地表问题：复杂地形和混合像元

地球表面地形和地物覆盖均复杂多样，没有一个定量遥感模型能适应所有地表的情况。模型通常需要在一定程度上作简化处理。对于林业而言，森林结构特征复杂，物种多样性高，辐射传输过程较其他地物更为复杂，且多数森林覆盖区具有复杂的山区地形，现有模型和方法的适应性有待提高，需要在模型的简化度和可靠性之间寻求平衡。此外，遥感器接收到的信号是视场范围内与地物有关的所有电磁波相互作用的辐射能量的混合，故不同尺度的遥感信号都是相应范围内所有地物在特定的辐射源-地形-观测几何下的混合作用，复杂地形与混合像元问题增加了定量提取目标参数的难度。

（2）信号饱和问题：高生物量饱和

地表参数和遥感信息往往不是线性关系，对于林业而言，随着森林浓密程度的提高，对应的遥感信息可能趋于饱和，导致浓密林分的参数反演难度增加。不同传感器来源的遥感数据，可能提供不同时间、空间、辐射和光谱分辨率的信息，可进行融合互补。因此，需要发展多种遥感方式，提高信息饱和阈值，从而能够降低单一传感器的反演误差，更为准确地提取地表参数信息。

（3）病态反演问题：欠定方程

遥感得到的变量通常只是地物的电磁散射特性，具体为光谱曲线和图像，通常是表象。同样的表象可能对应多种可能的现实情况。比如，通过吸收谱可提取成分含量，但是同一个波段的吸收、反射特征往往是多种组分共同作用的结果。因此，建立的遥感模型或反演参数往往容易受到其他要素的干扰和影响。虽然多角度、高光谱等观测手段能提供越来越多的已知维数信息，但未知参量较多，模型反演本质上是求解欠定方程，即求解参数大于方程数，反演存在很大的不确定性。

（4）多角度问题：方向效应

由于地物本身的各向异性反射特性，遥感器接收的电磁波信号跟入射角度和观测角度有关。只有弄清楚地物的 BRDF 特性，才有可能将传感器接收的回波信号正确地应用到地表参数的定量化反演过程中。只有消除多角度效应，长时间序列的数据集才是一致的，才可以比较。只有厘清多角度效应，才能获得更加准确的地表辐射平衡分量。其中，热点效应是当前关注的重点之一。

（5）尺度效应问题：不同尺度结果不一致

遥感观测、地面测量数据和待反演参数往往在时空尺度上是不一致的，尺度效应问题是遥感面临的基本的自然现象和科学难题。同时，不同传感器为定量遥感提供了更加多维的信息，但不同传感器在空间、时间、光谱分辨率上均不一致，如何进行准确的尺度转换，是信息融合的关键与难点。

（6）多波段协同问题：光学和微波统一难

根据所采用的电磁波波段的不同，人们习惯上把遥感研究分为三大块：可见光-近红外遥感、热红外遥感与微波遥感。这种区分有着历史原因，也来源于不同波段的成像差异。首先，虽然三者采用的都是电磁波，只是波长不同，但是成像过程、传感器工艺、数据处理流程和目标信息差异均极大。比如，通过热红外遥感可以获得目标物的热状况，而可见光-近红外遥感不能获得，微波遥感可以带来极化（偏振）与相位差信息，人们借此可以获得地形高程信息等，而热红外遥感则不能。其次，可见光-近红外遥感利用太阳光作为光源进行遥感，所以可以获得足够的能量，从而为提高图像的空间分辨率奠定了基础。同时，它与人眼的视觉波段范围相一致，所以有利于目视判读。最后，三种波段电磁波的大气效应及其纠正方法也有差别。因此，历史上三个波段的发展道路是相对独立的，人们往往采用不同的方式去描述它们与地球表层介质相互作用时所服从的规律，目前尚未完全统一建模和反演。为了充分利用这些信息，多波段协同应用是未来发展的趋势。

1.2　林业应用需求

林业是最早应用遥感技术并形成应用规模的行业之一。从 20 世纪 30 年代起，林业就开始进行图像判读和分类，获得森林类型并估算蓄积量。卫星遥感的兴起推进了中国森林资源调查的范围和精度，但是仍仅限于类型识别和蓄积量估算。21 世纪，高分辨率遥感数据层出不穷，国产卫星也开始得到发展和应用，激光雷达技术和合成孔径雷达技术开始得到应用，林业遥感逐渐步入定量化和精细化应用时代，对遥感也提出了更高的要求。

1.2.1　主要监测对象

林业主要的研究目标是三大资源，分别是森林资源、荒漠化沙化土地和湿地资源。根据《全国林业信息化发展“十二五”规划》，林业需要及时、准确地掌握林业资源历史、现状和动态信息，提高国家对资源利用的监管能力，实现对森林、湿地、荒漠化等生态系统和生物多样性的有效监管。建设森林防火监控和应急指挥系统、林业有害生物防治管理系统、野生动物疫源疫病监测管理系统、沙尘暴防治系统，为林业灾害的监测、预警预报、应急处理、损失评估和灾后重建等提供支撑。2016 年 5 月，国家林业局发布了《林业发展“十三五”规划》，其中强调要强化资源和生物多样性保护。

2018 年 3 月 17 日，第十三届全国人民代表大会第一次会议审议批准了国务院机构改革方案。其中提出，为加大生态系统保护力度，统筹森林、草原、湿地监督管理，加快建立以国家公园为主体的自然保护地体系，保障国家生态安全，设立国家林业和草原局，加挂国家公园管理局牌子，由自然资源部管理。此举将加强自然生态系统保护修复和山水林田湖草系统的统筹治理。

1.2.2　监测热点：生物多样性

生物多样性是生物及其与环境形成的生态复合体，以及与此相关的各种生态过程的总和（蒋志刚和马克平，2009）。生物多样性提供多种服务功能，和森林生产力密切相关（Watson et al.，2015），从局地、景观、区域和全球等一系列尺度提供反映生物多样性组成及变化的定性和定量精确描述，是当前的研究热点。

近年来，由于人类经济行为的加剧，当前许多生物物种已经面临着灭绝威胁。为了保护生物物种的多样性，对生物多样性进行定期或不定期的监视意义重大。生物多样性监测主要在物种、生态系统和景观三个水平上进行。

1）在物种水平上，主要选择濒危物种、经济物种和指示物种等，监测其种群动态和主要影响因素。

2）在生态系统水平上，通过选择重要的生态系统类型并在典型地段建立一定面积的长期固定监测样地，实现对生态系统组成、结构、功能及关键物种和濒危物种等的监测。

3）在景观水平上，主要通过遥感手段和地理信息系统对一定区域的景观格局和过程及其影响因素进行监测。

遥感技术是唯一能够进行大规模、长时间、标准化、全覆盖、高分辨率生物多样性观测的经济可行的选择（Turner，2014；Skidmore et al.，2015）。无人机、激光雷达、高光谱、红外相机等新一代遥感技术的出现和不断完善，促使生物多样性遥感研究的发展从宏观尺度到个体尺度，从平面到立体，从简单模糊的有/无状态深入到机理的动态变化监测。尽管遥感已广泛应用于生物多样性监测领域，各种新方法和成功案例仍层出不穷（Bush et al.，2017），但是方式单一，精度不高，依然不能满足行业的需要。

1.2.3 业务化监测需求

林业定量遥感具有鲜明的行业特点，也具有显著的业务化特性。主要的监测需求如下。

（1）森林资源调查需求

我国有五年一次的省级以上尺度的森林资源连续清查和十年一次的林场尺度的规划设计调查（二类调查）。根据《国家森林资源连续清查技术规定》，国家森林资源连续清查（简称一类清查）是以掌握宏观森林资源现状与动态为目的，以省（直辖市、自治区，以下简称省）为单位，利用固定样地为主进行定期复查的森林资源调查方法，是全国森林资源与生态状况综合监测体系的重要组成部分。森林资源连续清查成果是反映全国和各省森林资源与生态状况，制定和调整林业方针政策、规划、计划，监督检查各地森林资源消长任期目标责任制的重要依据。2019 年，自然资源部决定开展全国森林蓄积量年度调查。

根据《森林资源规划设计调查技术规程》（GB/T 26424—2010）描述，二类调查是以森林经营管理单位或行政区域为调查总体，查清森林、林木和林地资源的种类、分布、数量和质量，客观反映调查区域森林经营管理状况，为编制森林经营方案、开展林业区划规划、指导森林经营管理等需要进行的调查活动。《林业发展“十三五”规划》中指出，要综合应用遥感和样地调查技术，完善森林资源与生态状况、造林地监测系统，积极探索按年度或动态发布调查监测成果。

（2）湿地监测需求

在湿地监测方面，《关于特别是作为水禽栖息地的国际重要湿地公约》（简称国际湿地公约，拉姆萨尔公约）要求，如缔约国境内的及列入名录的任何湿地的生态特征由于技术发展、污染和其他类干扰已经改变，正在改变或将可能改变，各缔约国应尽早相互通报。中国作为缔约国，有义务对重要湿地的生态特征变化状况进行监测、评估和上报。同时，我国湿地目前已受到一定程度的污染和破坏，监测并保护我国湿地资源非常重要。

湿地监测的主要指标包括湿地类型和面积、气象、水文、水质、土壤、植物、野生动物、外来物种等（张明祥和张建军，2007）。

（3）荒漠化、沙化及石漠化监测需求

随着《沙化土地监测技术规程》（GB/T 24255—2009）和《防沙治沙技术规范》（GB/T 21141—2007）两个国家标准的发布，多项技术规程、规定相继出台，我国荒漠化、沙化和石漠化监测体系也日趋完善。其中，荒漠化和沙化监测体系包括宏观监测、重点地区专题监测、定位监测、年度趋势监测、沙尘暴灾害监测、植被长势监测、陆地干湿状况监测及防沙治沙工程效益监测等。石漠化监测体系包括宏观监测、专题监测和生态效益定位监测。

（4）林业生态工程监测需求

为改善生态环境，我国投资千亿，实施了天然林资源保护工程、退耕还林工程、京津风沙源治理工程、“三北”和长江中下游地区等重点防护林建设工程、野生动植物保护及自然保护区建设工程、重点地区速生丰产用材林基地建设工程等六大林业重点工程。其中，天然林资源保护工程主要解决天然林的休养生息和恢复发展问题；退耕还林工程主要解决重点地区的水土流失问题；京津风沙源治理工程主要解决首都周围地区的风沙危害问题；“三北”和长江中下游地区等重点防护林建设工程主要解决“三北”地区的防沙治沙问题和其他地区各不相同的生态问题；野生动植物保护及自然保护区建设工程主要解决物种保护、自然保护、湿地保护等问题；重点地区速生丰产用材林基地建设工程主要解决木材供应问题。

六大工程规划范围覆盖了全国97%以上的县，规划造林任务达7600万hm^2，工程范围之广、规模之大和投资之巨为历史罕见，其中4项工程的规模都超过了苏联的改造大自然计划、美国的大草原林业工程和北非五国的绿色坝工程。及时定期监测工程进展和成效，控制工程风险则是必然需求。

对于天然林资源保护工程，遥感的作用主要体现在森林类型及其变化、覆盖度变化、蓄积量、生物量和景观格局的监测上。

对于退耕还林工程，遥感可以在面积核查，经济林比例核查（<20%），林地管护监测，生态、经济和社会效益评价中发挥重要作用。

对于“三北”和长江中下游地区等重点防护林建设工程，遥感的作用主要体现在森林资源监测、造林工程实施管理、生态效益评估、周期性的信息获取和分析上。可以分为三个层次：宏观的森林资源和造林工程动态变化信息监测；省（自治区、直辖市）造林规划制定、计划实施及建设成效评估；小班定位。主要的遥感可观测因子包括土地种类、防护林建设面积、优势树种、地理位置、地貌、森林病虫害受害面积、森林火灾受灾面积、郁闭度、林木龄组、树种组成、植被盖度、土地荒漠化、沙化类型及沙化程度等。

（5）森林灾害监测需求

森林病、虫、鼠、兔灾害，以及火灾、冻害、雪压、风灾、干旱、洪涝、滑坡、泥石流、环境污染和人为因素的破坏（如滥砍滥伐），均会给林业生产造成严重的经济损失和人员伤亡，统称为森林灾害（表1.2）。我国是世界上森林灾害损失较为严重的国家，保护森林资源，改善生态环境任务极其艰巨。森林灾害具有突发性、偶发性和周期性的生物学特点，需要全覆盖监测调查。

表 1.2 森林灾害类型代码表（《国家森林资源连续清查技术规定》）

灾害类型	病虫害		火灾	气候灾害				其他灾害	无灾害
	病害	虫害		风折（倒）	雪压	滑坡、泥石流	干旱		
代码	11	12	20	31	32	33	34	40	00

森林灾害等级：样地内林木遭受灾害的严重程度，按受害（死亡、折断、翻倒等）立木株数分为 4 个等级，评定标准见表 1.3。

表 1.3 森林灾害等级评定标准与代码表（《国家森林资源连续清查技术规定》）

等级	评定标准			代码
	森林病虫害	森林火灾	气候灾害和其他	
无	受害立木株数 10%以下	未成灾	未成灾	0
轻	受害立木株数 10%～29%	受害立木 20%以下，仍能恢复生长	受害立木株数 20%以下	1
中	受害立木株数 30%～59%	受害立木 20%～49%，生长受到明显的抑制	受害立木株数 50%～59%	2
重	受害立木株数 60%以上	受害立木 50%以上，以濒死木和死亡木为主	受害立木株数 60%以上	3

1.2.4 林业参数提取需求

围绕森林资源调查、湿地监测、荒漠化监测、林业生态工程监测和森林灾害监测等任务需求，开展关键林业参数的遥感提取是基础。

（1）地类及其面积

土地类型（以下简称地类）是根据土地的覆盖和利用状况综合划定的类型，包括林地和非林地两个一级地类。其中，林地划分为 8 个二级地类和 13 个三级地类（表 1.4）。地类划分的最小面积为 0.0667hm^2（1 亩）。

表 1.4 地类划分表

一级	二级	三级	代码
林地	乔木林地	乔木林地	111
	灌木林地	特殊灌木林地	131
		一般灌木林地	132
	竹林地	竹林地	113
	疏林地	疏林地	120
	未成林造林地	未成林造林地	141
	苗圃地	苗圃地	150
	迹地	采伐迹地	161
		火烧迹地	162
		其他迹地	163
	宜林地	宜林荒山荒地	171
		宜林荒沙地	172
		其他宜林地	173

续表

一级	二级	三级	代码
非林地	耕地	耕地	210
	牧草地	牧草地	220
	水域	水域	230
	未利用地	未利用地	240
	建设用地	工矿建设用地	251
		城乡居民建设用地	252
		交通建设用地	253
		其他用地	254

面积是林业最基本且最重要的参数，包括绝对面积（如林地面积、森林面积、小班面积等）和相对面积（如覆盖度和郁闭度等）。不过，不同的应用对面积的定义可能略有区别，需要根据具体的业务需求确定。森林面积是指由乔木树种构成，郁闭度 0.2 以上（含 0.2）的林地或冠幅宽度 10m 以上的林带的面积，即有林地面积。森林面积包括天然起源和人工起源的针叶林面积、阔叶林面积、针阔混交林面积、竹林面积及特殊规定的灌木林地面积。

（2）森林参数及其精度

森林由林分构成，林分是指树种、测树因子、组成结构、年龄等基本一致，且与邻近的森林有明显区别的森林地段。森林的内部结构特征是指林相、组成、密度、疏密度、郁闭度、年龄、起源、地位级、出材率、林型等主要参数。根据《森林资源规划设计调查技术规程》(GB/T 26424—2010) 规定，主要调查参数包括地类、森林类型、林种、树种（组）、优势树种（组）与树种组成、龄级、龄组、竹度与生产期、立地因子、郁闭度和覆盖度等。其中森林覆盖度（或覆盖率）和郁闭度容易混淆。覆盖度的公式如下。

$$森林覆盖度(\%)=\frac{有林地面积}{土地面积}\times 100+\frac{国家特别规定灌木林面积}{土地总面积}\times 100$$

郁闭度是指森林中乔木树冠遮蔽地面的程度。它是反映林分密度的指标。在一般情况下常采用一种简单易行的样点测定法，即在林分调查中，机械设置 100 个样点，在各样点位置上用抬头垂直昂视的方法，判断该样点是否被树冠覆盖，统计被覆盖的样点数。由于郁闭度的定义和测量方法都比较粗放，目前对郁闭度的认识并不完全统一，也影响了遥感反演精度的提高。

虽然监测的参数和指标繁多，但是核心关注的森林参数包括五大类：面积、蓄积量、生物量、胁迫干扰（类型、程度、频率等）和生物多样性。表 1.5 列出了二类调查中对不同精度要求的最大允许误差。其中，面积误差必须小于 5%，蓄积量允许误差为 15%～25%。

表 1.5 主要小班调查因子允许误差表

调查因子	误差等级（%）		
	国有林、商品林	县级商品林、公益林	保护区、森林公园
小班面积（hm^2）	5	5	5
树种组成	5	10	20
平均树高（m）	5	10	15

续表

调查因子	误差等级（%）		
	国有林、商品林	县级商品林、公益林	保护区、森林公园
平均胸径（cm）	5	10	15
平均年龄（年）	10	15	20
郁闭度	5	10	15
每公顷断面积（m^2）	5	10	15
每公顷蓄积量（m^3）	15	20	25
每公顷株数（株）	5	10	15

一类清查主要采用抽样调查技术，对调查误差也作了明确要求。

1）森林面积：凡森林面积占全省土地面积12%以上的省份，精度要求在95%以上；其余各省份在90%以上。

2）人工林面积：凡人工林面积占林地面积4%以上的省份，精度要求在90%以上；其余各省份在85%以上。

3）活立木蓄积量：凡活立木蓄积量在5亿m^3以上的省份，精度要求在95%以上；北京、上海、天津在85%以上；其余各省份在90%以上。

动态监测精度要求稍低，其中活立木蓄积量消长动态精度要满足如下条件。

1）总生长量：活立木蓄积量在5亿m^3以上的省份要求90%以上；其余各省份为85%以上。

2）总消耗量：活立木蓄积量在5亿m^3以上的省份要求80%以上；其余各省份不作具体规定。

3）活立木蓄积净增量，应作增减方向性判断。

（3）生物多样性指标需求

生物多样性监测参数主要按照生态系统和物种两个层次划分。反映生态系统多样性的指标包括：各森林类型（或植被类型）的面积和百分比；各森林类型按龄组的面积和百分比；各森林类型按林种的面积和百分比等。具体按以下几个方面进行评定。

1）植被类型多样性。

2）森林类型多样性。

3）乔木林按龄组的多样性。

4）乔木林按林种的多样性。

多样性评价指标一般采用以下两个指数：

1）Shannon-Wiener 多样性指数（H）：

$$H = -\sum_{i=1}^{s}(P_i \ln P_i)$$

2）Simpson 多样性指数（D）：

$$D = 1 - \sum_{i=1}^{s} P_i^2$$

式中，s为类型数量；P_i为物种i的面积比例。

地面调查的物种和年龄都较为准确，但是遥感通常只能估测到优势树种（组）和龄组级别。表 1.6 列出了常见的优势树种（组）及其年龄划分标准，供读者参考。

表 1.6　优势树种（组）龄组划分表（《国家森林资源连续清查技术规定》）　（单位：年）

树种	地区	起源	龄组划分					龄级划分
			幼龄林	中龄林	近熟林	成熟林	过熟林	
			1	2	3	4	5	
红松、云杉、柏木、紫杉、铁杉	北方	天然	60 以下	61～100	101～120	121～160	161 以上	20
	北方	人工	40 以下	41～60	61～80	81～120	121 以上	10
	南方	天然	40 以下	41～60	61～80	81～120	121 以上	20
	南方	人工	20 以下	21～40	41～60	61～80	81 以上	10
落叶松、冷杉、樟子松、赤松、黑松	北方	天然	40 以下	41～80	81～100	101～140	141 以上	20
	北方	人工	20 以下	21～30	31～40	41～60	61 以上	10
	南方	天然	40 以下	41～60	61～80	81～120	121 以上	20
	南方	人工	20 以下	21～30	31～40	41～60	61 以上	10
油松、马尾松、云南松、思茅松、华山松、高山松	北方	天然	30 以下	31～50	51～60	61～80	81 以上	10
	北方	人工	20 以下	21～30	31～40	41～60	61 以上	10
	南方	天然	20 以下	21～30	31～40	41～60	61 以上	10
	南方	人工	10 以下	11～20	21～30	31～50	51 以上	10
杨、柳、桉、檫、泡桐、木麻黄、楝、枫杨、相思、软阔	北方	人工	10 以下	11～15	16～20	21～30	31 以上	5
	南方	人工	5 以下	6～10	11～15	16～25	26 以上	5
桦、榆、木荷、枫香、珙桐	北方	天然	30 以下	31～50	51～60	61～80	81 以上	10
	北方	人工	20 以下	21～30	31～40	41～60	61 以上	10
	南方	天然	20 以下	21～40	41～50	51～70	71 以上	10
	南方	人工	10 以下	11～20	21～30	31～50	51 以上	10
栎、柞、槠、栲、樟、楠、椴、水、胡、黄、硬阔	南北	天然	40 以下	41～60	61～80	81～120	121 以上	20
	南北	人工	20 以下	21～40	41～50	51～70	71 以上	10
杉木、柳杉、水杉	南方	人工	10 以下	11～20	21～25	26～35	36 以上	5

注：表中未列树种（包括经济乔木树种）和短轮伐期用材林树种的划分标准由各省份自行制定

1.3　林业定量遥感框架

林业定量遥感的目标是为林业资源监测提供定量化的数据，为森林质量精准提升、生态预警和资源评估服务提供技术支撑。只有及时、准确的遥感监测，才能更好地管理林业。相对于传统林业遥感，林业定量遥感更加精准和实用，其主要任务是提出核心科学问题、发现新的监测指标、提出新的算法模型和构建高效的监测体系。

1.3.1　科学问题

从林业应用需求出发，林业定量遥感主要为林业提供及时、准确的参数。以森林为例，主要参数包括蓄积量、面积、生物量、胁迫干扰、生物多样性等（详见 1.2.4 小节）。但是这些参数的提取仍然存在三大问题：精度低、时效差和数据单一。遥感分类精度通常都在

85%以下，难以满足面积和覆盖度等参数的业务化要求。卫星重访周期长、云雨天气干扰多、海量数据处理慢等也阻碍了遥感的及时性。此外，尽管存在类型和数量繁多的遥感数据，但是使用者很难熟悉所有的数据源，真正实现应用的数据类型非常单一。

林业定量遥感就是要针对上述问题提出解决方案。主要的解决思路包括（图 1.6）：研发新的传感器以增加信息量；挖掘现有传感器数据，发现信息；增强遥感机理认识，积累先验知识；建立广泛的地面样地网络，提供足够的训练样本。基于这 4 条，可以提出林业定量遥感的若干科学问题，比如林业究竟需要什么样的传感器，现有传感器蕴含的信息量究竟有多少。

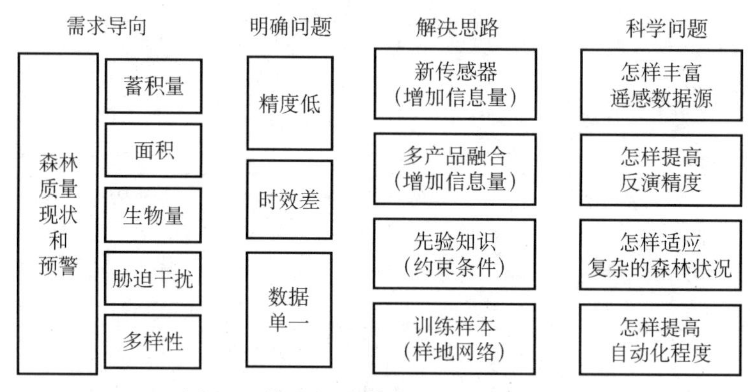

图 1.6　林业定量遥感的核心科学问题

林业定量遥感的核心的科学问题阐述如下。

一是如何使遥感数据的解译方法满足复杂的森林状况。森林结构特征多变，物种多样性高，多数森林生长在山区，受地形影响严重，辐射传输过程复杂，且易受云雨天气干扰。而现有多数林业遥感应用研究仍基于经验的影像解译和经验模型的参数估测，所发展的模型和方法对复杂地表的适应性不强，推广性差，较难满足林业遥感业务的实际需求。所以，要发展更为优化的定量遥感模型、在定量算法上加以改进、在简单模型和复杂模型间取得平衡、改进物理模型、将林业工作中应用的更多参数引入物理模型中、优化三维物理模型的算法，都是定量遥感的重要方向。

二是如何提高定量遥感物理模型中的参数反演的精度。对于较为复杂的遥感物理模型，往往需要输入多个森林参数，参数之间存在一定的相互干扰，而参数反演需要同时求解多参数，存在病态反演问题，“同谱异物”现象严重。并且不同参数的敏感性不同，对于弱敏感性森林参数的定量反演方法，也是林业遥感需要探索的方向。此外，森林参数和遥感信息往往不是线性关系，随着森林参数的提高，对应的遥感信息可能会达到饱和点，导致高郁闭度林分的参数反演难度增加。因此，要结合样地调查网络，引入先验知识，缓解病态反演。同时，不同传感器的遥感数据往往能提供不同的时间、空间、辐射和光谱分辨率，可以起到信息互补的作用。不同传感器图像的融合，不仅能够增加图像的信息来源，还能降低信息饱和度。

三是如何丰富适合林业应用的遥感传感器数据源。我国目前还没形成业务化的天空地一体化数据获取能力，高光谱、激光雷达、合成孔径雷达等传感器从国外引进困难，绝大多数只能依赖国外卫星平台获取，从而制约了我国林业遥感前沿技术的开发。因此，需大力开发先进的高光谱、激光雷达、合成孔径雷达等传感器，以及加快卫星、无人机等遥感平台建设，提高林业遥感系统平台的智能化、系统化、网络化水平，同时发展多源传感器数据融合技术。

四是如何发展更为智能化的遥感数据自动化算法。在大数据与人工智能时代，人们能够获取海量的遥感时空数据，这些数据也将成为人工智能的使命之一。发展更多的时空数据分析和挖掘的理论与方法，也将成为林业定量遥感未来的重要发展方向。

需要强调的是，林业具有其特殊的复杂性，比如山区地形复杂，森林植被高大、层次丰富，多云雨天气的干扰，生长缓慢，样地难以到达等。这些特点让遥感机理的研究更为复杂，也对遥感应用精度的需求更加迫切。

1.3.2　交叉实现框架

林业定量遥感是一个植被定量遥感和林业科学研究的交叉领域（图 1.7）。总体上，所需的遥感模型、产品和方法脱胎于定量遥感，必须针对林业行业的目标、参数和精度进行调整改进和适应。林业需求是定量遥感努力的方向，是发展新模型的内在驱动力。1.2.4 小节已经列出了林业的参数需求。定量遥感的模型很多，包括组分（叶片、枝条和土壤等）、林分冠层和景观三个层次，具体模型可以参见第二章。定量遥感的目的是支持反演，主要的一些方法参见第三章。这里仅列出一些重要的遥感数据源获取方法（表 1.7）和定量遥感提供的部分产品。

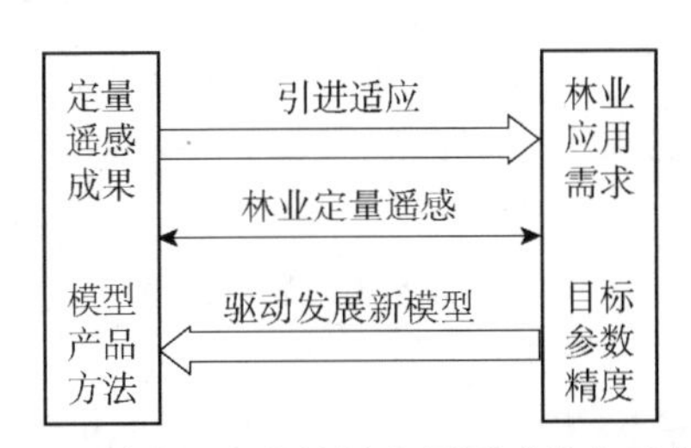

图 1.7　林业科学研究和植被定量遥感的交叉实现框架

表 1.7　重要的遥感数据源获取方法

序号	名称	网址	简介	是否免费
1	USGS Earth Explorer	https://earthexplorer.usgs.gov/	美国地质调查局数据系统，提供 Landsat、ASTER、数字高程模型（DEM）、Hyperion 高光谱、中分辨率成像光谱仪（MODIS）、AVHRR	免费
2	ESA’s Sentinel Mission	https://scihub.copernicus.eu	哨兵 Sentinel 系列	免费
3	中国资源卫星应用中心	http://www.cresda.com/CN/	国产陆地卫星、高分辨率、环境、资源卫星	大部分免费
4	NASA 地球科学数据	https://earthdata.nasa.gov/	美国国家航空航天局数据共享系统，包括 MODIS 在内的气象、地球观测、全球定位系统（GPS）等数据	部分免费
5	CAS Earth Databank	http://databank.casearth.cn/	中科院地球大数据共享服务平台	免费
6	Google Earth Engine	http://earthengine.google.com/	谷歌地球引擎，专门处理全球尺度的卫星图像大数据平台	免费
7	ESA Online Dissemination	https://esar-ds.eo.esa.int/oads/access/	欧洲航天局地球在线系统，欧洲航天局的地球观测数据	免费

续表

序号	名称	网址	简介	是否免费
8	VITO Vision	http://www.vito-eodata.be	PROBA-V、SPOT-Vegetation 和 METOP 卫星数据	免费
9	Global land 30 全球 30m 地表覆盖产品	http://landcover.org/	国产土地覆盖数据，30m 分辨率，图幅方式下载	免费
10	国家综合地球观测数据共享平台	http://www.chinageoss.org	各类国产数据和土地覆盖产品	部分免费
11	寒区旱区科学数据中心	http://westdc.westgis.ac.cn	以野外科学试验为中心的星机地同步数据	免费

以定量遥感生产的共性产品为例，可以筛选出可供林业应用的若干资源进行消化、吸收。比如，全球陆表特征参量（GLASS）产品（http://glass-product.bnu.edu.cn/；http://glcf.umd.edu/data）。GLASS 产品由北京师范大学梁顺林教授团队自主研发，数据产品包括叶面积指数、反照率、发射率、光合有效辐射、下行短波辐射、净辐射、光合有效辐射吸收比、植被覆盖率、潜热和植被总初级生产力等。GLASS 产品是基于多源遥感数据和地面实测数据反演得到的长时间序列、高精度的全球地表遥感产品。这些产品为研究全球环境变化提供了可靠的依据，能够广泛应用于全球、洲际和区域的大气、植被覆盖、水体等方面的动态监测，并与气温、降水等气候变化表征参数结合起来应用于全球变化分析。对于林业应用而言，叶面积指数、植被覆盖率和潜热产品可以用于较大区域的森林生长、水土保持和干旱监测研究。另外一个是国家地球系统科学数据中心（http://www.geodata.cn/）提供的产品，包括全球碳循环关键参数产品、中国全天候地表参数反演产品、全球及中国植被聚集指数产品、全球 30m 分辨率人造地表覆盖数据集等。其中，全球森林冠层高度产品数据集和林业直接相关。

当前的这些定量遥感成果可以为林业提供技术支持，目前已有的部分应用包括以下 4 个方面（吴楠等，2017）。

1）森林组成。遥感为林地覆盖监测提供了实时数据和变化动态，为森林生态系统的评估和发展提供了基础数据。遥感能在较大尺度上反映森林变化，获取森林组成随时间的变化等动态信息。随着精细光谱分辨率（高光谱）及主动遥感（激光雷达）的迅速发展、树种识别技术的不断改进，遥感能在更精细的尺度上识别森林的各项属性，包括对大面积植物的叶面积指数、水分含量等生理生化属性进行反演评估，反演数据能用于模拟植被内部养分循环、光合作用及蒸腾作用等方面。

2）森林结构。森林结构包括林分高度、密度、冠层覆盖度、冠层分布和生物量等，其中林分高度和密度等结构因子与地上生物量直接相关，进而影响森林的固碳能力，而冠层的覆盖度及垂直分布会对林分内部太阳辐射量及光合作用产生影响。森林地上生物量对碳汇和应对气候变化有着重要意义，生物量可以反映森林及环境的健康状况，是定量分析碳储存和固存速率的关键组成部分。当前被动光学遥感反演森林结构已有几十年历史，目前雷达和激光雷达等主动遥感方式是反演林分结构较为有效的方法。新的雷达、激光雷达专题卫星的发射，将进一步提高估测精度，以实现从区域到全球尺度更好地反演森林结构。

3）胁迫干扰。遥感卫星能够监测和记录全球地表信息和森林干扰（火、风、雪、病虫害和采伐等）的关键属性（类型、严重程度和频率等）特征并将其数量化，有利于估测或模拟森林干扰的生态影响。应用中常根据干扰尺度和干扰类型选择合适的数据与工具建立干扰监测分析系统，监测各空间尺度的干扰，并进一步分析其成因，预测未来趋势，有助于全面理解干扰的属性、成因和结果。

4）森林生产力。森林净初级生产力是森林植被吸收碳的速率，是光合作用或初级生产总量和自养呼吸之间的平衡，不仅能够用于估算林分木材供应量，更能进一步反演碳汇等生态指标，为生态系统服务。遥感产品通过基于过程的算法数字模型，模拟光能利用效率，反演森林生产力，能有效地降低估算成本，解决大尺度上森林生产力调查困难的问题。

1.3.3　技术体系

林业定量遥感科学和技术并重，只有将科学理论和模型转化为实用的技术才能真正为林业做出贡献。林业的复杂性决定了不能局限于某一种模型、某一个数据源，一定是空天地一体化下的多源数据融合。地面的样地快速高效调查手段，为遥感反演提供了大量的训练数据和验证数据。随着遥感理论与技术的发展，大量的遥感卫星提供了大面积重访调查对地观测数据。航空飞机、无人机体系为获取专项数据提供桥梁。地面的样地快速高效调查手段，为遥感反演提供大量的训练数据和验证数据。但是如此多的平台和数据源，时空分辨率和光谱分辨率都不一致，需要一个核心进行融合。因此，需要一套统一辐射传输模型作为基础、一套集成的数据处理系统作为产品生产、一套野外调查和飞行的硬件体系。

（1）发展全谱段的辐射传输模型，全面适用于可见光-近红外、热红外、微波波段的辐射传输模拟，并融合激光雷达等主动遥感方式，使定量遥感产品算法更加统一化。

（2）改进多源数据融合技术，建立集成的数据处理系统，使不同数据源的遥感数据能够快速、准确地融合成相同时间、空间、光谱分辨率的数据，大幅提高遥感数据信息的丰富度。

（3）完善天空地一体化观测平台，“天”是利用各种卫星提供的数据，发现问题存在的可能性；“空”主要是利用无人机遥感提供最及时、可靠、专业的高分辨率影像；“地”是在地面采用多种监测手段，实现精细化的综合监测。

目前，辐射传输模型的统一已经初见成效；野外调查和飞行的硬件虽然很少，但是已经逐渐走入高校和科研院所；产品生产方面体系虽未完善，但是势头良好。中国林业科学研究院的高分林业遥感应用示范系统初步成形，数据生产方面有一定进展。该平台在实现高分一号、高分二号、高分三号和高分四号等卫星数据生成的共性产品的基础上，研制了21 种林业专题产品生产线。此外，该平台具备的支撑调查与监测能力由 3～5 年 1 次提高到 1 年 1 次，监测精度普遍提高了 5%～10%；同时，林业生态工程和石漠化监测中高分数据替代国外数据率达 100%，森林资源调查与监测中替代率达 69%（秦志伟，2019）。因此，林业定量遥感不论是在硬件还是软件上都大有可为。未来需要定期发布林业关心的蓄积量、生物量和森林干扰等产品。

1.4　多源遥感融合的发展趋势

自 20 世纪 70 年代航天遥感诞生以来，各类多频段（可见光、红外、微波）多通道的卫星遥感计划提供并积累了海量数据，加上近几年蓬勃发展的近地面无人机遥感获得的极高分辨率数据集，成为大数据时代最典型的案例之一。在这个时代，新的优质数据源虽然也是研究的前沿，但是历史数据的应用和挖掘显得更为重要。其中，多源数据的融合是充分利用各类信息的重要手段之一。

多源数据融合并不新鲜，自 20 世纪 80 年代起就有 HSV（色调 H、饱和度 S、明度 V）变换、主成分变换、小波变换等实现高低分辨率光学数据融合的方法。尽管有少数研究用到微波数据，但绝大多数融合还是光学图像之间的同质融合。同质融合的结果可视化效果会增强，但是林业定量应用尚显不足。一般来讲，“融合”是为了合成一个新图像，补足现有数据在时-空-谱上的缺陷，提高信息量和质量。而信息量的评价通常是数据本身的分辨率和方差等，缺少对应用参数的针对性。以森林参数为例，树高、生物量、叶绿素、郁闭度等参数不同，需要融合的数据源和方法可能也不同。因此，单纯的“融合”难以回答每个数据源的信息量多少和对目标反演参数精度提升的贡献多少等问题。此外，异质多源数据之间的成像机理差异大，具有多尺度、多角度、多谱段和多极化等特征，很难用一个简单的合成图像来表达。因此，当前的发展趋势可能至少包括三个方面，即光学、热红外、激光雷达和微波的统一，机理模型的介入及大数据融合方法。

1.4.1 光学、热红外、激光雷达和微波的统一

电磁波的发展历史决定了电磁波谱的开发利用是分阶段和分谱段的。其中，可见光、近红外遥感发展得最早，通过研究地物的反射率、反照率和二向反射分布函数等，可以实现林分叶绿素、水分含量及叶面积指数等参数的估算；热红外定量遥感研究地表温度、比辐射率、方向亮度温度（DBT），用以监测林分干旱、病虫害和火灾等胁迫状况。主动遥感方面，微波遥感通过后向散射系数，反演林分的生物量、树高，通过干涉层析技术提取林分高度和三维特征；激光雷达遥感通过激光测距技术，提取林分树高和叶面积指数等。然而，随着林业需求的提高，仅使用单一遥感数据不能满足林业信息化发展的要求。光学、热红外、激光雷达和微波遥感在林业应用中各有所长，将多源遥感数据联合发展，统一利用这些电磁波谱是大势所趋。

异质数据源之间一般存在互补的信息增量。比如，光学数据（Landsat）和 SAR 数据（包括 C 波段 Radarsat-2 和 L 波段 ALOS PALSAR）的结合能显著提高森林和非森林分类精度（Evans et al.，2010）。然而，如果把光学和微波蕴含的信息量比作两个集合，那么它们之间不仅有并集（独立增量），也一定有交集（相关量）。因此，在交集部分，两类数据源有较好的相关性，能够互相替代。比如，有人发现归一化植被指数（NDVI）和微波交叉极化（HV）后向散射系数有显著相关性，因此可以相互内插得到时间连续的融合数据（Lehmann et al.，2015）。又如，基于光学模型反演得到叶面积指数（leaf area index，LAI），然后利用 LAI 和微波的植被层消光系数建立相关关系，就可以用微波水云模型实现土壤水分反演（蔡庆空等，2018）。但是这些研究都不够系统，各类数据源之间的理论统一模型缺乏，制约了融合的效果。

1.4.2 机理模型的介入

必须指出，遥感观测只是复杂自然介质（大气、森林、草原和水体等）的电磁散射与

电磁热辐射，只是现象级的表观数据，并不能直接观测到我们需要的林业参数（如蓄积量、生物量、生物多样性等），更不能直接获得规律性的林业知识。

传统的统计回归能够建立关联，实现现象到本质的转换。但是回归相关缺乏内在的机理解释，只能治标，不能提供可以推广的知识。因此，必须进行机理模型的正向构建和反演，实现“从数据到信息、从信息到知识”的转化。这就要求开展理论建模、数值模拟、反演同化等研究。

不过机理模型通常比较复杂，且运行效率较低，反演门槛较高。因此，选择合适的机理模型很重要。另外，还要改造和推广机理模型，让用户愿意也容易使用。

1.4.3 大数据融合方法

大数据时代，人们能够获取海量的遥感时空数据，这些数据也将成为人工智能的使命之一（张兵，2018）。发展更多的时空数据分析与挖掘的理论和方法，将海量遥感数据转化为林业经营者制定决策所需要的信息，也将成为林业定量遥感未来的重要发展方向。

信息领域的大数据研究，一方面是发展大容量高密度数据存储、传输、控制、防护、网络化处理等技术问题，另一方面是大数据的信息挖掘。遥感数据体量巨大、类型繁多，价值密度低、准确性差，需要通过强大的机器算法迅速地完成数据的价值“提纯”，去伪存真，是目前大数据背景下亟待解决的难题。对于林业遥感来说，需要不断提高对森林属性的量化能力，更加及时、准确、快速地为林业行业提供海量数据和决策信息，实现对全国甚至全球森林资源的调查监测及森林生态物理参数的估测与评价。

但是，遥感数据和计算机的文本、图像和视频还是有较大区别的。其中地理定位信息、高光谱信息、定量参数反演需求、复杂多变的成像质量等特殊性，决定了不能简单地拿这些所谓的机器学习和深度学习去看图识物，还需要将定量遥感的物理模型与大数据的数据挖掘及相应的机器学习等手段相结合。我们固然缺少有效的黑箱算法，但是更缺少内在机制的理论研究。

因此，大数据时代，遥感机理模型和机器学习将会深度融合。例如，精确的三维机理模型可以用于训练深度学习算法，解决样本量不足的问题；机器学习也会为三维机理模型提供大量先验输入和反演功能。先验知识是大数据时代的大地图（李小文等，1998；李小文和陈安，2015）。大数据时代，就是把所有领域相关数据都汇总、整合在一起，甚至包括微观个人数据。先验知识是除了遥感技术本身之外的涉及研究区的其他学科相关知识，如林业、水文、气象、地质、地形的监测、调查、统计数据，或称为属性信息，或者称为对研究对象的基本认知。只有通过先验知识的累积与运用，才能不断挖掘大数据的使用潜力。积累了先验知识，还要不断优化算法。对于海量多源遥感数据，如果不能在秒级时间给出分析结果，大数据就失去了价值。因此，结合机器学习尤其是深度学习算法，是大数据时代定量遥感的必然要求。

习 题

1. 什么是林业定量遥感？林业定量遥感的科学问题和技术体系分别是什么？
2. 生物多样性有哪些遥感监测手段？

3. 林业面积要求的调查精度是多少？
4. 请补充阅读电磁波和遥感的发展历史，回答全谱段数据融合的难点和潜在应用需求。
5. 大数据、云计算和林业定量遥感有什么关系？

参考文献

蔡庆空，李二俊，陶亮亮，等. 2018. PROSAIL 模型和水云模型耦合反演农田土壤水分[J]. 农业工程学报，34（20）：117-123.

黄华国. 2015. 现代林业信息技术[M]. 北京：中国林业出版社.

蒋志刚，马克平. 2009. 保护生物学的现状、挑战和对策[J]. 生物多样性，17（2）：107-116.

李德仁，张良培，夏桂松. 2014. 遥感大数据自动分析与数据挖掘[J]. 测绘学报，43（12）：1211-1216.

李小文. 2005. 定量遥感的发展与创新[J]. 河南大学学报（自然版），35（4）：49-56.

李小文. 2013. 定量遥感尺度效应刍议[J]. 地理学报，68（9）：1163-1169.

李小文，曹春香，张颢. 2009. 尺度问题研究进展[J]. 遥感学报，13（s1）：12-20.

李小文，陈安. 2015. 大师小文：李小文院士博文精选[M]. 北京：中国科学技术出版社.

李小文，王锦地，胡宝新，等. 1998. 先验知识在遥感反演中的作用[J]. 中国科学（D 辑：地球科学），（1）：67-72.

梁顺林. 2009. 定量遥感[M]. 范闻捷，等译. 北京：科学出版社.

柳钦火，曹彪，曾也鲁，等. 2016. 植被遥感辐射传输建模中的异质性研究进展[J]. 遥感学报，20（5）：933-945.

秦志伟. 2019. 核心遥感技术让林业生态建设自主可控[N]. 中国科学报，http://news.sciencenet.cn/sbhtmlnews/2019/2/343345.shtm?id=343345[2019-10-11].

吴楠，李增元，廖声熙，等. 2017. 国内外林业遥感应用研究概况与展望[J]. 世界林业研究，30（6）：34-40.

徐希孺. 2005. 遥感物理[M]. 北京：北京大学出版社.

张兵. 2018. 遥感大数据时代与智能信息提取[J]. 武汉大学学报（信息科学版），43（12）：1861-1871.

张明祥，张建军. 2007. 中国国际重要湿地监测的指标与方法[J]. 湿地科学，5（1）：1-6.

Bush A，Sollmann R，Wilting A，et al. 2017. Connecting earth observation to high- throughput biodiversity data[J]. Nature Ecology and Evolution，1（7）：176.

Evans T L，Costa M，Telmer K，et al. 2010. Using ALOS/PALSAR and RADARSAT-2 to map land cover and seasonal inundation in the Brazilian Pantanal[J]. IEEE Journal of Selected Topics in Applied Earth Observations & Remote Sensing，3（4）：560-575.

Lehmann E A，Caccetta P，Lowell K，et al. 2015. SAR and optical remote sensing：assessment of complementarity and interoperability in the context of a large-scale operational forest monitoring system[J]. Remote Sensing of Environment，156：335-348.

Skidmore A K，Pettorelli N，Coops N C，et al. 2015. Environmental science：agree on biodiversity metrics to track from space[J]. Nature，523（7561）：403-405.

Turner W. 2014. Sensing biodiversity[J]. Science，346（6207）：301-302.

Watson J V，Liang J，Tobin P C，et al. 2015. Large-scale forest inventories of the United States and China reveal positive effects of biodiversity on productivity[J]. Forest Ecosystems，2（1）：22.

第二章　定量遥感正向模型

扫码见彩图

横看成岭侧成峰，远近高低各不同。不识庐山真面目，只缘身在此山中。

——【中国·北宋诗人】苏轼《题西林壁》

正向模型从机理上阐述了地表参数到遥感信号的过程，是理解林业遥感工作原理和参数反演的基础。本章从组分尺度和像元尺度阐述定量模型的分类，并以常用的几个模型为例进行解析。前三节描述三大基本组分的辐射传输模型，包括叶片、土壤和水体。后面几节根据地类不同，阐述如何通过组分模型合成像元辐射传输模型。

建议读者首先登录网址（http://www.3dforest.cn/rapid.html）下载 RAPID2 软件，以便进行案例学习。本章的主要特色在于对光学、微波等不同波段同时进行介绍。

2.1　叶片模型

2.1.1　阔叶光学模型 PROSPECT

PROSPECT 是使用最为广泛的叶片反射模型（Jacquemoud and Baret，1990）。该模型模拟了叶片从可见光到短波红外波段（400～2500nm）的反射率和透射率。PROSPECT 模型是在 Allen 等（1969）的平板模型的基础上演变而来的。平板模型将叶片视为紧密的平板，平板表面遵从朗伯体特性，图 2.1（a）显示光线在空气-介质-空气中的传输过程。原始的单层平板模型能够很好地模拟紧密质叶片（如玉米）的光学特征，然而对于大部分双子叶和老叶并不适用。随后，Jacquemoud 和 Baret（1990）考虑叶片内空气间隔等的影响，将叶片假设为由 N 个同性层叠起来，被 N-1 层空气间隔分割开的结构［图 2.1（b)］，N 为实数，它描述叶片内部的结构。由于光线的非漫散射特性只作用于叶片表面也就是最顶层，因此模型将第一层与其他 N-1 层分开考虑，并且假设叶片内部光通量各向同性。

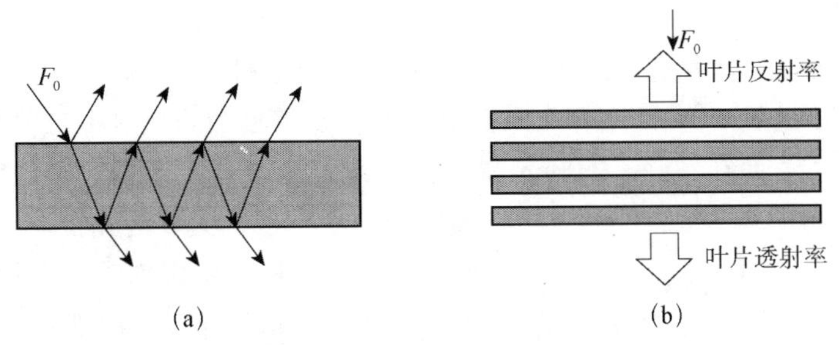

图 2.1　PROSPECT 模型叶片光线传输过程示意图

（a）单层平板；（b）N 层板叠加；F_0 为单位入射光

依据 PROSPECT-4 模型，N 层叶片总的反射率 $R_{N,\alpha}$ 和透射率 $T_{N,\alpha}$ 表达为

$$
\begin{aligned}
R_{N,\alpha} &= \rho_\alpha + \frac{\tau_\alpha \tau_{90} R_{N-1,90}}{1-\rho_{90} R_{N-1,90}} \\
T_{N,\alpha} &= \frac{\tau_\alpha T_{N-1,90}}{1-\rho_{90} R_{N-1,90}}
\end{aligned}
\tag{2.1}
$$

其中，$\rho_\alpha = [1 - t_{av}(\alpha,n)] + \dfrac{t_{av}(90,n)t_{av}(\alpha,n)\tau^2[n^2 - t_{av}(90,n)]}{n^4 - \tau^2[n^2 - t_{av}(90,n)]^2}$

$$\tau_\alpha = \frac{t_{av}(90,n)t_{av}(\alpha,n)\tau}{n^4 - \tau^2[n^2 - t_{av}(90,n)]^2}$$

$$\frac{R_{N,90}}{b_{90}^N - b_{90}^{-N}} = \frac{T_{N,90}}{a_{90} - a_{90}^{-1}} = \frac{1}{a_{90} b_{90}^N - a_{90}^{-1} b_{90}^{-N}} \tag{2.2}$$

其中，

$$
\begin{aligned}
a_{90} &= (1 + \rho_{90}^2 - \tau_{90}^2 + \delta_{90}) / (2\rho_{90}) \\
b_{90} &= (1 - \rho_{90}^2 + \tau_{90}^2 + \delta_{90}) / (2\tau_{90}) \\
\delta_{90} &= \sqrt{(\tau_{90}^2 - \rho_{90}^2 - 1)^2 - 4\rho_{90}^2}
\end{aligned}
$$

式中，α 为光线的入射角；ρ_α 和 τ_α 为第一层的反射率和透过率；ρ_{90} 和 τ_{90} 分别为叶片内部每一层的反射率和透过率；$R_{N-1,90}$ 和 $T_{N-1,90}$ 分别为 $N-1$ 层的反射率和透过率；n 为平板的折射指数；t_{av}（α，n）为入射角是 α 立体角范围内辐射的平均透射率；τ 为透射系数。因此，模型有 4 个参数分别为 n、N、α 和 τ。透射系数 τ 与叶片内部组分吸收系数 k 存在如下关系。

$$\tau - (1-k)\mathrm{e}^{-k} - k^2 \int_k^\infty x^{-1}\mathrm{e}^{-x}\mathrm{d}x = 0 \tag{2.3}$$

光谱吸收系数 k（λ）又可表达为

$$k(\lambda) = \sum K_i(\lambda) C_i + k_\mathrm{e} \tag{2.4}$$

式中，C_i 为单位面积叶片组分 i 的含量；K_i 为叶片组分 i 的光谱吸收系数；k_e 是白化叶的基吸收，为常数。

在 PROSPECT-4 模型中考虑了叶绿素含量（C_ab）、水分含量（C_w）和干物质含量（C_m）三个参数，最大入射角（α）默认设定为固定值 40°。折射指数（n）由数百种植物叶片光谱数据集标定。折射指数（n）与三个叶片成分的光谱吸收系数如图 2.2 所示。因此，PROSPECT-4 模型有 4 个输入参数 N、C_ab、C_w 和 C_m（详见表 2.1），输出结果为 400～2500nm 的反射率和透射率。

在可见光范围内，光谱吸收由光合色素如叶绿素 a、叶绿素 b、类胡萝卜素和衰老出现的棕色素主导，因此在 PROSPECT-4 模型中可见光波谱范围的反射率主要受叶绿素变化的影响［图 2.3（a）］；而在 800～2500nm 波谱内，水分吸收作用掩盖了其他组分的作用，随水分增加吸收率增加［图 2.3（b）］。随着模型的不断发展，更多的光合色素被引入。例如，PROSPECT-5 模型中引入了类胡萝卜素；PROSPECT-D 模型中引入了使叶片老化的花青素。PROSPECT 模型的代码可从网上下载（http://teledetection.ipgp.jussieu.fr/prosail/），也可以在 RAPID2 软件中找到集成的模拟功能。

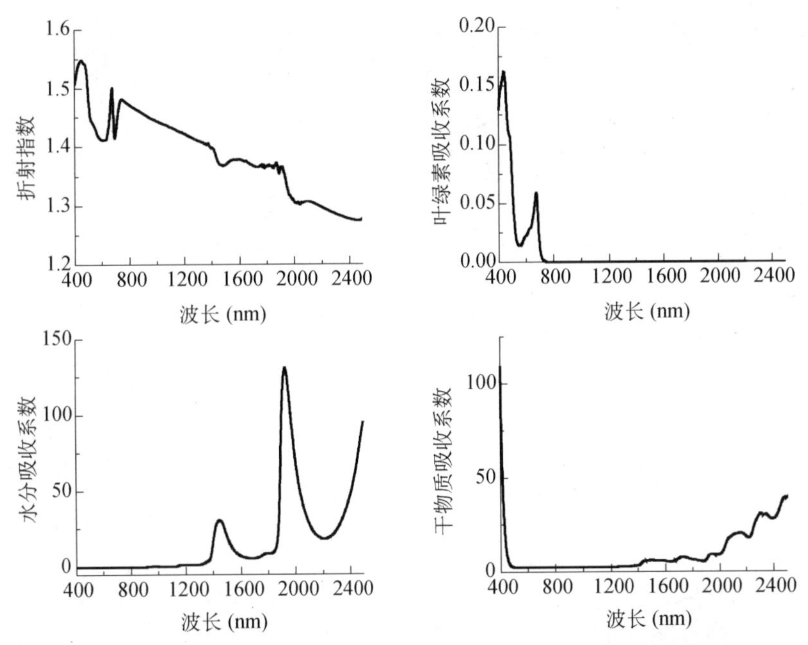

图 2.2　PROSPECT-4 模型折射指数与三个成分的光谱吸收系数

表 2.1　PROSPECT-4 模型的参数、取值范围和默认值

参数	取值范围	默认值
叶绿素含量（C_{ab}）（μg/cm^2）	5～80	30
叶片结构参数（N）	1～4	1.3
干物质含量（C_m）（g/cm^2）	0.001～0.005	0.005
水分含量（C_w）（g/cm^2）	0.003～0.03	0.012

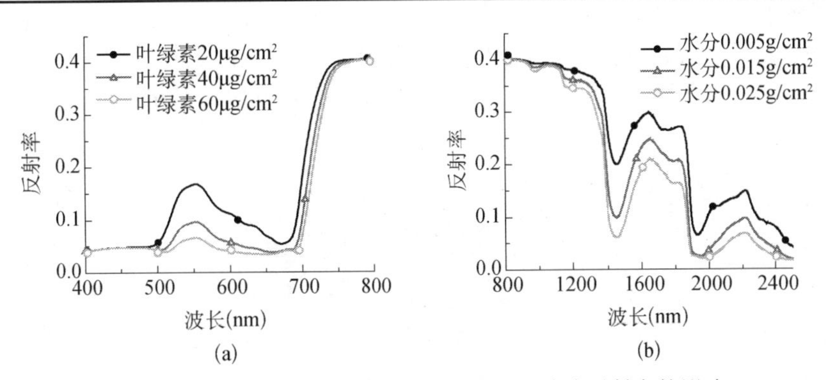

图 2.3　PROSPECT-4 模型输入参数变化对叶片反射率的影响

（a）叶绿素 a+叶绿素 b；（b）水分

例 2.1： 假定某一个叶片分为两个薄层，每个薄层的反射率均为 0.4，透过率均为 0.3，请计算叶片总的反射率和透过率。

答案：根据公式（2.1）和公式（2.2），ρ_α、ρ_{90} 均为 0.4，τ_α、τ_{90} 均为 0.3，可以计算得到：

$\delta_{90}=\sqrt{(0.3^2-0.4^2-1)^2-4\times0.4^2}=0.711$

$a_{90}=(1+0.4^2-0.3^2+0.711)/(2\times0.4)=2.226$

$b_{90}=(1-0.4^2+0.3^2+0.711)/(2\times0.3)=2.735$

$R_{1,90}=(2.735-2.735^{-1})/(2.226\times2.735-2.226^{-1}\times2.735^{-1})=0.400$

$T_{1,90}=(2.226-2.226^{-1})/(2.226\times2.735-2.226^{-1}\times2.735^{-1})=0.300$

$R_2=0.4+0.3\times0.3\times0.4/(1-0.4\times0.4)=0.443$

$T_2=0.3\times0.3/(1-0.4\times0.4)=0.107$

进一步思考，如果 N=3，4，5…反射率和透过率会如何？通过自行编写代码可以获得如下结果（图 2.4）。

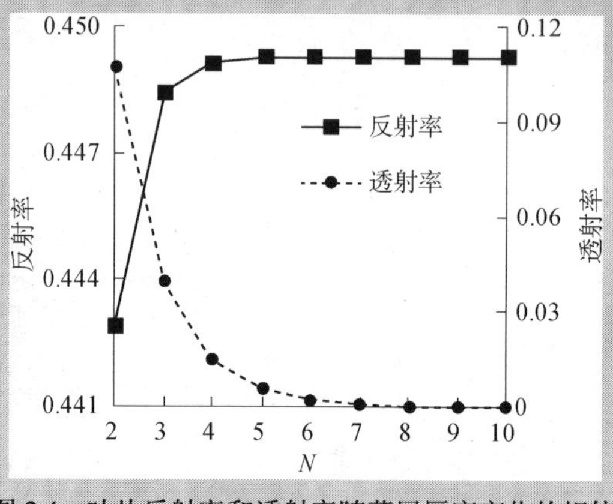

图 2.4 叶片反射率和透射率随薄层厚度变化的规律

2.1.2 针叶光学模型 LIBERTY

LIBERTY（leaf incorporating biochemistry exhibiting reflectance and transmittance yields）模型（Dawson et al.，1998）是针对针叶的特殊性发展而来的模型，该模型能够模拟针叶单叶或针叶簇从可见光到近红外波段范围（400～2500nm，间隔 5nm）的光谱特性。针叶没有明显的栅栏组织，大部分由球形细胞组成。因此，该模型假定针叶内部细胞是球形颗粒的漫射体并且遵从朗伯余弦定理。图 2.5 显示了入射光在针叶内部的传输过程。

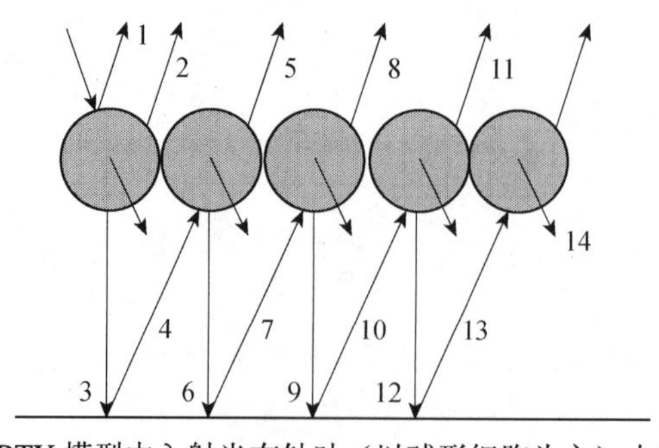

图 2.5 LIBERTY 模型中入射光在针叶（以球形细胞为主）内部的传输过程

针叶的反射率和透过率由若干层排列紧密的细胞的反射率和透过率迭代过程求得。对无限厚针叶的反射率（R_∞）可通过求解一元二次方程求得：

$$
\begin{aligned}
& aR_\infty^2 + bR_\infty + c = 0 \\
& a = -m_e - \tau + \tau m_e + x\tau - \tau x m_e \\
& b = 2xm_e^2 + 3\tau x m_e - 2xm_e^2\tau - 2x^2\tau m_e + 1 \\
& c = -2xm_e - x\tau + 2x^2\tau m_e
\end{aligned}
\tag{2.5}
$$

式中，a、b 和 c 分别为方程系数；τ 为单个细胞的透射系数，可通过叶片内部入射辐射的平均反射系数（m_i）求算；m_e 为叶片外部入射辐射的平均反射系数；x 为从细胞内部出射辐射中的上行辐射分量。

单层叶片的反射率和透射率分别为 R 和 T，可表达为

$$
\begin{aligned}
& R = -c / b \\
& T = \left[\frac{(R_\infty - R)(1 - R_\infty R)}{R_\infty} \right]^{1/2}
\end{aligned}
\tag{2.6}
$$

如果针叶的每一层细胞的光学性质一致，无限厚针叶的反射率（R_∞）与单层叶片的反射率和透射率的关系如下。

$$
R_\infty = R + \frac{T^2 R}{1 - R_\infty R} \tag{2.7}
$$

由此可计算出单层细胞的反射率和透射率，对任意层 n（n>1）的反射率与透射率可由公式（2.8）迭代计算。

$$
\begin{aligned}
& R_n = R_{n-1} + T_{n-1}^2 R_{n-1} / (1 - R_{n-1}^2) \\
& T_n = T_{n-1}^2 / (1 - R_{n-1}^2)
\end{aligned}
\tag{2.8}
$$

以上表达式是 LIBERTY 模型的核心公式，详细的过程此处不作重复推导。简而言之，LIBERTY 模型有 9 个输入参数（详见表 2.2），包括三个结构参数 [细胞直径（D）、细胞间隙（X_u）和针叶厚度（h）] 和 6 个生化参数 [基吸收系数（f_b）、白化吸收量（C_a）、叶绿素含量（C_{ab}）、水分含量（C_w）、木质素和纤维素含量（C_{lc}）、氮含量（C_N）]。除此之外，还有 5 个缺省的生化吸收光谱系数：叶绿素吸收系数（f_{chl}）、水分吸收系数（f_w）、木质素吸收系数（f_{lc}）、白化吸收系数（f_a）、氮元素吸收系数（f_N）。

表 2.2　LIBERTY 模型 9 个输入参数、单位、取值范围和默认值

参数	单位	取值范围	默认值
细胞直径（D）	m^{-6}	20～100	40
细胞间隙（X_u）	—	0.01～0.1	0.045
针叶厚度（h）	—	1～10	1.6
基吸收系数（f_b）	—	0.0004～0.0006	0.0005
白化吸收量（C_a）	—	0～4	2
叶绿素含量（C_{ab}）	mg/m^2	0～600	200
水分含量（C_w）	g/m^2	0～500	100
木质素和纤维素含量（C_{lc}）	g/m^2	10～80	40
氮含量（C_N）	g/m^2	0.3～2.0	1

例 2.2： 假定某一个针叶其他条件同表 2.2 的默认值，试用 LIBERTY 模型模拟叶绿素含量 $50mg/m^2$、$100mg/m^2$、$200mg/m^2$ 和 $500mg/m^2$ 下的 670nm 和 870nm 的反射率，并计算

NDVI。

答案：在 RAPID2 软件中，选中 Tools→Leaf Spectrum 菜单，勾选 LIBERTY 选项即可模拟。

输入指定参数，可以获得 400～2500nm 的模拟光谱曲线，选取 670nm 和 870nm 的数值，可以获得结果，分别为 0.054 和 0.520，NDVI 为 0.812。

2.1.3 阔叶微波圆盘散射模型

对于离散的微波植被模型来说，植被层由具有一定含水量、一定几何尺寸的单散射体组成，所以散射模型的基础是单散射体的散射模型。对任意一个单散射体而言，在某一个波段，入射电磁场 E^i 经过一个散射矩阵 S 相乘，转化为接收电磁场 E^s。

$$\begin{bmatrix} E_{\mathrm{V}}^s \\ E_{\mathrm{H}}^s \end{bmatrix} = \begin{bmatrix} S_{\mathrm{VV}} & S_{\mathrm{VH}} \\ S_{\mathrm{HV}} & S_{\mathrm{HH}} \end{bmatrix} \cdot \begin{bmatrix} E_{\mathrm{V}}^i \\ E_{\mathrm{H}}^i \end{bmatrix} \tag{2.9}$$

式中，下标 V 表示垂直极化，H 表示水平极化。

S 矩阵包含 4 个元素，对应不同的极化组成，类似光学波段的反射率和透过率，是描述散射体散射特性的通常形式。无论是 E 还是 S，均为复数形式。散射矩阵 S 对入射角非常敏感。所以，相比光学波段，叶片在微波波段的散射复杂性体现在三个方面：复数的参与、更明显的偏振（极化）特征和角度效应。

本小节以有厚度的 Disc 模型（Senior et al.，1987）为例介绍微波叶片模型，其中也包含叶片的介电模型。当入射波波长较短时，单个叶片可以看作一个大的矩形片，假设矩形的边长分别为 a 和 b，厚度为 τ，介电常数为 ε，且入射波角度为（θ_{i}，ϕ_{i}），散射波角度为（θ_{s}，ϕ_{s}），叶片法线的角度为（θ_{j}，ϕ_{j}）。全局坐标需要旋转为相对叶片法向的局部（local）坐标系（图 2.6）。

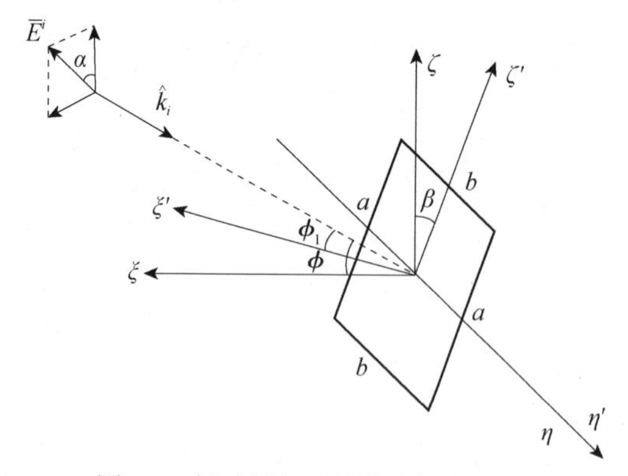

图 2.6 阔叶的矩形结构和入射几何

其中边长为 a 和 b，全局坐标系（ξ，ζ，η）和相对叶片平面的坐标系（ξ'，ζ'，η'），其中 $\hat{k}_i$ 为入射矢量

该矩形阔叶的散射矩阵 S 为公式（2.10）

$$S_{\mathrm{VV}}=\frac{-iab}{\lambda}\frac{\sin U}{U}\frac{\sin V}{V}P^2(\cos\phi\cos\beta\{[\sin\theta_{\mathrm{i}}\sin\theta_{\mathrm{j}}+\cos\theta_{\mathrm{i}}\cos\theta_{\mathrm{j}}\cos(\phi_{\mathrm{i}}-\phi_{\mathrm{j}})]$$
$$\bullet[(\sin\theta_{\mathrm{s}}\sin\theta_{\mathrm{j}}+\cos\theta_{\mathrm{s}}\cos\theta_{\mathrm{j}}\cos(\phi_{\mathrm{s}}-\phi_{\mathrm{j}})]$$
$$+\cos\theta_{\mathrm{i}}\sin(\phi_{\mathrm{i}}-\phi_{\mathrm{j}})\cos\theta_{\mathrm{s}}\sin(\phi_{\mathrm{s}}-\phi_{\mathrm{j}})\}\bullet(\Gamma_{\mathrm{H}}-\Gamma_{\mathrm{E}})$$
$$+\{\cos(\phi_{\mathrm{i}}-\phi_{\mathrm{j}})[\sin\theta_{\mathrm{s}}\sin\theta_{\mathrm{j}}+\cos\theta_{\mathrm{s}}\cos\theta_{\mathrm{j}}\cos(\phi_{\mathrm{s}}-\phi_{\mathrm{j}})]$$
$$+\cos\theta_{\mathrm{j}}\sin(\phi_{\mathrm{i}}-\phi_{\mathrm{j}})\cos\theta_{\mathrm{s}}\sin(\phi_{\mathrm{s}}-\phi_{\mathrm{j}})\}$$
$$\bullet[(\Gamma_{\mathrm{H}}-(\cos\beta)^2(\cos\phi)^2\Gamma_{\mathrm{E}}])$$
$$S_{\mathrm{VH}}=\frac{-iab}{\lambda}\frac{\sin U}{U}\frac{\sin V}{V}P^2(\cos\phi\cos\beta\{-\cos\theta_{\mathrm{j}}\sin(\phi_{\mathrm{i}}-\phi_{\mathrm{j}})[\sin\theta_{\mathrm{s}}\sin\theta_{\mathrm{j}}$$
$$+\cos\theta_{\mathrm{s}}\cos\theta_{\mathrm{j}}\cos(\phi_{\mathrm{s}}-\phi_{\mathrm{j}})]+\cos(\phi_{\mathrm{i}}-\phi_{\mathrm{j}})\cos\theta_{\mathrm{s}}\sin(\phi_{\mathrm{s}}-\phi_{\mathrm{j}})\}$$
$$\bullet(\Gamma_{\mathrm{H}}-\Gamma_{\mathrm{E}})+\{-\cos\theta_{\mathrm{i}}\sin(\phi_{\mathrm{i}}-\phi_{\mathrm{j}})[\sin\theta_{\mathrm{s}}\sin\theta_{\mathrm{j}}+\cos\theta_{\mathrm{s}}\cos\theta_{\mathrm{j}}\cos(\phi_{\mathrm{s}}-\phi_{\mathrm{j}})]$$
$$+[\sin\theta_{\mathrm{i}}\sin\theta_{\mathrm{j}}+\cos\theta_{\mathrm{i}}\cos\theta_{\mathrm{j}}\cos(\phi_{\mathrm{i}}-\phi_{\mathrm{j}})]\cos\theta_{\mathrm{s}}\sin(\phi_{\mathrm{s}}-\phi_{\mathrm{j}})\}\bullet[\Gamma_{\mathrm{H}}-(\cos\beta)^2(\cos\phi)^2\Gamma_{\mathrm{E}}])$$
$$S_{\mathrm{HV}}=\frac{-iab}{\lambda}\frac{\sin U}{U}\frac{\sin V}{V}P^2(\cos\phi\cos\beta\{[\sin\theta_{\mathrm{i}}\sin\theta_{\mathrm{j}}+\cos\theta_{\mathrm{i}}\cos\theta_{\mathrm{j}}\cos(\phi_{\mathrm{i}}-\phi_{\mathrm{j}})]$$
$$\bullet\cos\theta_{\mathrm{j}}\sin(\phi_{\mathrm{j}}-\phi_{\mathrm{s}})+\cos\theta_{\mathrm{i}}\sin(\phi_{\mathrm{i}}-\phi_{\mathrm{j}})\cos(\phi_{\mathrm{s}}-\phi_{\mathrm{j}})\}(\Gamma_{\mathrm{H}}-\Gamma_{\mathrm{E}})$$
$$+[\cos(\phi_{\mathrm{i}}-\phi_{\mathrm{j}})\cos\theta_{\mathrm{j}}\sin(\phi_{\mathrm{j}}-\phi_{\mathrm{s}})+\cos\theta_{\mathrm{j}}\sin(\phi_{\mathrm{i}}-\phi_{\mathrm{j}})\cos(\phi_{\mathrm{s}}-\phi_{\mathrm{j}})]$$
$$\bullet[\Gamma_{\mathrm{H}}-(\cos\beta)^2(\cos\phi)^2\Gamma_{\mathrm{E}}])$$
$$S_{\mathrm{HH}}=\frac{-iab}{\lambda}\frac{\sin U}{U}\frac{\sin V}{V}P^2(\cos\phi\cos\beta[-\cos\theta_{\mathrm{j}}\sin(\phi_{\mathrm{i}}-\phi_{\mathrm{j}})\cos\theta_{\mathrm{j}}\sin(\phi_{\mathrm{j}}-\phi_{\mathrm{s}})$$
$$+\cos(\phi_{\mathrm{i}}-\phi_{\mathrm{j}})\cos(\phi_{\mathrm{s}}-\phi_{\mathrm{j}})](\Gamma_{\mathrm{H}}-\Gamma_{\mathrm{E}})+\{-\cos\theta_{\mathrm{i}}\sin(\phi_{\mathrm{i}}-\phi_{\mathrm{j}})\cos\phi_{\mathrm{j}}\sin(\phi_{\mathrm{j}}-\phi_{\mathrm{s}})$$
$$+[\sin\phi_{\mathrm{i}}\sin\phi_{\mathrm{j}}+\cos\theta_{\mathrm{i}}\cos\theta_{\mathrm{j}}\cos(\phi_{\mathrm{i}}-\phi_{\mathrm{j}})]\cos(\phi_{\mathrm{s}}-\phi_{\mathrm{j}})\}\bullet[\Gamma_{\mathrm{H}}-(\cos\beta)^2(\cos\phi)^2\Gamma_{\mathrm{E}}])$$
$$(2.10)$$

式中，P 为 β 和 ϕ 的函数；U 为 ϕ、ϕ_{s}、ϕ_{j} 的函数，与 a 成正比；V 为 β、ϕ、ϕ_{s}、ϕ_{j} 的函数，与 b 成正比；Γ_{H} 和 Γ_{E} 分别为 H 极化（磁场向量垂直于入射向量）和 E 极化（电场向量垂直于入射向量）的平面波反射系数，表达式分别为

$$\Gamma_{\mathrm{H}}(\phi_1)=\left[1+\frac{2i}{k_0\tau(\varepsilon-1)}\sec\phi_1\right]^{-1}$$

$$\Gamma_{\mathrm{E}}(\phi_1)=\left[1+\frac{2i}{k_0\tau(\varepsilon-1)}\cos\phi_1\right]^{-1}$$

式中，ϕ_1 为叶片法线和入射波向量的夹角。

例 2.3： 现有某一阔叶，长、宽均约为 5.6cm，厚度为 0.1cm，重量含水量为 50%，在常温 25℃下，计算介电常数和不同角度下的散射截面（dB）。

答案：在 RAPID2 软件中，选中 Tools→Leaf Spectrum 菜单，勾选 Dielectric 选项即可模拟叶片介电常数。勾选 RadarAngle 选项即可模拟不同角度下的后向散射系数。输入指定参数，可以获得模拟曲线，获得的结果如图 2.7 所示。

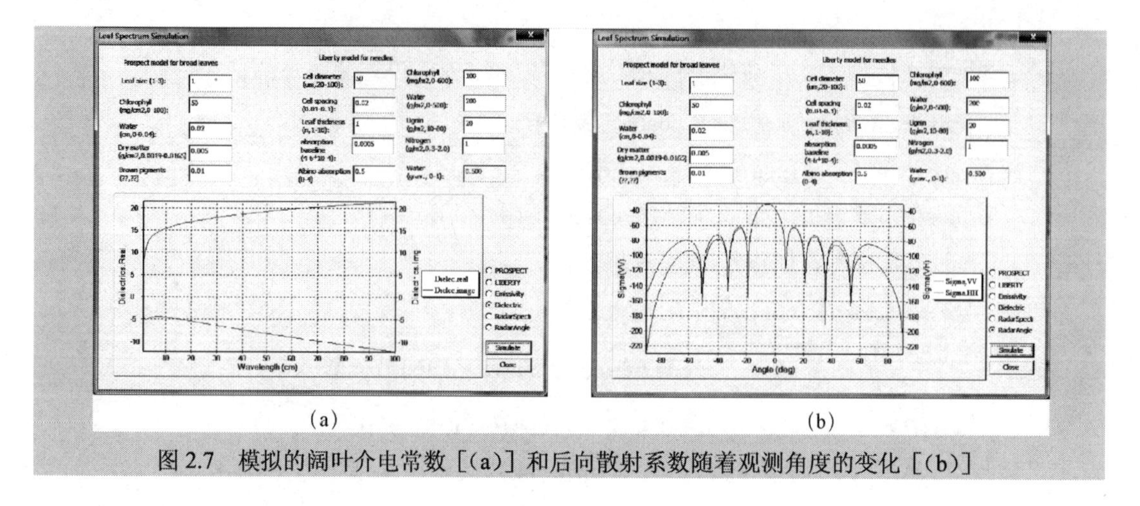

(a) (b)

图 2.7 模拟的阔叶介电常数［(a)］和后向散射系数随着观测角度的变化［(b)］

2.1.4 针叶微波圆柱体散射模型

矩形模型不适合针叶。因此，本小节介绍有限长圆柱体（图 2.8）的散射模型（Tsang et al.，1985），用于针叶、枝条和树干的散射模拟。

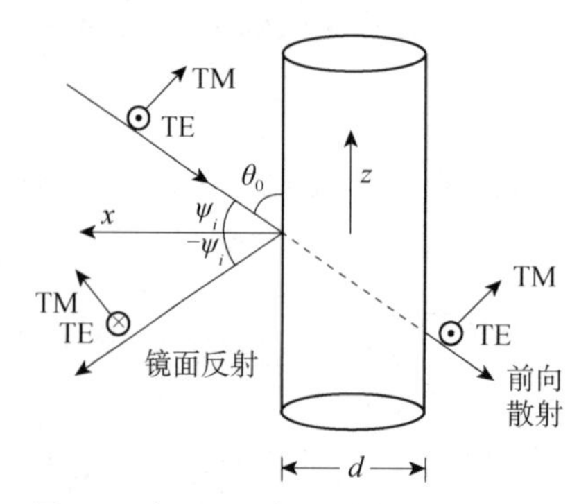

图 2.8 有限长圆柱体结构和散射几何

其中直径为 d，入射矢量会产生前向散射（forward scattering）和镜面散射（specular reflection）；TE.transverse electric wave，横电波，H 极化入射波；TM.transverse magnetic wave，横磁波，N 极化入射波

考虑一个直径为 d、长度为 $2h$、相对介电常数为 ε_r 的介质圆柱，当波长较短的平面波 TM 照射在该圆柱上时，如果圆柱长度远大于入射波长而半径又比入射波长小很多时，可以用半径相同、材料相同的无限长圆柱的内部场代替该圆柱的内部场。无限长均匀介电圆柱的散射矩阵可以表示为

$$\begin{bmatrix} E_{\mathrm{V}}^{s,inf} \\ E_{\mathrm{H}}^{s,inf} \end{bmatrix} = \sqrt{\frac{2}{\pi}} \frac{\exp\left[i\left(-k_0 z \sin\psi_i + k_0 r \cos\psi_i - \frac{\pi}{4} \right) \right]}{\sqrt{k_0 r \cos\psi_i}} \bullet \begin{bmatrix} T_{\mathrm{VV}} & T_{\mathrm{VH}} \\ T_{\mathrm{HV}} & T_{\mathrm{HH}} \end{bmatrix} \bullet \begin{bmatrix} E_{\mathrm{V}}^{i} \\ E_{\mathrm{H}}^{i} \end{bmatrix} \tag{2.11}$$

式中，k_0 为波数（wave number）；r 为观测距离；T 为散射矩阵。

$$\begin{bmatrix} T_{\mathrm{VV}} & T_{\mathrm{VH}} \\ T_{\mathrm{HV}} & T_{\mathrm{HH}} \end{bmatrix} = \begin{bmatrix} \left(\hat{v}_s^{c,inf} \bullet \hat{v}_s^{inf} \right) & \left(\hat{h}_s^{c,inf} \bullet \hat{v}_s^{inf} \right) \\ \left(\hat{v}_s^{c,inf} \bullet \hat{h}_s^{inf} \right) & \left(\hat{h}_s^{c,inf} \bullet \hat{h}_s^{inf} \right) \end{bmatrix} \bullet \begin{bmatrix} T'_{\mathrm{VV}} & T'_{\mathrm{VH}} \\ T'_{\mathrm{HV}} & T'_{\mathrm{HH}} \end{bmatrix} \bullet \begin{bmatrix} \left(\hat{v}_i \bullet \hat{v}_i^c \right) & \left(\hat{h}_i \bullet \hat{v}_i^c \right) \\ \left(\hat{v}_i \bullet \hat{h}_i^c \right) & \left(\hat{h}_i \bullet \hat{h}_i^c \right) \end{bmatrix} \tag{2.12}$$

式中，初始（unprimed）坐标系下的 T 矩阵由本地（或局部，local）坐标系的 T'矩阵转换而来。其中，$(\hat{v}_i, \hat{h}_i)$ 和 $(\hat{v}_s^{inf}, \hat{h}_s^{inf})$ 分别为初始坐标系下入射波和散射波的单位极化向量，$(\hat{v}_i^c, \hat{h}_i^c)$ 和 $(\hat{v}_s^{c,inf}, \hat{h}_s^{c,inf})$ 分别为本地坐标系下入射波和散射波的单位极化向量。T矩阵的数学表达式如下。

$$
\begin{aligned}
T'_{\mathrm{VV}} &= \sum_{n=-\infty}^{\infty}(-1)^n C_n^{TM} \mathrm{e}^{in\phi'} \qquad T'_{\mathrm{VH}} = \sum_{n=-\infty}^{\infty}(-1)^n \bar{C}_n \mathrm{e}^{in\phi'} \\
T'_{\mathrm{HV}} &= -\sum_{n=-\infty}^{\infty}(-1)^n \bar{C}_n \mathrm{e}^{in\phi'} \qquad T'_{\mathrm{HH}} = \sum_{n=-\infty}^{\infty}(-1)^n C_n^{TE} \mathrm{e}^{in\phi'}
\end{aligned} \tag{2.13}
$$

式中，ϕ' 为入射和散射方位角之差；系数 C_n^{TM} 、C_n^{TE} 、$\bar{C}_n$ 分别表示为

$$
\begin{aligned}
C_n^{TM} &= -\frac{V_n P_n - q_n^2 J_n(x_0) H_n^{(1)}(x_0) J_n^2(x_1)}{P_n N_n - \left[q_n H_n^{(1)}(x_0) J_n(x_1)\right]^2} \\
C_n^{TE} &= -\frac{M_n N_n - q_n^2 J_n(x_0) H_n^{(1)}(x_0) J_n^2(x_1)}{P_n N_n - \left[q_n H_n^{(1)}(x_0) J_n(x_1)\right]^2} \\
\bar{C}_n &= i\frac{2}{\pi x_0}\left[\frac{s_0 q_n J_n^2(x_1)}{P_n N_n - \left[q_n H_n^{(1)}(x_0) J_n(x_1)\right]^2}\right]
\end{aligned} \tag{2.14}
$$

式中，

$$
\begin{aligned}
x_0 &= k_0 \frac{d}{2}\cos\psi_i \qquad x_1 = k_0 \frac{d}{2}\sqrt{\varepsilon_r - (\sin\psi_i)^2} \\
q_n &= \frac{2n\sin\psi_i}{k_0 d}\left[\frac{1}{\varepsilon_r - (\sin\psi_i)^2} - \frac{1}{(\cos\psi_i)^2}\right] \\
V_n &= s_1 J_n(x_0) J_n'(x_1) - s_0 J_n'(x_0) J_n(x_1) \\
P_n &= r_1 H_n^{(1)}(x_0) J_n'(x_1) - s_0 H_n^{(1)'}(x_0) J_n(x_1) \\
N_n &= s_1 H_n^{(1)}(x_0) J_n'(x_1) - s_0 J_n'(x_0) J_n(x_1) \\
M_n &= r_1 J_n(x_0) J_n'(x_1) - s_0 J_n'(x_0) J_n(x_1)
\end{aligned} \tag{2.15}
$$

式中，ψ_i 为本地入射角；$J_n()$和 $J'_n()$为第一类 n 阶 Bessel 函数及其导数；$H_n^{(1)}()$和 $H_n^{(1)'}()$为第一类 n 阶 Hankel 函数及其导数。s_0、s_1 及 r_1 分别可以表示为

$$
s_0 = \frac{1}{\cos\psi_i} \qquad s_1 = \frac{\varepsilon_r}{\sqrt{\varepsilon_r - (\sin\psi_i)^2}} \qquad r_1 = \frac{1}{\sqrt{\varepsilon_r \mu_r - (\sin\psi_i)^2}} \tag{2.16}
$$

从上述公式可以看出，微波的电磁散射模型比光学波段复杂得多。当然，本书的目的是让读者了解基本原理，对机理有一定的认识，方便理解模拟结果。更详细的推导可以参见相关书籍和论文（Tsang et al.，1985）。

其实，无限长圆柱体公式并不完全符合树干或者枝条的现实结构。首先，枝干的直径不是常数。其次，枝干可能弯曲。最后，枝干表面粗糙度会影响镜面散射。目前，已经有人尝试对枝干进行分段，每段给出一个直径，然后进行合成模拟（Yang et al.，2016）。但是，现阶段常用的仍然是长圆柱体的简化。

例 2.4： 现有某一树干，直径为 15cm，重量含水量为 40%，在常温 25℃下，计算不同角度下的散射截面（dB）。

答案：在 RAPID2 软件中，选中 Tools→Stem/Branch Spectrum 菜单，勾选 Dielectric 选项即可模拟树干和树枝的介电常数。勾选 RadarAngle 选项即可模拟不同角度下的后向散射系数。输入指定参数，可以获得模拟曲线，获得的结果如图 2.9 所示。

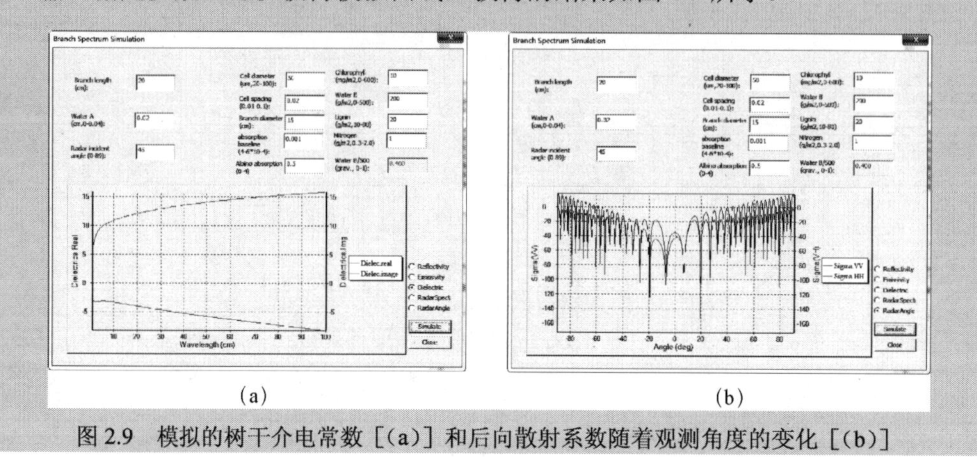

图 2.9　模拟的树干介电常数［(a)］和后向散射系数随着观测角度的变化［(b)］

2.2　土壤模型

2.2.1　光学模型 Hapke

裸露的土壤表面具有非朗伯体特性，即在变化的观测方向和光源方向，土壤表面散射表现出二向反射特性。早在 1981 年，Hapke 就在辐射传输理论的基础上提出了描述土壤 BRDF 特性的模型，并得到了广泛认同。其理论基础是半无限介质（即来自下界的辐射为零）的辐射传输，求解过程中，将接收辐射分为单次散射辐射和多次散射辐射两部分，对前者进行精确计算，对后者假定各向同性，并采用二流（two-stream）近似进行估算。考虑土壤 BRDF 的热点效应，Hapke 对单次散射解附加了一个修正项，而多次散射则假设为各向同性，并用 Chandraeskhar（1960）的 H 函数近似表达。土壤表面二向反射表达为

$$
\begin{aligned}
R(\theta_{\rm i},\theta_{\rm v},\varphi) &= R_1(\theta_{\rm i},\theta_{\rm v},\varphi) + R_{\rm M}(\theta_{\rm i},\theta_{\rm v},\varphi) \\
&= \frac{\omega}{4\pi}\frac{\cos\theta_{\rm i}}{\cos\theta_{\rm i}+\cos\theta_{\rm v}}\{P(g)[1+B(g)]+H(\cos\theta_{\rm i})H(\cos\theta_{\rm v})-1\}
\end{aligned}
\tag{2.17}
$$

式中，R_1（$\theta_{\rm i}$，$\theta_{\rm v}$，φ）和 $R_{\rm M}$（$\theta_{\rm i}$，$\theta_{\rm v}$，φ）分别为单次散射和多次散射；ω 为单次散射反射率；$\theta_{\rm i}$、$\theta_{\rm v}$ 和 φ 分别为太阳天顶角、观测天顶角和相对方位角；g 为相位角，是光线入射和反射的夹角。

$$
\cos g = \cos\theta_{\rm i}\cos\theta_{\rm v} + \sin\theta_{\rm i}\sin\theta_{\rm v}\cos\phi \tag{2.18}
$$

热点函数 B（g）由阴影遮挡原理的半经验公式来计算。

$$
B(g) = \frac{B_0}{1+\tan(g/2)/h} \tag{2.19}
$$

式中，B_0 和 h 分别为热点的强度和宽度的经验参数。

而散射相函数 $P(g)$ 用于描述光线被土壤散射时的角度分布情况，对多次散射假设地表各向同性 $P(g)=1$，而对单次散射可由公式（2.20）精确计算。

$$P(g)=1+b\cos g+c(3\cos^2 g-1)/2 \tag{2.20}$$

式中，b 和 c 为散射相函数的系数，b 为振幅，c 为前向散射与后向散射的比例系数。

此外，计算多次散射的 H 函数，$H(\cos\theta_i)H(\cos\theta_v)-1$ 近似表达了多次散射对土壤二向反射的贡献，H 函数表达如下。

$$H(x)=\frac{1+2x}{1+2x\sqrt{1-\omega}} \tag{2.21}$$

因为 Hapke 模型对土壤二向反射是在不考虑真实相函数和对多次散射各向同性的假设前提下近似计算的，其准确性存在较大的误差，而后 Liang 和 Townshend（1996）对 Hapke 模型进行了修改，精确考虑了二次散射项和用四流（four-stream）近似模拟多次散射项，使得准确性比原始的 Hapke 模型更高。

【作业：请用熟悉的语言如 MATLAB、R 和 Python，编写 Hapke 模型，并模拟出 BRDF 曲线。】

【思考：单次散射的系数如何获得？不同的土壤颗粒如何影响热点？】

2.2.2 微波模型 AIEM

常见的土壤自然地表电磁散射模型包括几何光学模型（GOM）、物理光学模型（POM）、积分方程模型（IEM）和改进积分方程模型（AIEM）。

几何光学模型是基尔霍夫散射模型在驻留相位近似（Kirchhoff approximation，KA）下得到的解析解。基本假设是，在表面的任何一点都产生平面界面的反射。也就是说，在某一局部区域内，将表面界面看成是一个斜面。因此，用统计学来研究表面特性时，对水平方向上的粗糙度要求是其表面相关长度（L）必须大于入射电磁波波长（λ）。而对垂直方向上的粗糙度要求是其表面高程的标准差值必须足够小，以使平均曲率半径大于电磁波波长。上述限制要求的数学表达为

$$kL>6;\ L^2>2.76s\lambda \tag{2.22}$$

式中，k 为自由空间波数；s 为地表均方根高度（代表粗糙度）；L 为表面相关长度；λ 为入射电磁波波长。

在上述地表粗糙度条件下，基于 KA 得到几何光学模型解时，还需要地表粗糙度满足 ks>2.0。在满足这些条件时，微波地表双站散射系数的几何光学模型解为

$$\sigma_{pq}^0\left(\hat{k}_s,\hat{k}_1\right)=\frac{\left|\overrightarrow{k_d}\right|^4}{\left|\hat{k}_s\times\hat{k}_1\right|^4}\frac{1}{2s^2\left|\rho''(0)\right|}\exp\left[\frac{k_{dx}^2+k_{dy}^2}{2k_{dc}^2 2s^2\left|\rho''(0)\right|}\right]f_{pq}$$

$$f_{pq}=\begin{cases}\left|\left(\hat{h}_s\cdot\hat{k}_1\right)\left(\hat{h}_1\cdot\hat{k}_s\right)R_h+\left(\hat{v}_s\cdot\hat{k}_1\right)\left(\hat{v}_1\cdot\hat{k}_s\right)R_v\right|^2(p=v,q=v)\\ \left|\left(\hat{v}_s\cdot\hat{k}_1\right)\left(\hat{h}_1\cdot\hat{k}_s\right)R_h+\left(\hat{h}_s\cdot\hat{k}_1\right)\left(\hat{v}_1\cdot\hat{k}_s\right)R_v\right|^2(p=h,q=v)\\ \left|\left(\hat{h}_s\cdot\hat{k}_1\right)\left(\hat{v}_1\cdot\hat{k}_s\right)R_h+\left(\hat{v}_s\cdot\hat{k}_1\right)\left(\hat{h}_1\cdot\hat{k}_s\right)R_v\right|^2(p=v,q=h)\\ \left|\left(\hat{v}_s\cdot\hat{k}_1\right)\left(\hat{v}_1\cdot\hat{k}_s\right)R_h+\left(\hat{h}_s\cdot\hat{k}_1\right)\left(\hat{h}_1\cdot\hat{k}_s\right)R_v\right|^2(p=h,q=h)\end{cases} \tag{2.23}$$

$$
\begin{aligned}
&|\rho''(0)|=^{2/2} L \\
&k_{dc}=k(\cos\theta_s+\cos\theta_e) \\
&k_{dx}=k(\sin\theta_s\cos\phi_s-\sin\theta_e\cos\phi_e) \\
&k_{dy}=k(\sin\theta_s\sin\phi_s-\sin\theta_e\sin\phi_e) \\
&\overrightarrow{k_d}=k_{dx}\hat{x}+k_{dy}\bullet\hat{y}+k_{dc}\bullet\hat{z}
\end{aligned}
$$

式中，θ_s 和 θ_e 分别为散射天顶角和入射角；ϕ_s 和 ϕ_e 分别为散射方位角和入射方位角；$\sigma_{pq}^0\left(\hat{k}_s,\hat{k}_l\right)$ 为任意 p、q 极化下的地表后向散射系数共 4 种组合，分别为 VV、HV、VH、HH；R_h 和 R_v 分别为驻相点对应的菲涅尔反射系数；$\hat{k}_l$ 为入射方向单位矢量；$\hat{k}_s$ 为散射方向单位矢量；$\overrightarrow{k_d}=\overrightarrow{k_s}-\overrightarrow{k_l}$ 的散射矢量 $\hat{h}_s$ 和 $\hat{v}_s$ 分别为散射水平极化和垂直水平极化单位矢量；下标为 l 的为入射矢量。综合上述粗糙度限制条件，几何光学模型适用的地表粗糙度条件为

$$
s>\lambda/3,\ L>\lambda,\ 且\ 0.4<m<0.7 \tag{2.24}
$$

式中，m 为地表均方根坡度，$m=\dfrac{s}{L}$。

几何光学模型只对表面高程标准差值大的表面（大起伏）有效。在几何光学模型的表述下，散射纯粹是非相干的，并不包括相干散射项。但实际地表后向散射既有相干散射项，又有非相干散射项。当表面均方根高度较大时，几何光学模型有效，散射完全是非相干的，随着粗糙度的减小，某些相干性质散射能量开始出现，当均方根高度 $(ks)=0$ 的极限情况下，得到的是纯粹的相干反射能量。为研究这种状态和这种过渡状态的性能，当 ks 为小值时，对切向场需要做不同的近似。

物理光学模型，即基尔霍夫散射模型，是在标量近似法下得到的地表后向散射解析解，适于小起伏地形表面。物理光学模型在高斯相关地表情况下，双站散射系数包括相干项（Coh）和非相干项（Non）。

$$
\sigma_{pq}^0=\sigma_{pq|\mathrm{Coh}}^0+\sigma_{pq|\mathrm{Non}}^0 \tag{2.25}
$$

相干项进一步可以表述为

$$
\sigma_{pq|\mathrm{Coh}}^0\left(\widehat{k_s},\widehat{k_l}\right)=\pi k^2\left|R_{pq}\left(\theta_l\right)\right|^2\exp\left(-4k_{dc}^2s^2\right)\delta\left(k_{dx}\right)\delta\left(k_{dy}\right) \tag{2.26}
$$

非相干项表达为

$$
\sigma_{pq|\mathrm{Non}}^0\left(\widehat{k_s},\widehat{k_l}\right)=\frac{k^2}{4}\left|\widehat{p_s}\bullet\overline{F_q}(0,0)\right|^2\sum_{n=0}^{\infty}\frac{\left(k_{dc}^2s^2\right)^n}{n!n}L^2\exp\left[-\frac{\left(k_{dx}^2+k_{dy}^2\right)L^2}{4n}\right]\exp\left(-s^2k_{dc}^2\right)
$$

$$
\widehat{p_s}\bullet\overline{F_q}(0,0)=\begin{cases}\left\{\left[1-R_h\left(\theta_l\right)\right]\cos\theta_l-\left[1+R_h\left(\theta_l\right)\right]\cos\theta_s\right\}\cos\left(\phi_l-\phi_s\right),(p=h,q=h)\\ \left\{\left[1-R_h\left(\theta_l\right)\right]\cos\theta_l\cos\theta_s-\left[1+R_h\left(\theta_l\right)\right]\right\}\cos\left(\phi_l-\phi_s\right),(p=v,q=h)\\ \left\{\left[1-R_v\left(\theta_l\right)\right]\cos\theta_l\cos\theta_s-\left[1+R_v\left(\theta_l\right)\right]\right\}\sin\left(\phi_l-\phi_s\right),(p=h,q=v)\\ \left\{\left[1-R_v\left(\theta_l\right)\right]\cos\theta_l-\left[1+R_v\left(\theta_l\right)\right]\cos\theta_s\right\}\sin\left(\phi_l-\phi_s\right),(p=v,q=v)\end{cases} \tag{2.27}
$$

式中，下标 l 为入射相关的量；下标 s 为散射相关的量；R_{pq} 为菲涅尔反射系数；$\delta()$为狄拉克函数。显然，相干项只存在于镜面反射方向，并且非相干项依赖于地表的粗糙度相干函数。由于物理相关模型在推导中采用了标量近似，即仅考虑了 $\overline{F_q}(0,0)$，因此，它也有一

定的适用范围。为了利用该模型，地表要满足下面的地表粗糙度条件。

$$0.05\lambda < s < 0.15\lambda,\ L > \lambda,\ \text{且}\, m < 0.25 \tag{2.28}$$

实际自然地表的粗糙度是连续的，包括了各种不同尺度的粗糙度水平，上面讨论的散射模型无法描述实际地表粗糙度状况。因此，还需要一个连续的模型来对不同粗糙度状况下的自然地表情况进行散射和辐射模拟，使其能更为逼近实际地表情况电磁波的作用过程。Fung 等（1992）为了解决上述问题，发展了积分方程模型（integral equation model，IEM）。该模型基于复杂的原始积分方程描述地表散射模型，能在一个很宽的地表粗糙度范围内再现真实的地表散射情况，已经被广泛应用于微波地表散射、辐射的模拟和分析。

根据积分方程（Stratton-Chu 公式），散射场可以通过对表面场的积分处理得到。因而，如何更好地逼近表面场成为提高散射模型精度的一个重要突破点。通过积分方程来处理介电表面的切面场，这是 IEM 的出发点。切面场比基尔霍夫场更为普遍，而 IEM 的一个基本想法，就是把未知的表面场分为两部分：一部分就是保留的原始基尔霍夫场，即基尔霍夫切面近似场；另一部分就是引进了补偿场，用来对基尔霍夫场进行纠正。对于以任意极化方式入射到粗糙表面（法向矢量 $\hat{n}$）的电磁波 $\vec{E}$，根据 Poggio 和 Miller（1973）的公式，可以把表面场切向分量表示为

$$\hat{n}\times\vec{E}=\left(\hat{n}\times\vec{E}\right)_k+\left(\hat{n}\times\vec{E}\right)_c \tag{2.29}$$

其中，基尔霍夫切面场表示为

$$\left(\hat{n}\times\vec{E}\right)_k=\hat{n}\times\left(\vec{E}^i+\vec{E}^r\right) \tag{2.30}$$

定义补偿场项为

$$\begin{aligned}\left(\hat{n}\times\vec{E}\right)_c=\hat{n}\times\left(\vec{E}^i-\vec{E}^r\right)-\frac{1}{2\pi}\hat{n}\times\int\vec{E}'ds'\\-\left(\hat{n}'\times\vec{E}'\right)\nabla'Gds'\end{aligned} \tag{2.31}$$

式中，$\vec{E}$ 为表面场微面元电场相关，由格林函数及其梯度函数计算；上标 i 为入射场，r 为接收场。

将上面得到的表面场带入 Stratton-Chu 公式进行积分就可以得到散射场。很显然，散射场也能够相应地分成两部分：基尔霍夫（Kirchhoff）散射项和补偿场散射项（Fung et al.，1992）。

近年来，IEM 经过不断改进和完善，模型模拟结果和精度得到不断提高。但是，当将 IEM 应用于实际自然地表时，模型模拟值与实际地表测量后向散射值之间仍然存在以下一些不一致。

1）IEM 过高地估计了 V 极化的有效反射率，并低估了 H 极化的有效反射率。

2）IEM 不能模拟高频地表发射信号，在频率高于 23GHz 时经常出错。通常，高频数据一般不用于土壤水分反演，因而在土壤水分研究中没有注意到这个问题。但是，它降低了针对高频地表信号进行微波建模的能力，比如在研究积雪辐射信号时则需要将该模型延伸到 37GHz 频率。

Chen 等（2003）针对上述问题提出了改进积分方程模型（advanced integral equation model，AIEM）。该模型主要在以下两个方面进行了改进。

1）保持格林函数及其梯度的绝对相位项，重新推导了补余场强系数，因而推导出了更

完整、更精确的多次散射表达式和单次散射项。

2）计算随机介电地表的双站散射系数时，菲涅尔反射系数通常被假设在低、高频范围内各自采用入射角近似或零度角近似。然而，这两种近似都只能应用于各自的有效范围。AIEM 通过过渡函数可把这两种近似连接起来。

AIEM 的形式较 IEM 更为复杂，但是其形式仍然为代数形式，因而计算速度相对较快，并且可以取得更好的精度。Shi 等（2002）用蒙特卡洛数值模拟在 L 波段 50°入射角对 AIEM 做了验证，结果表明 AIEM 能很好地描述地表散射和辐射过程。

例 2.5： 设定土壤粗糙度为 0.015cm，相关长度为 18cm，重量含水量为 30%，在常温 25℃下，计算不同角度下的土壤散射截面（dB）。

答案：在 RAPID2 软件中，选中 Tools→Soil Spectrum 菜单，勾选 Dielectric 选项即可模拟土壤介电常数。勾选 RadarAngle 选项即可模拟不同角度下的后向散射系数。输入指定参数，可以获得模拟曲线，获得的结果如图 2.10 所示。

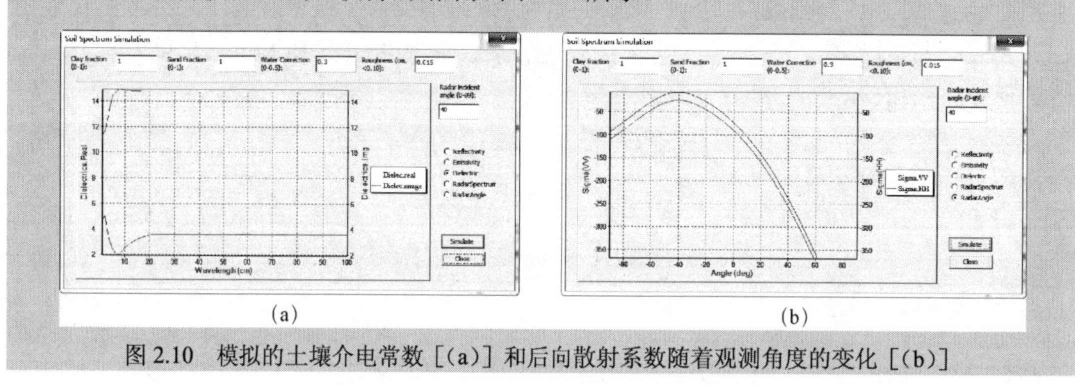

图 2.10 模拟的土壤介电常数［(a)］和后向散射系数随着观测角度的变化［(b)］

2.3 水体模型

水体是地球表层中各种形式的水的聚集体，如海洋、河流、湖泊、水库、冰川、沼泽等。林业相关的水体主要是湿地。不论是光学还是微波，其波长相对静止水体表面都较大，可近似为镜面，因此绝大多数传感器接收不到镜面反射信号，回波的遥感信号都很弱。水体在大多数图像上都是黑色。不过，当有波浪、泡沫或者水生植物出现时，水体的信号会增强，有必要进行一定的了解。

2.3.1 光学模型 Cox-Munk

首先，想象这样的场景：波光粼粼的水面，艳阳高照，相机垂直向下拍照，这时会观测到一片“舞动”的反光亮区。这是因为水面出现了波动，每一个反光点都对应着一个特定倾斜角度的水面小波面，将太阳光线反射至观测者。由于波浪的存在，水面变得粗糙，整体上不再是单纯的镜面反射。某些方向导致的信号增强，会产生耀斑，干扰传感器的信号。

Cox-Munk 模型（Cox and Munk，1954）旨在提供一种定量的水面（主要是海面）粗糙度测量方法，更确切地说，是关于不同风速下的海水小波面斜率的分布统计。每个小坡面都是镜面反射，但是根据统计分布可以加权平均，获得任意方向的反射率。Cox-Munk 模型通过拍摄照片观测反光区域内部的不同亮度，进而计算小波面斜率分布。

需要注意的是，传感器接收到的辐射不仅包括海面反射的太阳光线，还包括海面反射的天空光和海水颗粒散射的太阳光。这两种间接辐射源产生了观测的背景辐射。Cox-Munk 模型的误差来源很多，包括随机误差、云影、多次反射、高斜率小波面不可见、高风速下浪花的产生、均匀天空光的假设等多个方面。

如果水体中有植物，那么就需要考虑水和植物的相互作用。具体的模型案例参见 2.5 节。

2.3.2　微波模型

在微波波段，理想水体表面平滑，几乎为镜面反射，后向散射强度弱，近似为 0。不过水体散射通常会受到内部物质的影响，包括泡沫、水生植物等，因此重点是对这些物质进行建模。到目前为止，水体的微波模型（图 2.11）并不常见，通常设定完全镜面散射，后向散射为 0。

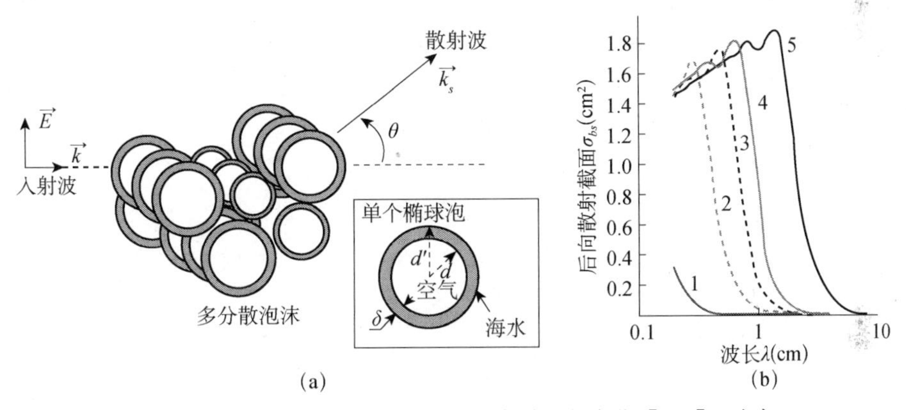

图 2.11　水体泡沫建模［(a)］及其后向散射截面随着波长的变化［(b)］（改自 Raizer，2012）

1～5 表示不同的泡的表面厚度，1.0.002cm；2.0.005cm；3.0.008 cm；4.0.012 cm；5.0.025 cm

2.4　适用于森林和草原的辐射传输模型

本节开始介绍像元尺度模型。其中，植被是研究最多的对象，所开发模型的基本单位通常是森林、作物和草。在森林中，林分是基本单元，在遥感中可以对应中等分辨率图像中的一个或者多个像素。林分尺度的模型较多，常见的模型如表 2.3 所示。

表 2.3　常见的植被辐射传输模型（参考辐射传输模型比较大赛 RAMI-3）

模型名称	功能	参考文献
几何光学模型 GOMS	椭球体假设，模拟林分二向反射	Li and Strahler，1992
SAIL 模型	一维假设，模拟植被反射和热辐射	Verhoef and Bach，2003，2007，2012
五尺度模型（5-SCALE）	五尺度假设，模拟林分二向反射	Leblanc and Chen，2000
随机辐射传输（SRT）模型	结构光谱分离，模拟林分二向反射	Shabanov et al.，2007
水云模型 WCM	一阶透射，模拟作物和草地微波散射	Attema and Ulaby，1978
MIMICS 模型	一维假设，模拟林分微波后向散射系数	Ulaby et al.，1990
DART 模型	三维模型，模拟林分二向反射、热红外辐射和激光雷达	Gastellu-Etchegorry et al.，2017

续表

模型名称	功能	参考文献
RAPID 模型	三维模型，模拟林分二向反射、热红外辐射、激光雷达和微波散射	Huang et al.，2013，2018
LESS 模型	三维模型，模拟林分二向反射、热红外辐射和激光雷达	Qi et al.，2019

注：二向反射也叫双向反射，通常用双向反射分布函数（bidirectional reflectance distribution function，BRDF）和二向性反射率因子（bidirectional reflectance factor，BRF）指标描述

2.4.1 几何光学模型

几何光学模型是从遥感的像元尺度角度出发，将像元内森林植被假定为具有光学性质的几何体（如球体、圆柱体和圆锥加圆柱体等），并以一定的方式排列在地表。像元的亮度值由在观测视场范围内光照面与阴影亮度面积加权和。光照面与阴影的权重根据几何体的结构和空间分布情况，依据光学原理计算在任意入射光方向和观测方向下光照面及阴影的可视比例。几何光学方法能很好地解释热点效应，适用于描述离散的疏林地的二向反射特征。

几何光学模型的一般表达形式由四分量组成，即光照树冠、阴影树冠、光照背景和阴影背景（图 2.12）。像元反射率（R）可表达为

$$R=P_TR_T+P_{ZT}R_{ZT}+P_GR_G+P_{ZG}R_{ZG} \tag{2.32}$$

式中，P_T、P_{ZT}、P_G、P_{ZG} 分别为光照树冠、阴影树冠、光照背景、阴影背景在像元中所占面积比例；R_T、R_{ZT}、R_G、R_{ZG} 则分别为对应分量的反射率（假设均为朗伯反射）。

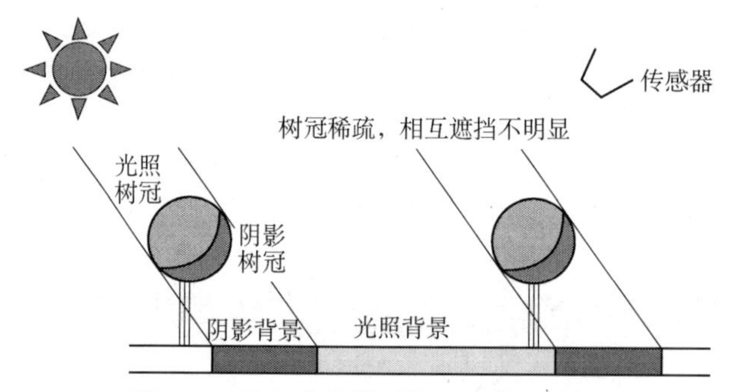

图 2.12 几何光学模型的四分量示意图

典型代表有 Li 和 Strahler（2007）的几何光学模型（GOM 和 GOMS）及 Leblanc 和 Chen（2000）的五尺度模型（5-SCALE）。GOM 是纯几何光学模型，模型假定树冠为圆锥体，以森林结构参数（如株数密度、树高和冠幅等）来计算 4 个分量的比例。初始的 GOM 在几何个体、密度和概率分布上的假设有一定的局限性，随后李小文在 Strahler 和 Jupp（1990）的修正模型基础上又考虑了树冠间的相互遮蔽效应使模型 GOMS 能适用于密度较大的离散植被的二向反射特征。

五尺度模型是前人的几何光学模型的进一步发展，模型由四尺度模型（4-SCALE）耦合一个针叶反射模型 LIBERTY 而来。该模型考虑森林树冠的聚集分布（采用双纽曼分布）和树木间的多次散射对 BRDF 的作用。其中四尺度模型是包含 4 种尺度［图 2.13（a）］的几何光学模型，模型充分考虑树枝和叶片的分布特征。五尺度模型强调不同尺度下的森林冠层结构组成和分布方式，模型的主要输入参数见表 2.4。5-SCALE 有可供用户编辑的交

互 GUI 软件，软件界面如图 2.13（b）所示。5-SCALE 有 4 种模式：①太阳平面上的反射率二向性模式；②单波段反射率的二向性模式；③太阳平面上的反射率高光谱模式；④自定义模式。

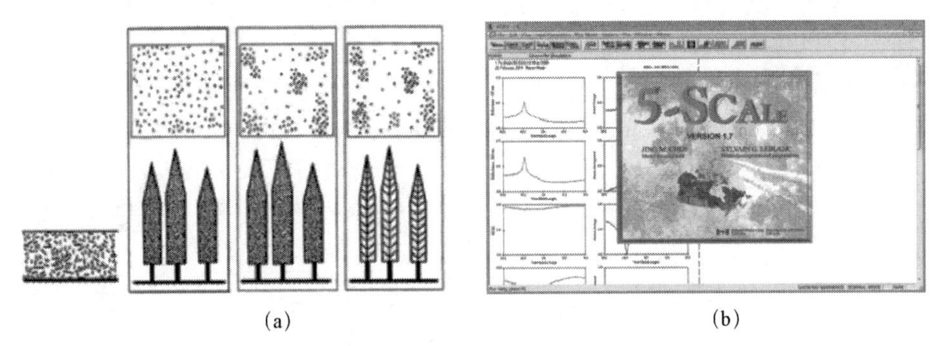

(a)　　(b)

图 2.13　四尺度模型定义［(a)］和五尺度模型软件界面［(b)］

表 2.4　五尺度模型主要输入参数

变量	符号	描述	默认值
林分和树结构	B	像素大小（m^2）	900
	D	林木数量（株数/900m^2）	300
	H_a	树干高（m）	5.44
	H_b	树冠高（m）	7
	r	树冠半径（m）	1.5
	W_s	典型树叶元素宽（m）	0.01
	Ω_E	树冠丛生指数	0.95
	γ_E	针叶丛生指数	6
	α_B	树枝角度（°）	22
	α_L	叶片角度（°）	40
	R_b	枝厚（m）	0.1
	RATIO	枝条厚宽比	0.1
	α	树冠顶端圆锥体截面顶角的一半（°）	20
	LAI	叶面积指数（m^2/m^2）	2.4
	L_1	枝条叶面积指数（m^2/m^2）	1.2
太阳-观测-目标	SZA	太阳天顶角（°）	40
几何参数	VZA	观测天顶角（°）	0
土壤反射率	ρ_b	混合背景反射率	0.2
针叶参数	d	叶片细胞平均直径（μm）	40
	X_u	细胞间隙	0.045
	h	针叶厚度	1
	C_b	基吸收量	0.0005
	C_a	白化吸收量	2
	C_h	叶绿素含量（mg/m^2）	200
	C_w	水分含量（g/m^2）	100
	C_l	木质素和纤维素含量（g/m^2）	40
	C_N	氮含量（g/m^2）	1

GOMS 和 5-SCALE 的软件在 RAPID 网站（http://www.3dforest.cn/rapid.html）上也能下载使用。需要指出的是，几何光学模型在微波波段并未得到应用，有待进一步发掘潜力。

例 2.6：请使用 5-SCALE 模型的默认值（表 2.4），修改株数密度为 1000 株/hm^2，然后调整树冠半径为 0.1m、0.5m、1.0m、1.5m、2.0m 和 2.5m，绘制垂直观测下的 NDVI 随着树冠半径的变化折线图。

答案：在五尺度模型 GUI 界面中，点击菜单 Input Parameters，弹出输入参数的对话框（图 2.14）。

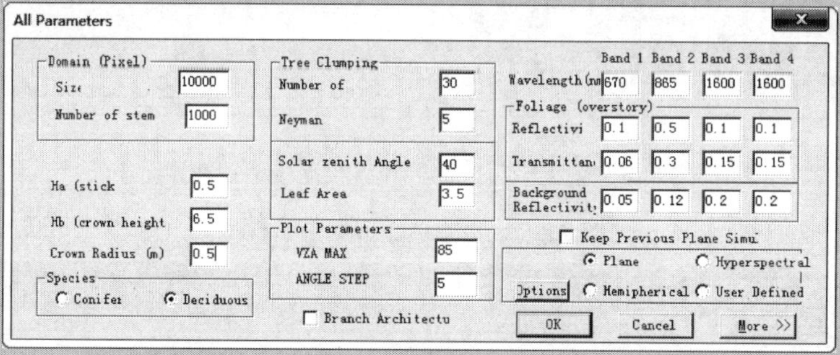

图 2.14　五尺度模型输入参数对话框

左下角的 Crown Radius（m）参数即为树冠半径。修改其为 0.5，然后点击 OK 按钮。再点击工具栏的 Run 按钮，即可得到 0.5m 树冠半径下的主平面下的 BRF 曲线。点击 Switch view 工具看到反射率的表格，记录星下点的 NDVI。依此方法，继续记录其他树冠半径的反射率，然后用作图软件（如 Excel）绘制折线图（图 2.15）。

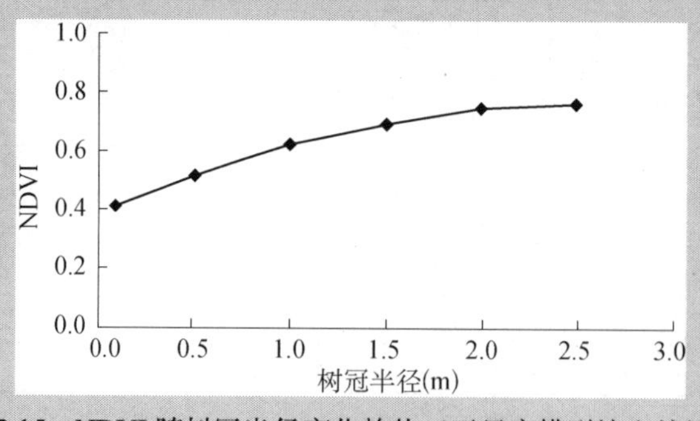

图 2.15　NDVI 随树冠半径变化趋势（五尺度模型输出结果）

2.4.2　辐射传输模型

植被辐射传输最初的理论来源，是光在混浊大气中的传播规律。光与连续植被和大气的相互作用过程有着相似之处，均可假设水平均一、垂直分层。然而，植被的主要散射体与大气主要散射体的特征又存在明显的不同。大气的散射体主要为大气分子、气溶胶和云滴等，均可近似为质点或球形体，远小于或者接近波长，对光的散射具有轴对称性。而植被在光学波段的主要散射体是叶片，叶片具有一定的大小和形状，叶片对光的散射不仅与表面状况（如粗糙度）有关，还与叶片的取向和空间分布息息相关。在微波波段，植被散射体还要考虑枝干的贡献，更为复杂。

因此，植被冠层辐射传输相比大气辐射传输显得更加复杂。最接近大气模型的冠层模型是把树冠假设为一维混浊介质，叶片随机分布，冠层在水平方向上无限均匀，垂直方向上有限变化[图 2.16(a)]。虽然有不少一维模型，但是光学领域的经典代表是 SAIL(scattering by arbitrarily inclined leaves）模型和随机辐射传输模型 SRT（表 2.3)；而微波领域的经典模型则属于水云模型（water cloud model，WCM）和 MIMICS（Michigan microwave canopy scattering model)，故本小节仅介绍这 4 个模型。

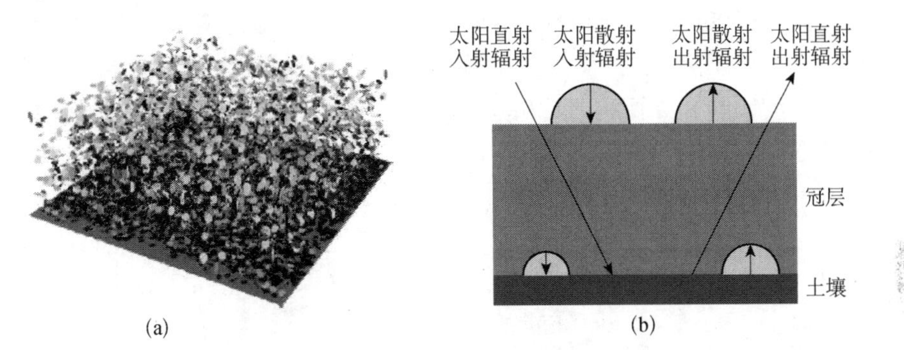

图 2.16 一维辐射传输模型冠层结构示意图［(a)］及四流近似传输示意图［(b)］

1. 光学模型 SAIL

SAIL 模型是运用最为广泛的一维光学模型。SAIL 模型是在 Suits 模型的基础上引入任意叶倾角函数发展而来的。Suits 模型将植被冠层视为只包含水平和垂直的叶面，因此 Suits 模型可以当成 SAIL 模型的特例。SAIL 模型中冠层的散射系数和消光系数均由这随机的叶面分布函数延伸而来。该模型将入射辐射分为 4 个部分，分别为向下传输的辐射通量密度、上行和下行的辐射通量密度及观测方向的辐射通量密度［图 2.16（b)]。

SAIL 模型方程如下。

$$\begin{aligned}
&\frac{\mathrm{d}}{L\mathrm{d}x}E_{\mathrm{s}} = kE_{\mathrm{s}} \\
&\frac{\mathrm{d}}{L\mathrm{d}x}E^{-} = -sE_{\mathrm{s}} + aE^{-} - \sigma E^{+} \\
&\frac{\mathrm{d}}{L\mathrm{d}x}E^{+} = s'E_{\mathrm{s}} + \sigma E^{-} - aE^{+} \\
&\frac{\mathrm{d}}{L\mathrm{d}x}E_{\mathrm{o}} = wE_{\mathrm{s}} + vE^{-} + uE^{+} - KE_{\mathrm{o}}
\end{aligned} \tag{2.33}$$

式中，L 为叶面积指数（LAI)；x 为相对光学厚度，0 代表是在冠层顶，−1 代表在背景土壤；E_{s} 为下行太阳直射辐射通量密度；E^{+}、E^{-}分别为上、下行漫射光辐射通量密度；E_{o} 为观测方向的辐射通量；k 为直射辐射通量密度的消光系数；K 为在观测方向上直射辐射的消光系数；a 为漫辐射的消光系数；σ 为漫辐射的后向散射系数；s 为直射辐射的前向散射系数；s' 为直射辐射的后向散射系数；w、v、u 分别为 E_{s}、E^{-}、E^{+}三个通量向观测方向传输辐亮度的转换系数。

SAIL 模型通过求解这 4 个线性微分方程组的 9 个系数，将系数与描述植被冠层的参数（如叶面积指数和叶倾角）关联起来计算冠层的反射率（R)。

$$R=f_{\mathrm{SAIL}}(\mathrm{LAI},\mathrm{ALA},\rho,\tau,\theta_i,\theta_v,\varphi,\mathrm{skyl},\mathrm{hot}) \tag{2.34}$$

式中，ALA 为叶倾角；ρ 和 τ 分别为叶片反射率和透射率；skyl 为天空光散射辐射比例；热点参数 hot 为平均叶片大小与冠层高度的比例。

叶片反射率与透射率可以由 PROSPECT 模型模拟，因此将叶片光学模型 PROSPECT 与冠层模型 SAIL 耦合成 PROSAIL 模型。目前具有更好鲁棒性和运行速率的版本为 PROSAIL 模型，网址 http://teledetection.ipgp.jussieu.fr/prosail/有代码可供下载使用。耦合模型 PROSAIL 可用于探究叶片和冠层结构参数变化对冠层方向反射率的响应。如图 2.17 所示，在波长 400～2500nm，叶面积指数增大使冠层方向反射率增大，而平均叶倾角增大会引起冠层方向反射率降低。目前，SAIL 模型广泛运用于农作物和草原植被光学模拟，此外对竹林和浓密的阔叶林等连续的冠层也有较好的适用性。SAIL 模型也有很多变体，包括考虑热点效应的 SAILH 模型、支持热红外的 4SAIL 模型、混合几何光学模型的 GeoSAIL 模型等。

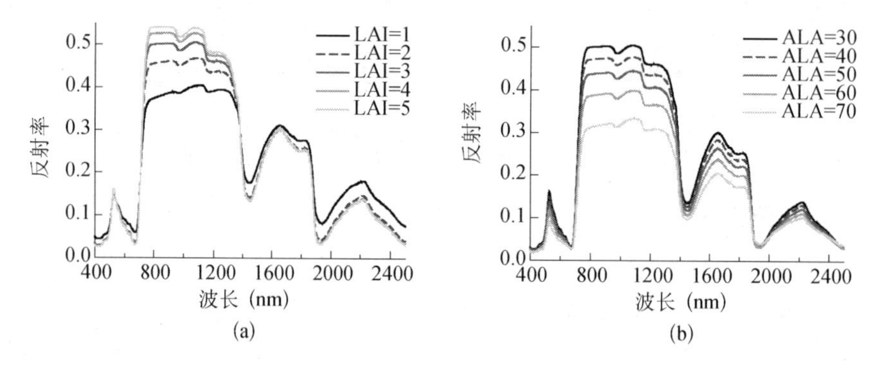

图 2.17　基于 PROSAIL 模拟的冠层方向反射率随 LAI［(a)］和 ALA［(b)］的变化

2. 光学模型 SRT

比 SAIL 模型更为简单、参数更少、物理机理更为简洁的模型是随机辐射传输模型（stochastic radiative transfer model，SRT 模型）。通常所说的辐射传输模型是指均匀介质的辐射传输模型，即把表面要素（树叶或土壤微粒）看成是具有给定光学特性的小的吸收和散射微粒，随机地分布在场景内并且有一定的方向。对于非均匀介质的辐射传输模型，Shabanov 等（2000，2007）提出了模拟非均匀森林冠层辐射传输过程的模型——随机辐射传输模型。

SRT 模型引入随机场的思想，利用两个重要的参数来模拟森林冠层的空间分布，即找到植被概率［the probability of finding foliage element，$p(\xi)$］（表示某一水平面上能够找到植被的概率）和对相关函数［the pair-correlation function，$q(z,\xi,\vec{\Omega})$］（表示沿特定方向上穿过两个水平面能够同时找到植被的概率），如图 2.18 所示。SRT 模型将树木假想成一定的几何体，基于随机几何理论计算上述两个函数。然后再通过积分，计算林分场景内特定水平面、特定方向的总体平均辐射度及植被区域平均辐射度，从而将辐射传输模型的适用对象扩展到空间分布不均一的森林。SRT 模型具有接近于三维模型的精度，却具有一维模型的简洁形式（柳钦火等，2016）。

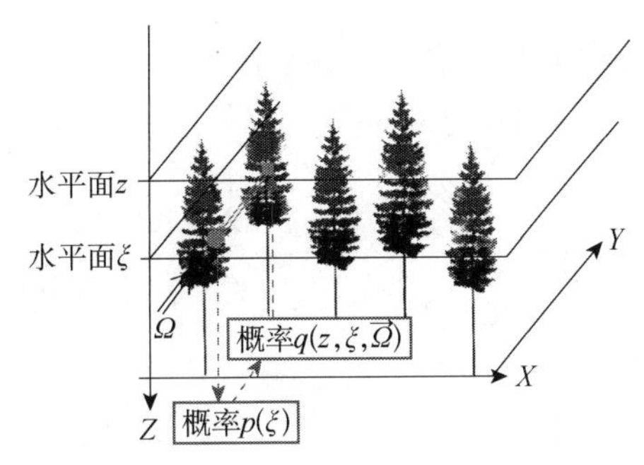

图 2.18　SRT 模型的参数 p 和 q 示意图

SRT 模型的核心方程组如下所示。

$$
\begin{cases}
\bar{I}\left(z,\vec{\Omega}\right)+\dfrac{1}{\left|\mu\left(\vec{\Omega}\right)\right|}\int_0^z\sigma\left(\vec{\Omega}\right)p(\xi)U\left(\xi,\vec{\Omega}\right)\mathrm{d}\xi \\
\quad =\dfrac{1}{\left|\mu\left(\vec{\Omega}\right)\right|}\int_0^z\mathrm{d}\xi\, p(\xi)\int_{4\pi}\sigma_s\left(\vec{\Omega}'\to\vec{\Omega}\right)U\left(\xi,\vec{\Omega}'\right)\times\mathrm{d}\vec{\Omega}'+\bar{I}\left(x,y,0,\vec{\Omega}\right),\ \Omega_z<0; \\
\bar{I}\left(z,\vec{\Omega}\right)+\dfrac{1}{\left|\mu\left(\vec{\Omega}\right)\right|}\int_z^H\sigma\left(\vec{\Omega}\right)p(\xi)U\left(\xi,\vec{\Omega}\right)\mathrm{d}\xi \\
\quad =\dfrac{1}{\left|\mu\left(\vec{\Omega}\right)\right|}\int_z^H\mathrm{d}\xi\, p(\xi)\int_{4\pi}\sigma_s\left(\vec{\Omega}'\to\vec{\Omega}\right)U\left(\xi,\vec{\Omega}'\right)\times\mathrm{d}\vec{\Omega}'+\bar{I}\left(x,y,H,\vec{\Omega}\right),\ \Omega_z>0; \\
U\left(z,\vec{\Omega}\right)+\dfrac{1}{\left|\mu\left(\vec{\Omega}\right)\right|}\int_0^z\sigma\left(\vec{\Omega}\right)K\left(z,\xi,\vec{\Omega}\right)U\left(\xi,\vec{\Omega}\right)\mathrm{d}\xi \\
\quad =\dfrac{1}{\left|\mu\left(\vec{\Omega}\right)\right|}\int_0^z\mathrm{d}\xi K\left(z,\xi,\vec{\Omega}\right)\int_{4\pi}\sigma_s\left(\vec{\Omega}'\to\vec{\Omega}\right)U\left(\xi,\vec{\Omega}'\right)\times\mathrm{d}\vec{\Omega}'+\bar{I}\left(x,y,0,\vec{\Omega}\right),\ \Omega_z<0; \\
U\left(z,\vec{\Omega}\right)+\dfrac{1}{\left|\mu\left(\vec{\Omega}\right)\right|}\int_z^H\sigma\left(\vec{\Omega}\right)K\left(z,\xi,\vec{\Omega}\right)U\left(\xi,\vec{\Omega}\right)\mathrm{d}\xi \\
\quad =\dfrac{1}{\left|\mu\left(\vec{\Omega}\right)\right|}\int_z^H\mathrm{d}\xi K\left(z,\xi,\vec{\Omega}\right)\int_{4\pi}\sigma_s\left(\vec{\Omega}'\to\vec{\Omega}\right)U\left(\xi,\vec{\Omega}'\right)\times\mathrm{d}\vec{\Omega}'+\bar{I}\left(x,y,H,\vec{\Omega}\right),\ \Omega_z>0
\end{cases}
\tag{2.35}
$$

式中，z 和 ξ 为水平面；$\bar{I}\left(z,\vec{\Omega}\right)$ 为林分在 z 平面 $\vec{\Omega}$ 方向上的平均辐射度，$U\left(z,\vec{\Omega}\right)$ 为林分在 z 平面中的植被部分在 $\vec{\Omega}$ 方向上的平均辐射度，两者为模型输出所需计算的重要参数；$\mu\left(\vec{\Omega}\right)$ 为 $\vec{\Omega}$ 方向极角的余弦；$\sigma\left(\vec{\Omega}\right)$ 为消光系数；$p(\xi)$ 为在水平面 ξ 找到植被的概率；$K\left(z,\xi,\vec{\Omega}\right)$ 为沿 $\vec{\Omega}$ 方向上穿过 z 水平面找到植被，同时在 ξ 平面找到植被的概率［条件对相关函数，即对相关函数 $q\left(z,\xi,\vec{\Omega}\right)$ 的条件概率］；$\int_{4\pi}\sigma_s\left(\vec{\Omega}'\to\vec{\Omega}\right)U\left(\xi,\vec{\Omega}'\right)\times\mathrm{d}\vec{\Omega}'$ 为 ξ 平面植被部分从各个方向散射到 Ω 方向的辐射的平均值的积分。积分公式中，0 为林分的上边界；H 为林分的下边界；$\bar{I}\left(x,y,0,\vec{\Omega}\right)$ 为冠层顶部辐射初始平均值；$\bar{I}\left(x,y,H,\vec{\Omega}\right)$ 为冠层底部辐

射初始平均值；$\Omega_z<0$ 为下行辐射，$\Omega_z>0$ 为上行辐射。

SRT 模型的输入输出参数如表 2.5 所示。

表 2.5 SRT 模型的输入输出参数

输入参数	输出参数
太阳角度 树冠高度与直径之比 叶面积指数及叶倾角分布	二向反射率因子（BRF）
叶片反射率及透射率 找到植被概率 对相关函数 土壤反射率	半球反射率、透射率、吸收率

3. 微波水云模型

在微波波段，水云模型针对作物，理论上也适用于草地。水云模型忽略了植被和土壤的多次散射，基本公式为

$$\sigma_{pq}^0=\sigma_{\text{veg}}^0+\sigma_{\text{soil}}^0 \tag{2.36}$$

可以看出，总的后向散射分别来自于植被（veg）和土壤（soil）。其中，p、q 分别为雷达的不同极化方式。植被和土壤两部分的散射具体化为

$$\sigma_{\text{veg}}^0=A\times\text{Veg}\times\cos\theta\left(1-\mathrm{e}^{-2\times B\times\text{Veg}\times\sec\theta}\right) \tag{2.37}$$

$$\sigma_{\text{soil}}^0=\sigma_{pq\_\text{soil}}^0\mathrm{e}^{-2\times B\times\text{Veg}\times\sec\theta} \tag{2.38}$$

式中，θ 为雷达探测角度；A、B 为经验系数；Veg 为作物相关参数；$\sigma_{pq\_\text{soil}}^0$ 为土壤的后向散射；$\mathrm{e}^{-2\times B\times\text{Veg}\times\sec\theta}$ 为植被层对来自土壤后向散射的透过率。A、B 和 Veg 的估算都带有经验性，通常可以由光学反演的 LAI 估算。

4. 微波模型 MIMICS

下面介绍综合考虑树干、树枝、叶片和土壤的 MIMICS 模型。MIMICS 为一维（1D）结构，分为土壤层、树干层和枝叶混合层三层［图 2.19（a）］。冠层内部是枝叶的混合体。枝条按照介电圆柱体构建，其参数包括长度、直径和倾角分布。叶片按照圆盘模型构建，参数包括叶片长宽、厚度和倾角分布。如果是针叶，采用枝条类似的圆柱体模型。树干层主要用株数密度参数控制，位置随机分布。单个树干的参数为高度、直径和含水量。土壤需要输入纹理、粗糙度、相关长度和含水量。除了结构以外，还需要输入所有组分的介电常数。具体参数参见表 2.6。

入射电磁波存在不同的传输路径［图 2.19（b）］，分别反映了土壤的贡献（1）、植被冠层独立贡献（3）、植被土壤的交互作用（2）、树干和土壤的双次散射贡献（4）。最后总的后向散射系数是各个路径贡献的总和。

$$\sigma_{总}^0=\sigma_1^0+\sigma_{2a}^0+\sigma_{2b}^0+\sigma_3^0+\sigma_{4a}^0+\sigma_{4b}^0 \tag{2.39}$$

其中，土壤的后向散射和镜面散射可以采用 AIEM 模型或者类似的散射模型；植被冠层的散射模型是单个枝叶散射矩阵的加权平均，权重是密度和角度分布函数的乘积。

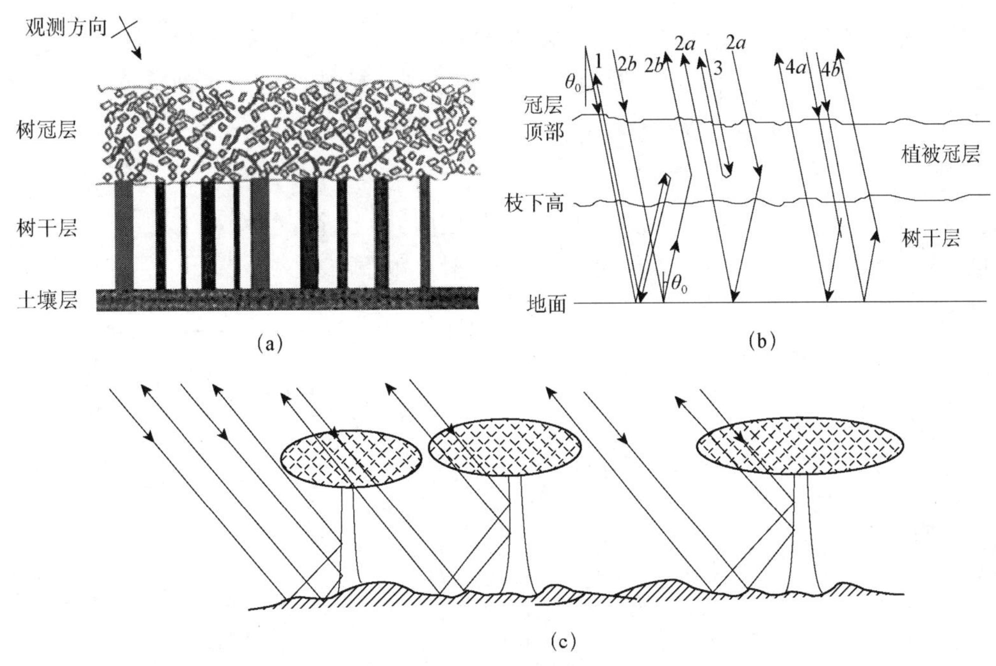

图 2.19　MIMICS 模型的 1D 森林结构（土壤层+树干层+枝条和叶片的混合冠层）[(a)]、后向散射项的组成 [(b)]、双次散射项 [(c)]

其中数字和字符代表不同的散射路径。在（b）中，1 代表直射到土壤的镜面反射→植被→土壤镜面反射→冠层→传感器的散射路径；2*a* 代表冠层一次漫散射→土壤镜面反射→冠层→传感器的散射路径；2*b* 代表直射到土壤的镜面反射→冠层漫散射→传感器的散射路径；3 为冠层直接散射；4*a* 和 4*b* 分别代表树干和地表的双次散射。在（c）中进一步展示了离散树冠下树干和地表的双次散射示意图

表 2.6　MIMICS 手册（RL022574-T-1）中测试用参数

参数	冠层Ⅰ	冠层Ⅱ	冠层Ⅲ	冠层Ⅳ
树冠密度（株数/m^2）	0.11	0.11	0.11	0.2
树干长度（m）	—	8	8	8
树干直径（cm）	24	24	24	20.8
树干重量含水量（g/g）	0.5	0.5	0.5	0.6
树冠厚度（m）	2	2	2	11
叶片体密度（个数/m^3）	830	0	830	85 000
叶片重量含水量（g/g）	0.8	—	0.8	0.8
LAI（m^2/ m^2）	5	0	5	11.9
枝条密度（个数/m^3）	0	4.1	4.1	3.4
枝条长度（m）	—	0.75	0.75	2
枝条直径（cm）	—	0.75	0.7	2
枝条重量含水量	—	0.4	0.4	0.6
土壤粗糙度（cm）	0.45	0.45	0.45	0.45
土壤相关长度（cm）	18.75	18.75	18.75	18.75
土壤重量含水量（g/g）	0.15	0.15	0.15	0.15
土壤沙粒比例（%）	10	10	10	20
土壤粉粒比例（%）	30	30	30	70
土壤黏粒比例（%）	60	60	60	10

通过去掉树干层，MIMICS 可以适用于作物和草地。通过调整阔叶和针叶的密度，可以分析叶片的贡献。虽然后来不断有研究扩展了多层植被结构和离散林木结构，但是 MIMICS 一直没有考虑地形的影响。

例 2.7：参考 MIMICS 手册提供的测试参数（表 2.6），模拟 L、C 和 X 波段，对应频率为 1.62GHz、4.75GHz 和 10.0GHz 的 HH 极化后向散射系数。

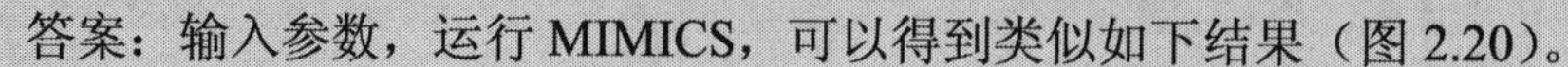

答案：输入参数，运行 MIMICS，可以得到类似如下结果（图 2.20）。

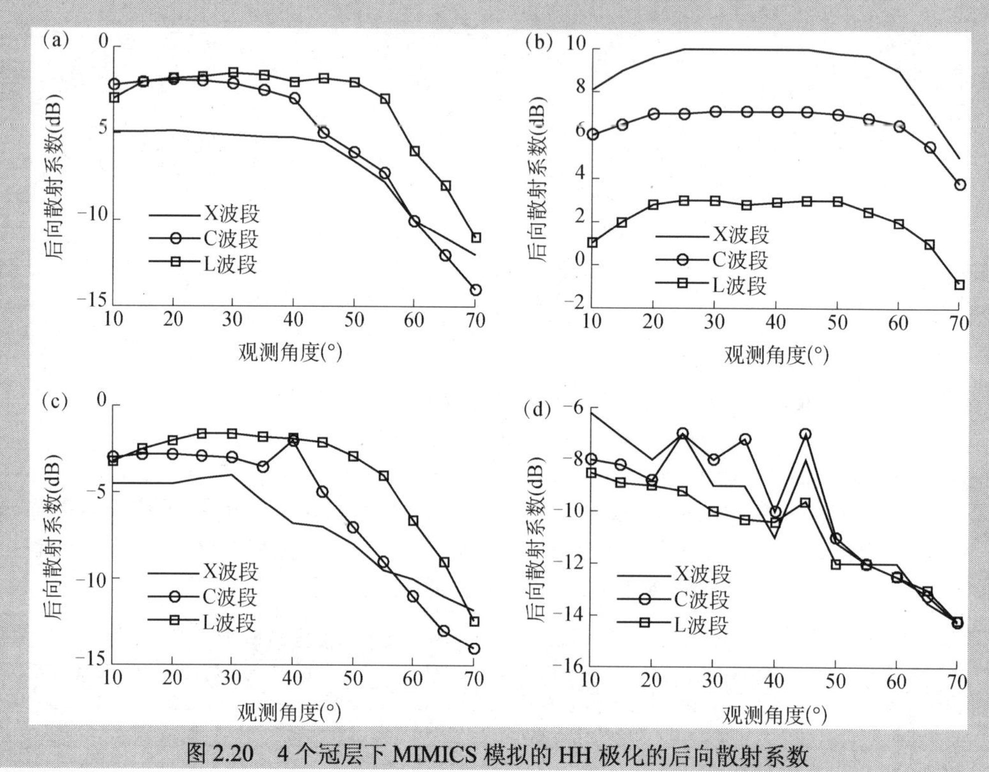

图 2.20　4 个冠层下 MIMICS 模拟的 HH 极化的后向散射系数

2.4.3　计算机模拟模型

辐射传输模型和几何光学模型在描述冠层时，对冠层结构、组分、大小和空间分布进行很多简化假设，难以精细刻画复杂冠层的辐射特征。而计算机模拟模型是基于更为真实的三维结构场景（通常以多边形面元进行构建，如图 2.21 所示），能够更真实、更详尽地反映复杂冠层的辐射分布。光线追踪（raytracing）和辐射度（radiosity）是计算机模拟模型常用的两种计算机图形学方法。其中光线追踪方法更适合镜面反射和透射，辐射度更适合漫反射和漫透射。不过，为了解决光线追踪方法的漫反射模拟问题，通常加入蒙特卡洛（Monte Carlo）方法，称为蒙特卡洛光线追踪法，简称 MCRT。

1. DART 模型

DART（discrete anisotropic radiative transfer）模型是 MCRT 的代表模型，用于模拟离散各向异质辐射传输（图 2.22）。该模型于 1992 年由法国图卢兹第三大学太空探测地球生物圈研究中心（Centre d' Etudes Spatiales de la BIOsphère，CESBIO）提出。

图 2.21 计算机模拟针叶林三维场景（引自 http://rami-benchmark.jrc.ec.europa.eu/HTML/）

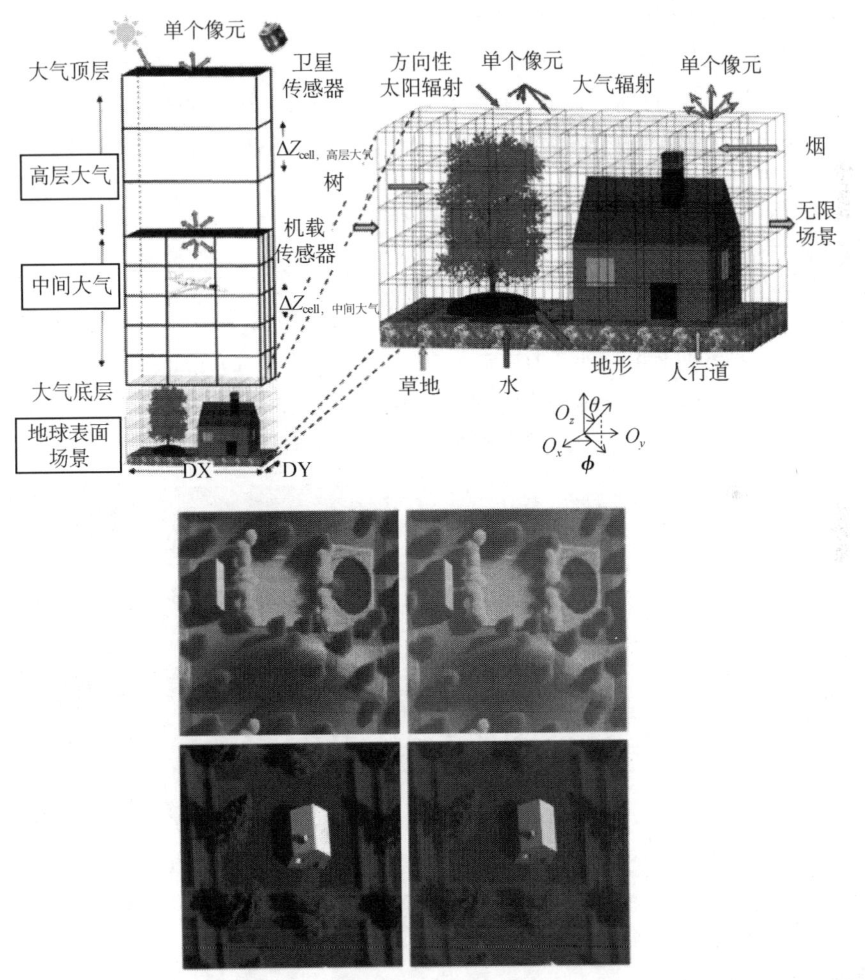

图 2.22 DART 模型结构示意图及其模拟图像（改自 Gastellu-Etchegorry et al.，2004，2015）

DART 模型可以自定义异质性三维结构，覆盖可见光、近红外和热红外波段。整个场景被分为大小相等的立方体单元，场景主要包括裸土、树叶、树干、草地、水体等类型。DART 模型利用 MCRT 估计短波和长波范围的辐射传输，并可统计窄波段甚至整个光谱范围的表面方向辐射和热量分布。该模型假设裸土、树干是不透明介质，树叶是混浊介质，树叶内部存在多次散射。在场景所在的 4π 空间内，按照设定的方向数目 N，将 4π 空间离散为 N 个方向，利用光线跟踪统计每个立方体单元沿着各个方向的发射辐射和散射。

场景中树冠位置和大小可以是随机分布、统一大小，也可以根据实际空间分布设置。

该模型输入参数包括LAI、树冠形状和高度、地形参数、场景温度分布、叶子的光学特征等。该模型经过不断改进增加了更多的地表要素，如建筑物等，从而使模型更加逼真（图2.22）。DART模型除了能在光学上模拟外，还拓展到激光雷达、偏振和荧光方向。

2. RAPID模型

辐射度方法的代表性模型是RGM（radiosity-graphics combined model）及其高级版本RAPID模型，即面向孔隙目标的辐射度（radiosity applicable to porous individual objects）模型。RGM对稀疏的草和灌木的双向反射分布与实际测量具有很好的一致性。RAPID模型是在RGM与TRGM（扩展热红外的RGM）的基础上开发而来（图2.23），以孔隙面元为基本单元，主要面向植被的二向反射率因子、方向亮度温度和激光雷达信号的3D场景遥感模拟［图2.24（a）］。目前，RAPID模型已经具备统一场景和统一输入参数下全波段模拟能力（Huang et al.，2013，2018），波段范围包括光学、热红外和微波［图2.24（b）］。

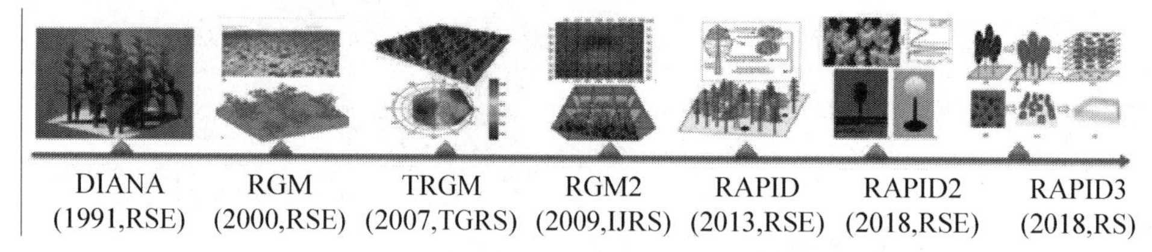

图2.23　三维计算机模拟模型的辐射度流派发展脉络

图中第一行为模型名称，第二行为发表年份和期刊名

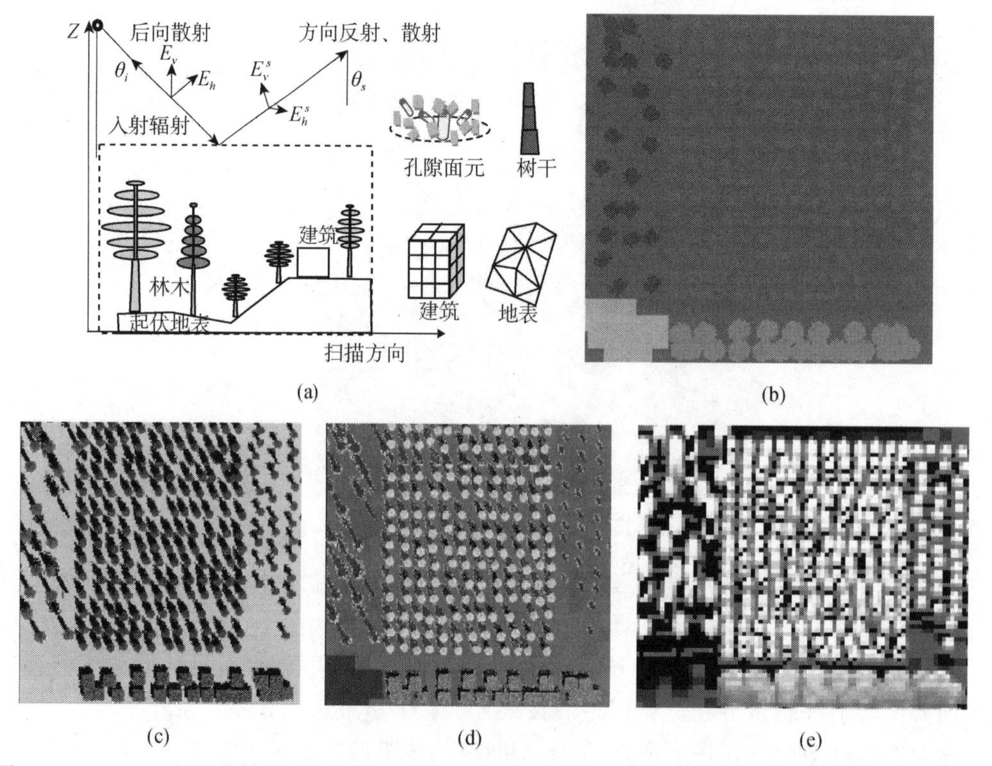

图2.24　RAPID2场景结构［(a)］和模拟的三维场景［(b)］、0.6m Quickbird假彩色光学图像［(c)］、0.5m热像仪图像［(d)］、0.5m C波段雷达图像（45°自上而下入射）［(e)］

RAPID 模型从合理简化植被三维结构入手，极大地降低了三维场景大小，显著减少了辐射度计算对内存的需求，使其能应对大场景模拟需求，大幅度提高了大场景辐射传输模拟效率。随后，经过不断完善和扩展，RAPID 模型已经成为国际上首个在相同场景下支持光学、热红外、激光雷达和微波后向散射的全波段多传感器免费模拟平台（Huang et al., 2018）。在尺度上也具有很强的伸缩性，既可以用于精细小场景，也可以用于样地尺度和景观尺度，均具有良好的模拟效率。目前，最新版本为 RAPID3（http://www.3dforest.cn/rapid.html）。

RAPID 模型的内核是一套以 Fortran 为主，和 C 语言混编的 DOS 程序，但是界面采用 Visual studio MFC 编制，以方便用户使用。软件界面的主要功能是加载输入文件（input file）和执行用户设定的场景模拟或视觉观看效果。该模型主要包含 4 个主要部分：数据准备模块、几何投影模块、辐射传输模块、输出模块等。其中，用户主要关心的是数据准备模块和输出模块。

数据准备就是利用图形用户界面（GUI）交互设定、XML 参数文件配置或者用户编程自定义生成等三种方式产生 RAPID 模型支持的系列文件，包括三维主结构文件（POLY.IN）、枝条结构文件（BRANCH.IN）、太阳和天空光文件（REF.IN）、组分光谱文件（OPTICS.IN）、组分温度文件（TC.IN）、介电常数文件（MICROWAVE.IN）、传感器文件（VIEWBIDIR.DAT）。具体文件的内涵如下。

POLY.IN（三维主结构文件）：POLY.IN 是 RAPID 模型运行的重要文件之一。它存储了大量的三角形和矩形的坐标与颜色信息。每个三角形或矩形代表了植被、土壤或其他对象。文件描述的具体信息包括：场景的长宽度、所储存的多边形数量、每个多边形面元的属性［顶点数、红光反射透射率、绿光反射透射率、蓝光反射透射率、叶面积指数、是否针叶、多边形半径、多边形的厚度、叶片大小、多边形每个顶点的（x，y，z）坐标］。

BRANCH.IN（枝条结构文件）：孔隙面元内部的枝条密度、长度、直径等信息。

REF.IN：该文件记录了太阳的位置和天空不同方向的入射光信息。

OPTICS.IN：记录了在 POLY.IN 文件中所有组件的反射率和透射率。

MICROWAVE.IN：记录所有组件的介电常数。

TC.IN：该文件存储了不同分层的叶片与土壤温度。这些温度可以手动分配，本研究中通过与 ENVI-met 模型的耦合获得。对每个组分而言，还区分其光照和阴影面温度。

VIEWBIDIR.DAT：定义传感器的视场角（FOV）、观测高度和土壤 BRDF 选项。观测高度为 0，表示卫星；否则为地面或者空中观测。它以常见的卫星传感器或塔基镜头为参考，集成了典型的波谱数据。包括 GeoEye/QuickBird/SPOT 卫星的可见光（RGB）与近红外波段，Worldview-2 卫星的 8 个波段，CHRIS 卫星的 18 个波段，Landsat-8 卫星的可见光（RGB）、近红外与热红外波段。除此之外，用户还可自定义波谱文件。

输出模块产生若干输出文件，包括临时输出文件和最终文件。临时文件在各模块之间共享，我们主要关注最终文件，它包括求解之后的辐射度文件（RADFLUX.DAT、SELFFLUX.DAT 等）、方向反射率文件 BRF（BRF*.DAT）、方向亮度温度文件 DBT（DRT*.DAT）和微波后向散射系数文件（SIGMA.DAT）。

RADFLUX.DAT 文件用来存储多次散射后最终的辐射亮度值。还有其他三个格式一样，但是结果不同的辐射度值，分别为 SCATTERFLUX.DAT（多次散射贡献）、SELFFLUX.DAT（单次散射值）和 SPECULARFLUX.DAT（镜面散射值）。

BRF_MULTI.DAT 文件存储了所有波段、各个方向上最终的 BRF 数据。同样，BRF_SINGLE.DAT 文件存储了所有波段、各个方向上的单次散射 BRF 值。

DRT_MULTI.DAT 文件存储了各个方向上热红外波段的亮度温度值。

SIGMA.DAT 文件存储了多角度下的微波后向散射系数。通常，SIGMA_comp.DAT 存储了组分的后向散射贡献。

模型主界面为大型场景交互式编辑方式。打开软件使用菜单工具可以创建新场景或打开旧场景。由用户自定义场景大小、坡度与高程范围。在建模界面右侧选择土地覆盖类型，有植被（椭球体树冠、圆锥体树冠或作物）、道路、裸地、建筑和水体，可以对各类地物属性进行自定义，选中类型图标之后直接在界面左侧进行场景绘制。场景建立完毕转入模型运行部分，软件自行生成场景三维结构视图。之后输入模拟控制参数，场景所在地区经纬度、模拟时刻、传感器类型、传感器高度、视场角（FOV）等，输入后由模型自动生成相关文件。参数设置完毕进入模拟控制界面，选择相关模拟类型，如分辨率大小、是否采用子场景算法、热辐射模拟、BRF、单次散射、激光雷达和卫星图像等。也可以使用一个总的 XML 配置文件简化上述配置。

2.4.4 山地模型

传统的冠层反射模型初始时大多是基于水平面发展而来的。然而，现实的森林很多情况下都是存在于地形复杂的山区。由于地形直接影响地表接收到的直射辐射和散射辐射的比例，并改变太阳-目标-传感器的观测几何，导致观测到的辐射发生变化，因此我们需要对冠层反射模型进行地形坡度的修正。针对林区山地起伏，近年来也有一些工作，这里主要介绍辐射传输和几何光学的方法。

1. 辐射传输方法

Alijafar 等（2015）在已经耦合大气的 SAIL 模型的基础上引入了地形因子，并分析了地形对大气层顶辐射模拟的贡献度。主要通过考虑向下散射辐射通量和对直射辐射通量的衰减实现地形校正。主要步骤包括坡面入射辐射校正和反射率校正。

根据四流通量理论，在传感器观测方向的大气层顶辐射度为大气散射的太阳直射辐射（大气辐射）、散射到传感器方向的上行辐射通量（临界效应）和从地表反射辐射（目标辐射）之和（图 2.25）。

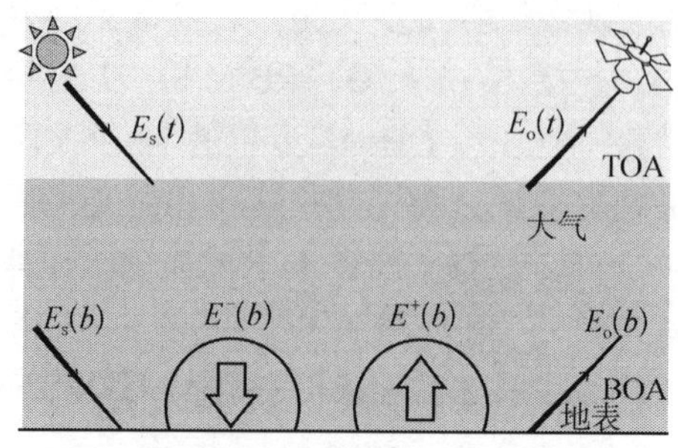

图 2.25　在大气层顶与底部的四流通量（引自 Alijafar et al.，2015）

TOA.top of atmosphere，大气层顶；BOA.bottom of atmosphere，大气层底部；其中 t、b 分别表示大气层顶和大气层底部；$E_s(t)$、$E_s(b)$分别为在 TOA 和 BOA 水平的太阳直射通路；$E_o(t)$、$E_o(b)$分别为在 TOA 和 BOA 水平的观测通量；E^-(b)、E^+(b)分别为下行散射通量和上行散射通量

$$E_{\mathrm{o}}(t)=\rho_{\mathrm{so}}E_{\mathrm{s}}(t)+\tau_{\mathrm{do}}E^{+}(b)+\tau_{\mathrm{oo}}E_{\mathrm{o}}(b) \tag{2.40}$$

式中，E_{o}为观测方向的辐射度；E^{+}为上行散射辐照度；ρ_{so}为大气层顶双向反射率；τ_{do}为地表到传感器的大气散射透过率；τ_{oo}为地表到传感器的大气直射透过率。

同理，在观测方向的地表坡面像元的总入射辐射E_{o}（b）为太阳直射辐射（$E_{\mathrm{o,\,dir}}$）、天空光散射辐射（$E_{\mathrm{o,\,diff}}$）和地形散射辐射（$E_{\mathrm{o,\,terr}}$）三个分量之和（图 2.26）。

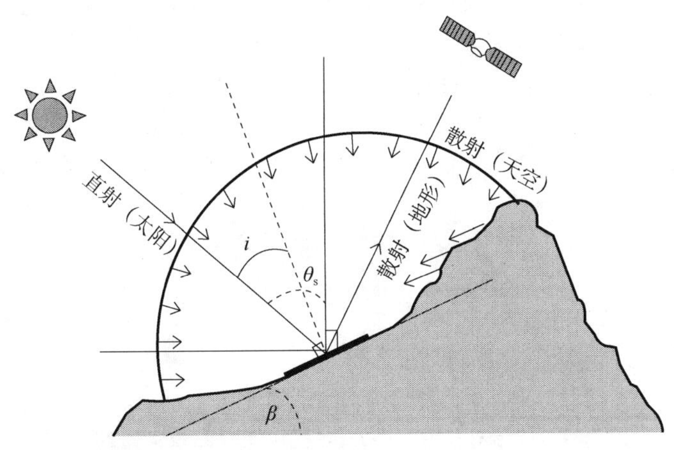

图 2.26　坡面入射辐射分量示意图（引自 Alijafar et al.，2015）

因此，坡面入射辐射可表示为

$$\begin{aligned}&E_{\mathrm{o}}(b)=E_{\mathrm{o,dir}}+E_{\mathrm{o,diff}}+E_{\mathrm{o,terr}}\\&E_{\mathrm{o}}(b)=\zeta E_{\mathrm{s}}(b)\frac{\cos i}{\cos\theta_{\mathrm{s}}}r_{\mathrm{so}}+E^{-}(b)\left[\tau_{\mathrm{ss}}\frac{\cos i}{\cos\theta_{\mathrm{s}}}+(1-\tau_{\mathrm{ss}})V_{\mathrm{sky}}\right]r_{\mathrm{do}}+E_{\mathrm{terr}}r_{\mathrm{do}}\end{aligned} \tag{2.41}$$

式中，ζ为阴影系数，像元处于完全阴影为 0，否则为 1；i为太阳有效入射角；θ_{s}为太阳天顶角；E^{-}为下行散射辐照度；r_{so}为地表双向反射因子；r_{do}为漫射光反射率（朗伯体假设，不受地形影响）；V_{sky}为天空可视因子，V_{sky}=（1+cosβ）/2，β为坡度；E_{terr}为邻近地形的反射辐照度；τ_{ss}为太阳到地表的直射大气透过率。该公式的一些因子如ζ、i、V_{sky}和E_{terr}的计算需要结合数字高程模型（DEM）数据进行计算。

根据以上坡面像元入射辐照度公式，大气层顶的坡面像元的辐射亮度（L_{TOA}）可近似表示为

$$\begin{aligned}L_{\mathrm{TOA}}=\frac{E_{\mathrm{s}}^{\mathrm{o}}\cos\theta_{\mathrm{s}}}{\pi}\{&\rho_{\mathrm{so}}+\frac{\tau_{\mathrm{ss}}\bar{r}_{\mathrm{sd}}+\tau_{\mathrm{sd}}\bar{r}_{\mathrm{dd}}}{1-\bar{r}_{\mathrm{dd}}\rho_{\mathrm{dd}}}\tau_{\mathrm{do}}+\zeta\tau_{\mathrm{ss}}r_{\mathrm{so}}\tau_{\mathrm{oo}}\frac{\cos i}{\cos\theta_{\mathrm{s}}}\\&+\frac{\tau_{\mathrm{sd}}+\tau_{\mathrm{ss}}\bar{r}_{\mathrm{sd}}\rho_{\mathrm{dd}}}{1-\bar{r}_{\mathrm{dd}}\rho_{\mathrm{dd}}}r_{\mathrm{do}}\tau_{\mathrm{oo}}\left[\tau_{\mathrm{ss}}\frac{\cos i}{\cos\theta_{\mathrm{s}}}+(1-\tau_{\mathrm{ss}})V_{\mathrm{sky}}\right]+E_{\mathrm{terr}}r_{\mathrm{do}}\tau_{\mathrm{oo}}\}\end{aligned} \tag{2.42}$$

式中，$E_{\mathrm{s}}^{\mathrm{o}}$为水平地面接收的直射光辐照度；$\bar{r}_{\mathrm{sd}}$为周围地形半球方向的平均反射率；$\bar{r}_{\mathrm{dd}}$为周围地形的平均双半球反射率；$\rho_{\mathrm{dd}}$为大气底层的球面反照率；$\tau_{\mathrm{ss}}$为太阳到地表的直射大气透过率；$\tau_{\mathrm{sd}}$为太阳散射辐射到地表的透过率；$\tau_{\mathrm{so}}$为太阳到地表的散射大气透过率。这 7 个参数可通过大气模型 MODTRAN 模拟计算。

因此，大气顶层的坡面表观反射率（R_{TOA}）为

$$R_{\mathrm{TOA}}=\frac{L_{\mathrm{TOA}}}{E_{\mathrm{s}}(t)} \tag{2.43}$$

模拟结果表明，如果忽略地形反射辐射，可导致前向大气层顶辐射度模拟误差达5mW/（m^2·sr·nm）。这个不确定性水平将导致叶面积指数（LAI）估计误差超过0.5。

2. 几何光学方法

辐射传输模型的方法对于均匀植被较为合适。对于稀疏的森林冠层，几何光学模型的方法更为准确。坡面森林冠层的反射率纠正关键在于四分量（光照树冠、阴影树冠、光照背景和阴影背景）的面积比例和反射率的求解。Fan 等（2014）基于四尺度几何光学模型提出了坡面冠层几何光学模型——GOST 模型，能够较好地解释坡地的影响。坡度最直接的影响是改变孔隙大小。如图 2.27 所示，在观测或光线方向正向坡面的情况下，冠层间的孔隙随着坡度的增大而增大［图 2.27（a）］，反之，随着坡度的增大，冠层间孔隙减小［图 2.27（b）］。

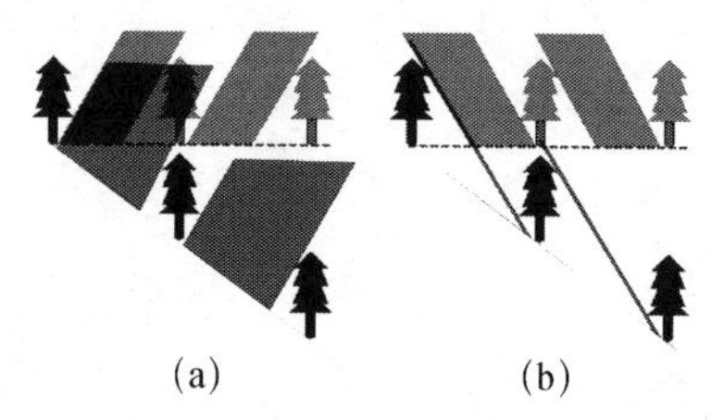

图 2.27　地形对孔隙大小的作用（引自 Fan et al.，2014）

在 GOST 模型中，如果已知孔隙函数 P_{vg}，就可以作为坡面背景（P_{vg}）可视比例，相应的冠层比例则为（$1-P_{vg}$）。进一步需要分离光照和阴影比例，这一步较为复杂。对于坡面而言，主要基于热点函数估算，可以得到坡面的光照背景（P_G）和坡面的阴影背景（P_{ZG}）。但是，冠层的光照和阴影分离解析表达困难。因此，Fan 等（2014）使用简化的光学追踪模型来区分坡面的光照冠层（P_T）和坡面的阴影冠层（P_{ZT}）。四分量面积比例关系为

$$P_{ZG}=P_{vg}-P_G$$
$$P_{ZT}=1-P_{vg}-P_T \qquad (2.44)$$

在冠层几何光学模型中，常忽视了冠层之间的多次散射作用。孔隙率函数用于连接几何光学模型混合辐射传输模型来解决多次散射问题。Wu 等（2019）提出了 GOSAILT 模型，将几何光学模型 GOMS 与地形的 SAILT 辐射传输模型混合考虑，实现坡面冠层 BRDF 的精确建模（图 2.28）。

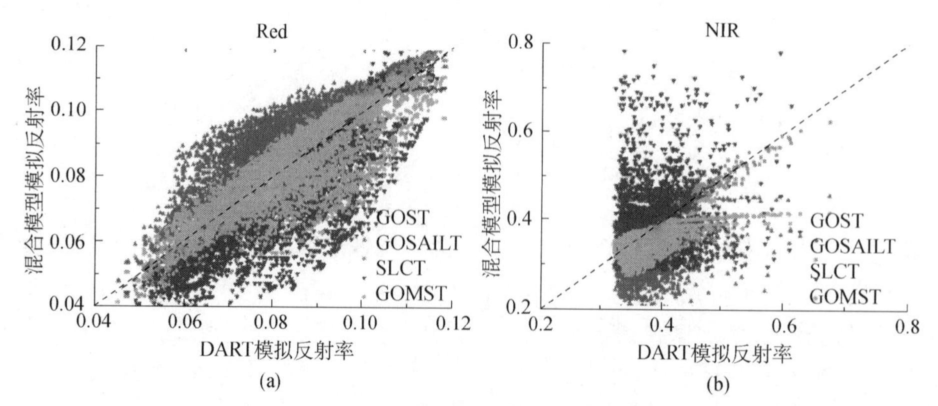

图 2.28　混合模型 GOSAILT 模型与其他冠层反射模型反射率模拟比较

其中，GOST、GOMST 为坡面冠层几何光学模型，SLCT 为坡面冠层辐射传输模型，GOSAILT 为坡面冠层几何光学-辐射传输混合模型（Wu et al.，2019）。DART 的计算机模拟反射作为参考值

2.5　适用于湿地的辐射传输模型

湿地是较为特殊的地表类型，通常既有植被，又有水体。根据国际湿地公约的定义：湿地是指天然或人工、长久或暂时性的沼泽地、湿原、泥炭地或水域地带，带有静止或流动的淡水、半咸水或咸水水体，包括低潮时水深不超过 6m 的海域。湿地具有极高的生态价值，是人类最重要的生存环境之一。

下面介绍两种三维水体辐射传输模型，分别适用于湿地中的水生植物冠层模拟和浅水海草模拟。

2.5.1　水生植物冠层模型

浅水水生植物从富营养化水体中吸收氮、磷等元素，可以有效地控制水华。当前相关研究主要是经验和半经验法，依赖于野外调查和测量工具，缺乏对反射率光谱和植被参数（冠层结构参数等）关系的深入研究。

Zhou 等（2015）提出一种关于均质水生植被冠层的辐射传输模型（aquatic vegetation radiative transfer model），简称 AVRT 模型。AVRT 模型能在可见光和近红外波段（400～1000nm）计算出挺水［图 2.29（a）］、沉水［图 2.29（b）］和浮水［图 2.29（c）～（e）］三种水生植物冠层的二向反射率光谱（图 2.29）。浮水植物冠层包括半漂浮、全漂浮、淹没三种情况。

图 2.29　均质水生植被冠层的辐射传输模型结构：挺水［(a)］、沉水［(b)］和浮水［(c)～(e)］

AVRT 模型框架基于改进后的 SAILH 模型，可以模拟冠层热点效应。通过 PROSPECT 模型计算单个叶片的反射率和透射率，结合生物光学模型（包含纯水、浮游植物、有色溶解有机物、非藻类颗粒物、总悬浮颗粒物）计算水体光学性质，求出各介质层的散射矩阵。再利用 Cox-Munk 模型计算粗糙水面的散射矩阵，综合底面反射率与各介质散射矩阵计算出水生植物冠层方向反射率矩阵。最后，考虑漫反射通量比，得到二向反射率（图 2.30）。

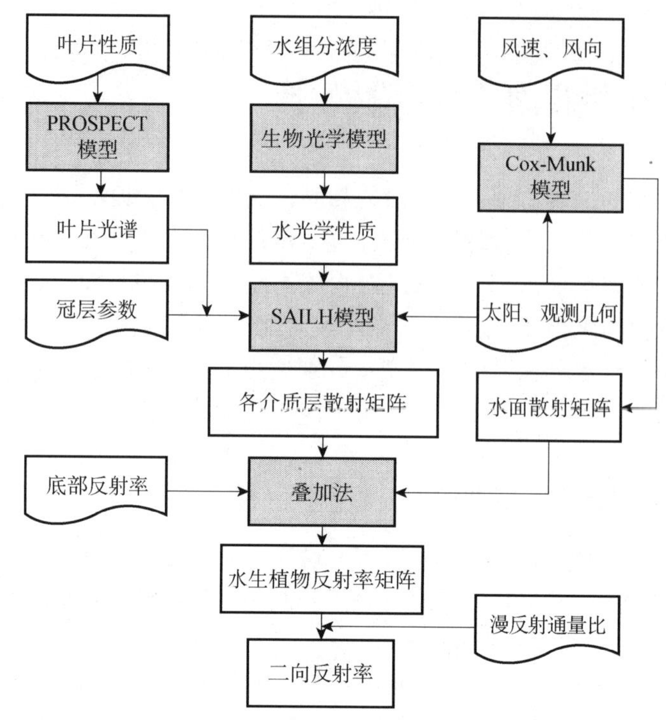

图 2.30　均质水生植被冠层的辐射传输模型模拟流程图

AVRT 模型需要以下假设条件：耦合植被-水系统被认为是均匀连续介质，其变化光学性质只允许在垂直方向；冠层、水层、混合层三种介质层可再分为若干层，每个组成层具有均匀的光学性质；水面平均高度取零，水面厚度为零；底部当作朗伯体。

通过蒙特卡洛分析和野外调查实验，对比与验证结果显示模型具有良好的一致性和较小的误差。但由于水生植物生长的水体表面精确描述仍然是未能解决的问题，模型在特定应用方面可能会造成误差。此外，更真实的三维（3D）计算机模型模拟也可能优于当前的随机三角叶片模拟。

【思考：沼泽地的森林反射率如何建模？红树林应该如何建模？】

2.5.2　浅水海草模型

Hedley 等（2016）结合海草冠层三维辐射传输模型（Hedley，2008）、平行面水柱模型（PlanarRad，http://www.planarrad.com）、大气模型（Grant et al.，1996）提出了一种应用于浅水海草遥感的物理模型（图 2.31）。上部的大气模型和中部的水柱模型为底部的冠层模型提供合理的辐射方向分布，冠层内部的水体光学特征作为其固有属性。

水草模型在 30cm×30cm 尺度上产生，可模拟出 0.1～10 的 LAI，支持不同的叶片长度、叶片姿态、叶片状态的模拟。将叶片分为长、中、短叶，长度分别为 24cm、12cm、6cm，标准差为 12cm、6cm、3cm。叶片姿态由简单波浪力模型下叶片弯曲的物理动力学模型确定，从而模拟自然条件下的直立和扁平；叶片状态根据积沙覆盖程度分为三级，分别是无泥沙、10%积沙覆盖和 20%积沙覆盖。通过控制叶片和积沙反射率的线性混合比例如 9∶1 和 4∶1，并调整每个波长的叶片透射率来实现 10%、20%积沙叶片反射率模拟。模型也综合考虑了积沙种类、水深、太阳天顶角因素，最终生成400～720nm的光谱曲线（16波段）。该物理模型可用于估算浅水海草冠层叶面积指数（LAI）和水深，对水深的估算明显优于LAI。LAI的不确定性较高主要是因为随着水深的增加光照减弱，产生的深色像元被误判成高LAI像元，这种现象在有积沙存在时更加明显。

【思考：该建模思路有什么启发，能用到什么林业场景？】

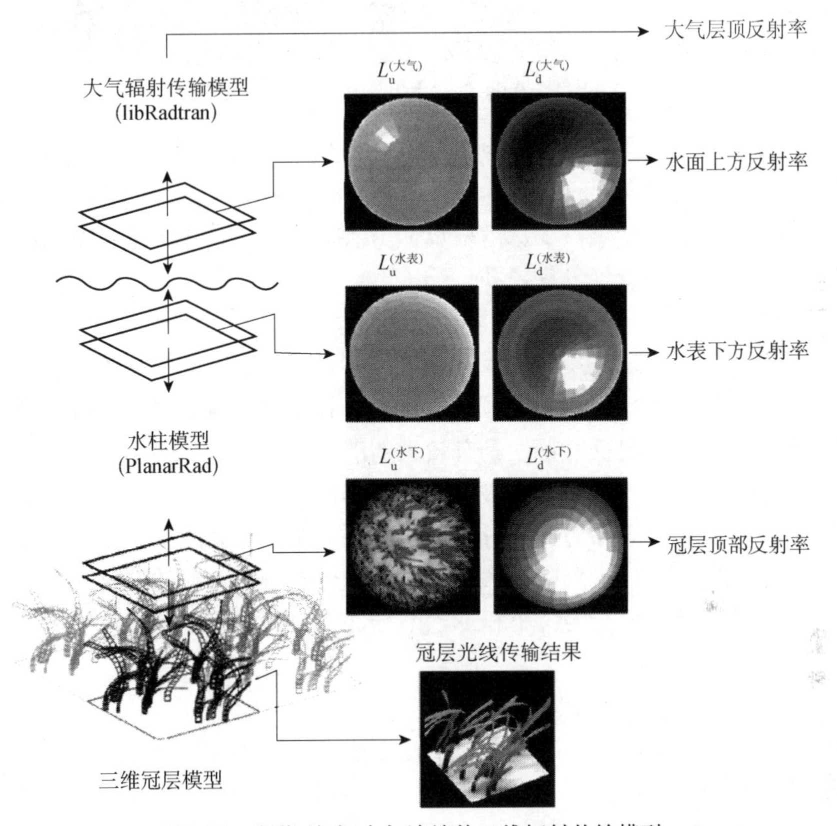

图2.31　海草-浅水-大气连续体三维辐射传输模型

2.6　适用于荒漠、石漠的物理模型

荒漠化是指干旱少雨、植被破坏、大风吹蚀、流水侵蚀和土壤盐渍化等因素造成的大片土壤生产力下降或丧失的自然（非自然）现象。石漠化是指水土流失导致的地表土壤损失，基岩裸露，土地丧失农业利用价值和生态环境退化的现象。荒漠、石漠化可泛指植被退化、大面积地表土壤或基岩裸露的现象（图2.32）。一般的辐射传输模型如SAIL或五尺度模型，在耦合土壤时均假设土壤为朗伯体表面，这在荒漠、石漠化裸露地表比例大的稀疏植被区域会造成较大的误差。因此，在荒漠、石漠化地区必须考虑土壤背景二向反射特性。

图 2.32 荒漠化［(a)］和石漠化［(b)］示例图

对于荒漠化的区域，地表土壤逐渐沙粒化，可使用密实散射辐射传输模型如修正后的 Hapke 模型模拟背景反射。Liang 和 Townshend（1996）修正的 Hapke 模型，在初始模型的基础上又增加了一次散射分量，多次散射以 H 函数近似计算，使得准确性比原来的 Hapke 模型更高。土壤反射率为三个分量之和：

$$R=R_1+R_2+R_m \tag{2.45}$$

对于石漠化区域，土壤表层存在大量离散的不规则岩石，而密实散射辐射传输模型在这种情况下并不适用。考虑表层土壤颗粒较大，颗粒本身与颗粒之间形成的阴影效应，用几何光学思想模拟土壤二向反射特性具有较大的潜力。在 Cierniewski（1987）基于几何光学建立的土壤解析模型中，土壤颗粒被视为大小相同的不透明球体，通过计算光照和阴影组分面积比例，并作为权重和对应组分反射率相乘并求加权和来模拟主平面上二向反射率因子。需要说明的是，土壤表层颗粒大小、形状和分布规律都制约几何光学模型模拟的精度。尤其是，石漠化林区岩石的大小和形状不一，要精确模拟还有很大的挑战。

习　题

1. 请用一种辐射传输模型，如 SAIL、五尺度模型和 RAPID，进行植被冠层的 BRDF 模拟，绘制主平面 BRF 曲线。

2. 用 RAPID2 模型模拟叶片的全波段信号，找出对所有波段都敏感的几个输入参数。

3. 设计一套模拟方案，用 RAPID 模型模拟地形起伏对 BRF 的影响。

4. 几何光学模型起源于计算机图形学，请阅读其发展历史，并思考除了森林、石林外，还有什么景观可以用？除了椭球以外，还可能有什么形状？

5. 光学和微波模型在什么情况下需要联合？怎么联合？

6. 用 RAPID2 模型模拟单木的微波雷达图像，其中入射角为 40°，包含 C 和 L 波段，绘制单木的回波强度廓线。

参考文献

柳钦火，曹彪，曾也鲁，等. 2016. 植被遥感辐射传输建模中的异质性研究进展[J]. 遥感学报，20（5）：933-945.

Alijafar M，Wout V，Massimo M，et al. 2015. Modeling top of atmosphere radiance over heterogeneous non-lambertian rugged terrain[J]. Remote Sensing，7（6）：8019-8044.

Allen W A，Gausman H W，Richardson A J，et al. 1969. Interaction of isotropic light with a compact plant leaf[J]. Journal of the Optical Society of America，59（10）：1376.

Attema E P W，Ulaby F T. 1978. Vegetation modeled as a water cloud[J]. Radio Science，13（2）：357-364.

Chandrasekhar S. 1960. Radiative Transfer[M]. New York：Dover Publications，Inc.

Chen J M，Leblanc S G. 1997. A four-scale bidirectional reflectance model based on canopy architecture[J]. IEEE Transactions on Geoscience and Remote Sensing，35（5）：1316-1337.

Chen K S，Wu T D，Tsang L，et al. 2003. Emission of rough surfaces calculated by the integral equation method with comparison to three-dimensional moment method simulations[J]. IEEE Transactions on Geoscience & Remote Sensing，41（1）：90-101.

Cierniewski J. 1987. A model for soil surface roughness influence on the spectral response of bare soils in the visible and near-infrared range[J]. Remote Sensing of Environment，23（1）：97-115.

Cox C，Munk W. 1954. Measurement of the roughness of the sea surface from photographs of the sun's glitter[J]. Journal of the Optical Society of America，44（11）：838-850.

Dawson T P，Curran P J，Plummer S E. 1998. LIBERTY—modeling the effects of leaf biochemical concentration on reflectance spectra[J]. Remote Sensing of Environment，65（1）：50-60.

Fan W，Chen J M，Ju W，et al. 2014. GOST：A geometric-optical model for sloping terrains[J]. IEEE Transactions on Geoscience & Remote Sensing，52，（9）：5469-5482.

Fung A K，Li Z Q，Chen K S. 1992. Backscattering from a randomly rough dielectric surface[J]. IEEE Transactions on Geoscience and Remote Sensing，30（2）：195-220.

Gastellu-Etchegorry J P，Martin E，Gascon F. 2004. DART：A 3D model for simulating satellite images and studying surface radiation budget[J]. International Journal of Remote Sensing，25：1，73-96.

Gastellu-Etchegorry J P，Yin T G，Lauret N，et al. 2015. Discrete anisotropic radiative transfer（DART 5）for modeling airborne and satellite spectroradiometer and LIDAR acquisitions of natural and urban landscapes[J]. Remote Sensing，7（2）：1667-1701.

Gastellu-Etchegorry J P，Lauret N，Yin T，et al. 2017. DART：Recent advances in remote sensing data modeling with atmosphere，polarization，and chlorophyll fluorescence[J]. IEEE Journal of Selected Topics in Applied Earth Observations & Remote Sensing，10（6）：2640-2649.

Grant R H，Heisler G M，Gao W. 1996. Photosynthetically-active radiation：Sky radiance distributions under clear and overcast conditions[J]. Agricultural & Forest Meteorology，82（1-4）：290-292.

Gu C，Clevers J G P W，Liu X，et al. 2018. Predicting forest height using the GOST，Landsat 7 ETM+，and airborne LiDAR for sloping terrains in the Greater Khingan Mountains of China[J]. ISPRS Journal of Photogrammetry and Remote Sensing，137：97-111.

Hapke B. 1981. Bidirectional reflectance spectroscopy 1. theory[J]. Journal of Geophysical Research Solid Earth，86（B4）：3039-3054.

Hedley J，Russell B，Randolph K，et al. 2016. A physics-based method for the remote sensing of seagrasses[J]. Remote Sensing of Environment，174：134-147.

Hedley J. 2008. A three-dimensional radiative transfer model for shallow water environments[J]. Optics Express，16（26）：21887-21902.

Huang H，Qin W，Liu Q. 2013. RAPID：A radiosity applicable to porous individual objects for directional reflectance over complex vegetated scenes[J]. Remote Sensing of Environment，132：221-237.

Huang H，Zhang Z，Ni W，et al. 2018. Extending RAPID model to simulate forest microwave backscattering[J]. Remote Sensing of Environment，217：272-291.

Jacquemoud S，Baret F. 1990. PROSPECT：A model of leaf optical properties spectra[J]. Remote Sensing of Environment，34（2）：75-91.

Leblanc S G，Bicheron P，Chen J M，et al. 1999. Investigation of directional reflectance in boreal forests with an improved four-scale model and airborne POLDER data[J]. IEEE Transactions on Geoscience and Remote Sensing，37（3）：1396-1414.

Leblanc S G，Chen J M. 2000. A windows graphic user interface（GUI）for the five-scale model for fast BRDF simulations[J]. Remote Sensing Reviews，19（1-4）：293-305.

Li X，Strahler A H. 1992. Geometric-optical bidirectional reflectance modeling of the discrete crown vegetation canopy：effect of crown shape and mutual shadowing[J]. IEEE Transactions on Geoscience & Remote Sensing，30（2）：276-292.

Li X，Strahler A H. 2007. Geometric-optical modeling of a conifer forest canopy[J]. IEEE Transactions on Geoscience & Remote Sensing，23（5）：705-721.

Liang S，Townshend J R G. 1996. A modified Hapke model for soil bidirectional reflectance[J]. Remote Sensing of Environment，55（55）：1-10.

Mousivand A，Verhoef W，Menenti M，et al. 2015. Modeling top of atmosphere radiance over heterogeneous non-lambertian rugged terrain[J]. Remote Sensing，7（6）：8019-8044.

Poggio A，Miller E. 1973. Integral equation solutions of three-dimensional scattering problems，in Computer Techniques for Electromagnetics[M]. Elmsford：R. Mittra，Permagon.

Qi J，Xie D，Yin T，et al. 2019. LESS：Large-scale remote sensing data and image simulation framework over heterogeneous 3D scenes[J]. Remote Sensing of Environment，221：695-706.

Raizer V. 2012. Microwave scattering model of sea foam[C]. Munich：IEEE Geoscience & Remote Sensing Symposium.

Raizer V. 2014. Radar backscattering from sea foam and spray[C]. Quebec：IEEE Geoscience & Remote Sensing Symposium.

Senior T B A，Sarabandi K，Ulaby F T. 1987. Measuring and modeling the backscattering cross section of a leaf[J]. Radio Science，22（6）：1109-1116.

Shabanov N V，Huang D，Knjazikhin Y，et al. 2007. Stochastic radiative transfer model for mixture of discontinuous vegetation canopies[J]. Journal of Quantitative Spectroscopy and Radiative Transfer，107（2）：236-262.

Shabanov N V，Knyazikhin Y，Baret F，et al. 2000. Stochastic modeling of radiation regime in discontinuous vegetation canopies[J]. Remote Sensing of Environment，74（1）：125-144.

Shi J C，Chen K S，Li Q，et al. 2002. A parameterized surface reflectivity model and estimation of bare surface soil moisture with L-band radiometer[J]. IEEE Transactions on Geoscience and Remote Sensing，40（12）：2674-2686.

Strahler A H，Jupp D L B. 1990. Modeling bidirectional reflectance of forests and woodlands using boolean models and geometric optics[J]. Remote Sensing of Environment，34（3）：153-166.

Tsang L，Kong J A，Shin R T. 1985. Theory of Microwave Remote Sensing[M]. New York：Wiley.

Ulaby F T，Sarabandi K，Mcdonald K，et al. 1990. Michigan microwave canopy scattering model[J]. International Journal of Remote Sensing，11（7）：1223-1253.

Verhoef W，Bach H. 2003. Simulation of hyperspectral and directional radiance images using coupled biophysical and atmospheric radiative transfer models[J]. Remote Sensing of Environment，87（1）：23-41.

Verhoef W，Bach H. 2007. Coupled soil-leaf-canopy and atmosphere radiative transfer modeling to simulate hyperspectral multi-angular surface reflectance and TOA radiance data[J]. Remote Sensing of Environment，109（2）：166-182.

Verhoef W，Bach H. 2012. Simulation of Sentinel-3 images by four-stream surface-atmosphere radiative transfer modeling in the optical and thermal domains[J]. Remote Sensing of Environment，120：197-207.

Verhoef W，Jia L，Xiao Q，et al. 2007. Unified optical-thermal four-stream radiative transfer theory for homogeneous vegetation canopies[J]. IEEE Transactions on Geoscience and Remote Sensing，45（6）：1808-1822.

Widlowski J L，Taberner M，Pinty B，et al. 2007. Third radiation transfer model intercomparison（RAMI）exercise：Documenting progress in canopy reflectance modelling[J]. Journal of Geophysical Research，112（D09111）：28.

Wu S，Wen J，Lin X，et al. 2019. Modeling discrete forest anisotropic reflectance over a sloped surface with an extended GOMS and SAIL model[J]. IEEE Transactions on Geoscience and Remote Sensing，57（2）：944-957.

Yang C，Shi J，Liu Q，et al. 2016. Scattering from inhomogeneous dielectric cylinders with finite length[J]. IEEE Transactions on Geoscience & Remote Sensing，54（8）：4555-4569.

Zhou G，Niu C，Xu W，et al. 2015. Canopy modeling of aquatic vegetation：A radiative transfer approach[J]. Remote Sensing of Environment，163：186-205.

第三章　定量遥感反演方法

一片两片三四片，五六七八九十片。千片万片无数片，飞入梅花总不见。

——【中国·清代诗人】郑板桥《咏雪》

林业遥感反演就是用遥感数据推断林业所需的参数。训练反演模型、验证反演结果都需要地面样地资料的支持。因此，林业遥感一定要建立地面实地测量和遥感资料的关联。以生物量为例，林业定量遥感反演的基本思路如图 3.1 所示。

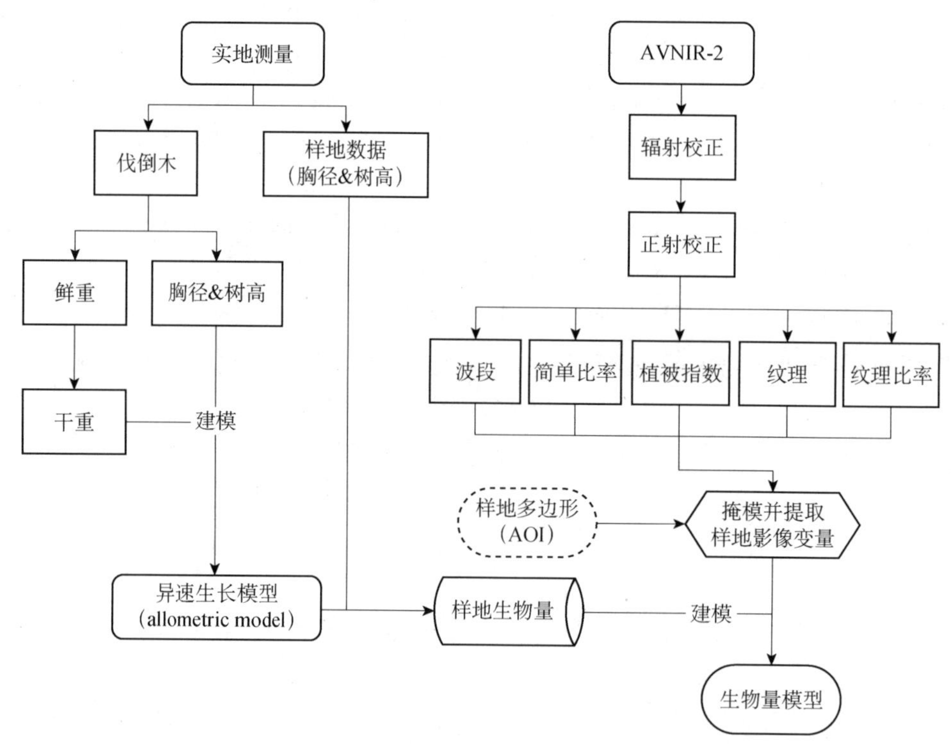

图 3.1　以生物量为例的林业定量遥感反演框架（参考 Sarker and Nichol，2011）

由图 3.1 可知，地面测量得到样地生物量，与遥感变量之间进行统计建模，即建立一个以样地遥感变量为自变量，以样地测量的生物量为因变量的函数关系，由该函数关系结合遥感变量推出样地外的生物量。可见，定量遥感的核心就是“建模”二字。建模有很多方法，有简单的统计回归方法，有复杂的物理模型法，也有介于其间的半经验方法，这些方法无论复杂程度如何，都有具体的函数或者数值代码形式。如果认为正向模型是一个数学函数，那么定量反演就是求解该数学函数的“逆函数”。可以想象，如果该正向模型本身很复杂，比如辐射传输模型，是很难为其找到“逆函数”来建模的。加之遥感的波段数、可提供的已知量通常少于未知变量的个数，反演过程严格来说都是欠定方程求解，也就是常说的“病态反演”问题。因此，近年来，越来越多的研究人员青睐于使用“黑匣子”的智能化学习方法，比如支持向量机（SVM）之类的机器学习法和卷积神经网络（convolutional neural network，CNN）之类的深度学习法。

当然，遥感反演的准确程度不仅取决于建模方法，还取决于参与建模的自变量样本和因变量样本。自变量样本来自于遥感数据，不同的遥感数据包含的信息量不同，如光学数据包含的光谱反射率信息、激光雷达数据包含的高度信息、雷达数据包含的后向散射信息和热红外数据包含的温度信息等，本书后面章节均会进行详细介绍。因变量样本（如图 3.1 中的样地生物量）来自于地面调查，所以地面调查数据是所有遥感反演方法的基础。本章首先介绍定量反演中常见的几种方法，而后总结林业领域的地面调查工作，最后给出相应的研究案例，以供读者参考。

3.1 常见反演方法

3.1.1 阈值法

在遥感图像处理领域，阈值法通常根据直方图和影像特征确定灰度值（DN）的分布及其关键阈值，以辅助图像分割、分类和异常检测等。在定量遥感反演中，由于信息量不足，通常也会根据简单的阈值进行反演参数的推断。

1）以地表比辐射率反演为例：地物在每个波段的比辐射率（emissivity）和温度都不同，不能通过简单地增加波段构建方程组来求解。通常利用归一化植被指数（NDVI）与地表比辐射率之间较高的线性相关性来计算，不过需要将 NDVI 以 0.2 和 0.5 为阈值分为三个取值范围进行地物比辐射率的计算（Tang et al.，2015）：

①当 NDVI<0.2 时，认为是纯裸土像元，地表比辐射率 $\varepsilon=0.98-0.042\rho_{\mathrm{red}}$，其中 ρ_{red} 是红波段的地物反射率；②当 NDVI>0.5 时，认为是纯植被像元，地表比辐射率为常数 0.99；③当 NDVI 为 0.2～0.5 时，认为是混合像元，通过覆盖度进行裸土和植被的比辐射率的加权即可。

2）以动态变化监测为例：随着全球气候变暖，森林所面临的干扰也随之增加，尤其是食叶虫害暴发导致大面积落叶。基于 MODIS 的 NDVI 时序数据可以近实时地监测虫灾导致的森林落叶情况。关键是判断在什么时间出现虫害，以及怎样区分虫害导致的失叶和季节性自然落叶。常用的方法是采用类似 TIMESAT3.2 的时间序列分析法，对 NDVI 进行滤波去除与噪声平滑，然后用最大值的 20%作为阈值确定生长季，以时间序列曲线包围的面积为指标（图 3.2），搜索一个合理的阈值将研究区分为食叶虫害区和未受干扰区。

3.1.2 统计回归法

统计回归法通常是指直接运用数理统计法建立遥感反射率、纹理、后向散射系数或温度等遥感变量（X 变量）和感兴趣的地表参数（Y 变量）之间的关系模型（如线性回归和非线性回归等），确定蓄积量、生物量及落叶率等林业指标的定量关系。常见的统计回归模型见表 3.1。

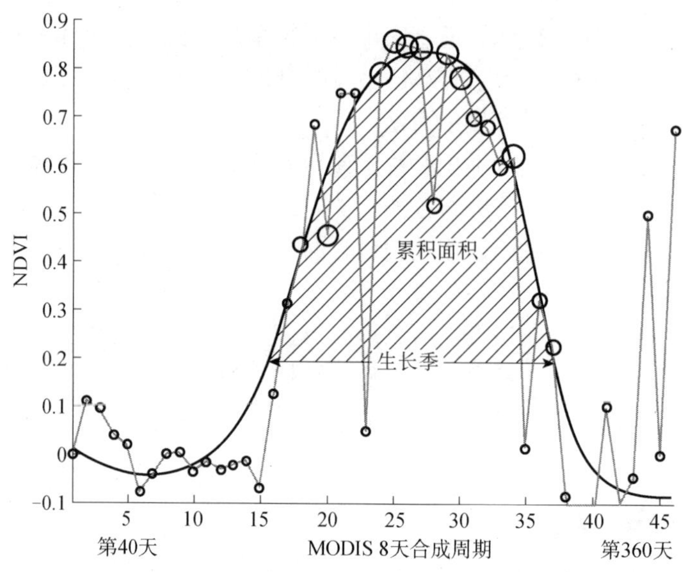

图 3.2 MODIS NDVI 的时序变化分析示意图（改自 Olsson et al.，2016）

浅色线条和圆圈表示 MODIS 观测的 NDVI，圆圈越大表示数据质量越高；深色线条表示 TIMESAT 拟合的平滑曲线；根据拟合曲线最大值的 20%可以确定生长季的起点和终点；生长季内的累积 NDVI 可以作为是否受灾的判定依据

表 3.1 常见的统计回归模型

统计方法	模型表达式 Y=f（X）	X	相关性（R^2）	参考文献
非线性回归	$Y = a + be^{CX}$	后向散射系数	0.06～0.415	朱海珍等，2007
多元线性回归	$Y = a_0 + \sum_{i=1}^{n}(a_i x_i)$	海拔、坡度、坡向、郁闭度、反射率、波段指数、纹理指数等	0.70～0.81	张密芳等，2016
多项式回归	$Y = ax^2 + bx + c$	波段指数、二阶微分		除多等，2013
KNN 最邻近法	$Y = \sum_{i=1}^{n}(W_i X_i)$ $W_i = (1/d_i^2)/\sum_{i=1}^{n}(1/d_i^2)$	有限样地的 Y	0.2～0.9	张密芳等，2016
地统计学	克里金（Kriging）插值法	所有样地的 Y	0.50～0.88	贺鹏等，2013

光学遥感变量通常包括光谱反射率、简单的波段比值、各种植被指数、纹理变量及纹理变量的比值。在高生物量森林覆盖区，因为光谱的穿透性弱，信号容易饱和，光谱反射率、简单的波段比值及常用的植被指数等光谱相关的变量均无法有效地估算森林生物量。相比之下，表征空间特征的纹理变量可以提高生物量的饱和阈值，从而更适用于高生物量森林覆盖区。需要注意的是，纹理特征的准确提取在很大程度上依赖于空间分辨率，因此相关研究应尽量采用较高空间分辨率的影像数据。

微波遥感变量通常包括后向散射系数、极化比和相干系数等。与光学遥感相比，微波的穿透性更强，因此理论上微波遥感变量与浓密森林区的森林结构变量之间的相关性更强。

热红外遥感变量主要为地表比辐射率及地表温度，可以反映森林与大气之间的热交换，以及森林灾害程度。

此外，遥感变量还可与地形变量、土壤类型及气候因子等辅助变量相结合进行统计关系的建立，可提高拟合精度。

统计回归法方便易用，无须严格的机理解释，非常适合局地使用。同时，统计回归也可以用来探索新的指标、挖掘新的信息。这里以基于多角度 MODIS 数据估测森林垂直结构为例来说明挖掘的可能性。理论上，光学数据因不具备穿透性，难以估测冠层粗糙度等结构指标。但是，多角度光反射信息可能蕴含粗糙度信息。以 MODIS 多角度指数为 *X* 变量，以激光雷达数据提取的粗糙度参数或者雷达数据的后向散射系数为 *Y* 变量，进行统计回归，即可探索 *X* 是否具有预测 *Y* 的能力。有研究表明，亚马孙热带雨林的 *X* 变量与激光雷达提取的粗糙度 *Y* 之间有稳定、显著的线性相关关系，与后向散射系数 *Y* 之间具有显著的非线性相关关系（Moura et al.，2016）。可见，配套光学卫星数据估测植被结构指数以扩大激光雷达和微波的空间与时间尺度是可能的。

3.1.3 物理模型反演

当对研究对象的辐射传输机理较为清楚的时候，可以利用成熟的机理模型（如 2.4 节的辐射传输模型）进行反演。物理模型反演一般采用两种方式，一种是较为少见的解析推导，即获得逆函数后直接反演；另一种是较为常见的查找表（lookup table，LUT）法。

查找表法一般包括两个步骤。第一步，用机理模型进行正向模拟，即按照一定的步长和参数组合反复模拟，得到尽可能覆盖所有情况的模拟数据库，也就是 LUT。LUT 的每一列是用户感兴趣的林业参数和输出的遥感参数（如波段反射率和植被指数等）；每一行是输入和输出的一个具体组合及其取值。这一步成功的关键是如何构造最优化的查找表。若步长太小，参数太多，则会导致 LUT 过大，病态效应显著；步长太大，参数太少，则会导致 LUT 无法覆盖所有可能情况，从而增大反演误差甚至错误。表 3.2 给出了一个简单的 LUT 例子，只包含两个输入参数（叶绿素和 LAI）和 4 个遥感输出参数（蓝、绿、红和近红外波段的反射率）。

第二步是查表。根据实际遥感数据得到的参数（如波段反射率和植被指数等），到 LUT 中去搜寻，查找哪一行模拟的遥感参数和实际的遥感参数最匹配（误差最小），该行对应的林业参数（如叶绿素或者 LAI）即感兴趣的参数取值。具体查找方法一般以基于代价函数的 LUT 匹配法和机器学习法应用最为广泛。基于代价函数的 LUT 匹配法，主要集中在高效率匹配。由于未知数很多，通常会匹配超过 1 行的记录。取误差最小的行可能会出现局部最优问题（Wolfe，1978）。因此，一般采用 20%的最优匹配取中值的方法降低风险（Ferreira et al.，2018）。而机器学习法的效率更高，如人工神经网络（ANN），具体参见 3.1.5 部分。

表 3.2 基于 PROSAIL 模型构造的简单查找表的一部分示例

叶绿素含量（μg/cm²）	LAI	蓝光反射率	绿光反射率	红光反射率	近红外反射率
13	0.2	0.179	0.236	0.228	0.387
20	1.0	0.160	0.207	0.225	0.372
38	2.2	0.093	0.128	0.138	0.316
12	0.5	0.130	0.176	0.188	0.355
22	1.3	0.082	0.117	0.126	0.332

续表

叶绿素含量（μg/cm²）	LAI	蓝光反射率	绿光反射率	红光反射率	近红外反射率
30	1.5	0.070	0.101	0.121	0.269
56	2.3	0.101	0.136	0.157	0.360
48	2.6	0.061	0.094	0.089	0.329
44	2.1	0.030	0.060	0.025	0.266
30	4.0	0.035	0.068	0.034	0.399
32	3.1	0.041	0.064	0.059	0.293
48	3.9	0.020	0.034	0.025	0.245
37	4.5	0.022	0.042	0.021	0.304
61	5.2	0.024	0.041	0.033	0.175

假定表 3.2 存储在一个 Excel 文件中，遥感图像上某个像素的 4 个波段取值分别为 0.072、0.110、0.125、0.270，那么这个像素对应的叶绿素和 LAI 分别是多少呢？通过目视比较，应该分别是 30 和 1.5。要想知道基于 MATLAB 生成查找表的具体代码及如何实现自动反演的代码，请访问网址 http://www.3dforest.cn/qrsf.html。

3.1.4 半经验模型

物理模型本身准确可靠，但其缺点是参数多而复杂，反演过程可能存在病态性，反演结果可能存在非唯一性，且计算量大。为克服这些问题，半经验模型大幅简化了物理模型，只是从物理机理出发，推导出简易的遥感模型。部分参数并不具有实际的物理意义，但是可以通过样地数据进行标定或者修正。相比纯经验模型，半经验模型有较好的物理机制；相比物理模型，半经验模型的操作简单，易于推广应用。

以激光雷达点云估算 LAI 为例，点云被分为地表和树冠两类后即可计算间隙率。间隙率和 LAI 之间存在指数关系，即比尔-朗伯定律（Beer-Lambert law）。具体步骤如下。

1）点云分类：若以 1m 为阈值，1m 以下为地面点云数据，1m 以上为立木点云数据，分别计算点的总数量，分别为 N_{grd} 和 N_{tree}。

2）计算间隙率（P）：

$$P=\frac{N_{grd}}{N_{grd}+N_{tree}} \tag{3.1}$$

3） 根据比尔-朗伯定律中 LAI 与间隙率之间的关系，假设叶倾角为球形分布：

$$P=\exp\left(-\frac{0.5\cdot \mathrm{LAI}}{\cos\theta}\right) \tag{3.2}$$

$$\mathrm{LAI}=-2\cdot\cos\theta\cdot\ln\left(P\right) \tag{3.3}$$

当然，公式（3.3）是基于球形分布和单一角度观测下的结果。当扫描角度变化较大、植被结构复杂时，系数 2 需要进行标定和校正。

【思考：如果叶片呈现聚集分布怎么办？水平型叶片的 LAI 是高估还是低估了？】

在 2.4.2 小节中提到的微波水云模型就是典型的半经验模型。公式（2.37）中的 A、B 和 Veg 的估算都带有一定的经验性，通常可由 NDVI 或者反演的 LAI 估算。

3.1.5 机器学习和深度学习

机器学习是人工智能的核心。传统的机器学习就是用一大堆数据，同时通过各种算法，去训练出来一个模型，然后用这个训练好的模型去完成反演任务。常用的机器学习算法有：线性回归、逻辑回归、决策树、随机森林、支持向量机、贝叶斯、*K*近邻、*k*均值聚类（k-means）和人工神经网络（ANN）等。BP神经网络是ANN的经典多层网络算法，应用较广。图3.3显示了BP-ANN的正向和反向两个过程。BP通常包括三层，即输入层、隐含层和输出层。

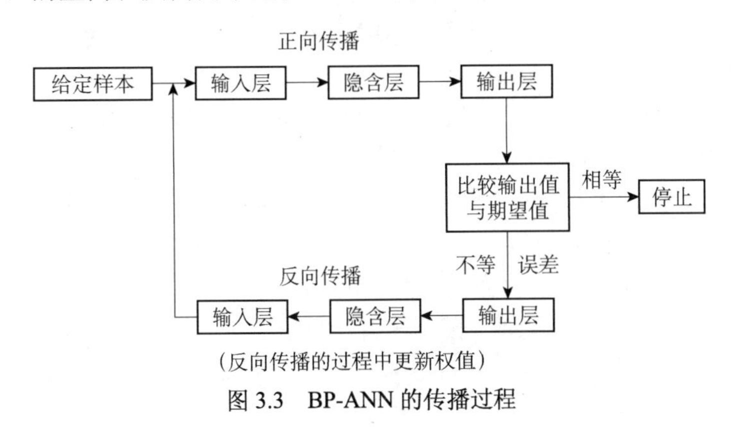

图3.3 BP-ANN的传播过程

深度学习是一种特殊的机器学习，其概念源于ANN。简单地理解，把ANN的隐含层加多加深，形成的多隐层多层感知器就是一种深度学习结构。深度学习通过组合低层特征形成更加抽象的高层来表示（属性类别或特征），以发现数据的分布式特征表示。

近几年来，深度学习成为研究热点（Lecun et al.，2015），广泛运用于语音识别、自然语言处理、各种分类任务中，并且比传统的机器学习方法表现更好。受人脑的深度结构启发，深度学习的研究者提出了各种深度结构，包括深度信息网络（deep belief network，DBN）、医学图像分割卷积网络（U-net）、DeepLab和卷积神经网络（convolutional nerval network，CNN）等。从CNN的深度结构可以学习到很多高度抽象的信息，非常适合分类。因此，深度学习被最早引入遥感图像分类中，目前深度学习的遥感应用已经覆盖到三维目标识别、动物检测、分类、数据降维、人体检测、图像配准、道路提取、分割、舰船提取、交通流分析、气象预报、异常检测、数据融合、灾害监测、植物和农业分析等（Zhang et al.，2016；Ma et al.，2019）。其基本框架见图3.4，其中卷积神经网络的示意图见图3.5。

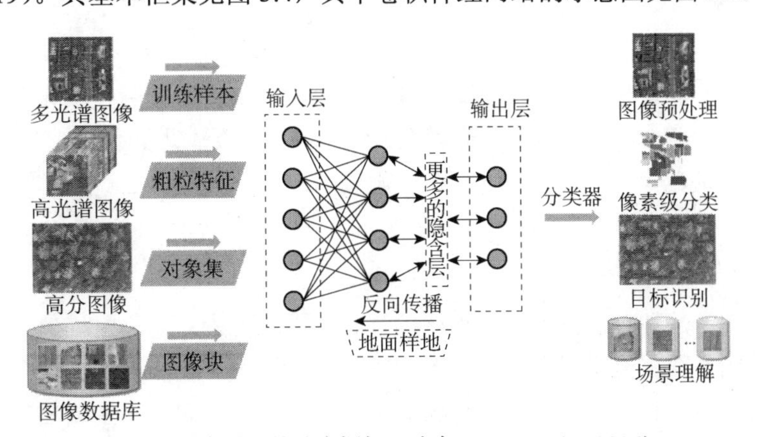

图3.4 深度学习的基本框架（改自Zhang et al.，2016）

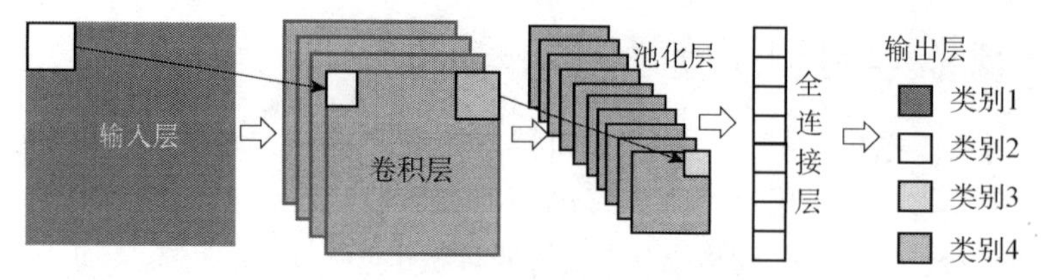

图 3.5　CNN 的输入、卷积、池化、全连接、输出结构示意图

深度学习有很多平台，包括 AlexNet、Caffe、MXNet、Tensorflow、Keras、Torch 等，具体可以参考相关书籍。一般入门以 Tensorflow 为平台，基于 Python 语言，用 CNN 构建自己的图像数据集识别目标。通常步骤如下。

1）在 Windows 7 以上系统中安装 Anaconda，该系统集成了 Python 环境、Tensorflow 和 180 多个科学包及其依赖项。Anaconda 跨平台，还可以安装到 MacOS 或者 Linux 上。但是要注意 Python 的版本和 Tensorflow 版本的匹配问题。使用命令 pip install tensorflow（CPU 版）或者 pip install tensorflow-gpu（GPU 版）安装 Tensorflow。

2）启动 Spyder 编辑器，编写完整的 Python 代码，主要包括导入、初始化变量、定义预测模型、定义精度模型、定义训练模型、运行和精度评价部分（图 3.6）。

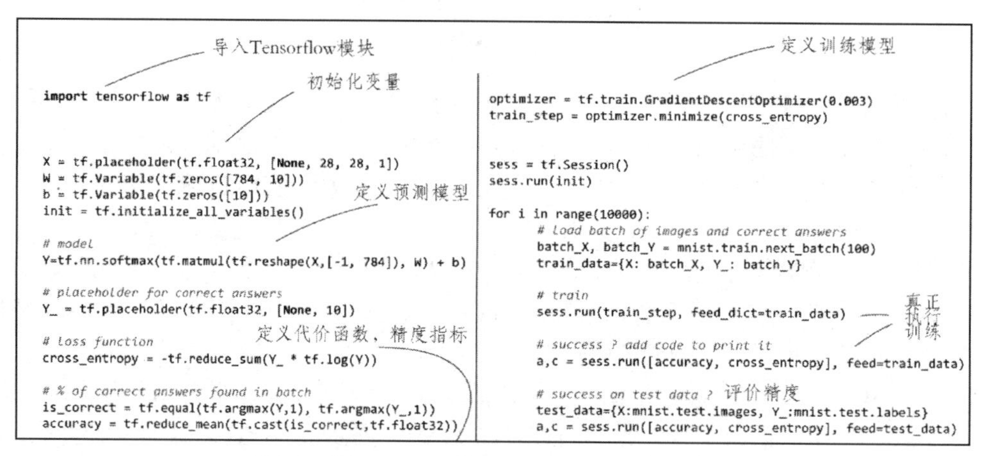

图 3.6　基于 Python 的 Tensorflow 运行主要流程

3.2　样地调查

地面样地是林业定量遥感反演训练和验证的基础，直接影响着反演精度和调查成本。这里的样地不是标准地，而是按照抽样调查方法设计，需要满足无偏、一致和有效的标准，对样地大小、形状、分布、调查要素都有明确要求。

3.2.1　样地设置

地面样地通常是具有统一大小和形状的规则区域。一般分为临时样地和固定样地。固定样地可以实现长期定位观测，但是投入大、数量少，不一定能够代表整个研究区。比如我国的一类清查实施的是等距抽样，间隔多为 2km、4km 或 8km，主要是为了得到宏观的总量信息。二类调查一般是小班标准地，并且数据时间周期长，时效性和准确度不足，不宜直接使用，只能作为参考。所以，临时样地是做定量反演的主要来源。

1）样地选择基本要求：代表性强，是周围林分的平均状态，不能跨越林分、河流、道路；不能在林缘（至少距离林缘 1 倍平均树高距离）。

2）样地形状和大小：样地形状多为圆形、正方形或者矩形。通常天然成熟林多采用 0.1hm^2 的样地；中幼林由于株数多，多采用 0.06hm^2 的样地；人工林林相整齐时多采用 0.04hm^2 的样地。国内的森林经理调查主要采用 20m×30m 的矩形样地，比较适合地面蓄积量测量。但是，遥感像素多为正方形，而且几何纠正通常存在 0.5～1 个像素的偏移。因此，对中等分辨率的传感器（30m 左右）而言，样地的垂直投影大小一般需要和传感器的空间分辨率匹配，调查得到林分平均值即可。对于高分辨率的传感器（米级）而言，观测目标不再是林分，而需要落实到单木，调查需要得到单木的位置、高度、胸径和冠幅等参数。涉及生理生化参数的，还需要选择标准木、标准枝采集叶片叶绿素、碳素和含水量等参数。

3）样地边界：传统方法是用罗盘仪测量角度，用皮尺测量水平距离，要求闭合差，新设样地<1/200，复位样地<1/100。现在多用全站仪或者差分全球定位系统（DGPS）测量，精度更高。为了判断样木是否在样地内，最好用测绳把 4 条边拉紧。如果有机载激光雷达数据，可以不用严格的边界测定，只需要选好能容易找到的目标作为参照物即可。

4）样地数量：样地数量（n）是影响反演精度的重要指标。根据抽样理论，n 是可靠性（t）、目的变量变动系数（C）和误差要求（E）的函数：$n=\left(\frac{tC}{E}\right)^2$。如果工作量太大，至少也应该保证大样本（$n>30$）。

5）样地分布：样地应该按照分层抽样的思想，保证典型的类别中都能按照比例选入样本。

3.2.2　每木调查

对样地内的每一株林木进行实测，称为每木调查，也叫每木检尺。其主要工作包括树种识别、胸径测量、径阶整化、株数统计和典型树高测量。

胸径是指距离地面 1.3m 高处的树干直径，也叫胸高直径（DBH）。测量仪器为围尺、轮尺或者测树仪器。如果有坡地，应该站在坡上方测定。1.3m 以下分叉树视为两棵树，分别计数并检尺。胸径记录单位为 cm，精确到 0.1cm。

在传统测树学中，胸径测量后，要进行径阶整化。划分径阶时，一般按 2cm 整化，采用上限排外法。例如，若以 2cm 为径阶，则 10cm 径阶的直径定为 9.0～10.9cm，而不是 9.1～11.0cm。但是平均胸径小于 6cm 时，按照 1cm 整化。实际上，径阶整化只是简化调查的方法，径阶越大，材积估算误差越大，但是算数平均胸径无偏。如果为了更为准确地计算生物量，可以不进行整化。

树高一般用举杆法或者各种测高器，如布鲁莱测高器、超声波测高仪和激光测距测高仪，以 m 为单位记录，精确到 0.1m。单位面积的林木株数，就是株数密度。

根据《国家森林资源连续清查技术规定》，一般起测胸径为 5cm，林木胸径测量在小于 20cm 时，误差小于 0.3cm；大于 20cm 时，误差小于 1.5%。当树高小于 10m 时，测量误差小于 3%；当树高大于或等于 10m 时，测量误差小于 5%。大于或等于 8cm 的应检尺株数不允许有误差；小于 8cm 的应检尺株数，允许误差为 5%，且最多不超过 3 株。

如果只是为了样地平均值，无须调查每木位置。但是，如果需要进行空间分析，验证激光雷达单木提取等工作，还需要测量每木位置。测量方法包括相对定位法、全站仪和地基激光雷达扫描法等。

3.2.3 树冠调查

树冠调查是指测定树冠冠幅、冠长、林分郁闭度和叶面积指数。林木的南北或者东西方向的树冠最大宽度的平均值称为冠幅。冠长是从树冠顶部到第一活枝高的距离。林地内所有树冠的投影面积之和与林地面积之比称为郁闭度（crown density）。郁闭度的准确测量很困难，但是可以通过用样线抬头法统计看到树冠的比例来粗略统计郁闭度。

叶面积指数（leaf area index，LAI）是表征单位林地面积上叶片总单面面积，是研究植物生理生态过程的关键参数和研究植物冠层结构的重要指标。可通过收集林木叶片进行面积测定后加和获得，这是一种传统的、高精度的，但是具有破坏性、工作量大的方法。目前较为常用的是光学仪器法，可以分为基于辐射测量的方法和基于图像测量的方法。

1）基于辐射测量的方法：通过测量辐射透过率来计算叶面积指数，主要仪器有 LAI-2000、AccuPAR、Sunscan、Sunfleck ceptometer、Demon 和 TRAC（tracing radiation and architecture of canopies）等。这些仪器主要由辐射传感器和微处理器组成，它们通过辐射传感器获取太阳辐射透过率、冠层间隙率、冠层间隙大小或冠层间隙大小分布等参数来计算叶面积指数。前 5 种仪器都假设冠层均匀、叶片随机分布和椭圆叶角分布，在测量叶簇生的冠层时有困难。TRAC 可测量聚集指数，有效解决了叶片聚集效应问题，减小了有效叶面积指数（effective LAI，eLAI）与真实 LAI 之间计算的误差。基于辐射测量的仪器，其优点是测量简便快速，但容易受天气影响，常需要在晴天下工作。

2）基于图像测量的方法：通过获取和分析植物冠层的半球数字图像来计算 LAI，仪器主要有 CI-100、WINSCANOPY、HemiView、HCP（hemispherical canopy photography）等。这些图像分析系统通常由鱼眼镜头、数码相机、冠层图像分析软件和数据处理器组成。其原理是通过鱼眼镜头和数码相机获取冠层图像，利用软件对冠层图像进行分割分类，估算天空光比例，以此计算太阳辐射透过系数、冠层间隙大小及间隙率等参数，进而推算 eLAI。基于图像测量的方法需要对图像进行后期处理，测量时需要均一的光环境，如黎明、黄昏、阴天等。

除此以外，树冠调查工作还包括采集树冠的组分（如不同高度、不同树种的树叶）样本进行叶绿素、含水量和光谱观测。选择标准枝调查树枝密度、平均长度、平均直径和含水量等。在病虫害调查中，还需要估算失叶率和枯梢率等参数。

3.2.4 土壤调查

此类调查重点调查土壤的类型、厚度、含水量、林下植被覆盖度和粗糙度等参数。土壤类型主要体现在砂土、黏土和壤土的比例，通常需要查找土壤类型图，然后辅以实地观察确认即可。精确的土壤类型分类需要到实验室测量土壤颗粒大小分布来决定。如果需要调查土壤营养，还需要采样返回室内分析氮、磷、钾等元素的含量。但是，定量遥感模型中最常见的参数是土壤含水量和粗糙度，一般与微波遥感的后向散射系数之间具有较强的相关关系。配套的还需要用光谱仪测量土壤的光谱曲线和介电常数。如果土壤粗糙，可测量土壤的 BRDF。

土壤含水量（water content of soil）是土壤中所含水分的数量，通常采用重量含水量（θ_g）和体积含水量（θ_v）两种表示方法。其测量方法有称重法、张力计法、电阻法、中子法、γ射线法、驻波比法和时域反射法等。

称重法也称烘干法，是唯一直接测量土壤水分的方法，也是目前国际上的标准方法。用土钻采取土样，用 0.1g 精度的天平称取土样的重量，记作土样的湿重（M），在 105℃的烘箱内将土样烘 6～8h 至恒重，然后测定烘干土样，记作土样的干重。于是，土壤含水量=（烘干前铝盒及土样质量-烘干后铝盒及土样质量）/（烘干后铝盒及土样质量-烘干空铝盒质量）×100%。

时域反射法（time domain reflectometry，TDR）是一种通过测量土壤介电常数来获得含水量的一种方法。TDR 测量速度快，操作简便，精确度高，能达到 0.5%，可连续测量，既可测量土壤表层水分，也可用于测量剖面水分；既可手持移动测量，也可远距离多点自动监测，测量数据易于处理。因此 TDR 在野外调查中最为常用。

测定土壤粗糙度的一种简便易行的方法是在土壤中插入一块刻度板，人工读取土壤高度，然后计算高度的方差和相关长度。

3.2.5 参数计算

根据前面外业采集的调查数据，可以处理得到林业所感兴趣的平均胸径、平均树高、林分蓄积量和森林生物量等参数。

1）林分平均胸径（D_g）：是反映林木粗细的基本指标，是所有林木胸径的几何平均数（所有胸径平方的均值再开方），而不是算术平均值。

2）平均树高：有不同的定义，包括林分平均高和优势木平均高。传统测树学中，在方格纸上以横坐标表示胸径（D），纵坐标表示树高（H），选定合适的坐标比例，将各径阶平均胸径和平均高点绘在方格纸上。根据散点分布趋势随手绘制或者用计算机拟合一条均匀、圆滑的曲线（表 3.3），即为树高曲线。依据 D_g，由树高曲线上计算出相应树高，即林分条件平均高。此外，林分优势木平均高与林分平均高之间存在线性相关，还可通过每公顷选测典型的 3～6 株优势木的高度求优势木平均高。

表 3.3　树高曲线方程一览表

序号	方程名称或来源	树高曲线方程
1	双曲线	$H = a - \dfrac{b}{D+c}$
2	柯列尔（Колясp，1878）	$H = 1.3 + aD^b e^{-cD}$
3	Goulding（1986）	$H = 1.3 + \left(a + \dfrac{b}{D}\right)^{-2.5}$
4	Schumacher（1939）	$H = 1.3 + ae^{-\frac{b}{D}}$

续表

序号	方程名称或来源	树高曲线方程
5	Wykoff 等（1982）	$H=1.3+a\mathrm{e}^{-\frac{b}{(D+1)}}$
6	Ratkowsky（1990）	$H=1.3+a\mathrm{e}^{-\frac{b}{(D+c)}}$
7	Hossfeld（1822）	$H=1.3+\frac{a}{\left(1+bD^{-c}\right)}$
8	Bates 和 Watts（1980）	$H=1.3+\frac{aD}{(b+D)}$
9	Loetsh 等（1973）	$H=1.3+\frac{D^2}{(a+bD)^2}$
10	Curtis（1967）	$H=1.3+\frac{a}{\left(1+D^{-1}\right)^b}$
11	Curtis（1967）	$H=1.3+\frac{D^2}{\left(a+bD+cD^2\right)}$
12	Levakovic（1935）	$H=1.3+\frac{a}{\left(a+bD^{-d}\right)^c}$
13	Yoshida（1928）	$H=1.3+\frac{a}{\left(1+bD^{-c}\right)}+d$
14	Ratkowsky 和 Reedy（1986）	$H=1.3+\frac{a}{\left(1+bD^{-c}\right)}$
15	Korf（1939）	$H=1.3+a\mathrm{e}^{-bD^{-c}}$
16	修正 Weibull（Yang，1978）	$H=1.3+a\left(1-\mathrm{e}^{-bD^{C}}\right)$
17	Logistic（1838）	$H=1.3+\frac{a}{1+b\mathrm{e}^{-cD}}$
18	Mitscherlich（1919）	$H=1.3+a\left(1-b\mathrm{e}^{-cD}\right)$
19	Gompertz（1825）	$H=1.3+a\mathrm{e}^{-b\mathrm{e}^{-cD}}$
20	Richards（1959）	$H=1.3+a\left(1-\mathrm{e}^{-cD}\right)^b$
21	Sloboda（1971）	$H=1.3+a\mathrm{e}^{-b\mathrm{e}^{-cD^d}}$
22	Sibbesen（1981）	$H=1.3+aD^{bD^{-c}}$

3）林分蓄积量（stand volume）：是指森林面积上所有活立木树干材积总量。蓄积量估算可以用平均标准木法、材积表法和形高表法等不同的方法。平均标准木法是在标准地中选取一定数量的标准木，伐倒后用区分求积的方法实测其材积，然后据此推算林分蓄积量。最常用的标准木法包括平均标准木法、径阶标准木法、径阶等比标准木法、等株径级标准木法和等断面积标准木法几种。由于标准木法在使用时，必须伐倒一定数量的树木，工作量和破坏性都很大，可操行性并不强。因此，通常可用材积表法计算森林蓄积量。材积表

法又分为一元材积表法、二元材积表法、三元材积表法和航空材积表法等几种，最常用的是一元材积表法和二元材积表法。二元材积表是根据胸径和树高两个因子确定树干材积的数表。一元材积表一般是根据二元材积表推算出来的。因为一元材积表只测胸径、不测树高，所以其被广泛应用于大面积的森林资源调查之中。形高表法的公式为 $M=HF\times G$；式中，HF 为林分形高，G 为林分断面积，M 为总蓄积量。

4）森林生物量（forest biomass）：是指森林群落在一定时间内积累的干物质总量，一般包括地上和地下两部分，遥感估算一般对应的是地上生物量（above ground biomass，AGB）。与材积和蓄积量相比，生物量测定更为复杂。一般情况下，需要先选择树种和大小均具有代表性的样本树，在伐倒前先测量树高和胸径，伐倒后再次测量树高作为对照；而后将伐倒木分为叶片、细枝（如直径小于 3cm）、小枝（如直径为 3～6cm）、大枝（直径大于 6cm）和主干，就地测量鲜重；而后从不同的伐倒木组成部分中分别选择三个样本进行烘干，并进行干重测量；计算每个组成部分的干鲜比；通过各部分干鲜比和各部分的总鲜重，计算出各部分的干重；加和后即可得到整棵树的干重。当然，通常情况下材积和干重、蓄积量和生物量之间的相关性较高，如通过蓄积量（V）乘以材积密度获得生物量（表 3.4）。

表 3.4　北方主要树种蓄积量（V）和生物量转换方程

树种	转换方程	参考文献
油松	$0.755V+5.0928$	校建民等，2004
侧柏	$0.6129V+26.1451$	校建民等，2004
栎树	$1.3288V-3.8999$	校建民等，2004
散生木	$0.981V+0.004$	刘盛等，2007
桦木	$0.9644V+0.8485$	方精云等，1994
杨树	$0.4754V+30.6034$	方精云等，1994
杂木林	$0.756V+8.3103$	方精云等，1994
兴安落叶松	$0.5767V-4.7042$	孙玉军等，2007

以上是森林样地调查的内容和流程，地面调查采集到的第一手数据，一部分用于创建遥感模型，另一部分用于评价和验证反演的精度。

3.3　参数反演案例

本节以 LAI、叶绿素、覆盖度、郁闭度、生物量和含水量等林业相关变量的反演为主要案例，基于 BRDF、光谱信息及后向散射等信息展示反演过程。

3.3.1　物理模型反演 LAI 和叶绿素

本小节展示如何使用叶片/冠层辐射传输模型反演 LAI 和冠层叶绿素含量（LCC），从而实现针叶林受害程度的监测（Lin et al.，2018）。

1）研究区：位于中国云南省祥云县普淜镇天峰山（25°14′N～25°29′N，100°48′E～101°3′E）。该地区中幼林云南松人工林覆盖面积大约有 1.6 万 hm^2。2010 年以来遭遇连续气候干旱，尤其是2012年最为严重。连续的干旱气候引起以钻蛀性害虫（切梢小蠹）为主的害虫大量暴发，11～12月是一年中虫害大暴发季节。据不完全统计，受害虫侵害的云南松人工林面积所占比例达50%。由于虫害与干旱气候，该地区云南松人工林的质量较低。

2）样地调查：在2016年11～12月样地调查工作中，一共设置了34块30m×30m的样方，每个样地中心坐标使用精度为0.75m的DGPS（Trimble GeoExplorer 6000 Series）测定。每个样地内测量的林分结构参数均包括林分平均高、林分冠幅、冠层覆盖度、叶面积指数、林分枯梢率和株树密度。林分枯梢率为样地内所有单木的枯梢数量与冠层梢的总量之比的平均值。其中，包括11个健康林，其枯梢率<0.1（物候引起枯梢）；绿色攻击阶段的样地有4个，枯梢率为0.1～0.2；黄色攻击阶段的样地有11个，枯梢率为0.2～0.4；红色攻击阶段的样地有8个，枯梢率>0.4。

绿色叶面积指数测量使用Li-Cor LAI-2200冠层分析仪。在每个样地等距布设25个林冠下观测点，在样地周边开阔的空地进行林冠上的测量。观测时间选择稳定的阴天与晴天日出前与日落后，选择270°视角的遮盖帽遮盖镜头以避免测量者对光学的干扰。在叶片随机分布的假设前提下，LAI-2200仪器和其分析软件（FV2200）仅部分考虑了叶片聚集效应，因此输出的是eLAI。由于人为抚育与调查季节（冬季）林下大部分为裸土和枯草覆盖，因此忽略林下绿色叶面积指数测量。森林结构参数统计见表3.5。

表3.5 云南松样地结构参数调查结果

类型	冠幅（m）	树高（m）	覆盖度（%）	株数密度（株数/hm^2）	LAI（m^2/m^2）	LCC（mg/m^2）	枯梢率
健康	2.5	4.68	28	990	0.78	422	0.03
受害	2.3	5.07	32	1342	0.83	342	0.37

叶片光谱测量采用光谱仪进行（波长为400～1700nm，光谱分辨率为1nm）；每个样本使用标定的OPTI-sciences CCM300叶绿素仪测量LCC，在针叶的基部、中部、尾部测量取平均值。不同危害等级下针叶LCC为19～433mg/m^2。然后将梢头比例作为权重上推到林分。

3）机理模型：为了有效模拟非等质的失绿受害针叶光谱，使用标定的（仅对叶绿素吸收系数）叶片模型LIBERTY（leaf incorporating biochemistry exhibiting reflectance and transmittance yield），基于简单光谱线性混合原理，在模型中引入一个枯黄指数（YI），用将枯死与健康针叶光谱线性加权的拟合方法模拟受害针叶光谱来修正LIBERTY模型。修正的针叶模型LIBERTY2与非连续的森林冠层模型INFORM（the invertible of forest reflectance model）耦合模拟冠层方向反射率。

4）查找表反演：选择哨兵-2S2A影像B2-B8a（波长为490～856nm）8个波段来反演LCC和LAI，因此LIBERTY2-INFORM冠层方向反射率模拟波段可设为400～900nm。考虑到LIBERTY2-INFORM模型参数，如含水量（C_W）、木质纤维素含量（C_L）和氮含量（C_P）的光谱敏感波段均在1000nm以上，因此只需设置一个不变的固定值即可。其他参数范围的设定依据样地测量值大小按照一定的步长均匀采样；太阳入射和观测几何依据覆盖样地SENTINEL影像数据参数设置。查找表如表3.6所示。

表 3.6　LIBERTY2-INFORM 联合模拟的查找表设置

类型	输入参数	变量	单位	范围和步长	分布
叶片	细胞直径	d	μm	40～60，5	均匀分布
叶片	细胞间隙	X_u	—	0.03～0.06，0.005	均匀分布
叶片	叶片厚度	t	—	1～10，1	均匀分布
叶片	基线吸收	b	—	0.0005	—
叶片	白化吸收	a	—	2～4，0.5	均匀分布
叶片	叶绿素含量	LCC	mg/m^2	200～450，5	均匀分布
叶片	含水量	C_W	g/m^2	100	—
叶片	木质纤维素含量	C_L	g/m^2	40	—
叶片	氮含量	C_P	g/m^2	1	—
叶片	枯黄指数	YI	—	0～0.5，0.05	均匀分布
冠层	单木 LAI	LAI_S	m^2/m^2	0.1～4.5，0.5	均匀分布
冠层	灌木 LAI	LAI_U	m^2/m^2	0～1，0.2	均匀分布
冠层	株数密度	SD	$1/hm^2$	500～2500，50	均匀分布
冠层	平均叶倾角	ALA	°	30～70，5	均匀分布
冠层	树高	H	M	1～12，1	均匀分布
冠层	冠幅	CD	M	0.5～5.5，0.5	均匀分布
冠层	热点参数	hot	m/m	0.02	—
外部	太阳天顶角	θ_s	°	52.50	—
外部	观测天顶角	ϕ_s	°	7	—
外部	相对方位角	phi	°	0	—
外部	散射光比例	skly	—	0.1	—

5）主要结果：引入枯黄指数 YI，使用 LIBERTY2-INFORM 模型估算 LAI 与 LCC 的精度优于使用标定的模型和原始模型（图 3.7）。样地调查的枯梢率与模拟 YI 指数正相关［R^2=0.40，均方根误差（RMSE）=0.15］。通过枯黄指数可实现大尺度云南松林冠层枯梢反演，可为森林虫害监测预警提供一个参考的指标。

【思考：枯黄指数只是一种近似方法，有没有从生理生化角度出发考虑枯黄特征的模型？请检索 PROSPECT-D 进行查阅并思考。】

3.3.2　理论推导反演覆盖度

植被覆盖度（fractional vegetation coverage，FVC）是一个重要的植被生理参数，是一定空间尺度下所有植被覆盖比例的综合反映。遥感混合像元分解是获得植被覆盖度的重要方法。其中，像元二分模型假设像元只由植被与非植被两部分线性合成，植被的面积占比就是像元的植被覆盖度，公式如下。

$$f(\theta)=\frac{\mathrm{NDVI}-\mathrm{NDVI_s}}{\mathrm{NDVI_v}-\mathrm{NDVI_s}} \tag{3.4}$$

式中，f 为混合像元的植被覆盖度；θ 为观测天顶角；NDVI 为混合像元的 NDVI 值；$\mathrm{NDVI_v}$ 和 $\mathrm{NDVI_s}$ 分别为纯植被与纯裸土的 NDVI 值。但是这两个参数并不是常数，会随着土壤、植被类型、色素、地形及季节等诸多因素的影响而波动。如何确定 $\mathrm{NDVI_v}$ 和 $\mathrm{NDVI_s}$ 是决定模型精度的关键。

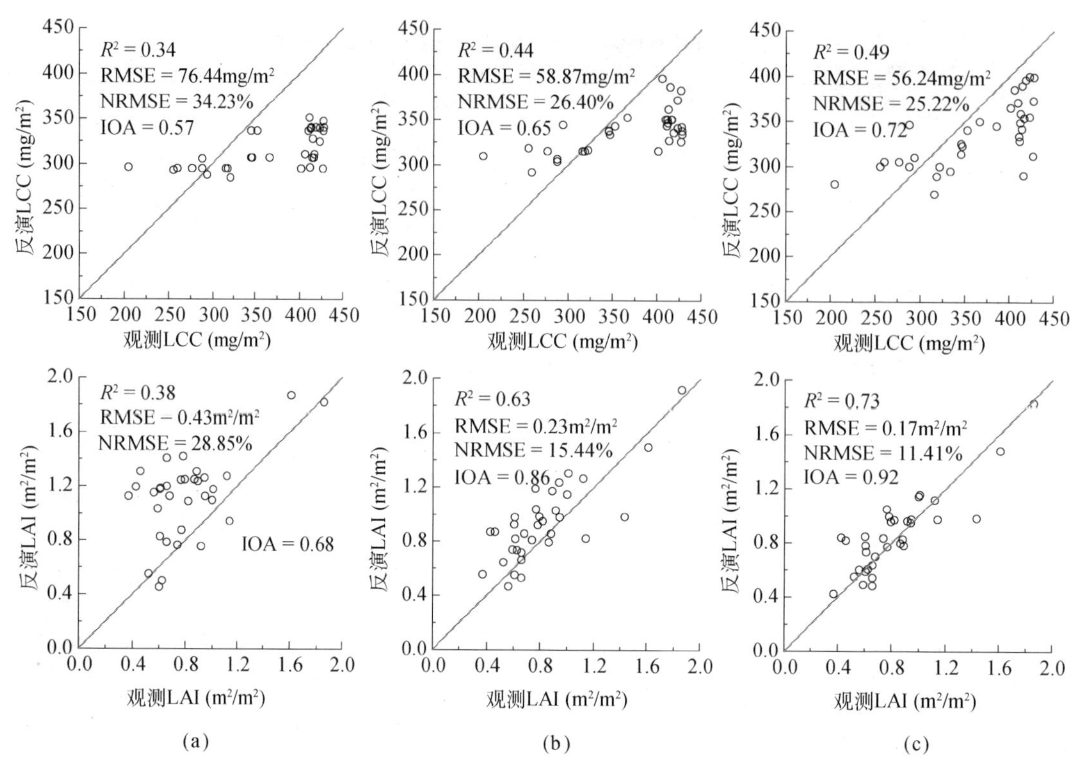

图 3.7 基于哨兵-2S2A 影像 B2-B8a 反射率的云南松叶绿素含量与叶面积指数反演结果

（a）原始 LIBERTY 模型；（b）标定 LIBERTY 模型；（c）考虑枯黄指数 YI 的 LIBERTY2 模型；IOA.一致性指数；NRMSE.相对误差（均一化的均方根误差）

传统确定 $NDVI_v$ 和 $NDVI_s$ 参数的方法，一般假设植被和裸土纯像元真实存在。事实上，在百米到公里尺度纯像元很少。针对传统的通过统计学方法获取 $NDVI_v$ 和 $NDVI_s$ 参数所存在的问题，Song 等（2017）提出了一种利用线性混合像元二分模型和间隙率信息的新方法[称为“双角度植被指数”(AngVI) 方法]。该方法将 0°和 57°观测天顶角下的 NDVI 及对应像元 LAI 作为输入数据，能够逐像元地计算得到纯植被和纯裸土的 NDVI 值。该方法首次用物理模型方法实现了像元尺度上 $NDVI_v$ 和 $NDVI_s$ 参数的计算。但是 LAI 必须作为输入，有时也较难获取。为此，Mu 等（2018）进一步提出了“多角度植被指数”（MultiVI）算法，可以利用不同角度的组合为反演提供更多的信息量，从而消去 AngVI 算法代价函数中的 LAI 参数。这样应用的限制更少，使 MultiVI 算法更适合大范围的 $NDVI_s$ 和 $NDVI_v$ 的反演。

假定使用 55°和 60°两个观测角度的 NDVI 作为已知条件，G 函数为 0.5，聚集指数不变，根据比尔-朗伯定律：

$$\frac{NDVI_v - NDVI_1^{55}}{NDVI_v - NDVI_s} = e^{-LAI \cdot G(\theta) \cdot \Omega / \cos(\theta)} \tag{3.5}$$

$$\frac{NDVI_v - NDVI_1^{60}}{NDVI_v - NDVI_s} = e^{-LAI \cdot G(\theta) \cdot \Omega / \cos(\theta)} \tag{3.6}$$

上述两个方程联立可以消去 LAI。如果找到两个以上的像元，并且假设这些像元拥有相同的 $NDVI_v$ 和 $NDVI_s$ 值，即可求解方程组。验证结果表明覆盖度反演精度较高(R^2=0.902，RMSE=0.085)。表 3.7 给出了全国典型地表覆盖类型下的 $NDVI_v$ 和 $NDVI_s$ 系数反演结果，以供读者参考。

表 3.7　全国典型地表类型下的 $NDVI_v$ 和 $NDVI_s$ 系数反演结果［根据公式（3.5）和公式（3.6）推算］

地表类型	$NDVI_v$	$NDVI_s$
水	0.928	0.191
常绿针叶林	0.946	0.249
常绿阔叶林	0.939	0.265
落叶针叶林	0.964	0.280
落叶阔叶林	0.968	0.282
混交林	0.964	0.276
郁闭灌丛	0.946	0.261
开阔灌丛	0.903	0.202
木本稀树草原	0.960	0.266
稀树草原	0.953	0.268
草原	0.914	0.227
永久湿地	0.941	0.243
耕地	0.931	0.251
城市和建筑物	0.922	0.230
耕地或天然植被镶嵌	0.947	0.266
冰雪	0.902	0.175
裸地或稀疏植被	0.886	0.163

3.3.3　物理模型反演郁闭度

本小节以云南松林分的郁闭度为研究对象，提出一种应用 SRT 模型（模型介绍见 2.4.2.2）的反演方法。该方法以 SRT 模型中的其中一个主要参数（找到植被概率）与林分郁闭度的定量关系为基础，提出了针对云南松的冠型等效模型，构建了郁闭度和卫星反射率（GF-1 和 Landsat-8 卫星影像）的查找表，并实施了反演。

主要原理是：SRT 模型可以模拟水平分布异质性的林分冠层方向反射率（Shabanov and Gastellu-Etchegorry，2018）。在已知林分冠层方向反射率的条件下，通过 SRT 模型参数反演找到植被概率，可以得到水平面上树冠（含冠内孔隙）组分所占比例，再结合随机比尔-朗伯定律可计算树冠内部的孔隙度，进而得到林分郁闭度。案例具体技术路线见图 3.8，模型查找表输入输出参数设置见表 3.8。

图 3.9 表明，反演结果能够较准确地反映云南松林分郁闭状况（R^2=0.8345，RMSE=0.0688），通过冠型修正能够降低反演误差，冠型等效模型是合理的。反演方法机理清晰且适用范围广，研究成果可为大面积森林郁闭度反演提供模型和方法支持。

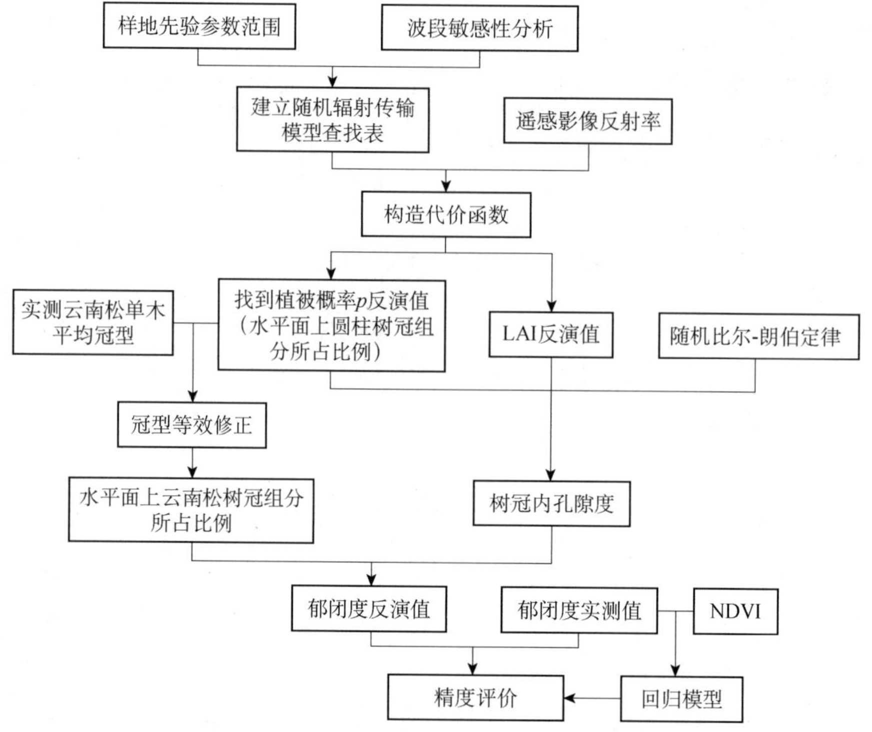

图 3.8 基于 SRT 模型的郁闭度反演技术路线图

表 3.8 SRT 模型查找表输入输出参数设置

模型输入参数	输入参数类型	模型输出参数
太阳/卫星天顶角和方位角	固定	485nm、555nm、675nm、789nm、1609nm 波段的冠层 BRF
叶片反射率和透射率	固定	
叶片分布类型	固定（球形分布）	
土壤反射率	变动	
叶面积指数	变动	
找到植被概率	变动	

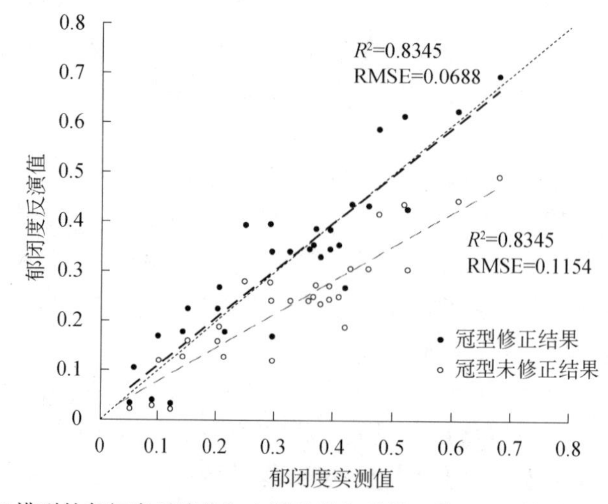

图 3.9 基于 SRT 模型的郁闭度反演值与实测值的相关性（修正冠型与未修正冠型结果对比）

3.3.4 半经验模型反演生物量

本案例利用 L 波段合成孔径雷达数据 ALOS PALSAR 进行森林地上生物量的反演（Cartus et al.，2012）。半经验模型选择的是微波水云模型（模型原理可参考 2.4.2.3）。假设生物量或者蓄积量与冠层透过率存在指数关系，建立与后向散射系数的关联。

$$\sigma_{\text{for}}^0 = \sigma_{\text{gr}}^0 e^{-\delta B} + \sigma_{\text{veg}}^0 \left(1 - e^{-\delta B}\right) \tag{3.7}$$

式中，B 为生物量；δ 为消光经验系数；$e^{-\delta B}$ 为冠层透过率，故 σ_{for}^0 为森林的总后向散射系数，由雷达影像提供；σ_{gr}^0 为土壤背景的后向散射系数；σ_{veg}^0 为纯植被的后向散射系数。σ_{gr}^0 和 σ_{veg}^0 需要通过半经验的方法确定。

案例的具体技术路线见图 3.10。将推导出的半经验模型在 PALSAR 的两种极化方式影像［交叉极化方式（HV）和同极化方式（HH）］的像元尺度上进行应用，估算出生物量。虽然雷达能够全天候成像，但特定天气条件（如雨、雪）对单时刻雷达影像的生物量估算值有一定的影响，造成估算值的不确定性，故本案例采用多时序加权平均法获得更为合理的生物量估算值。验证过程中不仅考虑空间尺度扩展验证，还考虑了时相的选择对估算精度的影响。

结果表明，HV 的反演精度高于 HH，这一点与前人的结论是一致的；多时相加权能够显著改善反演精度；生物量估算精度随着空间尺度的扩展而升高，将结果的空间尺度由 30m 聚合到 5km，验证精度得到进一步提高。

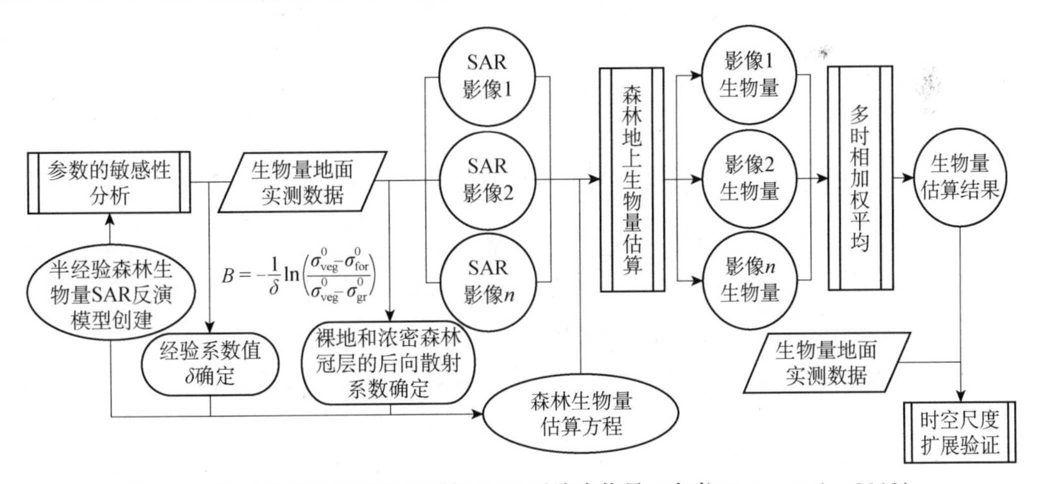

图 3.10 基于半经验模型和多时相 SAR 反演生物量（参考 Cartus et al.，2012）

3.3.5 统计回归反演含水量

对于植被-土壤系统来说，含水量监测包括植被和土壤两部分，其中土壤提供水分来源，冠层中储藏水分为 40%～80%，以满足植物光合作用和生长的需要。森林冠层含水量是监测森林健康、火险和干旱等现象的重要指标。

对叶片来说，通常建立 400～2500nm 的反射率数据与表征叶片含水量的参数之间的相关关系，如等效水厚度（EWT）与叶片相对水分含量（FMC）。利用辐射传输模型 PROSPECT 可以得到一些先验知识以提高反演效率。对冠层而言，植被水分与归一化水分指数（NDWI）

等有密切关系，可以通过统计回归法反演，也可以用 LUT 方法反演。

相比上部冠层，含水量监测更多的还是集中在土壤层。目前，几乎利用了可见光近红外（VNIR）、热红外（TIR）、微波等所有波段来提取土壤含水量。其中，VNIR 波段主要利用植被指数与植被状态指数监视土壤含水量；TIR 波段利用热惯量差异和地表温度变化等原理反演；微波波段利用介电常数的强相关性反演。微波监测深度最高，可达几厘米。

宫兆宁等（2014）利用 WorldView-2 数据定量估算了野鸭湖湿地两种挺水植物的含水量，即芦苇（*Phragmites australis*）和香蒲（*Typha orientalis*）。利用实测高光谱曲线重采样来模拟多光谱数据，构建了芦苇和香蒲比值植被指数（SR）、归一化差值植被指数（NDVI）和冠层含水量（canopy water content，CWC）的相关回归预测模型（表 3.9），估算精度分别为 83.56%和 80.31%。

表 3.9 基于植被指数反演两种湿地冠层含水量的回归模型（引自宫兆宁等，2014）

植被类型	植被指数（x）	回归方程	R^2_{cv}
样本 1：芦苇	SR（8，3）	$y=0.005x+0.003$	0.857
		$y=-0.001x^2-0.004x+0.032$	0.850
		$y=0.013e^{0.141x}$	0.844
		$y=-0.030\ln x-0.022$	0.820
样本 2：香蒲	NDVI（8，3）	$y=0.259x+0.0001$	0.739
		$y=2.461x^2-0.313x+0.032$	0.791
		$y=0.011e^{8.280x}$	0.783
		$y=-0.027\ln x+0.091$	0.686

3.3.6 阈值法估算土壤侵蚀模型中的植被覆盖因子

在水土保持研究中，土壤侵蚀对植被因素的影响最为敏感。在通用土壤流失方程（RUSLE）中，植被覆盖因子是关键参数之一。RUSLE 公式如下。

$$A=R\times K\times L\times S\times C\times P \tag{3.8}$$

式中，A 为平均土壤流失量；R 为降水侵蚀力因子；K 为土壤可蚀性因子；L 为坡长因子；S 为坡度因子；C 为植被覆盖因子；P 为水土保持措施因子。其中 C 和 P 是无量纲因子。

因子 C 与植被覆盖率显著相关。蔡崇法等（2000）通过在试验田上模拟降水和自然降水下的植被覆盖率发明了 C 因子估计方法，其中需要根据覆盖度的阈值进行分段估计。

$$C=\begin{cases}1 & f=0\\ 0.6508-0.3436\lg f & 0<f\leqslant 78.3\%\\ 0 & f>78.3\%\end{cases} \tag{3.9}$$

$$f=\frac{\mathrm{NDVI}-\mathrm{NDVI}_{\mathrm{soil}}}{\mathrm{NDVI}_{\max}-\mathrm{NDVI}_{\mathrm{soil}}} \tag{3.10}$$

式中，$\mathrm{NDVI}_{\mathrm{soil}}$ 为纯裸土像素的 NDVI 值；$\mathrm{NDVI}_{\max}$ 为区域内纯植被像素的 NDVI 值。考虑到降水特征和植被覆盖率发展的时间动态，C 值是根据月度时间序列的遥感影像，将年内侵蚀性降水分布情况进行加权所得。实际上，覆盖度的准确估算可以采用 3.3.2 的方法。

3.3.7 机器学习方法评价湿地火烧严重程度

火灾严重程度评价在湿地生物多样性及生态系统的管理方面有着重要的作用。卫星遥感数据能够提供不同尺度、多时相的历史监测信息，从这些遥感数据中获取的光谱信息能在一定程度上反映火烧严重程度的变化。差异性归一化燃烧指数（dNBR）被认为是评价火烧严重程度的优选方法之一，但由于湿地植被存在季相和年相变化的特殊性，在湿地火烧严重程度评价遥感方面的研究甚少。本案例利用扎龙湿地 2001 年火灾事件，通过 k-means 分析，调整湿地火烧严重程度的 dNBR 判断阈值，获取不同火烧等级的训练样本。然后利用随机森林（RF）机器学习的方法建立样本与光谱指数间的分类模型，从而得到一个适用于湿地火烧严重程度遥感评价方法（林思美等，2019）。

随机森林作为一种非参数化分类方法，以其高效性和不易过拟合等优点被广泛应用。本案例利用通过调整阈值选出的包含优化后属性特征的训练样本来建立随机森林模型。在该算法中需要定义两个参数，即生长树的数目（I）和节点分裂时输入的特征变量个数（K）。针对本研究的特征影像，进行适应性试验，当 $I \geqslant 500$ 时，各分类情况的 OOB 误差趋于稳定，随机森林不会出现过拟合现象。因此，将其参数设置为决策树的棵数为 500，每棵树停止生长所采用的特征维度为 7。随机森林模型参数优化与建立均在 weka3.6 软件中实现。燃烧与未燃烧的区域能够被较好地区分开（图 3.11），交叉验证的分类总体精度为 89.9%。

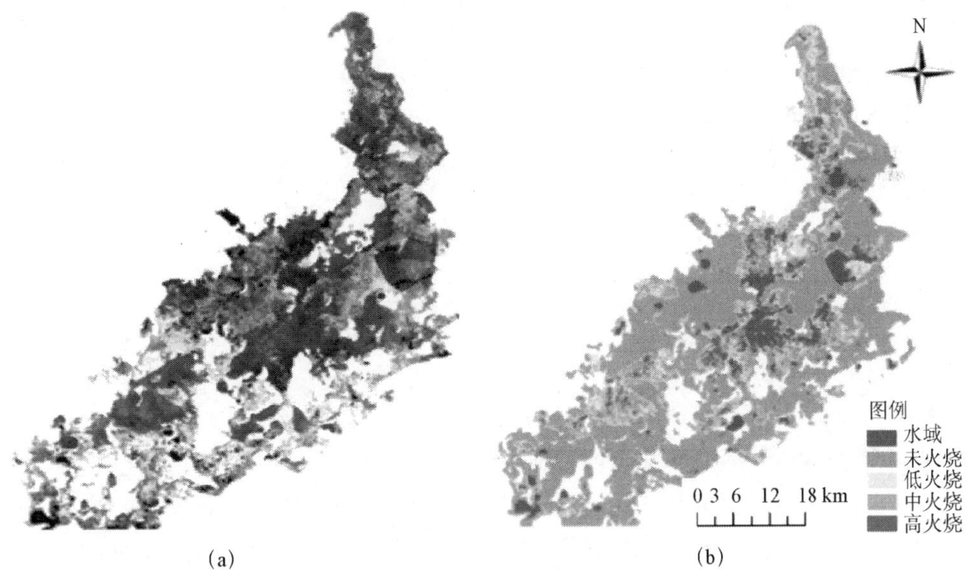

图 3.11　2005 年扎龙湿地 Landsat TM 火烧影像（RGB：743）[(a)] 和基于随机森林的火烧严重程度反演 [(b)]

习　题

1. 常见的反演方法有哪些？怎样避免病态反演问题？
2. 树高的遥感反演方法有哪些？其主要原理是什么？
3. 机器学习和机理模型有什么关系？怎样相互促进？
4. 你是否参与过林业样地调查？哪些参数和遥感反演的相关性强？

5. 请参考表 3.2，基于 SAIL 模型建立均匀植被的反射率和叶绿素、叶面积指数的查找表（LUT），并用代码实现反演。

6. 请用 RAPID 模型模拟不同郁闭度条件下的 BRF，验证像元二分模型的合理性。

参考文献

蔡崇法，丁树文，史志华，等. 2000. 应用 USLE 模型与地理信息系统 IDRISI 预测小流域土壤侵蚀量的研究[J]. 水土保持学报，14（2）：19-24.

除多，德吉央宗，姬秋梅，等. 2013. 西藏高原典型草地地上生物量遥感估算[J]. 国土资源遥感，25（3）：43-50.

方精云，刘国华，徐嵩龄. 1994. 我国森林植被的生物量和净生产量[J]. 生态学报，16（5）：497-508.

宫兆宁，林川，赵文吉，等. 2014. WorldView-2 影像的湿地典型挺水植物群落含水量估算研究——以北京野鸭湖湿地为例[J]. 红外与毫米波学报，33（5）：533-545.

贺鹏，张会儒，雷相东，等. 2013. 基于地统计学的森林地上生物量估计[J]. 林业科学，49（5）：101-109.

林思美，黄华国，陈玲. 2019. 结合随机森林与 K-means 聚类评价湿地火烧严重程度[J]. 遥感信息，34（2）：51-57.

刘盛，李国伟. 2007. 林分碳贮量测算方法的研究[J]. 北京林业大学学报，29（4）：166-169.

柳菲，王新生，徐静，等. 2012. 基于 NDVI 阈值法反演地表比辐射率的参数敏感性分析[J]. 遥感信息，27（4）：3-12.

孙玉军，张俊，韩爱惠，等. 2006. 兴安落叶松（*Larix gmelini*）幼中龄林的生物量与碳汇功能[J]. 生态学报，27（5）：1756-1762.

校建民，马履一，王小平，等. 2004. 密云集水区森林树木固 C 动态经济效益研究[J]. 北京林业大学学报，26（4）：20-24.

张密芳，胡曼，李明阳. 2016. 基于 PALSAR 全极化数据的城市森林蓄积量估测[J]. 南京林业大学学报（自然科学版），40（6）：56-62.

朱海珍，庞勇，杨飞，等. 2007. 基于 ENVISAT ASAR 数据的森林蓄积量估测研究[J]. 地理与地理信息科学，23（2）：51-55.

Cartus O，Santoro M，Kellndorfer J. 2012. Mapping forest aboveground biomass in the Northeastern United States with ALOS PALSAR dual-polarization L-band[J]. Remote Sensing of Environment，124（2）：466-478.

Ferreira M P，Féret J B，Grau E，et al. 2018. Retrieving structural and chemical properties of individual tree crowns in a highly diverse tropical forest with 3D radiative transfer modeling and imaging spectroscopy. Remote Sensing of Environment，211：276-291.

Lecun Y，Bengio Y，Hinton G. 2015. Deep learning[J]. Nature，521（7553）：436.

Lin Q，Huang H，Yu L，et al. 2018. Detection of shoot beetle stress on yunnan pine forest using a coupled LIBERTY2-INFORM simulation[J]. Remote Sensing，10：1133.

Ma L，Liu Y，Zhang X L，et al. 2019. Deep learning in remote sensing applications：A meta-analysis and review[J]. ISPRS Journal of Photogrammetry and Remote Sensing，152：166-177.

Moura Y M D，Hilker T，Gonçalves F G，et al. 2016. Scaling estimates of vegetation structure in Amazonian tropical forests using multi-angle MODIS observations[J]. International Journal of Applied Earth Observation and Geoinformation，52：580-590.

Mu X，Song W，Zhan G，et al. 2018. Fractional vegetation cover estimation by using multi-angle vegetation index[J]. Remote Sensing of Environment，216：44-56.

Olsson P O，Lindström J，Eklundh L. 2016. Near real-time monitoring of insect induced defoliation in subalpine birch forests with MODIS derived NDVI[J]. Remote Sensing of Environment，181：42-53.

Sarker L R，Nichol J E. 2011. Improved forest biomass estimates using ALOS AVNIR-2 texture indices[J]. Remote Sensing of Environment，115（4）：968-977.

Shabanov N，Gastellu-Etchegorry J P. 2018. The stochastic beer-lambert-bouguer law for discontinuous vegetation canopies[J]. Journal of Quantitative Spectroscopy & Radiative Transfer，214：18-32.

Song W，Mu X，Ruan G，et al. 2017. Estimating fractional vegetation cover and the vegetation index of bare soil and highly dense vegetation with a physically based method[J]. International Journal of Applied Earth Observations & Geoinformation，58：168-176.

Tang B H，Shao K，Li Z L，et al. 2015. An improved NDVI-based threshold method for estimating land surface emissivity using MODIS satellite data[J]. International Journal of Remote Sensing，36（19-20）：4864-4878.

Wolfe L. 1978. Numerical Methods for Unconstrained Eptimization[M]. New York：Van Nostrand Reinhold Company.

Zhang L，Zhang L，Bo D. 2016. Deep learning for remote sensing data：A technical tutorial on the state of the art[J]. IEEE Geoscience & Remote Sensing Magazine，4（2）：22-40.

第四章　激光雷达的林业应用

扫码见彩图

If you can't measure it，you can't manage it.

——【美国·现代管理学之父】彼得·德鲁克（Peter F. Drucker）

相比传统光学被动遥感提供的二维平面信息，激光雷达（light detection and ranging，LiDAR）可以提供包含高度的三维数据，能够更加精确地提取单木或者林分位置、高度、覆盖度、叶面积指数和生物量等关键参数，可以部分代替地面实地调查作为“相对真值”。因此，激光雷达在林业遥感体系中占据着非常重要的地位，是样地精细调查、定量反演验证和垂直信息提取不可或缺的工具。

4.1　激光雷达工作原理和组成

激光雷达通过激光器发出单波段或者多波段的激光，根据往返时间和光速来测定传感器与目标物之间的距离（图 4.1），是一种主动遥感技术。

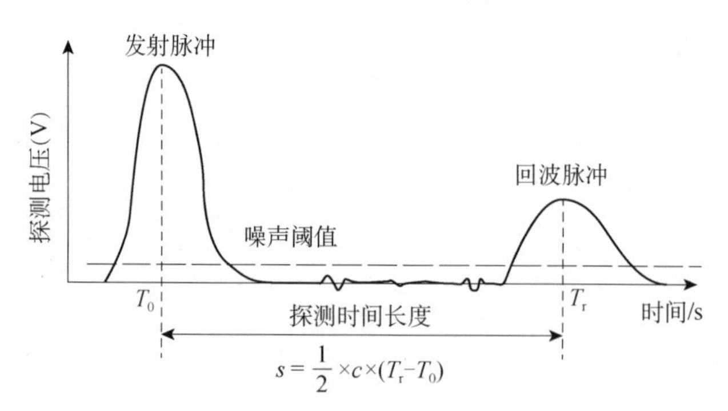

图 4.1　激光测距基本原理

s 为探测器与目标距离；c 为真空中光速（约 3×10^8m/s）；T_0 为发射脉冲时刻；T_r 为接收对应脉冲时刻

地面系统通常由发射系统、接收系统、信息处理系统三部分组成。发射系统以激光器为主，产生指定频率、宽度、形状的脉冲，然后发射。接收系统不断接收从目标反射回来的激光脉冲并还原成电脉冲，连续记录回波信号。激光回波记录包括当前回波时间和强度两种信息。根据回波时间，可换算为目标到传感器的距离或者高度。信息处理系统主要对回波进行解算，得出目标的位置（距离、角度和三维坐标）、运动状态（速度、振动和姿态）、几何形状，由此可以探测、识别、分辨和跟踪目标。

如果把激光传感器放置在运动平台，如机载扫描（airborne LiDAR scanning，ALS）系统，则需要增加更多的组件。ALS 系统主要由激光扫描系统（laser and scanning subsystem）、

GPS、惯性导航［INS和惯性测量单元（IMU）］，以及监视和控制（operator display）系统组成。其中，激光扫描和接收传感器是核心部件，用于发射测量激光脉冲和接收脉冲遇到障碍物（目标）后所反射的回波；GPS为LiDAR系统提供定时和定位服务；惯性导航用于确定LiDAR系统所在平台的飞行姿态。为实现大范围扫描，通常需要加入扫描镜进行摆扫，形成地面的Z形或者圆形等形状，包含了角度信息。因此，LiDAR提供的数据类型主要有三大类：几何、物理、辅助信息（图4.2）。

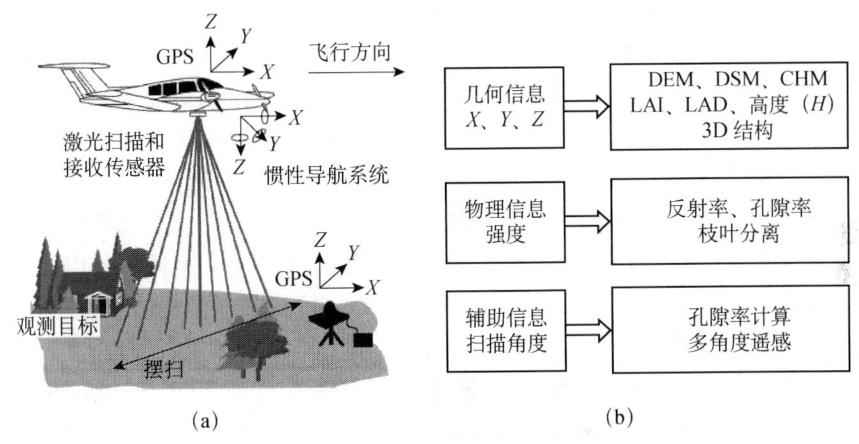

图4.2 激光雷达的组成和功能

（a）机载系统组成；（b）提供的主要信息；DSM为数字地表模型；CHM为冠层高度模型

激光雷达的脉冲是有限的波形，其时间模型 $s(t)$ 通常采用高斯函数：

$$s(t)=\frac{2a}{w}\sqrt{\frac{\ln 2}{\pi}}\exp\left[-4\ln 2\frac{\left(t-t_{\mathrm{c}}\right)^2}{2w^2}\right] \tag{4.1}$$

式中，w 为脉冲半高宽（full width half maximum，FWHM），即最大幅度一半所对应的横轴宽度；a 为幅度；t 为时间；t_{c} 为最大幅度的时间。

脉冲到达目标时，并不是理想的点，而是有一定面积的圆形或者椭圆形，称为光斑或者脚印（footprint）。在光斑内，脉冲能量也不是均匀的。在垂直入射方向，以主轴为中心点进行投影，光斑的能量可以表达为二维高斯分布：

$$V_x=V_0\times\exp\left(\frac{-2d^2}{R^2}\right) \tag{4.2}$$

式中，V_0 为中心点能量强度；R 为光斑半径；V_x 为距离中心 d 的任意一点 x 的强度。

4.2 数据类型和格式

由于历史原因，LiDAR的分类和命名较多，容易混淆。这里进行一个基本归类。

首先，根据光斑大小分为大光斑（有的也叫大脚印）和小光斑两种类型。大小其实是相对的，通常地面光斑直径大于1m，可视为大光斑。当前已有的大光斑传感器地面直径在8～70m，光斑在水平方向上可能存在一定间隔。

其次，根据回波连续程度分为离散回波（discrete-return）和全波形（full-waveform）两种类型。对于一个脉冲，离散回波记录 2～5 个回波；全波形理论上可以记录上百个回波，但是实际上多数目标回波较少。

最后，根据平台高度，分为星载 LiDAR（spaceborne LiDAR）、机载 LiDAR（airborne LiDAR）和地基 LiDAR（ground-based LiDAR 或者 terrestrial laser scanning，TLS）三种类型。机载和地基平台较多，星载 LiDAR 在轨运行的仅有美国的 ICESat（ice，cloud and land elevation satellite）-2 和空间站上的 GEDI（global ecosystem dynamics investigation）。

上述不同分类体系之间也存在一定的交叉。小光斑雷达的脉冲容易错过目标，导致回波信号不连续。如果仅记录为有限离散回波值，就是离散回波雷达。大光斑的信号则较为连续，可记录为全波形数据。小光斑雷达回波少（<5 次），但是水平密度高（每平方米至少 1 个脉冲），与垂直方向的离散回波点共同构成庞大的三维点集，称为点云（point cloud）。地基雷达几乎都是小光斑雷达，部分为离散回波类型，部分实现波形测量。而机载雷达更为自由，各种类型都有可能。新一代星载激光雷达卫星 ICESat-2 采用多波束微脉冲光子计数技术，主要用于冰川观测，兼具植被探测功能。但是回波信号强度太低，导致点云数据具有背景噪声大、密度低并呈线状分布等特点。

尽管类型多样，但 LiDAR 的数据结构总是可以分为两类：波形（wave form）和点云（point cloud）。一个脉冲返回的波形连续，则可以开展波形分析。点云密度高，形成三维空间的密集采样，可开展点云分析。两种分析并不矛盾，相互补充，共同完成信息提取。图 4.3 显示了理想情况下的机载高光谱扫描系统的成像过程，以及其产生的点云和波形。

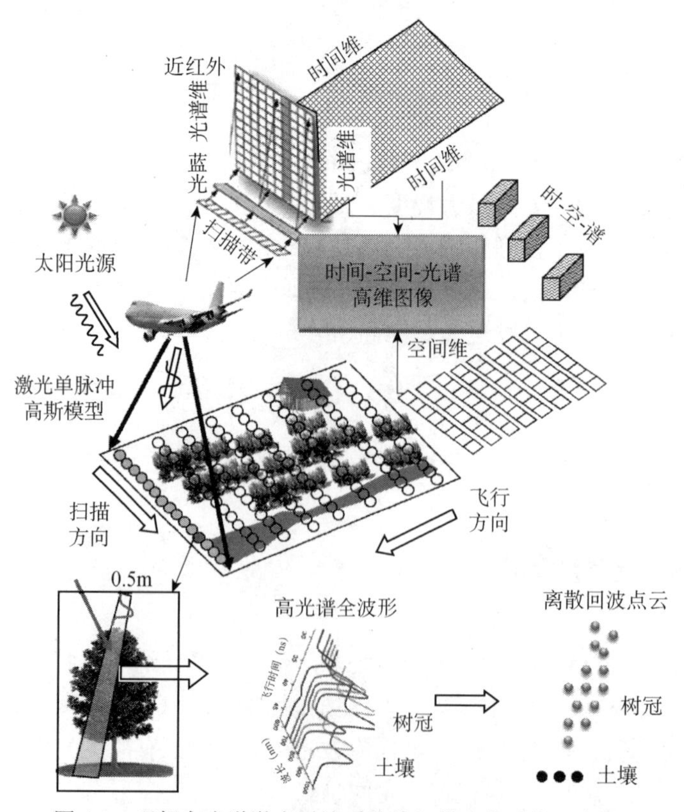

图 4.3　理想高光谱激光雷达系统的扫描成像系统示意图

4.2.1　点云

对于小光斑离散回波激光雷达，一个脉冲可能有多个回波（return），一般最多 5 个。由于具有大面积覆盖扫描的能力，每个空间位置上都可能获得回波点，最后形成大量点。在获取地物每个采样点的空间坐标后，得到的是一个点的集合，称为“点云”［图 4.4（a）］。虽然噪声大，但是光子计数雷达获得的数据表现形式也是点云。此外，根据摄影测量原理，通过密集匹配算法，也可以从大量重叠图像中提取点云。根据激光测量原理得到的点云，包括三维坐标（*X*、*Y*、*Z*）和激光反射强度（intensity），有些也包含匹配的颜色信息（RGB）。

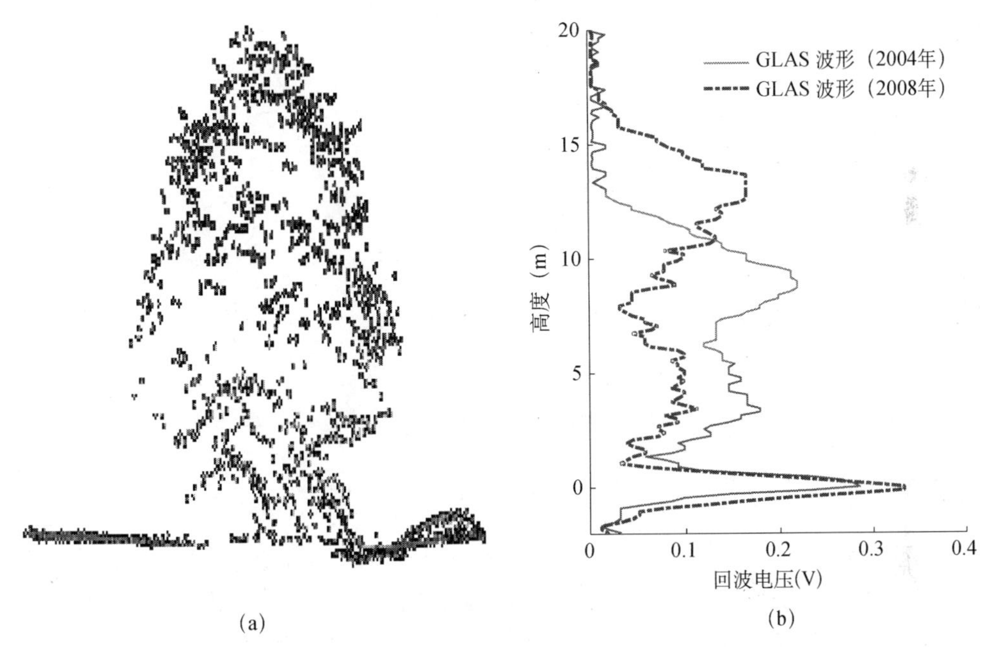

图 4.4　单木点云［(a)］和林分大光斑全波形［(b)］示意图

GLAS 为地球科学激光高度计

4.2.2　波形

相对于离散激光雷达系统或者光子计数系统，全波形激光的单次激光脉冲可获取一个激光脚印内复杂地物目标的连续回波信息，包括脉冲时间、幅度、脉宽及多回波分布等，可以对垂直结构有更好的表达［图 4.4（b）］。通过波形分解算法，对地物目标的垂直结构，尤其是植被冠层的精细结构分析有很大的帮助。对于林区而言，光斑内往往是多层树冠、下层灌木、草本、土壤组成的复杂垂直结构。而波形数据处理后获取的属性信息（振幅、强度等）也在一定程度上反映了不同的立地类型和林木特征信息，这对森林结构参数提取、植被类型划分、树种分类等的进一步分析具有重要意义。

如前所述，全波形激光雷达系统中使用的激光脉冲多为高斯函数，因此通常选择高斯函数作为分解模型，一个全波形回波［$G(t)$］可以表示为若干高斯函数的和：

$$G(t)=\sum_{i=1}^{N}a_i\mathrm{e}^{-\frac{(t-t_i^2)\times(4\ln 2)}{f_i^2}}+n(t) \tag{4.3}$$

式中，N 为回波中可能分解出的高斯脉冲数；t 为当前时间；a_i、t_i、f_i 分别为第 i 个高斯脉冲的幅值、位置与半高宽；$n(t)$ 为噪声带来的残余误差。理论上，每一个高斯脉冲对应地面某个目标体或者集合。不过，在分解前需要进行噪声滤波和平滑操作。具体的分解过程通常是非线性的最小二乘拟合，比如广泛使用的莱文贝格-马夸特算法（Levenberg-Marquardt algorithm，LM 算法）。全波形回波的噪声滤波和波形分解示意图见图 4.5。

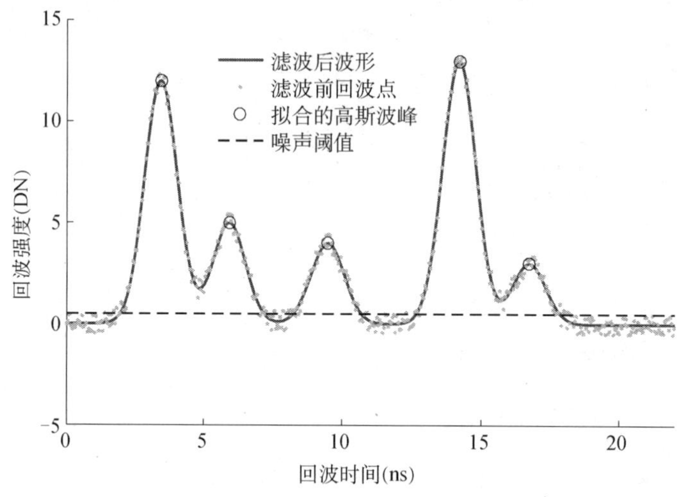

图 4.5　含有 5 个高斯脉冲的全波形回波噪声平滑和波形分解示意图

4.2.3　光子计数

光子计数激光雷达（photon-counting LiDAR）是一种新型激光雷达，发展时间较短。它采用高重复频率、低脉冲能量的激光器和灵敏度极高的单光子探测器，对单个回波光子事件“计数”，能够以较低的激光脉冲能量获取远距离目标的距离信息，极大地简化了激光雷达系统，降低了系统功耗。

光子计数（photon-counting）能够更真实地记录地表信息，降低了脉冲模拟检测式激光雷达波形分解及离散点云记录的不确定性。以植被覆盖的地表为例，其地面回波和低矮植被回波波峰往往无法区分，当通过离散化方法得到多回波点云时往往会失去一些地物的详细信息。

但由于微脉冲光子计数方法检测的是弱信号，故相比脉冲模拟检测式激光雷达，其受噪声的影响更大，尤其是太阳背景噪声。因此，其处理更为复杂，传统的点云滤波和分割算法不能被直接应用。ICESat-2 是全球首次将光子计数应用在星载平台上，其携带的先进地形激光测高系统（advanced topographic laser altimeter system，ATLAS）中包含了一个微脉冲光子计数激光雷达。随着 ICESat-2 的升空，相关研究正成为热点。

【思考：大气和太阳如何影响光子计数激光雷达的观测？】

4.2.4　LAS 格式

为了方便各个厂商的测量数据共享，国际摄影测量协会发明了激光雷达公开格式 LAS。一个完整的 LAS 文件分为三个部分：公共文件头块（public header block）、变长记录区（variable length record）和点数据记录区（point data record）。

公共文件头块用来记录 LiDAR 数据的基本信息，如文件版本、点总数、数据范围、点格式、变长记录总数等。由于 LAS 文件既可能是由硬件采集数据时直接生成的，也可能是对已有数据进行提取、融合、修改后得到的，因此公共文件头块中还记录了 LAS 文件的生成历史。针对 LiDAR 数据可能包含多回波的特点，公共文件头块可最多记录 5 次返回的 LiDAR 点总数。公共文件头块中记录了 X、Y、Z 方向的比例尺因子（scale factor）和偏移值（offset），这样能够减少每条点记录的长度。

变长记录区用作记录数据的投影信息、元数据信息及用户自定义信息等，是 LAS 格式中最灵活的部分。每条变长记录区包括固定的变长记录头和灵活的扩展域两部分。一条变长记录区的长度=变长记录头长度+扩展域长度。

点数据记录区是主要的数据区，用来存储所有点的坐标信息，依次存储点坐标、激光回波强度、回波点序号、回波点个数、点类别、扫描方向、航线边界、扫描角范围等多条基本属性。为节省空间，点的实际坐标会以长整型（X、Y、Z）存储，使用时通过存储在公共文件头块的比例因子 X、Y、Z 字段进行转换：

$$
\begin{aligned}
X_{\text{coordinate}} &= X \times X_{\text{比例因子}} + X_{\text{偏移值}} \\
Y_{\text{coordinate}} &= Y \times Y_{\text{比例因子}} + Y_{\text{偏移值}} \\
Z_{\text{coordinate}} &= Z \times Z_{\text{比例因子}} + Z_{\text{偏移值}}
\end{aligned}
\tag{4.4}
$$

4.3 常用 LiDAR 处理软件

迄今为止，LiDAR 的通用处理软件并不多，不如 ENVI 和 ERDAS 等遥感图像处理功能普及程度高。LiDAR 最基础的功能是滤波，即将地表和非地表点云分开，生成 DEM。

按照是否免费可以分为商业软件和免费共享软件。其中，商业软件功能强大，有技术支持和维护，但是价格昂贵。免费共享软件功能偏弱，使用的友好性不足，但是能胜任常规的点云处理。

4.3.1 商业软件

TerraSolid 系列较为知名，是第一套商用 LiDAR 处理软件，由总部位于芬兰赫尔辛基的 TerraSolid Oy 公司开发。该软件运行于 Micorstation 系统之上，体现为若干 Microstation 插件，包括 TerraMatch、TerraScan、TerraModeler、TerraPhoto、TerraSurvey、TerraPhoto Viewer、TerraScan Viewer 等模块。目前，国内外航测部门多数采用它做工程化的点云、影像处理。其中，TerraScan 是针对点云的模块。

另一款专门处理 LiDAR 的软件系统叫作 Merrick MARS，也较为成熟，具体可以访问其网站（https://www.merrick.com/services/geospatial-services/software/）。

除此以外，ENVI LiDAR 是 ENVI 为了支持激光雷达数据处理新增的独立软件，在新版的 ENVI 中可以捆绑安装。可以自动提取 DEM/DSM/建筑物/植被等的三维模型（https://www.harrisgeospatial.com/docs/IntroductionLidar.html）。ESRI ArcGIS 新版本中也开始支持点云数据处理了（http://desktop.arcgis.com）。国产的 LiDAR360 软件的功能同样非常强大，可以试用一个月。

4.3.2 免费共享软件

免费 LiDAR 软件并不多，主要有 Lastools、BCAL LiDAR tools、CloudCompare、FUSION 和点云魔方等。下面依次介绍。

首先应该提到的是 Lastools，它由 Martin Isenberg 开发，早期完全开源，在国际上的知名度较高（https://rapidlasso.com/）。它的底层 I/O 库 laslib、压缩库 laszip 和 PulseWave（波形数据的交换格式）模块都是开源的。值得一提的是，Lastools 在 ArcGIS 上有插件，使用起来更方便。

BCAL LiDAR tools 是 ENVI 的一个插件，可以支持 LAS 格式的点云，有一些可视化、处理之类的功能，是 ENVI LiDAR 的早期版本。

CloudCompare 是常用的点云开源软件，有很多点云爱好者维护和支持（http://www.cloudcompare.org/）。虽然其通用性好，但是不直接面向植被，林业应用一般需要二次开发。

FUSION 是美国农业部林务局提供的，为直接面向林业的免费软件。FUSION 的针对性强，可以计算很多种 LiDAR metrics（http://forsys.cfr.washington.edu/fusion/fusion_overview.html），不过可扩展性不足。目前的最新版本为 3.8。

中国科学院的点云魔方和波形魔方（http://lidar.radi.ac.cn/）集成了最新的算法，值得试用。

4.4 硬件及其平台

如今，激光雷达传感器越来越多。国外的商业激光雷达设备的开发技术比较成熟，制造厂商多，如加拿大 Optech 公司、奥地利 Reigl 公司、瑞典 Hexagon 公司［其旗下的徕卡测量系统（Leica Geosystems）］及美国 Trimble 公司、Velodyne 公司、Faro 公司等。国内商业激光雷达设备的开发起步相对较晚。所有传感器硬件都必须安装到合适的平台上才能发挥作用，通常分为地基、机载和星载三个平台。

4.4.1 地基激光雷达系统

地基激光雷达系统（TLS）主要在地面进行测量，其搭载平台可能为三脚架、手持或车载。TLS 能提供有效射程内基于一定采样间距的采样点 3D 坐标，有较高的测量精度，并具备较高的数据采集效率。TLS 可以对林冠下层进行快速、非破坏性的三维测量，可节省人力、物力和时间，但是复杂林区应用仍有不足。目前，仍然以单木几何结构参数的重建和参数提取研究为主，包括位置、树高、胸径、材积、郁闭度、树干和叶面积指数等参数。TLS 的多站拼接问题、冠层顶部遮挡问题和扫描效率问题仍然是当前林业应用的难点。

目前，国际上主要的地基激光雷达品牌包括 Riegl、Leica、Trimble、Optech、Maptek、Faro 和 Z+F。Riegl VZ 系列、Trimble VX、Faro Focus3D 等是固定式地基激光雷达扫描仪的典型代表。这类设备的特点是其体积和重量中等，测距在数百米到数公里，测距精度和发射频率相对较高。Velodyne Puck VLP-16、Velodyne HDL 系列、Rigel VUX 系列等是轻便型激光雷达扫描仪的典型代表。

TLS 有两种扫描模式，目前脉冲式扫描速度已经达到 30 万点/s，相位式扫描速度已经达到 97.6 万点/s。通常都内置 CCD 数码相机，可以获取高分辨率的彩色纹理数据。最好的地面激光扫描仪的测距精度和模型表面的精度都达到了 2mm，扫描点间隔达到了 1.2mm，不过通常较为笨重。

VLP-16 激光雷达是 Velodyne 公司出品的最小型的三维激光雷达，具有 100m 的远量程测量距离，重量轻，只有 830g，适合安装在小型无人机和小型移动机器人上。在林区外业调查中，VLP-16 也是不错的选择。VLP-16 每秒有 30 万个点数据输出，具有±15°的垂直视场，360°水平视场扫描，支持两次回波接收，可以测量第一次回波和最后一次回波的距离值和反射强度值。

4.4.2 机载激光雷达系统

TLS 适合样地调查，大面积观测则需要机载激光雷达系统（airborne laser system，ALS）。ALS 具有高精度、高密度、高效率、高覆盖率及高分辨率等方面的特点。ALS 的高程精度能够控制在 15cm 的范围内。自上而下的观测，具有较强的穿透力，能够直接测量植被下面的区域，因此可以准确地探测地形和树高信息。

机载的平台分为无人机和有人机，可以是旋翼的，也可以是固定翼的。受扫描角度的限制，ALS 视场角有限，为了完成大区域扫描，一般采用分航带的方式进行飞行，航带间保证一定的重叠度，然后由不同航带拼接而成。目前，国际上主要的 ALS 包括 Riegl LMS-Q680i、Leica ALS 70-HP、NASA G-LiHT、Optech ALTM Galaxy。国内的代表系统是中国林业科学院的 CAF-LiCHy。

ALS 数据处理较为复杂，常规步骤有以下 6 个。

1）根据 DGPS/IMU 组合导航系统，精确提取遥感平台飞行航迹。

2）通过对激光测距数据、IMU 姿态数据、DGPS 数据及扫描角数据进行相应的处理，计算出激光脚点的三维坐标信息。一般由机载 LiDAR 系统生产商提供的软件进行自动处理，得到激光点云数据。

3）通过航带间的重叠部分将点云数据进行拼接，组成一个完整的目标区域。

4）将点云数据坐标系统转换成用户需要的坐标系统。

5）应用一定的数学算法对点云数据进行滤波和分类，获得地面点和非地面点，同时生成 DEM、DSM、DOM 和归一化点云等产品。

6）利用滤波后的点云、波形或者 DSM 等提取树高、郁闭度、生物量所需参数；或者分割单木、三维重建等。

4.4.3 星载激光雷达系统

如果尺度上升到区域或者全球，那么 TLS 和 ALS 都不能满足需求，这时需要星载数据的支持。星载平台可以使激光雷达具有全球测图能力，也需要最庞大的技术基础支撑。目前星载激光雷达系统是以美国为首发展的，欧洲对相似的概念进行过论证，我国目前也在开展大光斑（30m）星载激光雷达卫星研发。本节仅对ICESat-1/GLAS和ICESat-2/ATLAS进行介绍。

1）ICESat-1/GLAS：GLAS即地球科学激光高度计，于2003年1月13日成功发射。其主要目标是对极地冰雪变化、冰盖变化、全球云和气溶胶及陆地资源进行监测，便于一些科学研究及应用。ICESat-1的飞行高度约为600km，倾角为94°，观测范围可覆盖全球南北纬86°之间的大部分区域。GLAS传感器是第一个进行全球范围内连续不间断观测的星载激光测高系统，重复周期为183天。GLAS在进行地面高度测量时，其激光器以40次/s发射红外（1046nm）和绿色（523nm）脉冲，其中红外通道进行地面测高，绿色通道进行大气测量。脉冲宽度为4ns，相当于0.6m的地面高度，其形成的地面光斑点直径约为70m，光斑最小相隔170m。GLAS发射的脉冲为高斯型，且接收波形也能被视为高斯波形。

GLAS数据产品分15种标准数据产品，包括Level-1A、Level-1B和8个Level-2数据产品。其中1A级产品为GLA01-04，1B级产品为GLA05和GLA06，2级产品为GLA12～GLA15。在估测森林结构参数时利用的数据产品主要有GLA01、GLA05、GLA06和GLA14。GLA01为全球高程数据，提供发射脉冲波形和经纬度等信息，并可以从中提取噪声均值和标准值，为波形处理及森林结构参数估算提供中间参数；GLA05为基于GLAS波形全球范围更正数据，该文件包括波形特征的输出参数及为计算表面倾斜度和起伏度等地形特征而提供的其他参数；GLA06是全球表面高程数据；GLA14为陆地测高数据，与GLA06文件相比，该文件不仅记录了地表的高度信息，还包括高程和经纬度等信息。

虽然GLAS已于2009年停止获取数据，但其在轨6年间获取的全球表面测高数据为林业应用提供了宝贵的数据源。

2）ICESat-2/ATLAS：ATLAS（advanced topographic laser altimeter system）是改进地形激光测高系统，是ICESat-1/GLAS的接替者。ICESat-2曾计划于2015年发射，但由于高度计关键设计修改，最终发射时间为2018年。其主要用于测量海冰变化、地表三维信息，同时测量植被冠层高度以估计全球生物总量。

ATLAS共发射6束脉冲，分3组平行排列，每组距离约3.3km，组内2束脉冲间隔为90m，且一强一弱，由此产生更为详尽的地形变化信息。此外，三组双光束配对扫描产生密集的交叉测量，有利于提高地形坡度和高程变化的测量精度。和GLAS不同的是，ICESat-2仅使用532nm波段进行探测，采用光子技术，因此受大气的影响很大。

4.5 激光雷达产品及其原理

林业激光雷达产品包括原始点云、分类点云、DEM、DSM、冠层高度模型、单木分割、胸径、树高等。原始点云包含很多噪声，一般需要先去噪。噪声点去除算法主要包括高度阈值法、孤立点搜索算法和过低点搜索算法三种。在测绘领域，一般是去除植被影响，获得精确的地表信息。在林业上则刚好相反，为了获得植被层的信息，需要将地表信息消除，得到归一化后的点云，便于测量树高。这个步骤通常叫作滤波，即实现地面点和非地面点的分离（图4.6）。早期直接利用最后回波（last return）点滤波获得地面点。但实际上，由于森林的遮挡，某些区域的最后回波可能不是地面点，如果直接用最后回波会造成地面高估。

因此，通常滤波算法基于不规则三角网（triangulated irregular network，TIN）和拟合平面进行地面点的分类。滤波算法有很多，较为经典的滤波算法包括：分级稳健线性预测过滤算法（hierarchical robust linear prediction filtering）（Kraus and Pferifer，1998，2001）、受力最小化约束动态表面拟合算法（active surface fitting by force minimization）（Elmqvist et al.，2001）、基于坡度的形态学过滤算法（Sithole，2001）、TIN逐步加密算法（Axelsson，2000）和曲面逼近算法（Terra Solid，2014）等。布料模拟点云滤波算法（cloth simulation filter，CSF）是Zhang等（2016）近年来新提出的一种简便、快捷、易用的滤波算法，其与曲面逼近算法类似，并且对于不同坡度程度下森林场景有专门针对的模式进行优化，在山林地区适用性较好。目前在CloudCompare开源软件最新版本中已经有专门的加载工具可供使用。

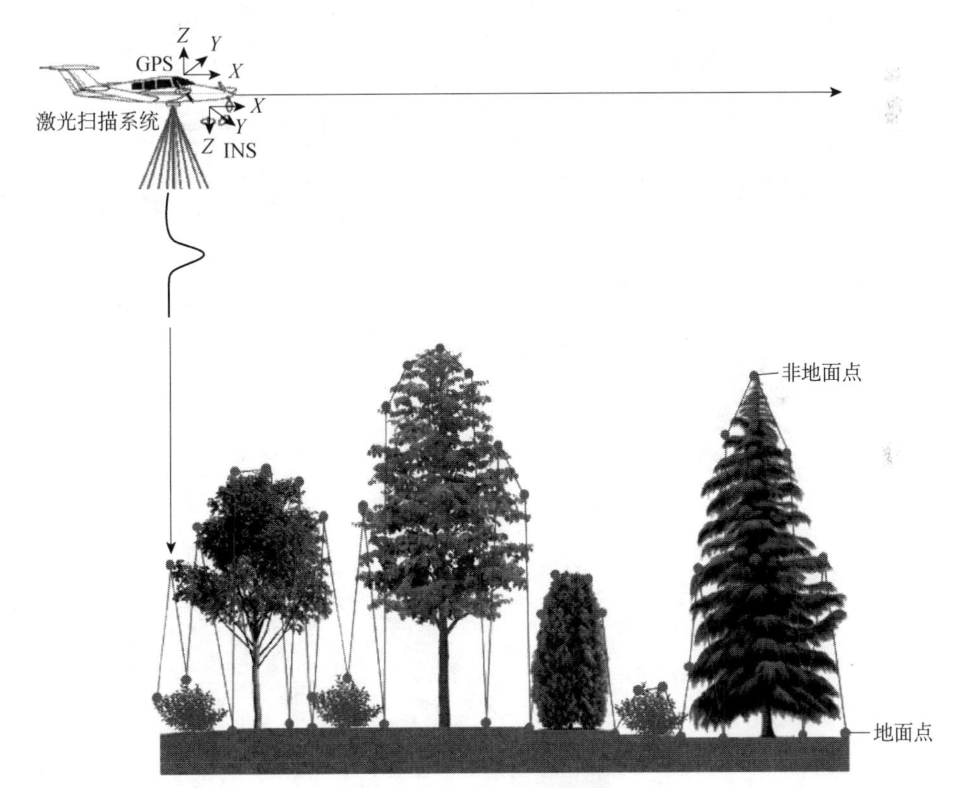

图4.6　点云几何示意图

利用得到的有限地表回波点内插获得数字高程模型（digital elevation model，DEM）；利用除了地表之外的地物回波点云内插获得数字地表模型（DSM）。

4.5.1　高度产品

冠层高度模型（canopy height model，CHM）是一个表达植被距离地面高度的表面模型，能够提供冠层的水平和垂直分布情况，通常由DSM减去DEM获得。CHM反映了整个森林冠层的高度变化，包括单木树冠的定点、肩部和边缘的高度值，因此通常可以用于单木树冠顶点与边界的识别，进而获取单木树高、冠幅、郁闭度、蓄积量和生物量等森林调查参数。

4.5.2 点云分析

1）将 CHM 转化为二维图像：通过内插 CHM 中的首次回波点（first return）可以得到类似于 DEM 的栅格图，并用于图像分割，获得单木坐标和冠幅［图 4.7（a）和图 4.7（b）］。

2）将离散点云连续化：将点云划分为小立方体［图 4.7（c）］，根据点云密度分布，建立立方体之间的拓扑关系，实现树木分离和树枝重建；或者采用不规则三角网（TIN）将单个树冠轮廓重构出来，实现单木冠型的提取［图 4.7（d）］。

3）分层统计：将树冠点云划分为若干层，计算点云累积能量分布曲线，与通过波形分析获得不同高度变量类似。

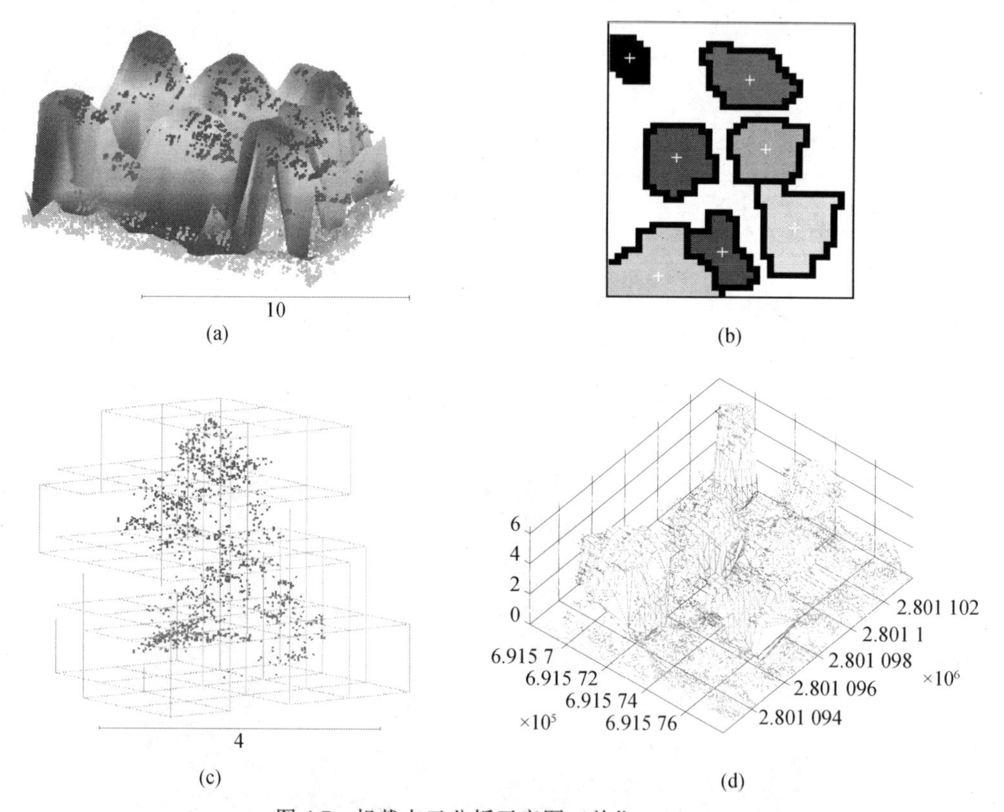

图 4.7　机载点云分析示意图（单位：m）

（a）CHM；（b）二维树冠分割；（c）立方体（体素）分割；（d）不规则三角网重构

上述方法主要针对机载数据，信息量多集中在树冠上层，无法直接探测树干信息。TLS 则相反，树干信息丰富，但上层树冠点云偏少，其分析思路主要有以下三条。

1）树干分离：利用树干和树叶回波强度的差异，在胸径高度左右可以分离出树干点云。

2）直径拟合：采用简单几何体假设（如圆柱体），从不同方位角对树干点云进行最佳拟合，可获得树干的位置和胸径信息（图 4.8）。

3）叶面积指数估计：类似冠层分析仪，可以通过方向孔隙率和比尔-朗伯定律估算叶面积指数。如果冠层消光系数在观测天顶角为 57.5°时独立于叶片倾角，可以用这个方向的孔隙率（P_{gap}）来反演有效叶面积指数（LAI）：

$$\mathrm{LAI} \approx -1.1\ln\left[P_{gap}(57.5°)\right] \tag{4.5}$$

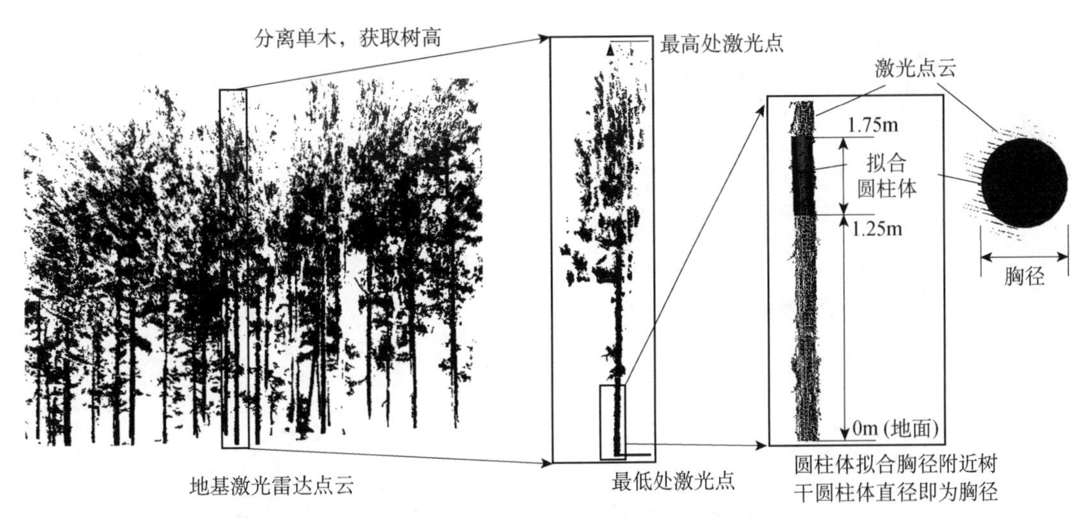

图 4.8　地基激光雷达提取树高和胸径实例

4.5.3　波形分析

激光回波波形包含若干波峰和波谷（图 4.9）。每个波峰对应激光反射能量较多的目标，如地面、下层树冠和上层树冠。最后一个波峰表征地面，第一个非噪声回波位置为冠层顶部。两者距离相减即为冠层高。由于冠层平均高有多种定义（如优势木平均高、算数平均高、断面积平均高等），单一的冠层高不能满足要求，根据波形累积能量曲线，可以得到不同百分比的高度。通常 25%、50%、75%和 100%处高度用得较多，记为 RH25、RH50、RH75 和 RH100 等。此外，植被波形部分的面积（The area under the waveform from vegetation，AWAV）可以反映森林冠层体积信息，也是一种常见指标。

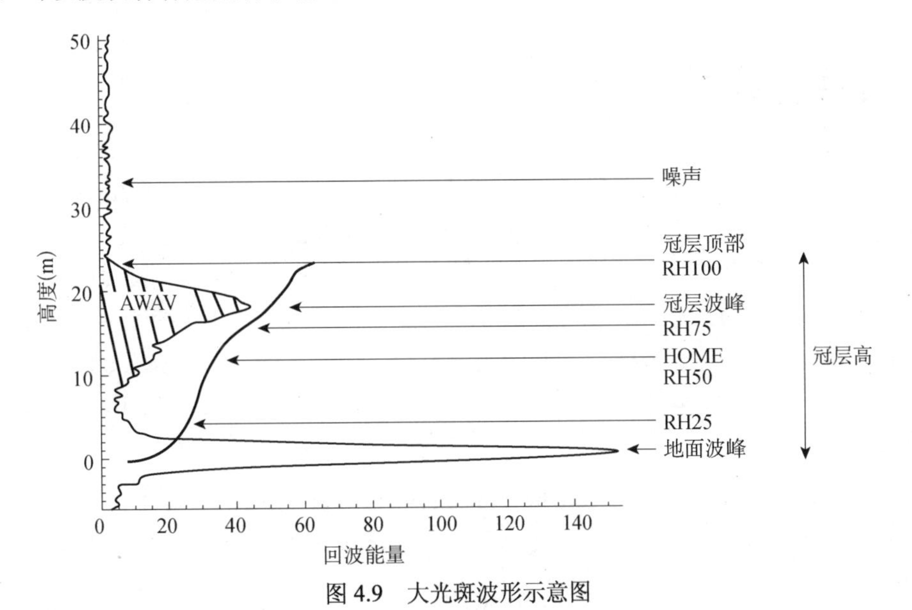

图 4.9　大光斑波形示意图

较粗的黑线为累积能量曲线，RH50 为总能量 50%位置的高度（HOME），RH25 和 RH75 分别为累积能量为 25%和 75%的高度

波形还可以进一步挖掘利用：

1）通过波形分解技术，将波形分离为若干高斯曲线。每个高斯曲线对应一种目标，其峰值代表目标强度信息，对称轴反映高度信息，标准差大小反映地表坡度或者植被目标长度信息。这些参数均可以提取为分析指标。

2）将累积能量曲线均匀分为若干层，计算每层的透过率（图 4.10）。假设每层都遵循比尔-朗伯定律按指数消光衰减，则可以反演得到每层的叶面积指数。多层叶面积指数及其累积分布曲线可以反映树冠的叶面积垂直分布，是评价林冠结构和估计野生动物栖息地分布的重要信息。

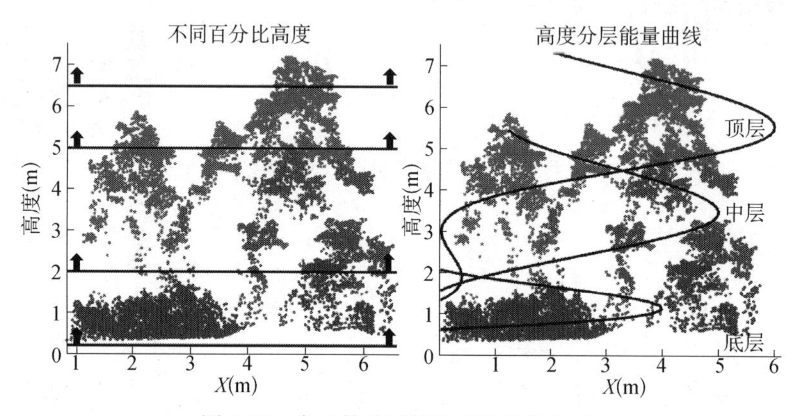

图 4.10　点云的分层统计和伪波形合成

波形分解方法假设全波形数据为理想条件下多个高斯函数的叠加，因此其采用高斯函数拟合回波波形，并通过逐一分离每个波形及其高斯函数，最终得到各波形的准确高斯函数描述参数，如振幅、标准差和均值等。

4.6　林业参数提取

无论是波形分析还是点云分析，都可以得到若干指标，但也仅仅是激光雷达度量（LiDAR metrics）。这些指标和森林参数必须有良好的相关关系才能推广应用。通过在野外建立实测样地，同时获得这些度量和森林参数（高度、生物量、密度、覆盖度等），就可以建立统计关系，从而进行预测，实现大面积森林参数的提取。森林参数预测通常采用多元统计分析。以德国某地区森林生物量预测为例，设定生物量为 Y，已知的激光雷达度量有 RH70、RH65、RH45 和 RH50，以及高度标准差（SEM）和高度范围（HD），通过多元线性回归建立的 Y 和 X 的关系见表 4.1。

表 4.1　多元线性回归预测德国 Kalimantan 地区生物量（Kronseder et al.，2012）

森林类型	样本数	回归模型	决定系数（R^2）	均方根误差（RMSE）（kg/hm^2）
A+B	142	−386.84+23.59×RH70+6.52×HD	0.71	115.20
A	70	−378.07+67.99×RH65−5090.94×SEM−27.39×RH45	0.83	96.74
B	72	−8.87+19.35×RH50	0.32	94.77

注：A 和 B 均为热带雨林类型，A 是低海拔龙脑香林（lowland dipterocarp forest），B 是泥炭沼泽森林（peat swamp forest）

通过逐步多元线性回归方法，可以实现若干变量的筛选和拟合，非常方便，应用较为广泛。不过，线性回归分析有假设限制，如样本必须服从正态分布，要去除共线性等。为克服假设限制，机器学习方法从遥感图像分类领域被引入 LiDAR 回归统计，可更加灵活地用于预测。常见的机器学习方法包括随机森林（random forest）、支持向量回归（support vector regression）和 cubist 回归树（regression tree）等。这些回归算法在免费统计软件 R 中都可以找到对应的模块。

4.6.1 高度、位置、冠幅和竞争指数

提取高度和冠幅是 LiDAR 最基本的功能。一般采用 ALS 数据，其点云和波形数据均可以获得高度，一般可以基于 95%的分层高度和地面进行回归。冠幅一般需要高密度的点云数据进行分割。常见的分割算法有分水岭算法、多项式拟合法、距离判别聚类法等。不过没有发现普适性的分割方法，对于不同类型的林分，仍然需要进行参数调整和精度比较，优选出最适合的方法。最困难的部分是重叠树冠和被压树冠的单木识别与分割问题。

一旦获得了高度和单木分割结果，就可以得到树冠位置、冠幅和高度，可以用于林木竞争的研究。比如，LiDAR 导出的竞争指数（LCI）由邻近空间中的目标树和竞争对手之间的高度差（dH）及相对距离（*L*）来定义，相比光学二维投影图像可以有效地代表树木的竞争情况（图 4.11）。

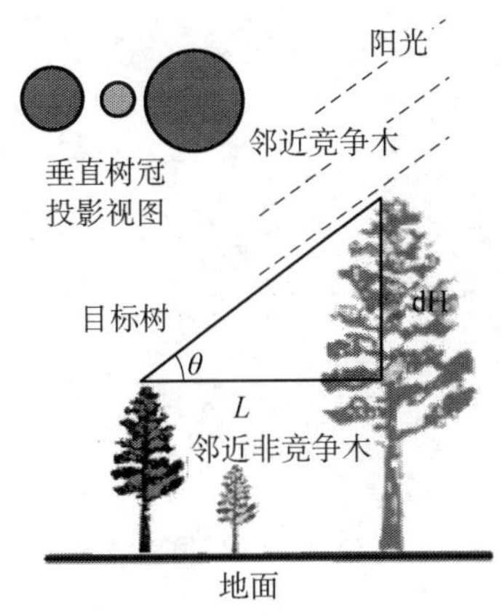

图4.11　基于LiDAR提取的树高和单木位置，估算目标树和邻近树的竞争指数情况（改自 Lo and Lin，2013）

4.6.2 胸径、断面积和蓄积量

由于 ALS 很难扫描到树干，胸径估算通常采用 TLS 数据。识别的主要方法是进行点云圆拟合，常见的有 Hough 变换方法、最小二乘法、随机采样一致性（RANSAC）算法等。示意图可以参考图 4.8。RANSAC 的 Matlab 代码可以访问网址 http://www.3dforest.cn/qrsf.html，以供读者参考。

大多数研究采用全方位 TLS 数据进行胸径提取。但是，全方位扫描获取的点云数据量庞大，所需扫描时间较长。以北京东升八家郊野公园和奥林匹克森林公园内的人工林为研究对象，我们探索了基于多个单站扫描采集的 16 线阵 TLS 点云数据（图 4.12）的树干识别算法和断面积估计（马静怡等，2018）。该算法利用点云到达目标单木及周围其他物体距

离的差异，检测出树干表面点云，并结合 RANSAC 算法拟合圆，提取单木胸径；在此基础上引用角规抽样技术，进行林分平均胸高断面积的估测。结果表明，单木检测率均在 80%以上，林分平均胸径估测精度均在 90%以上，林分平均断面积估测精度可以达到 90%左右。有了断面积，加上树高和形数就可以推测蓄积量。

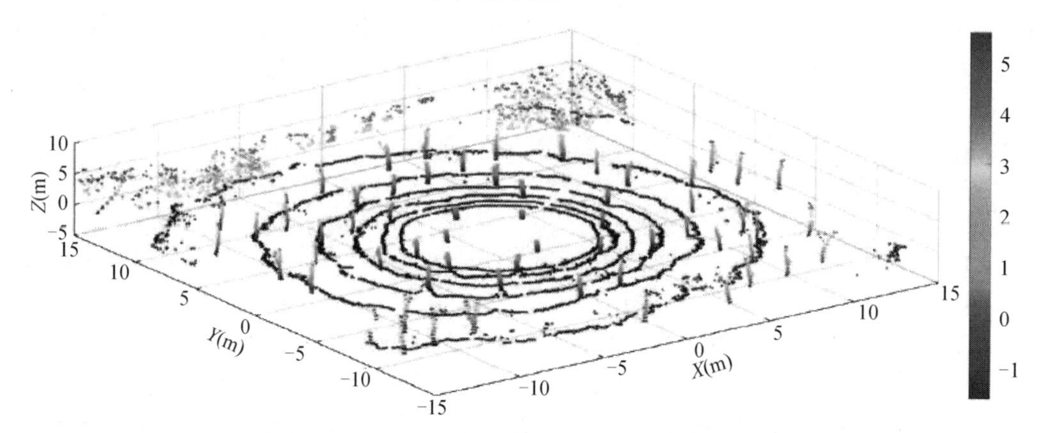

图 4.12　单站 16 线阵激光雷达扫描公园内树木点云

图 4.13 展示了在地形起伏区 16 线阵 TLS 扫描拼接效果，表明在复杂林区点云噪声更大，但仍有较大的潜力。

图 4.13　单站点旋转加密扫描拼接后的 16 线阵激光雷达点云（云南某山区林地）

Ioki 等（2014）利用机载小光斑 LiDAR 数据对不同退化程度的热带雨林地上生物量（above-ground biomass，AGB）进行了分析研究。该研究中利用了各个高度层的激光雷达度量和激光穿透率，通过多元逐步回归分析建立了地上生物量预测模型。该模型对 AGB 的预测结果，调整相关系数 R^2 最高能达到 81%，RMSE=61.26Mg/hm^2，同时研究结果表明冠层平均高度和 7m 处激光穿透率与 AGB 的相关性最高。

Tompalski 等（2019）利用机载激光雷达基于面积法模型（area based model）对林分断面积加权平均高、林分平均胸径和蓄积量等森林调查参数进行建模分析研究。该研究中针对不同区域、不同点云特征的数据及三种模拟方法［线性回归（linear regression，OLS）插值法、随机森林 random forests（RF）插值法和 k 邻近（k-nearest neighbour，kNN）插值法］分别进行了对比分析研究。研究结果表明，线性回归模型对林分断面积和加权平均高在不同区域、不同点云特征数据的预测精度最高，而随机森林模型对林分平均胸径和蓄积量的预测精度更稳健。同时该研究指出，模型采用的方法是模型适用性最主要的影响因素，而点云本身的特征影响相对较小。

4.6.3 垂直结构、森林类型和树种分类

每个树种乃至森林类型的三维结构，包括水平和垂直结构，可能存在不同的特征。如果充分利用这些特征，就有可能实现树种、森林类型的分类。充分挖掘 LiDAR 的三维信息提取能力也成为研究热点。

在吉林蛟河阔叶红松林区，林业定量遥感团队利用线阵激光雷达 VLP-16 进行不同采伐强度下森林垂直结构的对比分析（图 4.14）。可以看出，除了土壤的反射波峰以外，未采伐的对照样地林分有三个明显的峰，代表三个不同的垂直高度，最大高度约在 21m 处。轻度采伐和中度采伐主要有两个峰值，最大高度则依次下降。

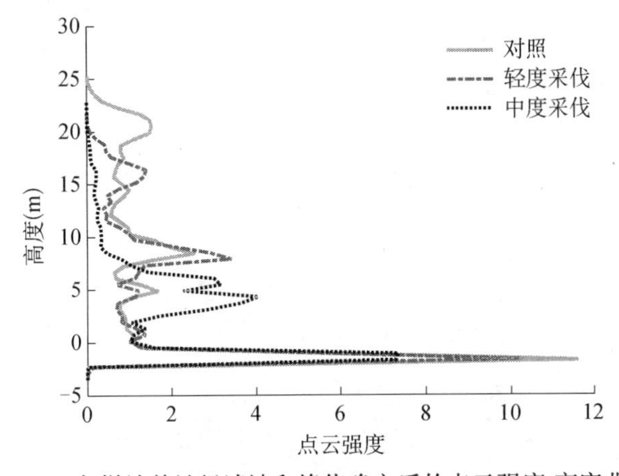

图 4.14 各样地单站经滤波和峰值确定后的点云强度-高度曲线

李立存（2012）分别基于 kNN 和支持向量机分类方法，利用星载 ICESat±GLAS 大光斑全波形激光雷达数据，对两种森林类型进行识别。通过对原始波形信息进行高斯分解后，提取了各种波形参数并进行组合，用于森林类型的识别。结果表明，对于针阔叶两种森林类型进行分类时，利用 kNN 的方法对阔叶林的分类精度能达到 95.85%，针叶林的分类精度最高为 40%，总的分类精度为 82.54%；利用支持向量机分类方法对阔叶林的分类精度能达到 97.92%，针叶林的分类精度最高为 40%，总的分类精度为 84.13%。对于针阔叶及混交林三种森林类型进行分类时，针叶林和阔叶林得到的结果类似，但是对于混交林分类结果精度较低（分别仅有约 13%和 4%）。通过研究发现该方法对阔叶林、混交林和针叶林种类型的森林进行识别时对阔叶林的分类效果最好，针叶林次之，混交林的分类效果最差；同时支持向量机分类方法的分类结果优于 kNN 方法。

Cao 等（2016）基于体素法利用小光斑全波形激光雷达数据进行亚热带森林的树种识别。使用全波形激光雷达和随机森林分类器识别江苏省常熟市虞山森林的 6 种典型亚热带树种（3 针 3 阔：马尾松、湿地松、杉木、橡木、香枫、中华冬青）。结果表明，该方法在不同层次上的分类精度均较为可观，其中 6 个树种的平均精度为 68.6%，4 个主要树种的平均精度为 75.8%，针阔两类的分类精度为 86.2%。研究发现，全波形度量指标具有较高的重要性和稳定性。“高”分辨率的体素尺寸表示出最高的分类精度。基于体素的方法可以减

少与大尺度扫描角度相关联的一些问题。

4.6.4 湖泊水位

湖泊水位动态监测和调查对湖泊资源利用、水循环过程和生态环境变化等研究具有重要意义。湖泊水位的波动受多种因素的影响。在空间分布上，平原湖泊湖水收支的季节差异明显，高原湖泊则受冰川、融雪补给因素的影响较大，从而引起湖泊水位发生相应的变化。

虽然只有2003～2009年的存档数据，具有全球采样覆盖的星载大光斑波形数据GLAS仍为大面积的湖泊水位监测提供了可能。此外，GLAS数据得到的湖泊水位误差一般小于5cm，可作为分析湖泊变化原因可靠的基础数据（图4.15）。主要步骤包括：首先，通过ICESat/GLAS GLA14产品筛选光斑所在位置，保留落在湖泊上方的波形数据。其次，纠正波形饱和问题，也就是GLAS接收到的脉冲回波振幅超过接收器所能探测的最大值，此时回波的波峰顶端会被“削平”，导致测高被低估。对于平静的水面来说，垂直入射也刚好在镜面方向，回波可能很强而导致波形饱和。

ICESat数据产品提供了针对波形饱和的高程改正和能量改正，在波形饱和不严重的情况下可以很好地恢复高程数据，而对于大气前向散射，目前仍没有有效的手段对其进行改正。

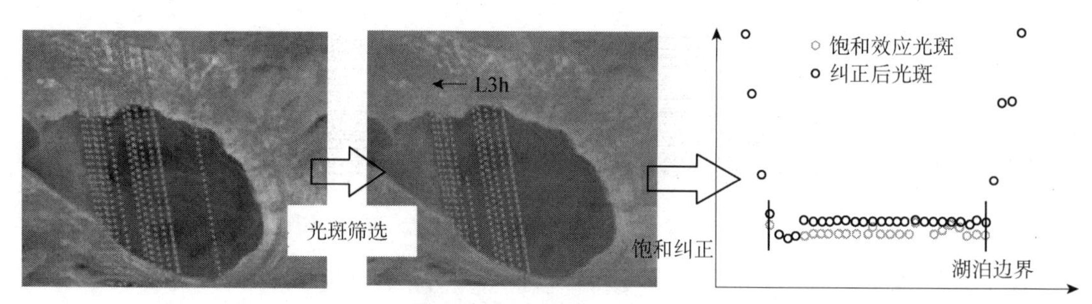

图4.15 基于GLAS的湖泊水位提取步骤（Wang et al.，2013）

L3h.筛选后的某期光斑点

4.7 激光雷达数据拓展

LiDAR数据提供的度量指标，核心还是几何信息，且价格昂贵，测量区域较少，因此单纯的LiDAR数据空间覆盖不足，其应用有局限性。融合光学遥感的光谱信息和微波雷达的散射信息，才能推广到更大尺度，也有助于提高森林参数提取的精度。

4.7.1 融合光学遥感数据

首先，融合光学遥感数据提高森林结构参数提取精度。比如，利用光学遥感提供准确的分类图，分离出森林植被，排除其他植被的干扰；再如，利用高分辨率照片进行树冠分割，然后配合LiDAR数据计算单木树高。相比单纯应用LiDAR信息，这些均能获得更好的精度结果。

然后，利用光学遥感数据扩展 LiDAR 的有限覆盖区域。通常，建立光学反射率和 LiDAR 提取参数（如高度）的关系，然后基于光学数据外推。光学的 BRDF 数据蕴含了一定的垂直结构信息。通过激光雷达高度训练 MODIS BRDF，可以用 BRDF 预测树高（杨婷等，2014）。这里面，LiDAR 的作用主要是作为训练样本。

最后，融合 LiDAR 高度或者密度信息，参与多光谱图像分类或者高光谱指数反演，提高光学图像分类精度和生理生化参数反演精度。

目前，多源数据融合的常用方法是分别提取不同数据源的某些指标变量，利用统计方法（如主成分分析、相关分析）进行变量降维或者筛选，然后与 LiDAR 度量指标一起统计、预测森林参数。

Matasci 等（2018）基于 Landsat TM 影像产品和机载 LiDAR 对大范围的加拿大阔叶林的森林结构参数进行了监测研究（图 4.16）。研究中采用了基于随机森林的最邻近差值法建立了预测模型，以 TM 影像提取的 30m 分辨率地表反射组分参数和 LiDAR 提取的结构参数等作为输入指标，对森林结构参数进行了预测。结果显示，对于冠层覆盖度、林分平均高度、断面积、蓄积量和地上生物量等森林关键参数的预测，相关系数为 0.49～0.61。同时，该研究结果表明光谱指数、高程参数和地理坐标为模型的预测提供了关键的信息。这项研究的方法可以适用于更多的遥感光谱数据和 LiDAR 数据的结合，用于对大范围森林的调查监测及其他的科学研究。

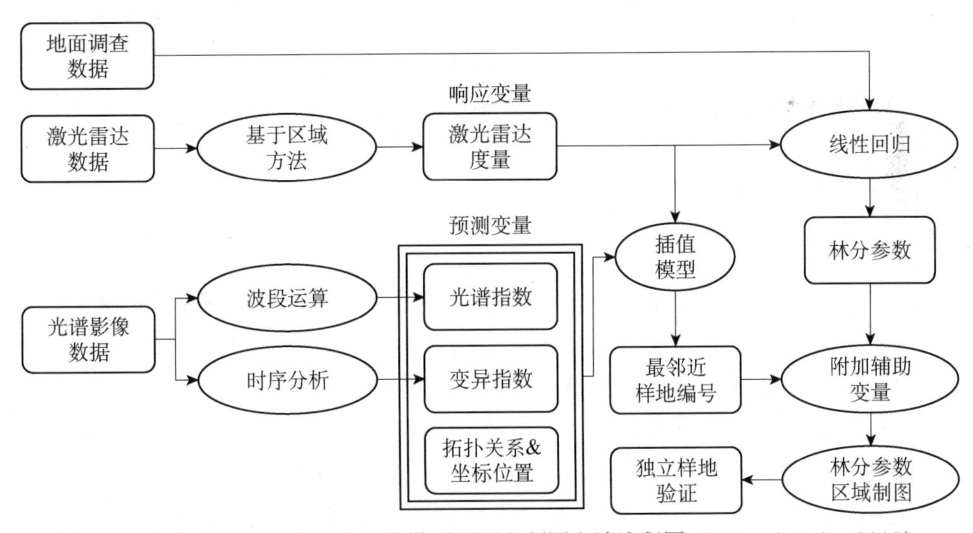

图 4.16　加拿大阔叶林的结构参数模型预测和制图方法流程图（Matasci et al.，2018）

4.7.2　融合微波雷达数据

激光雷达和合成孔径雷达都能很好地反映生物量信息。但是星载 SAR 覆盖面更大，有利于 LiDAR 的推广。通常可以用 LiDAR 提取的生物量作为样地训练 SAR 数据，然后用 SAR 去预测更大范围的生物量。这个思路和光学是类似的。不过，如果一片区域同时有 LiDAR 和 SAR，可以融合做更多事情。这里介绍一个联合激光雷达大光斑波形数据和机载 SAR 数据，驱动生理生态模型 ED2 的研究（Antonarakis et al.，2011）。其中 LiDAR 提供树高信息，SAR 提供生物量估计值，两者分别作为两个参数输入 ED2 中，对模型进行标定和同化（图 4.17）。结果表明，高度和生物量的参与能显著提高模型预测森林结构的精度。

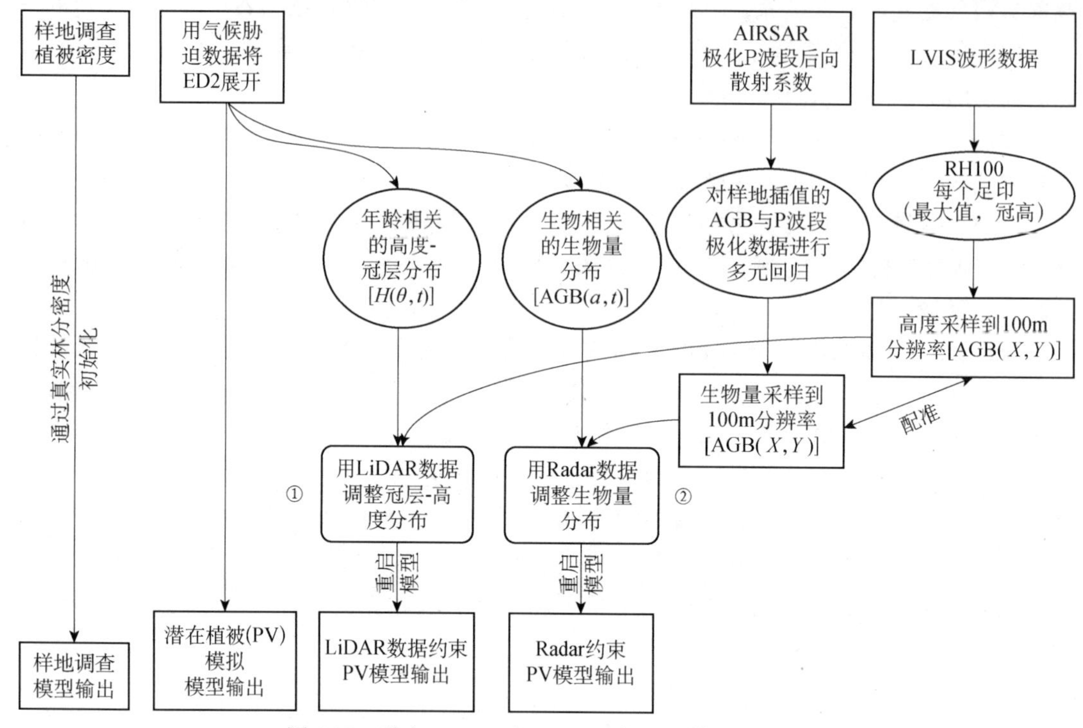

图 4.17　融合 LiDAR 和 SAR 驱动 ED2 模型的框架

AGB.地上生物量；AIRSAR.雷达数据，LVIS.LiDAR 波形数据，这是美国的两种机载数据

4.8　存在的问题和发展方向

从 21 世纪开始，激光雷达研究始终处于持续升温阶段，逐渐从研究其技术本身走向林学和生态学应用研究，并逐步拓展；但是如何满足应用的需求（如生物量的准确估计、物种的准确分类、野外快速调查等）仍然是热点，其中可研究的应用课题仍然很多，仪器和分析方法尚未达到应用成熟阶段。

激光雷达的主要数据类型包括波形和点云，相应的分析方法渐成体系，但只能获得高度或者密度相关信息。融合多源遥感数据可能是弥补 LiDAR 覆盖区域小和信息单一的重要方法。

森林参数的预测主要通过统计的方法建立 LiDAR 度量和森林参数的关系，从而进行预测。其中，多元线性回归使用最广，新的机器学习方法，尤其是深度学习方法，也崭露头角。但是，基于物理模型的反演相对偏少，参数提取的机理性研究不足。具体表现如下。

基于统计方法建立的 LiDAR 指标不能确定点云的来源，因而导致所预测的森林参数难以从物理机理上进行准确的解释。与此同时，当前常用的 LiDAR 指标对于点云的信息并不能充分利用，更多点云信息及其细节还需要进行深入分析和挖掘，比如点云强度及其所反映的表面纹理、化学组分及反射特性、入射角度等信息。另外，如何将 LiDAR 与其他遥感数据源从物理机理上进行有效的融合，依然是当前所面临的一大挑战。

就激光雷达数据本身而言，不同传感器和平台（地基、机载、星载）获取的数据，由于数据类型、入射角度不同，几何投影方式的多种多样（如地基，球形投影；机载，椭圆柱投影如 UTM 和高斯-克吕格投影；星载 Icesat-1 GLAS，平行投影；Icesat-2 ATLAS，多中心投影），如何将它们从机理上进行融合同样面临着诸多问题。除此之外，回波路径的不确定（由于多次反射的存在），光斑大小不同、地形和多次散射的贡献不清楚都可能带来各类森林参数估测的不确定性。

高光谱激光雷达也是当前的重点发展方向。高光谱激光雷达给点云补充了高光谱信息，是实现三维植被生理生化测量和反演极具潜力的工具（林沂，2017）。不过，目前高光谱激光雷达尚未有商用的硬件出现，还需要一定的技术积累和攻关。

随着 LiDAR 平台多样化和小型化的发展，其价格逐渐降低，未来将会对林业资源调查起到关键作用。比如，林业二类调查面积大，任务重，全覆盖调查的准确性难以保证。如果能够用 LiDAR 进行高密度点云调查，则可以解决人力和效率不足的问题。

习 题

1. 激光雷达能解决林业的什么问题？它有哪些局限性？
2. 激光雷达主要有哪几种数据类型？各有什么优势？
3. 你觉得未来激光雷达的发展方向是什么？
4. CHM 指什么？如何准确得到 CHM？尝试用 CloudCompare 软件提取 CHM。
5. 单木分割有哪些常用的算法？
6. 如何解释大光斑激光雷达波形和树高的关系？
7. 激光雷达的林业应用中有哪些辐射传输机理值得研究？

参考文献

池泓，黄进良，邱娟，等. 2018. GLAS 星载激光雷达和 Landsat/ETM+数据的森林生物量估算[J]. 测绘科学，43（4）：9-16.

李立存. 2012. 基于星载大光斑 LIDAR 数据的森林类型识别研究[D]. 哈尔滨：东北林业大学硕士学位论文.

李明阳，范萌，陶金花，等. 2019. 星载激光雷达云和气溶胶分类反演算法研究[J]. 光谱学与光谱分析，39（2）：383.

林沂. 2017. 高光谱激光雷达：三维生物物理化学生态测量学[J]. 遥感信息，（1）：5-9.

马静怡，黄华国，黄侃，等. 2018. 基于 16 线阵 TLS 数据的单木识别及林分断面积估测研究[J]. 北京林业大学学报，40（8）：23-32.

庞勇，李增元，陈尔学，等. 2005. 激光雷达技术及其在林业上的应用[J]. 林业科学，41（3）：129-136.

庞勇，赵峰，李增元，等. 2008. 机载激光雷达平均树高提取研究[J]. 遥感学报，12（1）：152-158.

陶江玥，刘丽娟，庞勇，等. 2018. 基于机载激光雷达和高光谱数据的树种识别方法[J]. 浙江农林大学学报，35（2）：314-323.

王佳，张隆裕，吕春东，等. 2018. 基于地面激光雷达点云数据的树种识别方法[J]. 农业机械学报，49（11）：187-195.

杨婷，王成，李贵才，等. 2014. 基于星载激光雷达 GLAS 和光学 MODIS 数据中国森林冠层高度制图[J].

中国科学（地球科学），44（1）：2487-2498.

Alonzo M，Bookhagen B，Roberts D A. 2014. Urban tree species mapping using hyperspectral and lidar data fusion[J]. Remote Sensing of Environment，148：70-83.

Andersen H E，Reutebuch S E，McGaughey R J. 2006. A rigorous assessment of tree height measurements obtained using airborne lidar and conventional field methods[J]. Canadian Journal of Remote Sensing，32（5）：355-366.

Antonarakis A S，Saatchi S S，Chazdon R L. 2011. Using Lidar and Radar measurements to constrain predictims of forest ecosystem structure and functim[J]. Ecological Applications，21（4）：1120-1137.

Axelsson P. 2000. DEM generation from laser scanner data using adaptive TIN Models[C]. Amsterdam：International Archives of Photogrammetry and Remote Sensing，33（B4/1）：111-118.

Brandtberg T. 2007. Classifying individual tree species under leaf-off and leaf-on conditions using airborne lidar[J]. ISPRS Journal of Photogrammetry and Remote Sensing，61（5）：325-340.

Elmqvist M，Jungert E，Lantz F. 2001. Terrain modelling and analysis using laser scanner data[C]. Annapolis：International Archives of Photogrammetry and Remote Sensing：219-226.

Ioki K，Tsuyuki S，Hirata Y，et al. 2014. Estimating above-ground biomass of tropical rainforest of different degradation levels in northern borneo using airborne lidar[J]. Forest Ecology and Management，328：335-341.

Kraus K，Pfeifer N. 1998. Determination of terrain models in wooded areas with airborne laser scanner data[J]. ISPRS Journal of Photogrammetry & Remote Sensing，53（4）：193-203.

Kraus K，Pfeifer N. 2001. Advance DTM generation from LiDAR data[C]. Annapolis：International Archives of Photogrammetry and Remote Sensing：23-30.

Kronseder K，Ballhorn U，Böhm V，et al. 2012. Above ground biomass estimation across forest types at different degradation levels in Central Kalimantan using LiDAR data[J]. International Journal of Applied Earth Observation and Geoinformation，18（8）：37-48.

Lo C S，Lin C. 2013. Growth-competition-bastd stem diameter and volume modeling for tree-level forest inventory using airborne LiDAR data[J]. IEEE Transactions on Geoscience & Remote Sensing，51（4）：2216-2226.

Matasci G，Hermosilla T，Wulder M A，et al. 2018. Large-area mapping of Canadian boreal forest cover，height，biomass and other structural attributes using landsat composites and lidar plots[J]. Remote Sensing of Environment，209：90-106.

Nilsson M. 1996. Estimation of tree heights and stand volume using an airborne lidar system[J]. Remote Sensing of Environment，56（1）：1-7.

Putman E B，Popescu S C，Eriksson M，et al. 2018. Detecting and quantifying standing dead tree structural loss with reconstructed tree models using voxelized terrestrial lidar data[J]. Remote Sensing of Environment，209：52-65.

Rosli S F，Hashim F H，Raj T，et al. 2018. A rapid technique in evaluating tree health using lidar sensors[J]. International Journal of Engineering and Technology（UAE），7（3）：118-122.

Cao L，Coops N C，Innes J L. 2016. Tree-species classification in subtropical forests using small-footprint full-wareform LiDAR data[J]. Int J App Earth Obs，49：39-51.

Sithole G. 2001. Filtering of laser altimetry data using a slope adaptive filter[C]. Annapolis：International

Archives of Photogrammetry and Remote Sensing：22-24.

Tang H，Song X P，Zhao F A，et al. 2019. Definition and measurement of tree cover：A comparative analysis of field-，lidar-and Landsat-based tree cover estimations in the Sierra national forests，USA[J]. Agricultural and Forest Meteorology，268：258-268.

Terra Solid. 2019. Terrascan User's Guide. http://www.terrasolid.com/guides/tscan/index.html.

Tompalski P，White J C，Coops N C，et al. 2019. Demonstrating the transferability of forest inventory attribute models derived using airborne laser scanning data[J]. Remote Sensing of Environment，227：110-124.

Wang X W，Gong P，Zhao Y Y，et al. 2013. Water-level changes in China's large lakes determined from ICE Jat/GLAs data[J]. Remote Sensing of Environment，132：131-144.

Zhang W M，Qi J B，Wan P，et al. 2016. An easy-to-use airborne Lidar data filtering method based on cloth simulation remote[J]. Sens，8（6）：501.

第五章　微波遥感的林业应用

科学需要幻想，发明贵在创新。

——【美国·近代发明家】爱迪生（Thomas Alva Edison）

光学遥感在林业上应用最早，也最广泛。但光学遥感存在“同谱异物”问题，且易受云雨天气的影响造成数据缺失，在多云雨地区受到限制。微波遥感具有全天时、全天候的特点，同时可提取后向散射、干涉、极化等信息，在多云雨地区是获取信息的有效手段，是光学波段的有力补充。此外，微波的树冠穿透性好，具有一定的垂直结构捕获能力。微波遥感分为被动微波和主动微波（雷达）。被动微波的空间分辨率极低，林业应用很少，因此本章主要介绍雷达遥感。

5.1　雷达遥感的原理

5.1.1　微波雷达的优势

雷达使用的电磁频谱波长为1cm～1m，依据波长的不同可将其划分成不同的波段，每个波段都具有固定的名称和大致的波长范围，详见表5.1。

表5.1　雷达常用波段和频率

波段	波长（cm）	频率（MHz）
K_a	0.8～1.1	40 000～26 500
K	1.1～1.7	26 500～18 000
K_u	1.7～2.4	18 000～12 500
X	2.4～3.8	12 500～8 000
C	3.8～7.5	8 000～4 000
S	7.5～15	4 000～2 000
L	15～30	2 000～1 000
P	30～100	1 000～300

相比光学电磁波，微波波动特性更加明显，波的叠加、干涉、衍射和极化显得格外重要。由于波长较长，微波能穿透云雾、雨雪，受天气的影响很小，对于多云雨天气的南方林区至关重要；对地物有一定的穿透能力，因此对生物量敏感。微波遥感具有全天时、全天候的工作能力。如图5.1（a）和图5.1（b）的对比，光学图像中云的遮挡，在微波图像中的影响很小。除此以外，微波还能提供不同于可见光和红外光遥感所能提供的某些信息，比如：

1）相位信息和干涉信息的利用，可以计算出某一点的高程。

2）对地表粗糙度、几何形状、介电性质敏感，能间接地提取海面形状、海面风速、土壤水分、地形形变等信息。因此，林业上可以用于土壤湿度的反演。

3）多波段和多极化信息可以帮助识别地类。如图 5.1（c）和图 5.1（d）所示，相同地物在微波图像和光学图像上明暗对比差异显著，说明可以提供额外的信息。

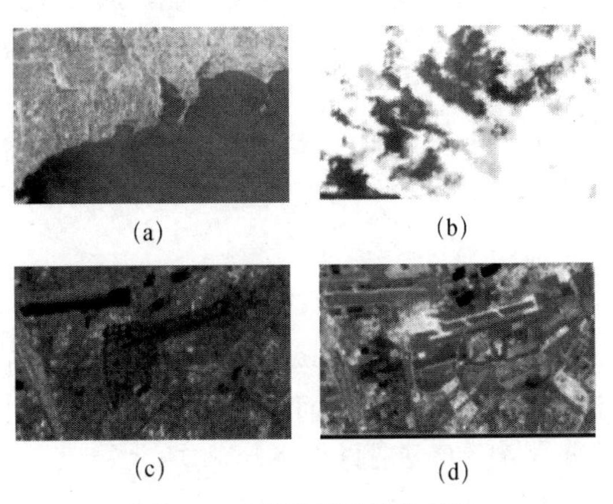

图 5.1 光学和微波图像对比

（a）穿透云层的微波图像；（b）被云层遮挡的光学图像；（c）城区微波图像；（d）城区光学图像；其中（a）和（b）为同一区域；（c）和（d）为同一区域

5.1.2 雷达方程

雷达方程描述了雷达系统发射雷达波束后，由地物目标后向散射，雷达接收天线所接收到的回波功率。这个方程通常用于描述点目标的回波功率，由于实际地物大多为具有一定大小和分布的目标，一般用地物单位面积的平均散射系数 σ^0（或地物单位面积的散射截面）来表达地物的散射特性。因此，雷达的接收功率可以表示为

$$P_r = P_t \sigma^0 A \cdot \frac{G^2 \lambda^2}{(4\pi)^3 R^4} \tag{5.1}$$

式中，P_r 为雷达接收功率；P_t 为雷达发射功率；σ^0 为地物单位面积的平均散射系数（$\langle\sigma\rangle$），表示为 $\sigma^0 = \frac{\langle\sigma\rangle}{A}$；$A$ 为地物面积；G 为天线增益；λ 为雷达波长；R 为地物与雷达的距离。

雷达方程的具体推导过程如下。

1）自天线离开后到达目标的能量密度：$\frac{P_t G}{4\pi R^2}$。

2）目标散射回的能量（地物处）：$\frac{P_t G \sigma^0 A}{4\pi R^2}$。

3）天线接收到的能量：$P_r = \frac{P_t G \sigma^0 A}{4\pi R^2} \cdot \frac{A_e}{4\pi R^2}$；式中，$A_e$ 为有效雷达截面，表示为 $A_e = \frac{G\lambda^2}{4\pi}$。

4）最后可得：$P_r = P_t \sigma^0 A \cdot \frac{G^2 \lambda^2}{(4\pi)^3 R^4}$。

单站雷达的发射和接收天线是同一根天线，其对于地物单位面积的平均散射系数称为后向散射系数（backscattering coefficient）或标准化后向散射截面，常用 σ^0 表示，反映了地

物的散射特性。但是要获得这个 σ^0，还需要进行辐射校正，以消除增益和斜距的影响。

5.1.3 合成孔径雷达

微波雷达的方位向分辨率与距离无关，仅与实际使用的天线孔径有关。换言之，真实天线越长，孔径越大，雷达的方位向分辨率越高。所以，真实孔径雷达的天线特别长，有一定的分辨率极限。为了获得更高的方位向分辨率，合成孔径雷达（synthetic aperture radar，SAR）应运而生。合成孔径雷达是一种脉冲-多普勒雷达，利用雷达与目标的相对运动把尺寸较小的真实天线孔径用数据处理的方法合成较大的等效天线孔径的雷达。

5.1.4 极化特征

极化是指电磁波振动的矢量方向，即电场方向。电场矢量方向不随时间变化的电磁波称为线极化波或者平面波。对于任意单色平面波，电场矢量 E 可由正交直角坐标系下的归一化正交极化基$(\hat{x},\hat{y})$的分量 E_x、E_y 进行线性组合。

$$E = E_x\hat{x} + E_y\hat{y} \tag{5.2}$$

从本质上说，单色平面波是一个简谐振荡波，其简谐电场（Jones 矢量）为

$$E = \begin{pmatrix} E_x \\ E_y \end{pmatrix} = \begin{pmatrix} E_{x0}\mathrm{e}^{i\delta x} \\ E_{y0}\mathrm{e}^{i\delta y} \end{pmatrix} \tag{5.3}$$

极化波也可以通过斯托克斯矢量（Stokes vector）表达：

$$g_E = \begin{bmatrix} g_0 = |E_x|^2 + |E_y|^2 \\ g_1 = |E_x|^2 - |E_y|^2 \\ g_2 = 2\Re(E_x E_y^*) \\ g_3 = -2\Im(E_x E_y^*) \end{bmatrix} = \begin{bmatrix} |E_{x0}|^2 + |E_{y0}|^2 \\ |E_{x0}|^2 - |E_{y0}|^2 \\ 2E_{x0}E_{y0}\cos(\delta) \\ 2E_{x0}E_{y0}\sin(\delta) \end{bmatrix} \tag{5.4}$$

式中，g_0、g_1、g_2 和 g_3 为斯托克斯矢量的 4 个参数；δ 为电场 X 与 Y 分量的相位差。对于完全极化波：

$$g_0^2 = g_1^2 + g_2^2 + g_3^2 \tag{5.5}$$

对于部分极化波，极化分量中强度之和不同于总强度，且存在不等式：

$$g_0^2 > g_1^2 + g_2^2 + g_3^2 \tag{5.6}$$

为了方便表达不同的极化波，可以引入极化度参数（p）：

$$p = \frac{\sqrt{\sum_{i=1}^{3} g_i^2}}{g_0} \tag{5.7}$$

极化度参数（p）为 0～1，其体现了极化波中极化分量的大小，斯托克斯矢量能够完整地表达完全极化分量与完全非极化分量。

极化 SAR（polarmetric SAR，PolSAR）是指在极短的间隔中发射不同极化波脉冲，并接收其回波的 SAR 系统。一般可以分解为水平极化（horizontal polarization，H）和垂直极化（vertical polarization，V）。水平极化是指雷达波的极化方向与地面平行，或与入射面（地表法线与雷达距离向组成的平面）垂直；垂直极化是指雷达波的极化方向与地面垂直。根

据发射和接收极化波的方式，SAR 系统包括 4 种极化方式（图 5.2)：若雷达同时发射和接收水平极化波则称为水平同极化（HH)，若同时发射和接收垂直极化波则称垂直同极化（VV)，若发射的水平极化波接收垂直极化波或发射垂直极化波接收水平极化波则称为交叉极化，分别记为 HV 和 VH。

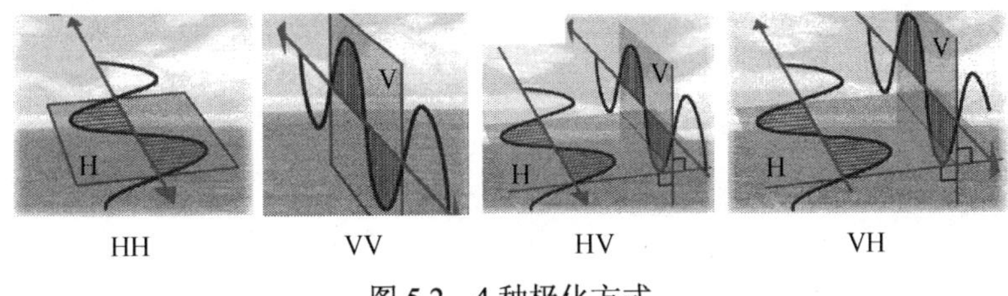

图 5.2 4 种极化方式

不同的地物一般具有不同的极化特性，可类比不同地物具有不同的光谱反射率。不过，地面目标的散射特性与电磁波入射矢量和散射矢量都有关，其极化回波是电磁波与地物目标相互作用的结果，因此其极化特性需要通过入射电磁波和散射电磁波共同描述。极化 SAR 数据的极化散射矩阵是描述任意单个散射目标的极化特性、相位特性和能量特性的矩阵，能够全面表示散射地物的极化特性。基于 Jones 矢量，散射矩阵可以表示为

$$S=\begin{bmatrix} S_{\mathrm{HH}} & S_{\mathrm{HV}} \\ S_{\mathrm{VH}} & S_{\mathrm{VV}} \end{bmatrix} \tag{5.8}$$

其中，S 为散射目标的极化散射矩阵；S 中的元素 S_{ij} 为复数形式，其中 i 为入射电磁波极化方式，j 为散射电磁波极化方式。S 中各元素代表复后向散射系数，当入射电磁波极化方式与散射电磁波极化方式相同时，称为同极化（like-polarized)，其不同时称为交叉极化（cross-polarized)。

为了方便进行图像的统计，获取更多信息，极化散射矩阵可以利用基矩阵进行矢量化变换。目前，Lexicographic 基和 Pauli 基是最为常用的两种极化基，各个分量具有具体的物理意义，能够代表散射目标的散射特性。Pauli 基可以将任意一个散射矩阵分解为表面散射、二面散射及体散射，并且三种散射机制是正交的。在互易性原则的条件下，Pauli 基散射矢量 k_P 和 Lexicographic 基散射矢量 k_L 可以表示为

$$k_{3P}=\frac{1}{\sqrt{2}}\begin{bmatrix} S_{\mathrm{HH}}+S_{\mathrm{VV}} \\ S_{\mathrm{HH}}-S_{\mathrm{VV}} \\ 2S_{\mathrm{HV}} \end{bmatrix},\quad k_{3L}=\begin{bmatrix} S_{\mathrm{HH}} \\ \sqrt{2}S_{\mathrm{HV}} \\ S_{\mathrm{VV}} \end{bmatrix} \tag{5.9}$$

因此，极化 SAR 既记录了相干回波信号的振幅变化，又记录了不同极化回波间的相位变化（相位差)。成像 SAR 中记录了地面每个分辨单元的后向散射回波信息，包括每种极化状态的散射振幅和相位差。通过极化合成或者分解，可求得地物的散射系数或不同极化特征的散射系数变化。因而，极化 SAR 能获得比非极化成像雷达更多的回波信息，更有利于描述地物的能量特性、相位特性和极化特性。对于植被而言，不同类型和组分的极化散射特性可能也不同，是识别地物和反演植被参数的重要依据（表 5.2)。

表 5.2 常见植被结构和散射特性（参考 Ulaby and Dobson，1989）

指标	细长草本	阔叶草本	灌木	锥形树冠	球形树冠	柱状树
外形						
干	无	无	丛生干	圆锥形	圆柱形	圆柱形
枝	非木质茎	非木质茎	小枝条多	大枝水平，小枝垂直，长而细	分叉多，短而粗	无
叶	细长直立	宽叶	细叶或宽叶	针叶	阔叶	聚集细叶
散射特性						
f<5GHz	弱中散射，地表散射贡献显著 $\sigma_{VV}^{0} \geqslant \sigma_{HH}^{0} \gg \sigma_{HV}^{0}$		中等散射，细枝干贡献大	同极化强，HV 中等 $\sigma_{HH}^{0} \geqslant \sigma_{VV}^{0}$ $\frac{\sigma_{HH}^{0}}{\sigma_{VV}^{0}}$ 和干生物量相关	强散射，大枝条贡献大 $\sigma_{HH}^{0} \geqslant \sigma_{VV}^{0}$ σ_{HV}^{0} 和枝生物量相关	中等后向散射，树冠较大才有贡献
f>5GHz	中强散射，植被散射贡献大 $\sigma_{VV}^{0} = \sigma_{HH}^{0} > \sigma_{HV}^{0}$		中强散射，小枝朝向和叶片大小很重要	强散射，枝条和树干贡献大	中等到强散射，季相变化明显	强后向散射，树冠贡献大

5.1.5 干涉特征

频率相同、振动方向相同、有恒定的相位差的两列波（或多列波）相遇时，在介质中某些位置的点振幅始终最大，另一些位置振幅始终最小，而其他位置，振动的强弱介乎二者之间，保持不变，这种稳定的叠加而引起振动强度重新分布的现象称为干涉现象。

合成孔径雷达干涉测量技术（interferometric synthetic aperture radar，InSAR），简称干涉雷达测量，是以同一地区的两张 SAR 图像为基本处理数据，通过求取两幅 SAR 图像的相位差，获取干涉图像，然后经相位解缠，从干涉条纹中获取地形高程数据的空间对地观测技术。它通过两个侧视天线同时观测或一定时间间隔的两次平行观测，来获得地面同一景观两次成像的复图像对（包括强度信息和相位信息）。由于目标与两天线位置的几何关系，则可通过天线接收信号的路径差 $\Delta R = |R_2 - R_1|$ 得到地面目标回波的相位差信号，形成干涉条纹图（图 5.3）。

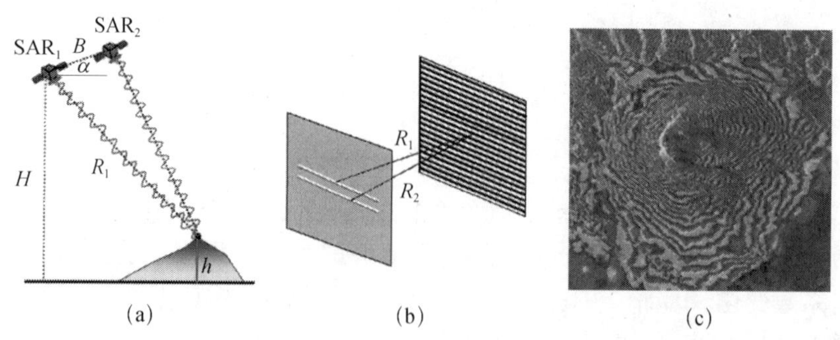

图 5.3 InSAR 双星干涉测量几何［(a)］、双缝干涉条纹［(b)］和假彩色干涉图［(c)］

基于相位差与地物高度的关系可以获取该地区的高程信息：

$$h = H - R_1 \cos\left\{\arcsin\left[\frac{\lambda(\phi_1 - \phi_2)}{4\pi B}\right] + \alpha\right\} \tag{5.10}$$

式中，h 为地面高程；H 为天线平台高度（如果是星载雷达，则为轨道高度）；R_1 为雷达天线到目标点的斜距；λ 为入射波长；$\phi_1-\phi_2$ 为两次干涉测量的相位差；B 为两副天线（或两次成像）的基线长度；α 为第一次成像（或第一部雷达）基线与水平方向的夹角。

差分干涉雷达测量技术（D-InSAR）是指利用同一地区的两幅干涉图像，其中一幅是通过形变事件前的两幅 SAR 获取的干涉图像，另一幅是通过形变事件前后两幅 SAR 图像获取的干涉图像，然后通过两幅干涉图差分处理（除去地球曲面、地形起伏影响）来获取地表微量形变的测量技术。D-InSAR 常见于各类地质灾害调查，因此也可用于水土保持监测。

与干涉相关的常见概念还有以下三个。

斑点：雷达是相干系统，在结果图像上会夹杂着类似椒盐的噪声，称为“斑点”。斑点噪声是相干成像系统固有的一种现象，它是由在一个分辨单元内各个散射点相干回波之间的干涉效应引起的，与分辨率、极化、入射角没有直接关系。为提供更高质量的图像，需要多次测量取平均回波强度。最简单的处理是平滑滤波，但是精度不高。

单视 SLC：单视是指只用一段合成孔径长度生成的 SAR 单视复数数据（single look complex，SLC）图像，没有和其他 SAR 图像进行叠加。SLC 是原始的最高分辨率数据，但是从单个像元散射的雷达回波信号相干叠加，导致强度信息有很多噪声。

多视处理：是抑制单视影像斑点噪声的一种方式。通常有成像前和成像后两种理解。在成像前，将整个有效合成孔径长度分成多段分别对同一场景进行成像，然后将所得的图像求和叠加得到一幅 SAR 图像，可以成为多视处理。成像以后，无法合成多幅图像，但是可以对 SLC 数据方位向或距离向做平均，或者说对相邻像素进行平滑滤波，得到多视后的强度数据。多视处理能有效抑制斑点噪声，代价是降低空间分辨率。对林业应用来讲，通常只能是成像后的处理。视数则是确定几个像素进行平均。多视处理后，一般方位角和距离向的分辨率近似相等。

5.1.6　成像雷达

雷达高度计和散射计一般不成像，分辨率很低，地面目标的具体观测范围不清晰。成像雷达可以提供更精细的位置信息，有利于图像解译、光学图像融合和地面参数反演精度的提高。描述一个雷达成像系统，通常需要了解如下参数，即入射波的波长或频率、入射角、极化方式等。

入射角是雷达波束与水平面地面法线的夹角。微波与表面会产生复杂的相互作用，不同的入射角会产生不同的回波，小的入射角通常会返回较强的信号，随着入射角的增大，回波信号逐渐减弱。但是成像雷达的距离分辨率也和入射角有关，通常雷达必须侧视才能分离地面目标。

雷达成像还有不同于光学成像的几何特征。雷达成像中，地物目标的位置在方位向是按飞行平台时序记录成像的，在距离向是按照地物目标反射信息的先后记录成像的。在高程上即使微小的变化都可造成相当大范围的扭曲，导致透视收缩、叠掩、阴影等现象。

1）透视收缩：雷达属于斜距测量，在斜距影像中，迎坡区域的距离非常接近，因此会被压缩，导致相邻两个像点之间的距离小于真实地面距离。由于在单位面积坡面上的能量成像之后会被压缩至一个单位面积较小的坡面上，朝着雷达方向的坡面要比其他区域的坡面在视觉上亮得多。这种现象叫作透视收缩，其大小与入射角、坡度都有很大的关系。

2）叠掩：对雷达而言，近目标回波先到达，远目标回波后到达。因此，当雷达入射角小于目标到传感器方向上的本地坡度角时，从坡面底部反射到传感器的信号要迟于坡顶反射的信号，因而顶部先成像，在图像的距离向上，形成顶底倒置，这种回波超前的现象，称为叠掩。

3）阴影：由于地物尤其是山地起伏，背向雷达照射方向的坡面会呈现为没有信号的区域，颜色很暗，称为阴影。

5.1.7 地表特征

当雷达参数（波长、入射角、极化方式与探测方向等）确定之后，雷达的回波强度主要与地表特性有关，其中介电常数与表面粗糙度是两个最为重要的地表参数。

介电常数（通常用 ε 表示）是描述物体表面电学性能的复数常数，因此也叫作复介电常数。复介电常数是由物质组成及温度决定的，是温度和波长的函数，由表示介电常数的实部和表示能量损耗与衰减的虚部组成。以实部为例，空气的介电常数为 1，水的介电常数在可见光波段约为 1.77，而在微波波段约为 80。微波能量虚部是材料电导率和电磁波波长的函数。波长越小，衰减越大。

介电常数直接影响物体的微波散射强度。介电常数越大，散射系数越大（回波强度越强），雷达图像上色调越浅。例如，金属的介电常数大，呈浅色；基岩的介电常数大于沙丘的介电常数，则雷达图像上基岩较沙丘的颜色浅。

自然界的地物是复杂的，基本上是由几种物质组成的混合介质，如土壤、植被（植被可看作以空气为基质，以植物为杂质组成的混合物）等均是非均匀介质，其介电常数往往由每个组分的介电常数及所占体积比决定。

介电常数既反映介质本身的组成、结构、电学性质等，又反映介质对电磁波的辐射、散射、吸收、传输等特性，可以通过介电常数建立电磁波特性与介质物理参数间的定量联系。介电常数的研究是微波遥感基础理论研究的重要组成部分，也是微波遥感应用分析的基础。

5.1.8 地表粗糙度

地表粗糙度是影响雷达回波强度的另一个主要地表参数。粗糙度影响微波散射的方向性和强度，与雷达系统的入射角（θ）及波长（λ）有关。不同大小的表面粗糙度可以使雷达回波产生 40dB 的变化。

根据 Peake 和 Oliver（1971）修改后的判别式可区分地表是否粗糙。

光滑表面为

$$h \leqslant \frac{\lambda}{25\cos\theta}$$

粗糙表面为

$$h \geqslant \frac{\lambda}{4.4\cos\theta}$$

式中，h 为表面粗糙度（高度标准差）。

以 SIR-A 为例，L 波段（波长约 23.5cm），入射角 50°，则 $h \leqslant 1.46$cm 为光滑表面，$h \geqslant 8.3$cm 为粗糙表面，介于两者之间为中等粗糙表面。可见，粗糙表面主要受地表物质微起伏（表面结构，砂粒、砾石组成及植被覆盖等）的影响，它是这些表面要素的几何特征（形状、相互之间的垂直起伏、间隔距离及水平位置等）的综合反映；与山川地形起伏（米至百米或以上）是两个完全不同的尺度概念。

一般可将地表粗糙程度分成光滑、轻度粗糙凹凸不平粗糙等不同等级（图 5.4）。对于光滑表面，主要发生镜面反射，雷达天线几乎接收不到回波，图像色调暗，常见的目标有平静的水面、平坦的道路等。轻度粗糙表面则发生漫反射，雷达天线可接收到回波，图像色调浅，比如裸地、低矮作物、荒芜的农田、草地等。凹凸不平粗糙表面的后向散射强，因此目标在图像中较亮，比如泛起波浪的水面、布满鹅卵石的河床和山地等。

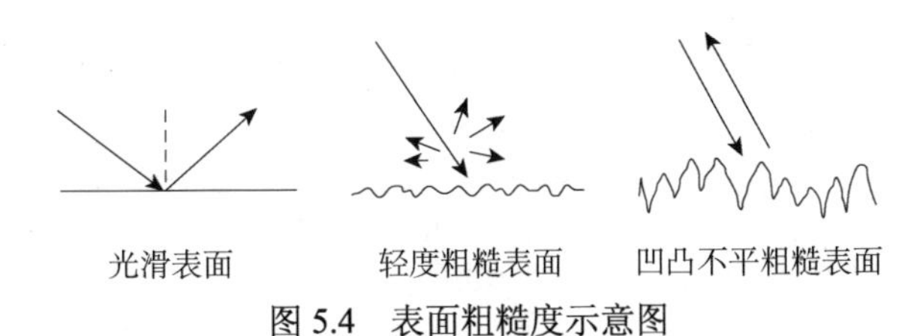

图 5.4 表面粗糙度示意图

一般来说，随着表面粗糙度的增加，雷达回波强度受入射角的影响程度减弱。对于光滑表面，雷达回波信号较弱或无信号，但在接近垂直入射时，其信号非常强，超过了轻度和凹凸不平粗糙表面。

5.1.9 极化干涉 SAR

极化干涉合成孔径雷达（polarimetric SAR interferometry，Pol-InSAR）测量技术，简称极化干涉 SAR，是在综合 PolSAR 和 InSAR 测量优点的基础上发展起来的新型遥感探测技术，可以将目标精细的物理特征与空间分布特征结合起来。在极化干涉 SAR 数据的处理中，干涉相干性随着极化状态的变化而变化。散射目标相位中心的位置变化和散射机制变化都会引起干涉相干性变化，相干性变化为植被高度反演提供了有效信息来源，因此确定极化干涉 SAR 中最优相干性成了森林高度反演的前提。极化干涉相干最优过程提供了相位散射中心的最优分离，在进行地表植被垂直信息的提取时比单独使用 PolSAR 或 InSAR 能获取更全面的信息。

应用极化干涉 SAR 数据，还能支持极化相干层析（PCT）技术，有可能提取森林的垂直结构。

5.2 微波遥感的数据

5.2.1 常见卫星数据

星载合成孔径雷达的发展始于 20 世纪 70 年代。1978 年 7 月，美国发射了世界上第一颗 SAR 卫星（SEASAT-A），标志着合成孔径雷达进入从太空对地观测的新时代，也标志着星载 SAR 由实验室研究向应用研究的关键转变。根据不完全统计，已经发射或即将发射 SAR 卫星的国家或机构包括美国、欧洲航天局、俄罗斯、日本、加拿大、中国、印度、以色列、韩国、阿根廷等（表 5.3）。星载 SAR 正逐步从低分辨率、单极化、单一工作模式向高分辨率、多极化、多种工作模式发展。

表 5.3 世界范围内部分已发射的 SAR 卫星

卫星名称	波段	极化方式	发射国家或机构	发射时间
SEASAT	L	HH	美国	1978 年
SIR-C/X-SAR	L/C/X	L/C：全极化 X：VV	美国/德国/意大利	1994 年
ENVISAT-ASAR	C	HH/HV 或 VV/VH	欧洲航天局	2002 年
RADARSAT-2	C	全极化	加拿大	2007 年
TerraSAR-X	X	全极化	德国	2007 年
COSMO-SkyMed	X	HH/VV、HH/HV 或 VV/VH	意大利	2007～2010 年
Sentinel-1A	C	HH/HV 或 VV/VH	欧洲航天局	2014 年
ALOS-2	L	全极化	日本	2014 年
高分三号	C	全极化	中国	2016 年
SAOCOM 1A	L	HH/HV 或 VV/VH	阿根廷	2018 年

其中，高分三号卫星是我国首颗分辨率达到 1m 的 C 波段多极化 SAR 卫星，也是世界上成像模式最多的 SAR 卫星，具有 12 种成像模式，其有效载荷技术指标见表 5.4。高分三号不仅涵盖了传统条带成像模式、扫描成像模式，而且可在聚束、条带、扫描、波浪、全球观测、高低入射角等多种成像模式下实现自由切换。常规入射角为 20°～50°，左右可拓展 10°。平面定位精度，无控优于 230m。林业是高分三号卫星的主要服务领域之一。

表 5.4 高分三号卫星有效载荷技术指标

成像模式名称		分辨率（m）	幅宽（km）	极化方式
滑块聚束（SL）		1	10	单极化
条带成像模式	超精细条带（UFS）	3	30	单极化
	精细条带 1（FS Ⅰ）	5	50	双极化
	精细条带 2（FS Ⅱ）	10	100	双极化
	标准条带（SS）	25	130	双极化
	全极化条带 1（QPS Ⅰ）	8	30	全极化
	全极化条带 2（QPS Ⅱ）	25	40	全极化
扫描成像模式	窄幅扫描（NSC）	50	300	双极化
	宽幅扫描（WSC）	100	500	双极化
	全球观测成像模式（GLO）	500	650	双极化
波成像模式（WAV）		10	5	全极化
拓展入射角（EXT）	低入射角	25	130	全极化
	高入射角	25	80	双极化

5.2.2 数据处理流程

微波遥感的数据处理流程有一些步骤不同于光学遥感数据。这里以 SAR 的数据处理为例，介绍基本流程如下。

（1）辐射定标

将影像像元 DN 转化为雷达后向散射系数，称为雷达辐射定标。基于雷达方程，辐射定标涉及的修正项包括散射面积（A）、天线增益（G^2）和距离向传输损失（R^2）。其中，散射面积的修正是指利用每个分辨率单元所对应的实际照射面积对像元值进行归一化，需要考虑不同的地形和入射角。天线增益的修正是对斜距方向上天线增益变化所造成的影响进行修正，需要考虑地形或参考高度值。距离向传输损失的修正是由于距离向传输距离发生改变（由近到远），需要对接受功率进行校正。图 5.5 是 L 波段的 ALOS PALSAR 数据的辐射定标流程图。

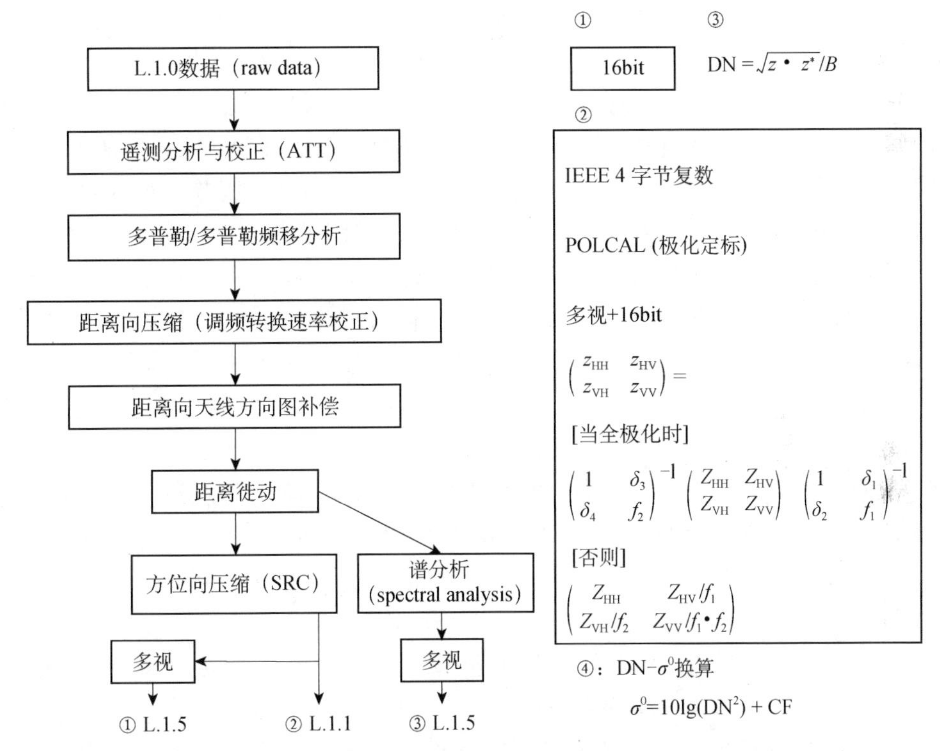

图 5.5　L 波段的 ALOS PALSAR 数据的辐射定标流程图（Shimada et al.，2009）

B.缩放因子；δ_1～δ_4 为 H、V 极化之间的干扰因子；f_1、f_2 为发射和接收通道不平衡纠正系数；CF.定标系数

（2）多视处理

原始图像中，地距分辨率和方位向分辨率通常不相等。在抑制噪声的同时获得近似“正方形”像元的多视影像，需要进行多视处理。其中，地距定义为

$$r_g = \frac{r_s}{\sin\theta} \tag{5.11}$$

式中，r_g 为地距分辨率；r_s 为斜距向分辨率；θ 为入射角。

例 5.1：已知某 SAR 图像，像元方位向分辨率（azimuth pixel spacing）为 13.95m，像元距离向分辨率（range pixel spacing）为 2.32m，入射角（incidence angle）为 39.27°，请计算地距分辨率和视数，以便进行多视处理。

答案：地距分辨率=2.32/sin 39.27°=3.67m。视数为 4，可以得到 3.67m×4=14.68m 的地距分辨率。要得到近似 14.68m 的分辨率，方位向视数为 1，多视后的分辨率为 13.95m。

（3）滤波

为了进一步降低由斑点噪声引起的波动，对多视处理图像执行去斑滤波器处理。目前已有大量的滤波算法，可以分为空域滤波算法和频域滤波算法两种。

空域滤波算法包括均值滤波、中值滤波、Frost 滤波、Lee 滤波、Gamma MAP 滤波等。其中，均值滤波和中值滤波较为传统，没有考虑任何噪声模型，也没有考虑噪声的统计特性。虽然这两种滤波算法计算简单，速度快，均匀区域的斑点噪声去除效果好，但是细节保持不好，图像边缘模糊，点目标损失大，随着处理窗口的增大，图像整体模糊，分辨率下降更严重。正是由于这两种传统算法不适合相干斑点噪声的乘性特点，实际中较少采用。基于乘性斑点噪声模型的自适应滤波是近 30 年发展起来的较好的滤波方法（唐伶俐等，1996）。这种方法能考虑自适应的研究对象，能去除一些未知因素和随机因素，如 Sigma 滤波算法、Lee 滤波及其增强算法、Frost 滤波及其增强算法、MAP 滤波算法等。

频域滤波算法有基于傅里叶变换（李兴龙等，2014）和小波变换（柏延臣等，2003）的斑点滤波方法。基于小波变换的斑点滤波方法将原始图像在水平、垂直和对角线三个方向进行小波分解，得到一个低频图像和三个高频图像。对低频图像进行低通滤波去除噪声，加上三个高频图像提供的边缘信息，就可以在滤除斑点噪声的同时保持边缘信息。与传统的统计斑点滤波器相比，小波变换方法对图像的统计分布特征没有要求，不会导致图像实际分辨率降低。

（4）正射校正

由于成像雷达存在透视收缩、叠掩和阴影等几何形变现象，需要进行精确的几何校正（正射校正），以便获取准确的逐像素大地参考空间坐标信息，有利于多源信息融合和多时相信息综合分析。为获取准确的大地参考空间坐标信息，正射校正首先需要建立地理定位模型。

SAR 地理定位模型可以分为两类：雷达共线方程法和距离-多普勒（range-Doppler，RD）定位法。雷达共线方程法是在摄影测量和光学遥感技术基础上发展形成的，这种方法是根据简化雷达的处理方式建立 SAR 共线方程，它是对 SAR 影像几何关系的一种近似处理，没有考虑 SAR 影像本身的成像特点；RD 定位法是在不依靠外部控制点的情况下，完成对 SAR 影像的地理定位的方法。这种方法仅需要输入 SAR 系统的成像参数及遥感平台的星历数据，输入参数简单且容易获取，更加便于操作。

基于 RD 模型的校正方法又可分为基于 DEM 模拟的间接校正方法和基于地理定位的直接正射校正方法。基于 DEM 模拟的间接校正方法目前应用较多。该类方法考虑到了地形的细节，从大地参考空间坐标出发，根据定位模型求解出每一个像元所对应的模拟 SAR 影像的坐标，生成模拟 SAR 影像；通过特征点的提取与匹配，建立模拟 SAR 与真实 SAR 影像之间的映射关系，进而建立 SAR 成像几何空间坐标与大地参考空间坐标的映射关系，间接完成 SAR 影像的校正工作。SAR 影像的直接正射校正是从 SAR 影像成像几何空间坐标出发，通过 RD 模型直接解算出每一个像元所对应的大地参考空间坐标，完成校正工作。由于直接校正方法会出现定位精度不准确和校正影像中出现大面积空洞像元的问题，其应用相对较少。

（5）极化目标分解

极化目标分解的基本思想是把散射矩阵、协方差矩阵或者 Mueller 矩阵分解成若干个具有一定物理意义的散射分量。每一项散射分量都描述了某个典型目标与电磁波的作用机理和过程，能够直接反映观测目标的结构和物化特征，因此能够有效地揭示地物的散射特性（Cloude and Pottier，1996）。根据使用的原始数据的不同，可以将目标分解方法分为以下两类（曹宁，2013）。

第一类是基于散射矩阵的相干目标分解方法，这种分解方法主要应用于能够用散射矩阵完全表示的相干目标，主要包括 Pauli 分解、SDH 分解、Cameron 分解、SSCM 分解等（裴彩红，2007；吴尚蓉等，2015），各种分解方法的优缺点对比见表 5.5。

表 5.5 相干目标分解方法的优缺点（曹宁，2013）

相干目标分解方法	优点	缺点
Pauli 分解	方法简单、能够区分自然目标	不能区分人造目标
SDH 分解	能够区分自然区域中的人造目标	不能区分人造目标的种类
Cameron 分解和 SSCM 分解等	对称散射成分的最大化处理能够有效地获得目标信息	非对称目标数量多时不适用

第二类是基于二阶统计模型的非相干目标分解（表 5.6），主要分为基于特征值分解的非相干分解方法和基于模型的非相干目标分解方法。其中，Cloude 和 Pottier（1997）基于特征值分解将 H/α 平面划分为 8 个特定区域，每个区域对应不同的散射类别；这些散射类别大体上属于三种散射机制：表面散射、体散射和多重散射。基于模型的非相干目标分解方法主要包括 Freeman 分解、Moriyama 等的城区三成分分解方法（odd-even-cross scattering）、Yamaguchi 的四成分分解系列等（杨然等，2009）。

表 5.6 非相干目标分解方法（曹宁，2013）

非相干目标分解方法	优点	缺点
Cloude-Pottier H/α	数学意义明确，能够区分自然目标	对目标极化相干矩阵要求很高
Freeman 分解	能够区分不同的自然目标	不能够区分森林和建筑物，存在负能量问题
改进 Freeman 分解	不会出现负能量	—
OEC 分解	有效地提取建筑物区域的极化特征	不能区分森林和建筑物
四成分分解	更一般的散射模型，适用于自然目标区域和人造目标区域	不能区分森林和有旋转的建筑物
改进四成分分解	更一般的散射模型，适用于自然目标区域和人造目标区域，能够区分森林和有旋转的建筑物	
多成分分解	更一般的散射模型，适用于具有复杂几何散射结构的区域	
自适应分解	自适应于不同分类的植被，并能够估计随机分布的程度和散射体的平均旋转角度	

（6）SAR 图像应用

类似光学图像分类，SAR 的图像分类也一直是 SAR 信息处理的应用方向之一。根据是否使用训练数据，其也分为监督与非监督两种分类方法。一般情况下，监督分类方法的性能优于非监督分类方法。和光学影像分类算法类似，涉及的算法有传统图像处理算法、神经网络、支持向量机（SVM）、极化目标分解、干涉特征方法等，这些算法通常相互结合用于 SAR 图像分类。

基于极化目标分解的分类方法是极化 SAR 特有的，它可直接或者结合分类器将极化目标分解结果用于极化 SAR 图像分类（杨然等，2009）。这类方法能很好地保持各个类别的极化散射特性。然而，单独的极化信息并不足以支撑高精度的分类，仍需要与其他分类方法相结合才能获得更加满意的效果，这方面是极化 SAR 图像分类研究的重点。

基于干涉特征也可以进行分类。通过重复轨道雷达信号的相干性可能探测地表覆盖的变化，进而推断地表类别。未受干扰的地表相干性高；而变化明显的地物相干性降低。比如，积雪覆盖地表变化明显，通过其急剧降低的相干性特征，可以进行积雪划分，分类精度达到 82%（李震等，2002）。

除了分类的定性应用，SAR 图像可以支持土壤水分、粗糙度、树高、植被生物量等参数的定量反演。

5.2.3 主要产品

（1）后向散射系数

雷达系统通常是侧视扫描，其散射有前向散射和后向散射两个方向。顺着入射方向的散射分量称为前向散射。逆入射方向的散射分量称为后向散射，由于单站雷达所观测的散射波的方向与入射方向相同，因此得到的散射是后向散射。后向散射系数是指后向散射中单位面积上雷达的反射率或单位照射面积上的雷达散射截面，与湿度和生物量等参数之间存在较好的相关关系，是林业关注的主要产品之一。

（2）极化散射系数

极化散射系数是指不同极化方式下的雷达后向散射系数。雷达系统的极化方式（HH、VV、HV 和 VH），影响到回波强度和对不同方位信息的表现能力，导致图像之间产生差异。利用不同极化方式图像的差异，可以更好地观测和确定目标的特性与结构，从而提高图像的识别能力和精度。比如，植被在 HH 极化图像上颗粒度较小，在 VV 极化图像上颗粒度较大，表面凹凸不平。在 σ_{VH}/σ_{VV} 图上植被为亮色调，说明其去极化作用强。建筑物对 H 极化波和 V 极化波均发生二面角散射，后向散射较强。水和冰在 HH 图像上比在 VV 图像上更易区分，冰在两种图像中都表现得比较明亮，而水在 HH 图像中更暗。

（3）干涉产品：DEM 和树高

在成像雷达中，干涉测量技术能提供地表（或近地表）的高分辨率数字高程模型（DEM）和表征地表运动的差分数字高程模型（DifDEM）。机载和星载干涉 SAR 生成高分辨率 DEM 的技术目前已经非常成熟。为了制图方便，短波长（如 X 和 C 波段）更适宜，因为所需的天线尺寸和基线长度较小，便于实现单个飞机上的单轨干涉测量。它可以提供几厘米的测量精度，而且重复轨道中由植被造成的性能降低也能得以解决。常用的美国 SRTM DEM（Zyl，2001；Farr et al.，2007；Farr and Kobrick，2013）就是典型的干涉产品（图 5.6）。该产品来自于航天飞机上安装的共用的雷达波发射器与两套成像雷达天线。基线长 60m，可伸缩，两端分别设置天线，同时接收同一地区的雷达回波信号，自然形成了一个干涉测量系统。根据相位差和基线，在已知雷达参数和航天飞机飞行参数的情况下，计算出地面目标的高程。

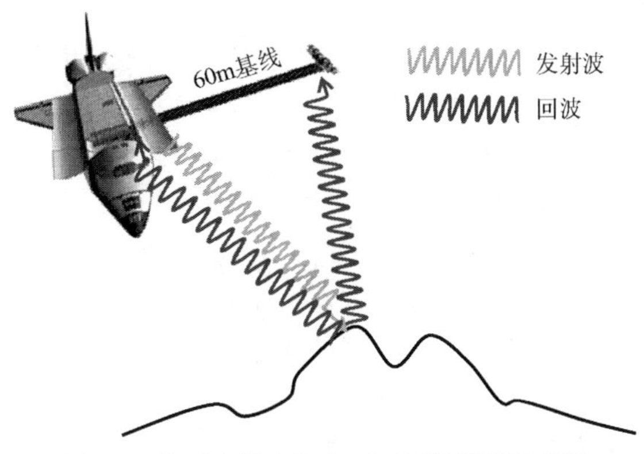

图 5.6　航天飞机上的 SRTM 干涉系统示意图

通过干涉产生 DEM 最重要的问题就是有一个植被带来的偏差，即它们代表了“地球+植被”的高度而不是地表本身的高程。不过，对林业来说，这反而成为一个优点，即通过干涉 SAR 可以获得森林植被的一些信息（罗环敏等，2010）。

确定植被高度的方法有 4 种：单频 InSAR、双频 InSAR、多基线干涉和极化干涉。单频 InSAR 确定冠层顶部高度，如果有已知的地面高程，就可以作差值得到树高。双频 InSAR 增加一个长波段（P）InSAR 系统，穿透植被到达地面，提取地形信息。用短波 DEM 减去长波 DEM 即可得到植被高度。极化干涉和多基线干涉可以反演植被高度和垂直密度分布，但是限制较大。具体反演方法可以参见 5.3.1。

不过上述得到的高度不是真实的植被高度，而是相位中心高度。所谓相位中心，是树冠到地面之间的一个高度，雷达波长越长，其位置越接近地面。在某些情况下，相位中心甚至可能位于物理上没有植被的位置。热带雨林中观测到的“突出木”（如望天树）就是一个例子，因为高度可能大于水平距离，部分回波有可能偏移到邻居像元内部。由于一个像元的散射相位中心高度为该像元范围内所有散射分量相干叠加后计算所得的结果，邻居像元内部的散射相位中心可能位于实际植被冠层上方。在本像元内部，散射相位中心则位于非突出木和突出木中间。这种现象使得最终反演的树冠位置出现平移，反演高度也比实际的突出木矮。

根据植被类型和波长不同，可以建立相位中心高度和真实高度的关系，进而推算真实的植被高度（杨洪波等，2013）。

5.2.4　常见处理软件

对于林业遥感用户来说，了解微波遥感的基本原理和处理流程是基础。然后，可以采用文献中的公式和算法自行编程，实现自定义的数据处理和算法创新。但是，这种方法难度较大，也属于重复劳动。更多情况下还是借助现有的雷达遥感软件进行数据处理。最常见的 SAR 处理软件是 ENVI SARSCAPE、GAMMA 和 PolSARpro。

1）ENVI SARSCAPE 软件：由瑞士 SARMAP 公司研发，架构于专业的 ENVI 遥感图像处理软件之上，提供图形化操作界面，具有全方位的雷达图像处理和分析功能，包括强度处理、干涉测量、极化处理和极化干涉测量。ENVI SARscape 由核心模块及 5 个扩展模块组成（http://www.sarmap.ch/wp/index.php/software/sarscape/）。

2）GAMMA 软件：是瑞士 GAMMA 遥感公司开发的专门用于干涉雷达数据处理的全功能平台。GAMMA 软件能够完成将 SAR 原始数据处理成数字高程模型、地表形变图、土地利用分类图等数字产品的整个过程（https://www.gamma-rs.ch/no_cache/software.html）。

3）PolSARpro 软件：是由法国雷恩第一大学（Université de Rennes 1）电子和电信学院教授 Eric Pottier 等带头开发的专门用于 PolSAR（极化合成孔径雷达）、Pol-InSAR（极化干涉合成孔径雷达）、Pol-TomoSAR（极化层析合成孔径雷达）科学研究与教学的免费开源处理软件。自 2003 年开始研发，经过众多顶尖 SAR 研究机构 15 年多的研发历程，渐渐成为处理极化 SAR 领域功能最强大的免费开源软件。这款软件几乎涵盖了极化 SAR 领域内所有的处理算法，包括各种转换、滤波、分解、分类、干涉、仿真甚至反演算法（https://earth.esa.int/web/polsarpro/home）。

除了上述软件以外，还有 ROI_PACK（repeat orbit interferometry package；Rosen et al.，2013）、DORIS（delft object-oriented radar interferometric software；http://doris.tudelft.nl/）、RAT（radar tools；https://github.com/birgander2/RAT）、MapReady（Atwood et al.，2008）、ESA-NEXT（https://github.com/lveci/nest，现为 Sentinel 工具箱）等软件。不过，其在数据支持和维护方面，尚有不足。

5.3 微波林业参数提取

根据上述强度、极化和干涉等信息，可以估算林业应用所需产品，包括森林类型分类、森林干扰评价、高度和生物量估测等。

5.3.1 高度

微波信号在森林中的穿透特性受到多种因素的影响，包括湿度、植被密度、陆地类型、粗糙度、目标几何特性和入射角、目标的介电常数。然而，从理论上说，微波雷达采用的波长越长，其穿透能力越强。常见的星载 SAR 波段有 X（约 3cm）、C（约 6cm）、S（约 15cm）和 L（约 24cm）波段。X 波段仅仅能够穿透冠层最顶部的枝叶层，因此其响应可以反演出与冠顶部分相关的信息。而采用 L 波段，可以穿透更深的叶和枝干，到达地面产生反射信号，因此其响应不仅可以反演出与树干和树枝相关的信息，还可以提供地面在垂直高度的位置。图 5.7 表示了不同波长微波在森林冠层尺度的穿透差异。

高度的提取原理见 5.2.3。这里介绍随机地-体二层散射（random volume over ground，RVoG）模型，其是目前应用最为广泛的林分散射模型之一。该模型于 1996 年由 Treuhaft 等提出，模型假设林分由地面和高度为 h_v 的同质随机方向粒子层组成。图 5.8 为 RVoG 模型示意图。

图 5.7　不同波长微波的冠层探测深度

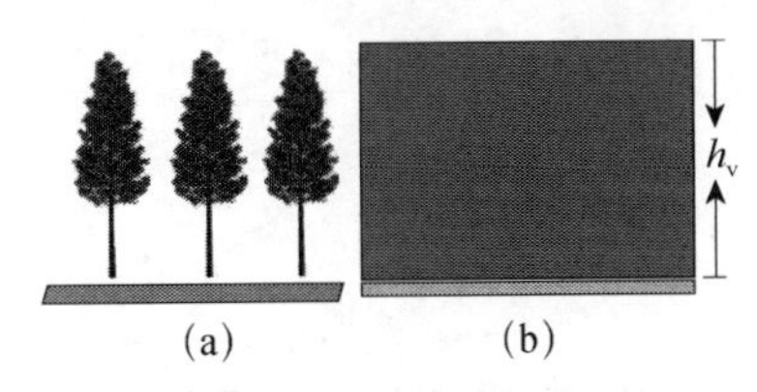

图 5.8　RVoG 模型示意图

（a）为实际林分；（b）为假设林分

该模型从极化干涉复相干性出发，建立了复相干系数与林分高度、消光系数、地体幅度比、地表相位之间的函数关系，其中林分高度和消光系数是两个最为重要的参数，其表达式如下。

$$\gamma(\omega)=\mathrm{e}^{i\varphi_0}\frac{\gamma_v+\mu(\omega)}{1+\mu(\omega)} \tag{5.12}$$

式中，$\gamma(\omega)$为极化干涉复相干系数；ω为单位复矢量；φ_0为地表相位；$\mu(\omega)$为有效地体幅度比；γ_v为纯体去相关系数［公式（5.13）］。

$$\gamma_v(h_v,\sigma)=\frac{2\sigma\left(\mathrm{e}^{\frac{2\sigma h_v}{\cos\theta}+jk_z h_v}-1\right)}{(2\sigma+jk_z\cos\theta)\left(\mathrm{e}^{\frac{2\sigma h_v}{\cos\theta}}-1\right)} \tag{5.13}$$

式中，h_v为林分高度；σ为消光系数；k_z为有效垂直波数；θ为雷达入射角。

三阶段算法于 2003 年由 Cloude 等提出，是目前最常用的基于 RVoG 模型的林分高度反演算法（图 5.9）。该算法基于 RVoG 模型，通过几何方法进行林分高度反演，其反演过程主要包括复相干直线拟合、地表相位估计及林分高度估计。

三阶段林分高度反演具体过程如下。

1）复相干直线拟合。利用最小二乘法拟合不同极化状态对应的极化干涉复相干系数，从而得到复相干直线。该直线的有效长度取决于所使用数据的频率、基线及研究区林分的林分密度等。本章相干性估计采用了线性极化、Pauli 基极化、左右旋极化、SVD 分解、PD

相干最优等极化方式。图 5.10 为复相干直线拟合示意图。

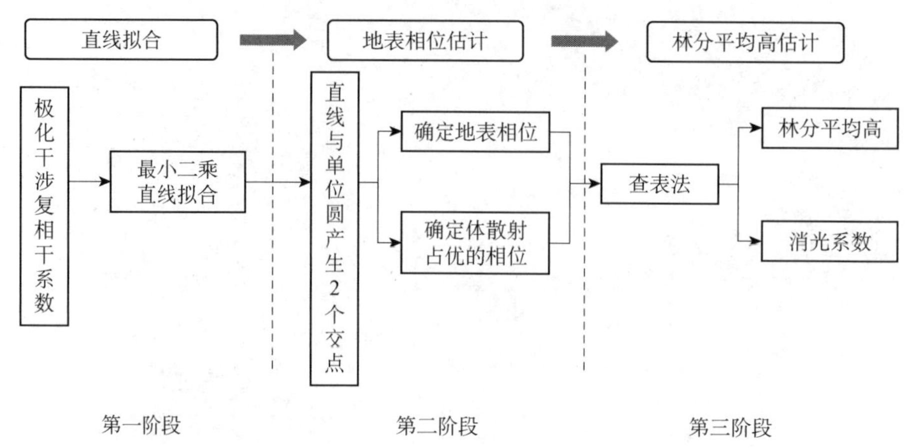

图 5.9 三阶段林分高度反演算法（参考 Cloude and Papathanassiou，2003）

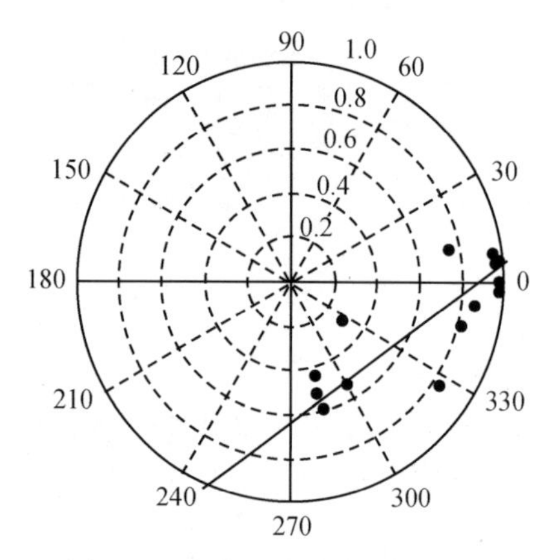

图 5.10 复相干直线拟合示意图

2）地表相位估计。复相干直线与复单位圆有两个交点，分别对应 $\mu(\omega)=\pm\infty$。根据相干性分布规律，可以确定 $\mu(\omega)=+\infty$ 的交点，其对应的相位即地表相位 (ϕ_0)。

3）林分高度估计。通过给定林分平均高（h_v）和消光系数（σ）合理的取值范围，利用公式（5.13）生成 γ_v 关于 h_v 和 σ 的二维查找矩阵，比较估计值 $\widetilde{\gamma_\mathrm{v}}$ 和查找矩阵中的理论值 γ_v，找出差异最小的一组值，即 $\min\left[\widetilde{\gamma_\mathrm{v}}-\gamma_\mathrm{v}\left(h_\mathrm{v},\ \sigma\right)\right]$，从而确定林分平均高。

为了检验 RVoG 模型及三阶段算法反演林分高度的效果，采用 P 波段机载 E-SAR 全极化数据进行林分高度反演。该数据由德国宇航局于 2007 年在瑞典 Remingstorp 地区（58°28′40″N，13°37′25″E）采集，主要参数见表 5.7。

表 5.7 P 波段机载 E-SAR 数据参数

平台高度（m）	中心频率（GHz）	入射角度（°）	垂直基线（m）	水平基线（m）	方位向分辨率（m）	地距向分辨率（m）
4000	0.35	40	20	10	1.6	2.1

瑞典 Remingstorp 地区的海拔为 120～145m，地势较为平坦，主要树种为挪威云杉、苏格兰红松和桦树，样地林分高度为 24m。采用 RVoG 模型及三阶段算法进行林分高度反

演，图 5.11 为三阶段算法反演所得的林分高度分布结果。

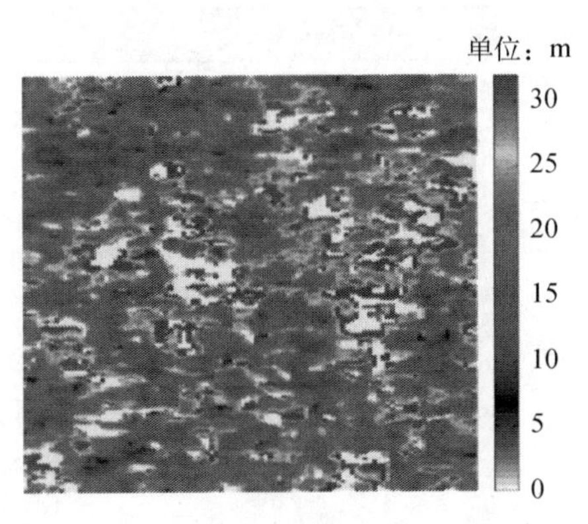

图 5.11　三阶段算法反演所得的林分高度分布结果

从图 5.11 可以看出，虽然存在一些未成功估计（0m）和过高估计（30m）的像元，但图像的绝大多数像元的估计值维持在地面实测值（24m）附近，均方根误差为 6.6m，具有较好的反演潜力。

5.3.2　生物量

大量研究证实，SAR 后向散射系数与森林生物量的相关性显著。波长越长，相关性越好，饱和点越高。所谓饱和点，是指当生物量高于某个阈值后（如 1t/hm^2），后向散射系数趋于饱和，对生物量不再敏感。也有研究表明，超过饱和点后，生物量和后向散射系数呈现负相关。表 5.8 给出了常见 SAR 卫星数据估测生物量的研究区域和反演模型。可以看出，L 波段研究居多；C 波段较少。一般来说，C 波段 SAR 适合生物量水平较低的森林。

表 5.8　SAR 数据估测生物量的一些案例

数据	时间和地点	估测方法	模型
JERS-1 L 波段和 ERS-1 C 波段	1999 年瑞典北部	多元线性回归和水云模型	$\delta^0=\beta_0+\beta_1 e^{\beta_2 V}+\varepsilon$ $\delta^0=\beta_0+\beta_1 V+\beta_2 V^2+\varepsilon$
JERS-1 L 波段	2005 年芬兰东南部	非线性回归	$B=a\sqrt{10^{\frac{\delta^0+68.2}{10}}}-b$
JERS-1 L 波段	2006 年瑞典、芬兰西伯利亚	对数模型	$V=-\frac{1}{\beta}\ln\left(\frac{\delta_{\text{veg}}^0-\delta_{\text{for,means}}^0}{\delta_{\text{veg}}^0-\delta_{\text{gy}}^0}\right)$
Pi-SAR L 波段	2008 年日本北海道	K 分布指数模型	$v=a_0+a_1 B+a_2 B^2+a_3 B^3$
ALOS PALSAR L 波段	2008 年芬兰南部	多元线性回归	$\text{AVG}_{\text{ref}}=a_0+a_1 D_1+a_2 D_2$ $+a_3 D_3+a_4 D_4+a_5 D_5$
ALOS PALSAR L 波段	2010 年中国吉林	对数模型	$y=a\ln x+b$
TanDEM-X X 波段	2013 年挪威拉达尔		$\text{IH}_{\text{mean}}=\frac{(\gamma_1\text{IH}_1)+(\gamma_2\text{IH}_2)}{\gamma_1+\gamma_2}$ $y=a\text{IH}^b+c=\sigma+\varepsilon$
ALOS PALSAR L 波段	2016 年中西伯利亚	指数模型	$\sigma_{\text{GSV}}^0=\beta_s+(\beta_n-\beta_s)e^{-k\text{GSV}}$ $\gamma_{\text{GSV}}=\alpha e^{\frac{\text{GSV}}{c}}+b\left(1-e^{\frac{\text{GSV}}{c}}\right)$

续表

数据	时间和地点	估测方法	模型
ALOS PALSAR L 波段	2018 年非洲	改进的水云模型	$\gamma^0 = a\mathrm{e}^{-c\mathrm{AGB}} + b\left(1-\mathrm{e}^{-c\mathrm{AGB}}\right)$
SETHISAR P 波段	2019 年法属圭亚那	单基线极化干涉多元线性回归	$\mathrm{AGB}=\begin{cases}\text{模型1}: a_0 + a_1\gamma_{pq}^0 + a_2\cos(\theta_i)\\ \text{模型2}: a_0 + a_1\gamma_{V-pq}^0 + a_2\cos(\theta_i)\\ \text{模型3}: a_0 + a_1\gamma_{pq}^0 + a_2\cos(\theta_i) + a_3H_{\mathrm{pol}}\\ \text{模型4}: a_0 + a_1\gamma_{V-pq}^0 + a_2\cos(\theta_i) + a_3H_{\mathrm{pol}}\\ \text{模型5}: a_0 + a_1\gamma_{V-HV}^0 + a_2\cos(\theta_i) + a_3H_{\mathrm{pol}} + a_4\gamma_{V-HH}^0 + a_5\gamma_{V-VV}^0\\ \text{模型6}: a_0 + a_1\gamma_{V-HV}^0 + a_2\cos(\theta_i) + a_3H_{\mathrm{lid}} + a_4\gamma_{V-HH}^0 + a_5\gamma_{V-VV}^0\end{cases}$

注：由于各案例的目标变量定义不同，模型中出现的生物量相关符号（如 V、GSV、AVG、B、y 等）也不同。这里主要介绍方程形式供读者参考，不展开解释所有变量

不过，SAR 固有的成像特征使得山区林地生物量估算较为困难。因此，复杂地形区的生物量估计成为研究的前沿和难点。冯琦等（2016）利用国产 P 波段合成孔径雷达提取森林地上生物量（AGB），重点阐述了地形的影响。反演模型采用了多元非线性回归模型［公式（5.14）］。

$$\ln W = a_0 + a_1\sigma_{\mathrm{HH}} + a_2\sigma_{\mathrm{HH}}^2 + b_1\sigma_{\mathrm{HV}} + b_2\sigma_{\mathrm{HV}}^2 + c_1\sigma_{\mathrm{VV}} + c_2\sigma_{\mathrm{VV}}^2 \tag{5.14}$$

式中，W 为待估测的森林 AGB；σ_{HH} 为 HH 极化后向散射强度；σ_{HV} 为 HV 极化后向散射强度；σ_{VV} 为 VV 极化后向散射强度；$a_0 \sim c_2$ 为模型系数，可通过训练样本拟合得到。结果表明，坡度越大，生物量估测误差越大（图 5.12）。需要注意的是，参考样地要足够大（>60m），常规的 30m 样地难以满足高精度的要求。

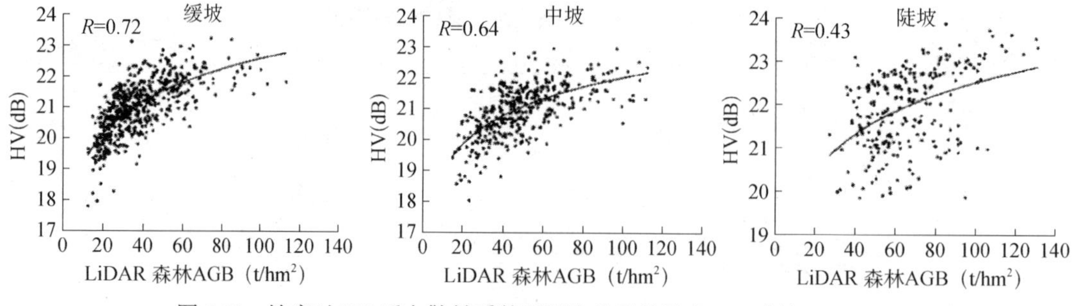

图 5.12 坡度对 HV 后向散射系数预测生物量的影响（冯琦等，2016）

5.3.3 垂直结构

森林的垂直结构用于描述森林从顶部到底部的结构变化，它其实是植被对阳光、水分等自然条件选择的结果，影响林木生长和植被群落的演替过程。因此，森林的垂直结构对于森林垂直生物多样性估测精度具有重要意义，同时森林垂直结构估测对于开展森林演替过程、净初级生产力、生物多样性、碳循环及全球变化研究具有重要的指示作用。本节将介绍新型剖面微波雷达估计森林垂直结构的研究案例。

调频连续波微波剖面雷达（Tomoradar）是由芬兰地理空间研究所（Finnish Geospatial

Research Institute）在芬兰科学院和欧盟第七框架（FP7）的支持下研制的基于直升机/无人机载轻型 Ku 波段（14GHz，$\lambda \approx 2.1$cm）微波雷达系统（Chen et al.，2017），其具体参数见表 5.9。Tomoradar 系统使用线性调频（FM）信号通过将发射信号扫频"编码"控制带宽，对目标物进行连续波（CW）频扫获取回波延时，由此实现高分辨率测量地物反射信号，主要用于获取植被的垂直拓扑结构和冠层密度的信息，以及探究短波微波信号在森林中的散射过程。

表 5.9　Tomoradar 基本技术参数

参数	取值
调制频率（modulation frequency）	163Hz
中心频率（output frequency）	14GHz（2.1cm）
测距分辨率（range resolution）	15cm
空间分辨率（spatial resolution）	<6°（3dB）
极化（transmit receive polarization）	HV/HH
天线孔径（antenna aperture）	330mm
快速傅里叶变换（FFT）	软件实时处理（software in real time）
模数转换（A/D converter）	12bit
定位精度（positioning accuracy）	1cm+1ppm
功耗（power consumption）	20W
重量（weight）	<5kg

对原始波形数据进行转换、定标和滤波后，提取回波特征参数。对提取的地面高度、冠层高度与激光雷达点云提取参数进行对比。结果表明，微波雷达信号在地面高程测量方面较激光雷达来说更有优势，特别是在密度较高的森林中，微波雷达信号的穿透优势更为明显（图 5.13）。由不同极化方式所得森林剖面能量幅值图谱可见，交叉极化的回波主要来自冠层，而同极化回波来自地面，森林冠层对交叉极化的衰减严重（图 5.14）。进一步，基于比尔-朗伯定律，用 LiDAR 点云和微波雷达数据同时计算了 LAI。从交叉极化和垂直极化波形中分别提取的 LAI 与激光雷达点云提取的 LAI 决定系数达到 0.60 和 0.65。

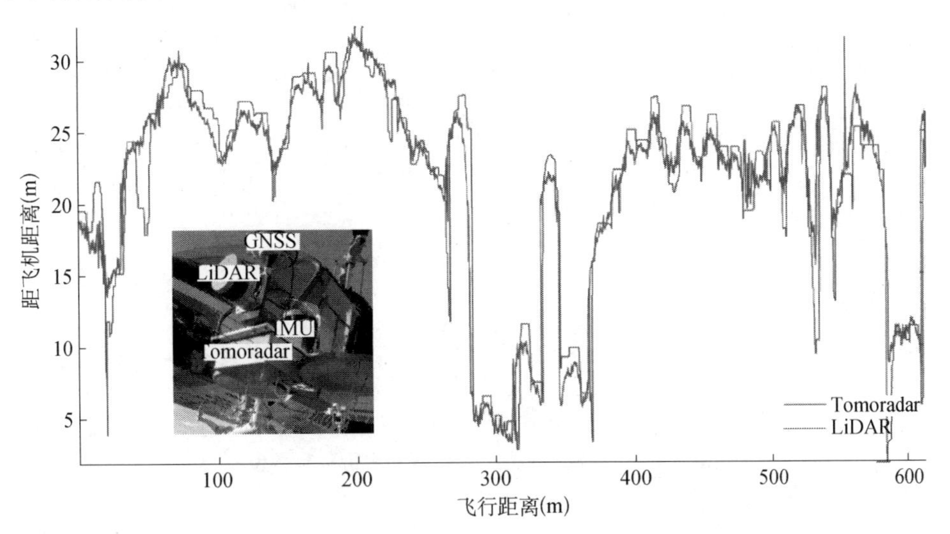

图 5.13　Tomoradar 与 LiDAR 冠层高度对比

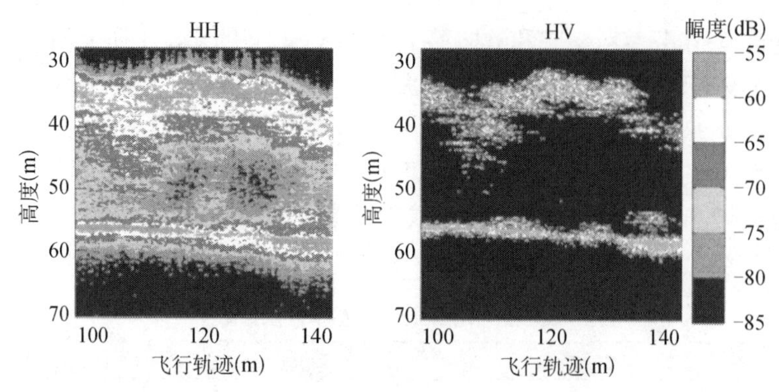

图 5.14 Tomoradar 的两种极化廓线对比

5.3.4 虫害信息

森林病虫害是森林健康生长的重要威胁之一，对其危害程度进行监测，对于森林保护具有重要意义。薛娟等（2018）首次提出一种利用合成孔径雷达干涉（InSAR）影像来对森林虫害危害程度进行监测的方法。该方法基于雷达后向散射强度、干涉相位和相干系数信息，联合云南松物候及地面高度 2m 处的相对湿度对相干系数和后向散射系数的时变特征进行分析。以云南省祥云县为研究区域，以多时相 SENTINEL-1C 波段数据为例，融合多时相数据用于云南松健康林与不同程度受害林的分类试验。结果表明（图 5.15）：①后向散射系数和相干系数的时序变化均与云南松物候期相关。②相干系数与相对湿度的相关性很小，后向散射系数与相对湿度有一定的相关性，其中轻度受害林的相关性达到 0.78。③通过实地数据验证，用多时相相干系数进行分类，精度高于后向散射系数，其中降轨数据的精度最高，可达到 83%，表明多时相 C 波段 SAR 相干系数可有效识别健康林与不同程度的受害林。④该方法在多云雨地区的森林虫害监测与分类中有一定的优势，可以进一步提升遥感监测虫害的能力。

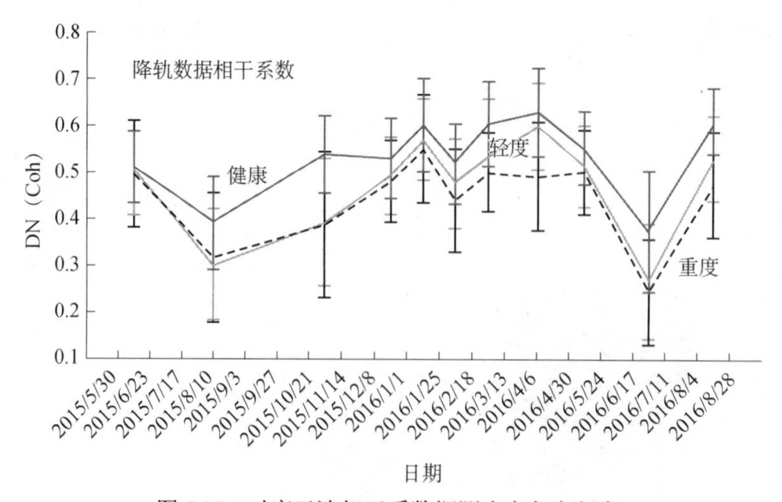

图 5.15 时序干涉相干系数探测虫害危害程度

5.4 微波数据的发展趋势

随着国际上意大利第二代地中海盆地对地观测小卫星（Cosmo-SkyMed Second Generation，CSG）星座、美国印度合作 NISAR（NASA-ISROSAR）卫星、德国 TanDEM-L 系统、加拿大 Radar-SAT 星座、韩国的 KOMPSAT5/6 等下一代 SAR 系统的提出，新模式、新技术不断涌现。未来 SAR 卫星系统逐渐走向低成本、轻型化、多模式、分布式、高分辨的发展势头（陈筠力和李威，2016）。可以预见，未来可能的总体发展方向包括：构建多波段（多频）、多极化、多角度雷达卫星探测技术；分布式雷达卫星系统技术；高辐射分辨率雷达卫星技术。

就林业应用而言，有特色的发展计划包括以下两个。

5.4.1 P 波段雷达——BIOMASS 项目

BIOMASS 项目是欧洲航天局（European Space Agency，ESA）于 2012 年提出的一项通过发射 P 波段全极化 SAR 卫星来监测全球地表森林生物量的对地观测计划。同时，获取的 P 波段全极化 SAR 数据还将用于监测冰川、冰盖的移动速度，绘制森林地面地形图及沙漠地下地质图。

BIOMASS 项目对同一地点重访完成观测任务时，可以控制 SAR 卫星的轨道距离（空间基线），以实现准确的干涉。因此，BIOMASS 的优势是同时获取极化后向散射系数和复相关系数。Pol-InSAR 的相干性及 PolSAR 的后向散射系数提供了相互独立且互为补充的遥感信息，将这些信息综合分析，可以获得强大、一致且准确的生物量检索标志。

相较于现有或计划的其他卫星，P 波段全极化 SAR 卫星还具有以下三点独特的优势。

1）P 波段的后向散射对生物量的敏感性高于所有其他可从太空利用的波段频率。

2）P 波段在间隔数周的重访过程中显示出高度的时间相干性，即使是在茂密的森林中也是如此。这使得利用卫星尺度的 Pol-InSAR 进行森林高度和森林垂直结构反演成为可能。

3）P 波段对生物量的扰动和时间的变化非常敏感。

其中，P 波段可以有效地减弱时间去相干的影响主要取决于以下 4 个原因。

1）长波长对植被层有较好的穿透性，即使是对于茂密的森林，也能确保与树冠下的地面相互作用（对于 Pol-InSAR 是非常必要的）。

2）在该波长范围，树冠层中发生主要相互作用的是蕴含大部分生物量的树木主体枝干。

3）相对于树木小枝的散射，地面和树木的主体枝干的散射更为稳定，从而保证了 P 波段的时间相干性比短波长的高。

4）对于较长的波长，散射体的运动引起的去相干度较低，因此 P 波段不仅从更稳定的结构中散射，而且对它们的运动敏感性较低。

5.4.2 轻小微型雷达系统

随着林业应用的不断深入，当前微波机理研究和地面调查应用得很少。目前林业上已经有轻小型的高光谱相机、热红外相机、激光雷达传感器。为了开展全波段融合应用，轻小型的 SAR 系统不可或缺。大型 SAR 系统的造价昂贵，适用于地面调查的微小型雷达系统急缺。同时，轻小型星载 SAR 系统更加适合于多星组网或者组成分布式星载 SAR 系统，可大幅提高时间分辨率和林业资源监测的时效性，不错过关键生长期和干扰事件。

中国科学院空天信息创新研究院已经开展了基于轻小型飞行平台的微型 SAR 遥感观测系统研制，并成功研制出了新一代微型 SAR 全极化遥感观测系统，并搭载在蜜蜂-3 飞机上进行了飞行试验（邓豪等，2016）。成像频率在 Ku 波段，有 4 种极化方式，SAR 系统重量优于 5kg。

Ludeno 等（2018）提出了一种微型 UAV 雷达成像原型系统，可以同时测量距离和强度。使用的平台为大疆 DJI F550 六旋翼无人机。雷达传感器为商用的 PulsON 440 系统（http://www.timedomain.com/products/pulson-440/）。传感器大小只有 76mm×80mm×16mm，重量仅 100g，工作频率为 3.1～4.8GHz。

习 题

1. 干涉、极化和强度信息对森林的响应机理是什么？
2. 简述 PolSAR、InSAR 及 Pol-InSAR 的数据特征和优缺点。
3. 如何用 SAR 数据进行林分高度测量？有几种方法？
4. SAR 数据处理的常用软件有哪些？简述极化和干涉数据的基本提取步骤。
5. SAR 图像和光学图像有哪些不同？如何融合？
6. 多时相 SAR 是否能反映植被的物候变化特征？请下载哨兵-1 号数据选择一个林区进行实验。
7. 层析雷达的基本原理是什么？层析雷达和剖面雷达有什么区别？

参考文献

奥利弗. 2009. 合成孔径雷达图像理解[M]. 北京：电子工业出版社.

柏延臣，王劲峰，朱彩英，等. 2003. 基于小波分析的 SAR 图像斑点滤波及其性能比较评价[J]. 遥感学报，7（5）：393-399.

曹宁. 2013. PolSAR 图像极化目标分解方法研究及其应用[D]. 哈尔滨：哈尔滨工业大学硕士学位论文.

陈筠力，李威. 2016. 国外 SAR 卫星最新进展与趋势展望[J]. 上海航天，33（6）：1-13.

邓豪，王军锋，乔明，等. 2016. 基于轻小型飞机的微型全极化 SAR 飞行试验研究[J]. 电子测量技术，39（11）：168-172.

杜凯，林辉，龙江平，等. 2018. 基于 GVB 模型改进算法的 PolInSAR 林分高度反演[J]. 中南林业科技大学学报，38（1）：49-53.

方圣辉，舒宁，潘斌. 1997. ERS-1 SAR 图像的几何处理的研究[J]. 测绘信息与工程，（4）：26-28.

冯琦，陈尔学，李增元，等. 2016. 基于机载 P 波段全极化 SAR 数据的复杂地形森林地上生物量估测方法[J]. 林业科学，52（3）：10-22.

李兴龙，李峰，赵冉，等. 2014. 无阈值窗口傅里叶变换滤波法[J]. 光子学报，43（9）：172-175.

李震，郭华东，李新武，等. 2002. SAR 干涉测量的相干性特征分析及积雪划分[J]. 遥感学报，6（5）：334-338.

罗环敏，陈尔学，程建，等. 2010. 极化干涉 SAR 森林高度反演方法研究[J]. 遥感学报，14(4)：814-830.

裴彩红. 2007. 基于目标分解和 SVM 的 PolSAR 图像分类方法研究[D]. 哈尔滨：哈尔滨工业大学硕士学位论文.

舒宁. 2000. 微波遥感原理[M]. 武汉：武汉大学出版社.

唐伶俐，江平，戴昌达. 1996. 星载 SAR 图像斑点噪声消除方法效果的比较研究[J]. 遥感学报，(3)：206-211.

吴尚蓉，任建强，陈仲新，等. 2015. 基于三分量分解优化模型的农用地 SAR 影像提取方法[J]. 农业工程学报，31 (2)：266-276.

徐辉，刘爱芳，王帆. 2017. 轻小型星载 SAR 系统发展探讨[C]. 西安：第四届高分辨率对地观测学术年会论文集.

薛娟，俞琳锋，林起楠，等. 2018. 基于 Sentinel-1 多时相 InSAR 影像的云南松切梢小蠹危害程度监测[J]. 国土资源遥感，30 (4)：111-117.

杨洪波，孙国清，过志峰，等. 2013. 基于虚拟场景的森林散射相位中心高度模拟研究[J]. 遥感信息，28 (2)：3-8.

杨然，李坤，涂志刚，等. 2009. 基于 Yamaguchi 分解模型的全极化 SAR 图像分类[J]. 计算机工程与应用，45 (36)：5-7.

Atwood D，Denny P，Hogenson K，et al. 2008. MapReady：An open source tool for the utilization of SAR in geospatial applications[D]. Washington：American Geophysical Union，Fall Meeting.

Cameron W L，Leung L K. 1990. Feature motivated polarization scattering matrix decomposition[C]. Arlington，VA：IEEE International Radar Conference：549-557.

Chen Y W，Hakala T，Karjalainen M，et al. 2017. UAV-borne profiling Radar for forest research. Remote Sens，9 (1)：58.

Cloude S R，Papathanassiou K P. 2003. Three-stage inversion process for polarimetric SAR interferometry[J]. IEEE Proc Radar Sonar Navig，150 (3)：125-134.

Cloude S R，Pottier E. 1996. A review of target decomposition theorems in radar polarimetry[J]. IEEE Trans Geosci and Remote Sens，34 (2)：498-518.

Cloude S R，Pottier E. 1997. An entropy based classification scheme for land applications of polarimetric SAR[J]. IEEE Transactions on Geoscience and Remote Sensing，35 (1)：68-78.

Cloude S R. 2015. 极化建模与雷达遥感应用[M]. 北京：电子工业出版社.

Farr T G，Kobrick M. 2013. Shuttle radar topography mission produces a wealth of data[J]. Eos Transactions American Geophysical Union，81 (48)：583-585.

Farr T G，Rosen P A，Caro E，et al. 2007. The shuttle radar topography mission[J]. Reviews of Geophysics，45 (2)：361.

Freeman A，Durde S L. 1998. A three-component scattering model for polarimetric SAR data[J]. IEEE Transactions on Geoscience and Remote Sensing，36 (3)：963-973.

Huynen J R. 1965. Measurement of the target scattering matrix[J]. Proceedings of the IEEE，53 (8)：936-946.

Krogager E. 1990. New decomposition of the radar target scattering matrix[J]. Electronics Letters，26 (18)：1525-1527.

Liao Z，He B，Quan X，et al. 2019. Biomass estimation in dense tropical forest using multiple information from single-baseline P-band PolInSAR data[J]. Remote Sensing of Environment，221：489-507.

Ludeno G, Catapano I, Renga A, et al. 2018. Assessment of a micro-UAV system for microwave tomography radar imaging[J]. Remote Sensing of Environment，212：90-102.

Moreira A，Prats-Iraola P，Younis M，et al. 2013. A tutorial on synthetic aperture radar[J]. IEEE Geoscience and Remote Sensing Magazine，1（1）：6-43.

Peake W H，Oliver T L. 1971. The response of terrestrial surfaces at microwave frequencies[R]. Wright-Patterson：U.S.Air Force Avionics Lab，Report：AFAL-TR-70-301.

Richards M A. 2007. A beginner's guide to interferometric SAR concepts and signal processing（AESS Tutorial Ⅳ）[J]. IEEE Aerospace & Electronic Systems Magazine，22（9）：5-29.

Rosen P A，Hensley S，Peltzer G，et al. 2013. Updated repeat orbit interferometry package released[J]. Eos Transactions American Geophysical Union，85（5）：47.

Shimada M，Isoguchi O，Tadono T，et al. 2009. PALSAR radiometric and geometric calibration[J]. IEEE Transactions on Geoscience and Remote Sensing，47（12）：3915-3932.

Treuhaft R N，Madsen S，Moghaddam M，et al. 1996. Vegetation characteristics and underlying topography from interferometric radar[J]. Radio Science，31（6）：1449-1485.

Ulaby F T，Dobson M C. 1989. Handbook of Radar Scattering Statistics for Terrain（Artech House Remote Sensing Library）[M]. London：Artech House.

Ulaby F T，Moore R K，Fung A K，et al. 1983. Book-review-microwave remote sensing-active and passive[J]. Space Science Reviews，35：295.

Yamaguchi Y，Moriyama T，Ishido M，et al. 2005. Four-component scattering model for polarimetric SAR imagedecomposition[J]. IEEE Transactions on Geoscience and Remote Sensing，43（8）：1699-1706.

Zyl J J V. 2001. The shuttle radar topography mission（SRTM）：A breakthrough in remote sensing of topography[J]. Acta Astronautica，48（5）：559-565.

第六章　热红外遥感的林业应用

扫码见彩图

物理定律不能单靠“思维”来获得，还应致力于观察和实验。

——【德国·近代物理学家】普朗克（Max Karl Ernst Ludwig Planck）

自然界中任何温度高于绝对零度的物体都不断地向外发射热辐射。热红外遥感通过热红外探测器收集地物辐射出来的人眼看不到的热红外辐射通量，经过能量转换而变成人眼能看到的图像，并利用图像来识别地物和反演地表温度。地表温度（land surface temperature，LST）是地球系统的关键参数之一，在地球能量平衡中是长波辐射表征变量，可以为数值气象预报研究提供更准确的地面温度信息，可以通过温度异常变化监测植被干旱、森林火灾、城市热岛和探测植被健康状况等。本章主要介绍热红外的基本原理及其在林业中的实践应用。

6.1　热红外原理

6.1.1　热辐射基本定律

1. 基尔霍夫定律

一个辐射体向周围发射辐射能时，同时也吸收周围辐射体所发射的能量。在平衡辐射状态下，任何物体的发射总能量等于它的吸收总能量，或者说发射率（emissivity，也叫比辐射率）等于吸收率，这就是著名的基尔霍夫（Kirchhoff）定律。在给定波长（λ）和温度（T）下，任何物体的辐射出射度（$F_{\lambda,T}$）与其发射率（或吸收率）（$A_{\lambda,T}$）的比值是一个普适函数 $E(\lambda,T)$。$E(\lambda,T)$ 只是温度、波长的函数，与物体的性质无关。

$$\frac{F_{\lambda,T}}{A_{\lambda,T}}=E(\lambda,T) \tag{6.1}$$

当吸收率为 1 时，表示物体吸收了全部发射到它上面的辐射能量，是一个理想的辐射体，也称为黑体。只有黑体才能够在任何温度下及任何波长上的吸收本领恒为 1；而一般辐射体的吸收率总是小于黑体的。

2. 普朗克公式

为了将普适函数 $E(\lambda,T)$ 具体化，普朗克结合大量实验数据，综合维恩位移定律和瑞利金斯公式，导出了黑体公式，也称作普朗克定律或黑体辐射定律。黑体公式是用于描述在任意温度（T）下，一个黑体辐射出射度与电磁波波长关系的公式。

$$e_{\mathrm{B}}(\lambda,T)=2\pi hc^2\lambda^{-5}\frac{1}{\mathrm{e}^{\frac{hc}{k\lambda T}}-1}=2\pi hc^2\lambda^{-5}\frac{1}{\mathrm{e}^{\frac{hv}{kT}}-1} \tag{6.2}$$

式中，$e_{\mathrm{B}}(\lambda,T)$ 为黑体辐射出射度；λ 为波长；T 为热力学温度；h 为普朗克常量，取值为 $6.626\times10^{-34}\mathrm{J\cdot K}$；$v$ 为频率；k 为玻尔兹曼常量，取值为 $1.38\times10^{-23}\mathrm{J/K}$；$c$ 为真空中的光速，取值为 $3\times10^{8}\mathrm{m/s}$。

3. 维恩位移定律

维恩位移定律反映了黑体辐射波长与黑体温度之间的关系，即黑体辐射光谱中最强的波长（$\lambda_{\max}$）与黑体的热力学温度（T）成反比：

$$\lambda_{\max}=\frac{b}{T} \tag{6.3}$$

式中，b 为维恩位移常数，取值为 2897.8μm·K；T 为黑体的热力学温度。当黑体的温度逐渐升高时，黑体辐射光谱的最大波长就会变小。

例 6.1：请计算温度为 300K、800K、1400K、1900K、2400K 下的黑体辐射，波长为 0.4～4.0μm，步长为 0.05μm，绘制辐射曲线，并验证维恩位移定律。

答案：根据黑体公式（6.2），用 Matlab 编程，并用 plot 函数绘制曲线，查找最大值对应波段后，按照公式（6.3）计算维恩位移常数 b。结果如图 6.1 所示。

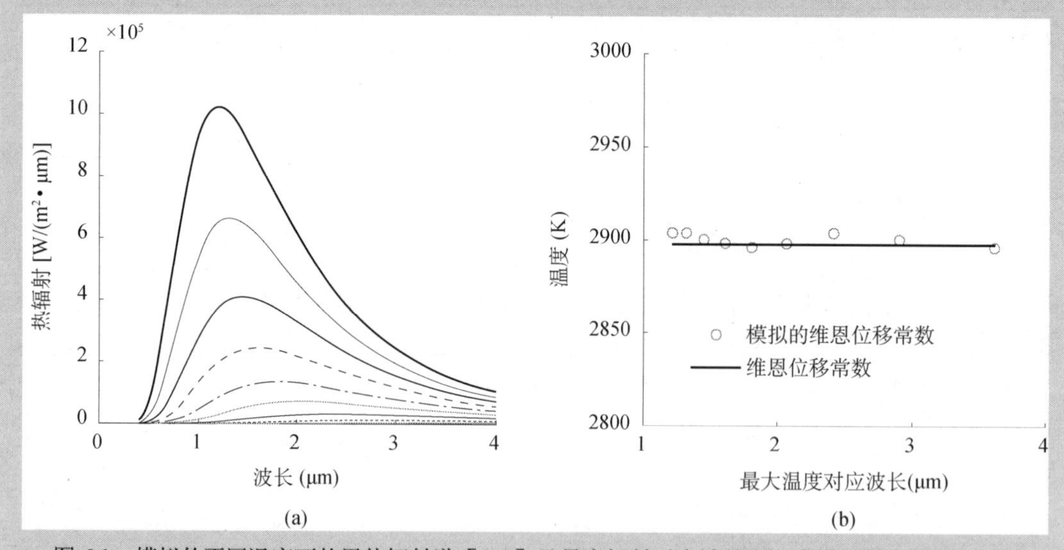

图 6.1 模拟的不同温度下的黑体辐射谱［(a)］及最大辐射对应波长和温度乘积散点图［(b)］

具体的 Matlab 代码可以访问网址 www.3dforest.cn。

4. 斯特藩-玻尔兹曼定律

斯特藩-玻尔兹曼定律（Stefan-Boltzmann law），又称斯特藩定律，其内容为：一个黑体表面单位面积在单位时间内辐射出的总能量（称为物体的辐射度或辐射通量密度）与黑体本身的热力学温度（又称绝对温度）的 4 次方成正比。实际上，斯特藩公式是普朗克公式的积分：

$$M_{\mathrm{B}}(T)=\int_{0}^{\infty} e_{\mathrm{B}}(\lambda,T)\mathrm{d}\lambda=\sigma T^{4} \tag{6.4}$$

式中，σ 为斯特藩-玻尔兹曼常数或斯特藩常量，取值为 $5.67\times10^{-8}\,\mathrm{W/(m^2\cdot K^{-4})}$；$T$ 为发射体的热力学温度。

6.1.2 植被热红外的理论基础

热红外技术用于植被监测，通常体现为监测植被温度和发射率。发射率类似于光学的反射光谱曲线，有可能进行植被分类。但是发射率测量太过复杂，实用性不足。因此，热红外技术主要还是用来监测植被-土壤体系的温度分布。

1. 土壤-植被-大气模型

植被-土壤体系温度分布的影响因素较多，主要包括外部环境、植被特征（几何、生理因素）和其他因素三大类，同时也是时间的函数。外部环境包括气温、大气湿度、风速、太阳高度角、地形等因素。植被几何特征包括裸露土壤比例（或者 LAI）、行播方向、冠层高度、冠层粗糙度等；植被生理特征主要与气孔控制有关。其他因素包括土壤和植被表面的发射率、大气水汽导致的大气效应。可以看出，土壤-植被-大气连续体的共同作用决定了叶片温度和土壤温度的时空分布，相关模型称为土壤-植被-大气（SVAT）模型。目前的植被场景温度分布模拟多采用 SVAT 模型。

植被温度观测和模拟工作始于 Penman 模型（Allen，1986）。该模型利用气温和太阳辐射等参数来估计蒸散，而不用直接测量植被温度。Penman 模型包括三个能量源：湍流、辐射和蒸散。Gates 等（1968）使用扩展了的 Penman 模型研究沙漠植被的叶温，他们通过研究一些植物的蒸发和传输特性，修正 Penman 模型来表征植被的生存状况。

Penman 模型属于大叶模型，不能区分光照和阴影，也无法描述垂直变化，因此一维的 SVAT 模型应运而生。比如，CUPID 模型利用输入参数和边界条件来预测植被与环境之间的各种相互作用（Norman，1979；Huang et al.，2007）。又如，SHAW（the simultaneous heat and water）模型可以用于土壤温度、土壤水分、植被层内蒸散量和能量平衡等的研究（Flerchinger et al.，1998；王鹏新等，2018）。但是一维模型仍然过于简单，难以考虑复杂的地表情况，在异质性地表条件下，采用三维能量平衡模型模拟三维温度场是非常必要的。DART 模型初步实现了三维模拟，但是简化了湍流交换模块，模拟精度不高（Gastellu-Etchegorry et al.，2004）；MAESTRO 模型考虑了林冠复杂结构，可以模拟三维树冠温度，但是不能模拟土壤温度（Wang and Jarvis，1990）；THERMO 模型可以模拟叶片蒸腾和液流，但是土壤处理过于简单，没考虑土壤蒸发（Dauzat and Jarvis，2001）。这些三维模型都应用了很多假设，但是在气象要素的三维模拟上并非三维，存在一些不足。在城市景观及热岛效应的研究中，小尺度气候模型有非常快速的发展，三维气候模型可以较好地模拟气象要素的三维分布，如 ENVI-met（Bruse and Fleer，1998）等。很多研究发现 ENVI-met 模型也具备模拟自然植被的能力（Fahmy et al.，2010；Samaali et al.，2007；Huang et al.，2015），且 ENVI-met 提供了免费的开源软件。

无论是哪种 SVAT 模型，通常必须考虑地表温度的物理和生理产生机制。

2. 地表温度产生机制

总的来说，为了完整描述地表温度的产生机制，至少需要下面4个理论模型基础。

（1）辐射能量平衡

综合考虑在VIS（visible）、NIR（near infrared）和TIR（thermal infrared）三个宽波段的辐射传输过程。以冠层顶的入射辐射（VIS、NIR和大气辐射为输入数据，输出每一层甚至每片叶片和每块土壤的净辐射。

（2）湍流传输模块

描述冠层上部和内部的湍流变化，包括风速、温度、湿度廓线、空气动力学阻抗等。这部分需要植被冠层结构、叶片大小等参数的支持。比如，风速可以从LAI廓线计算得到，用来得到每片叶片的边界层阻抗。空气动力学阻抗采用简单方法（Noilhan and Planton，1989），对所有植被层（用户可以选择植被层的层数）纠正冠层内部的气温和空气湿度廓线。

（3）生理学基础

包括光合作用、呼吸作用和蒸腾作用。植物体内的水分以气体状态通过植物体表面（主要为叶片）散失的现象称为蒸腾作用。在此过程中，将太阳能转化为相变热能，水分从液体到气体转化，避免了叶温过高而被灼伤。因此，蒸腾作用是植物调节叶温的手段之一。气孔是植物叶片与外界进行气体交换的主要通道，其张开的程度也就是气孔导度决定了蒸腾量。植物生理活动最重要的气体（如O_2、CO_2和水蒸气）都是通过气孔进入或逸出植物体外。气孔在控制水分损失和获得碳素即生物量产生之间的平衡中起着关键的作用。气孔导度一般采用经验公式（Jarvis，1976），并依靠叶片尺度的三个参数来计算，即光合有效辐射、可蒸发土壤水分和饱和水汽压差（vapor pressure deficit，VPD）。在植物遭受干扰胁迫如病虫害、干旱等时，叶片的蒸腾强度降低，叶片会丧失主要的热量调节途径。病虫害和干旱因素会造成植物体内发生一系列的生理生化变化，如水分平衡失调、呼吸作用加强、光合作用下降等。植物体内的这些变化导致叶片的热量平衡失调，叶温也会发生变化。

（4）综合能量平衡模块

每个叶片和土壤面元都根据自己的辐射平衡和热量阻抗计算。模块输出所有叶片的温度和土壤面元的温度，以及它们的潜热和感热通量。

实际上，上述4个部分是相互关联、相互影响的。比如前两个（辐射能量平衡和湍流传输模块）均显著影响第三个（生理学基础）。具体而言如下。

1）太阳辐射对生理的影响：大多数植物在无光照时，气孔通常关闭。反之，气孔则张开。在供水充足的条件下，太阳辐射中的可见光和红外光影响植物气孔的开闭。夜间，叶片蒸腾强度通常会很低，对叶温的影响较小。但是叶片和周围环境的热交换并不会停止，因此夜间叶片会从温度较高的土壤和岩石表面吸收红外辐射而获取能量。同样，叶片也可以通过长波辐射的方式散失热量。如果叶片散失热量的速度超过其吸收速度，则叶温要低于其周围环境温度。植物地上其他器官的温度也同样有类似于控制叶温机理的制约。

2）温度对生理的影响：大气环境温度影响蒸腾强度，主要原理是胞间间隙和大气之间存在蒸汽压差异。温度上升将提高气孔的蒸汽压梯度，从而加速蒸腾作用。

3）湿度对生理的影响：衡量大气湿度一般用蒸汽压，代表水蒸气的局部压力。当气孔张开时，叶片内水蒸气的扩散速度由胞间空隙内的蒸汽压和大气的蒸汽压之间的差值决定。

4）风对生理的影响：风速对蒸腾作用的影响较为复杂，并且对其他环境因子的重要性会产生部分影响。当气孔大部分或者全部关闭时，或者大气蒸汽压接近饱和时，风对蒸腾作用的影响不显著。但是，当气孔张开时，在平静无风的环境中，通过叶片气孔进入大气中的水蒸气会在叶片表面附近累积。在微风条件下，即使只有缓慢的风速，都可以把累积于叶片附近的大部分或者全部水蒸气分子吹散，从而增加透过气孔的蒸汽压梯度，提高叶片水蒸气散失的速度。此外，风同样可以影响叶片温度，进而影响蒸腾强度。有风条件下，叶温较无风条件下的低。在强烈光照下，风在降低叶温中可以起主导作用。但是在光照不强烈时，风对降温作用的影响很小，甚至会提高叶温。风对蒸腾作用的影响作用复杂主要是因为，在有风条件下，枝条会摆动，叶片会震动及弯曲。在强风条件下，可能会引起气孔关闭，从而显著地阻碍蒸腾作用强度。

此外，土壤水分也是蒸腾作用的关键制约参数。蒸腾作用所散失的水分使得叶片细胞产生足够大的水势的负数值，从而使得木质部的水分上升，为叶片提供水分。蒸腾作用可以短时间内持续地超过水分的吸收速度，但是一般来说，当土壤条件对根部的水分吸收速度产生限制时，蒸腾强度就会立即受到阻碍并下降。因此，植物根部对土壤水分吸收的有效程度显得尤为重要，并且这往往是限制蒸腾作用的主要因子。影响植物吸收水分速度的土壤因子主要为：①土壤中的有效水分；②土壤温度；③土壤的通气性；④土壤溶液中溶质浓度。这些因子都能间接地影响蒸腾强度。

6.1.3　植物胁迫的热红外监测原理

植物需要持续应对变化的环境，包括适宜生长的环境，也包括经常性地不利于植物生长和发育的胁迫环境。这些不良环境通常包括生物胁迫（如病原体感染、虫害和食草动物的啃食等）和非生物胁迫（如干旱、高温、冷害、营养匮乏、盐害及土壤中铝、砷、镉等有毒金属毒害）。植物如何感受和响应环境胁迫是一个根本性的生物学问题，反映在热红外上，需要解决胁迫下植被温度的影响机理。

1. 干旱胁迫影响机制

干旱胁迫是最常见的胁迫之一。干旱可以分为大气干旱和土壤干旱。大气干旱的特点是大气温度高而相对湿度低（10%～20%），此时的叶片蒸腾强度较大，再加上比较强的太阳光照射，会造成植物的热害。如果大气干旱长期存在，会引起土壤干旱。土壤干旱是指土壤中缺乏植物根部吸收的水分。植物在水分亏缺严重时，气孔关闭，蒸腾作用下降，导致叶温升高。在干旱时，不同器官、不同组织间的水分，按各部位的水势大小重新分配。水势高的部位的水分流向水势低的部位。例如，干旱时，植物通过自身调节作用，幼叶向老叶夺取水分，促使老叶的死亡和脱落，以减少植物的水分蒸腾散失。老叶提前脱落导致叶面积指数（LAI）减小，NDVI 减小，供水植被指数（WSVI）也会降低，植物水分胁迫越大，干旱越严重。

在监测大面积干旱时，遥感技术具有地面调查所不具有的快捷、迅速等特点，而温度植被干旱指数（TVDI）则是遥感手段中常用的旱情评价指数，其综合了植被覆盖信息和陆地表面温度信息。

$$\mathrm{TVDI}=\frac{T_{\mathrm{s}}-T_{\mathrm{smin}}}{T_{\mathrm{smax}}-T_{\mathrm{smin}}} \tag{6.5}$$

式中，T_s 为陆地表面温度；T_{smax}、T_{smin} 分别为某一 NDVI 对应的最高温度和最低温度，其中 $T_{smax}=a_1+b_1\times\mathrm{NDVI}$，$T_{smin}=a_2+b_2\times\mathrm{NDVI}$，$a$，$b$ 分别为 NDVI-T_s 特征空间图中干湿边对应的方程的截距和斜率，NDVI 为归一化植被指数：

$$\mathrm{NDVI}=\frac{\rho_{\mathrm{NIR}}-\rho_{\mathrm{R}}}{\rho_{\mathrm{NIR}}+\rho_{\mathrm{R}}} \tag{6.6}$$

式中，ρ_{NIR} 和 ρ_{R} 分别为近红外波段和红波段的反射率。

NDVI-T_s 特征空间可以简化为三角形（图 6.2）。其中，A 点表示没有植被覆盖的干燥裸地，具有地表湿度小、温度高、蒸发小的特点；B 点表示没有植被覆盖湿润裸地，具有地表湿度大、温度低、蒸发大的特点；C 点表示植被完全覆盖，具有地表温度低、蒸发大的特点。A、B、C 三点属于三种极端情况。其中，AC 边称为干边，具有土壤湿度和地表蒸发量最小的特征；BC 边称为湿边，具有土壤湿度和地表蒸发量最大的特征。

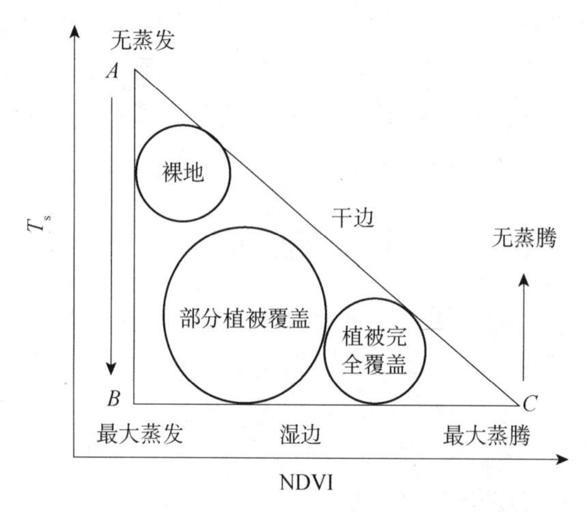

图 6.2　温度植被干旱指数的三角形原理

2. 病虫害胁迫影响机制

植物病虫害对植物的生理有较大影响，不同类型植被往往会感染不同的病虫害，而不同的病虫害所引起的森林受损症状也不同。病虫害对于植物生长造成的影响主要有两种表现形式：一种是植物外部形态发生改变；另一种是植物内部的生理变化。外部形态的改变包括落叶、卷叶和枯萎等导致冠层形状发生变化。生理变化则表现于叶片的叶绿素受损，光合作用、水分吸收、运输及蒸散等生理机能衰退。但无论是形态还是生理的变化都必然导致植物的光谱反射与辐射发生改变，从而使监测的遥感图像光谱发生变异，这也是病虫害遥感监测的主要依据。

按照植物受侵染对象的不同，林业病虫害可分为病害和虫害。病害是由于病原生物寄生于植物体内，植物的营养和水分平衡失调。和热红外有关的主要是水分，主要表现有三种：①植物根部被破坏，水分吸收能力下降；②维管束堵塞，水分向上运输受阻；③叶片蒸腾作用加强，由于病原生物破坏叶片的细胞质结构，水分散失速度加快。而虫害大多则是破坏植物的水分吸收和传输通道，造成机械性损伤，进而造成叶片细胞水分不足，降低叶片蒸腾作用，从而影响叶温。例如，钻蛀型害虫会破坏植物的根、茎，阻碍水分的吸收和运输，造成叶片细胞缺水。如果植被死亡或者食叶害虫取食过多叶片，也会改变小气候环境，整体的温度场也会发生变化。

总的来说，病虫害和干旱虽然对植物伤害的途径不同，但最终结果都会造成叶片细胞缺水，从而影响气孔细胞的关闭。而随着蒸腾作用的变化，叶温也随之改变。同时，也会影响冠层结构（如 LAI）、潜热通量和生理生化参数（如叶绿素含量、氮含量和含水量等），配合光学和微波信号，能更好地监测病虫害胁迫（图 6.3）。除此以外，叶片的发射率可能会受到胁迫的影响。但是，目前仅局限在地面进行叶片尺度观测，难以推广。

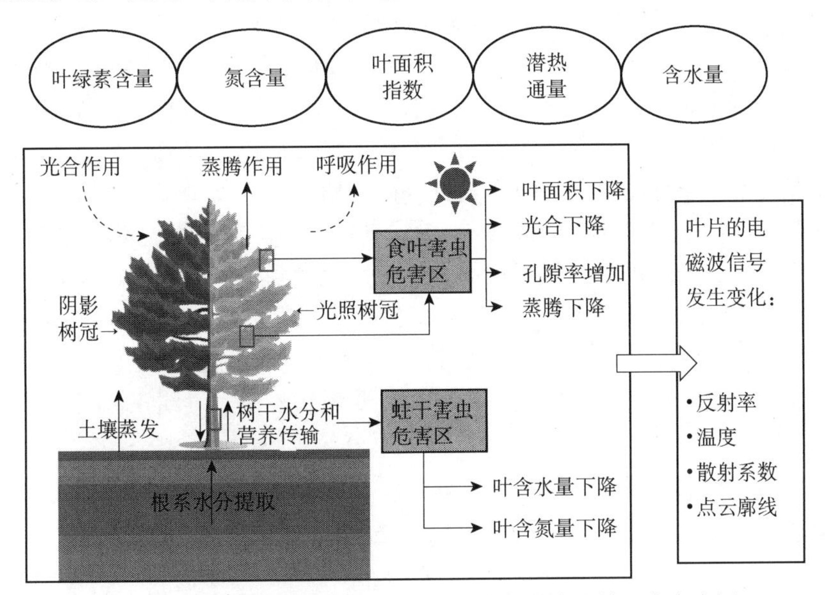

图 6.3 病虫害遥感监测的基本机制（以食叶害虫和蛀干害虫为例）

6.1.4 热红外监测森林健康的潜力

Quattrochi 和 Luvall（1999）针对热红外遥感的景观应用进行了较为详尽的综述。其主要应用方向包括地表热红外特征分析和提取、热惯量和土壤水分、地表蒸散发、热通量和能量平衡、森林水分胁迫和微气候等。但总体上，热红外的应用并不充分。

热红外遥感最早被应用于森林火灾方面。通常利用中红外、热红外遥感图像判断森林的温度异常点，确定森林火灾的火头位置、火灾范围，以便相关消防部门及时采取有效的措施。其次便是应用于大面积干旱、风灾、病虫害等导致的损失评估。但热红外遥感应用最困难的还是对于已受到胁迫但尚未成灾的森林健康的早期监测。

目前，在森林监测中所利用的遥感数据大多为可见光波段和近红外波段遥感数据，通过对森林反射光谱的变化来对森林状态进行判断。这些方法可以对受害表现明显的森林进行监测和估算。在森林受胁迫早期，森林的水分亏缺还没有达到植物生理的极限值，森林冠层的形态状况和光谱特征都还未发生改变，因此可见光及近红外遥感的观测精度受限，并不能在早期阶段对森林的状态进行评估，进而不能提前采取措施进行防治。

由前文 6.1.3 中叙述的植被温度和生理作用之间的关系可知，在早期受到危害的植被通常都会引起植被水分发生变化，从而导致植被冠层温度异常。通过对森林冠层温度数据的分析处理，热红外遥感有潜力发现森林遭受的早期健康危害。

从数据源上来看，可业务化运行的热红外卫星不少，但是时空分辨率不能兼得。气象卫星分辨率多在公里级别。Landsat-8 热红外波段提升到 100m，但是重访周期为半个多月，经常被云雨遮挡。可喜的是，美国国家航空航天局（NASA）在空间站上建设了生态系统天基热辐射实验（ECO system spaceborne thermal radiometer experiment on space station，ECOSTRESS），可以为地球获得高空间分辨率［38m（轨道）×69m（交轨）］的热红外数据，具有独特的全天覆盖时间，可以在一天中不同时段获取数据。ECOSTRESS 任务的核心产品包括地表温度、发射率、蒸散量（evapotranspiration，ET）、蒸发胁迫指数（evaporative stress index，ESI）和水利用效率（water use efficiency，WUE）。

此外，我国的高分五号（GF-5）于 2019 年 3 月底已经正式发布数据。GF-5 卫星配置有 6 台先进有效载荷，观测谱段覆盖紫外至长波红外，包括大气环境红外甚高光谱分辨率探测仪、大气痕量气体差分吸收光谱仪、全谱段光谱成像仪、大气主要温室气体监测仪、大气气溶胶多角度偏振探测仪和可见短波红外高光谱相机。其中，全谱段光谱成像仪的空间分辨率为 20m（0.45～2.35μm）和 40m（3.5～12.5μm），地面覆盖宽度为 60km。40m 的热红外空间分辨率是全球民用卫星的最高分辨率，尺度到了样地级别，很有可能监测到小斑块的温度异常。

可以预计，热红外的林业应用即将迎来热潮，在森林健康监测方面的潜力也会随着遥感技术的提升逐渐加大。不过，定量化方面还需要逐步解决大气纠正和发射率纠正等业务化问题。

6.2 数据处理

6.2.1 常见数据源

综合以往的文献资料，在热红外遥感研究中，主要有以下三种地表热红外数据获取手段。

1）地面拍摄：主要通过手持热像仪或架设高塔平台加载热红外相机对地表进行拍摄。其探测器分辨率大多是 160×120 像素、320×240 像素或者 640×480 像素，波长在 7.5～13μm 附近，不同型号的空间分辨率和测温精度区别较大。常见的热像仪有美国的菲利尔（FLIR）和福禄克（Fluke）系列、德图的 Testo 品牌。

2）机载获取：通过飞机加载红外热像仪对地面研究区进行拍摄。探测器分辨率主要依据搭载热像仪的分辨率不同而有较大差异。目前最新的机载红外热像仪（连续变焦红外热像仪）探测器的分辨率可达 640×512 像素。但是，其不足之处在于：拍摄时影像边缘会产生几何畸变，不能安装 FOV 过大的仪器或镜头；大气湍流会对瞬时地表温度产生较大影响；飞行价格昂贵。

3）卫星获取：是指遥感卫星中的热红外波段反演地表温度，主要的数据源有 Landsat TM/ETM+第 6 波段、Landsat-8 TIRS、NOVA/AVHRR 和 MODIS/ASTER 的热红外波段等。卫星热红外影像原始空间分辨率在 60～1000m，主要用于大范围（1000m 以上）研究区的地表温度长期间断性获取，其反演过程较复杂，需要考虑混合像元的影响。天气状况尤其是云雨天气会给数据获取带来一定的困难。目前卫星热红外波段地表热辐射的多角度研究较少，很多研究中提到通过机载热像仪模拟卫星热红外影像，从而对地表方向性热辐射进行深入探讨。

地面和机载观测主要用于局部地区的理论分析和试验。卫星获取能够提供大范围的图像，更适合业务化的应用。星载热红外传感器非常多，除了气象卫星外，资源对地观测卫星也有携带热红外波段的，表 6.1 为常见的热红外数据源。

表 6.1　常见的热红外数据源

传感器	卫星平台	热红外波段数	热红外光谱范围（μm）	空间分辨率	幅宽
ASTER 高级空间热辐射热反射探测器	EOS	5	8.125～8.475 8.475～8.825 8.925～9.275 10.25～10.95 10.95～11.65	90m	60km
AVHRR 甚高分辨率辐射仪	NOAA	3	3.55～3.93 10.30～11.30 11.50～12.50	1.1km	2800km
MODIS 中等高分辨率成像光谱辐射仪	EOS	16	3.660～3.840 3.929～3.989 3.929～3.989 4.020～4.080 4.433～4.498 4.482～4.549 6.535～6.895 7.175～7.475 8.400～8.700 9.580～9.880 10.780～11.280 11.770～12.270 13.185～13.485 13.485～13.785 13.785～14.085 14.085～14.385	1km	2330km
TM/ETM+第 6 波段	Landsat（美国）	1	10.4～12.5	60～120m	185km
IRS 红外相机	HJ-1A/B（中国）	2	3.50～3.90 10.5～12.5	150m 300m	720km
Landsat-8 TIRS	Landsat（美国）	2	10.60～11.20 11.50～12.50	100m	185km
葵花 8 号 AHI	Himawari-8（日本）	10	3.8853 6.2429 6.941 7.3467 8.5926 9.6372 10.4073 11.2395 12.3806 13.2807	2km	静止卫星地球圆盘
中波红外（IRS）面阵相机	高分四号（中国）	1	3.8008	400m	静止卫星>400km
全谱段光谱成像仪	高分五号（中国）	6	3.50～3.90 4.85～5.05 8.01～8.39 8.42～8.83 10.3～11.3 11.4～12.5	40m	60km

6.2.2 地面热红外观测和温度获取

地面热红外观测有两种模式：向下观测和向上观测。绝大多数都是向下观测，以期与机载和卫星观测一致。少数研究需要倾斜向上观测高大的林木温度。两种观测方式均需要黑体标定数据，即对测量的亮度温度进行定标。

1. 向下观测数据处理

红外辐射计测量得到的温度不仅是地物发射率的函数，还与环境辐射有关［公式（6.7)］，主要受大气下行辐射的影响，上行的大气贡献可以忽略。野外测量时的环境辐射可用热像仪或者热红外高光谱仪（BOMEN）同步测量。

$$B_\lambda(T_\mathrm{B})=(1-\varepsilon_\lambda)L_\lambda^{\downarrow}+\varepsilon_\lambda B_\lambda(T_\mathrm{R}) \tag{6.7}$$

式中，下标 λ 为波长；ε_λ 为组分发射率；$L_\lambda^{\downarrow}$ 为下行辐射；T_R 为需要得到的目标温度（单位为 K)；T_B 为辐射计亮度温度（单位为 K)；B_λ 为普朗克黑体辐射函数。如果观测目标周围很空旷，下行辐射由天空决定；如果非独立存在，周围有其他地物存在（如相邻木)，那么下行辐射需要综合考虑天空和周围目标的平均贡献。

从测量值中扣除下行辐射项，再除以组分发射率就得到组分真实辐射通量，然后用普朗克黑体辐射函数 B_λ 的逆函数 B_λ^{-1} 转化为目标温度即可［公式（6.8)］。

$$T_\mathrm{R}=B_\lambda^{-1}\left[\frac{B_\lambda(T_\mathrm{B})-(1-\varepsilon_\lambda)L_\lambda^{\downarrow}}{\varepsilon_\lambda}\right] \tag{6.8}$$

假定天空等效亮度温度为-33.1℃，土壤亮度温度为 24.0℃，叶片亮度温度为 19.4℃，纠正后土壤温度为 26.4℃，叶片温度为 20.8℃。可以看出校正后温度与校正前的亮度温度差别较大（土温差 2.4℃，叶温差 1.4℃)，这说明校正前后温差不可忽略，亮度温度必须进行纠正后才能定量应用。

2. 向上观测数据处理

由于叶片在热红外波段的透过率几乎为 0，向上观测森林目标得到的辐射是下行辐射和目标辐射的加权，权重 f_sky 是视场内的天空比例：

$$B_\lambda(T_\mathrm{B})=f_\mathrm{sky}L_\lambda^{\downarrow}+(1-f_\mathrm{sky})\varepsilon_\lambda B_\lambda(T_\mathrm{R}) \tag{6.9}$$

观测阔叶时，视场可能全部被叶片充满，测量得到的温度主要是发射率的函数。但如果是细长的针叶，由于空间分辨率的限制，大气权重较大，下行辐射会直接进入视场，纠正误差较大。如果用热像仪观测，当针叶宽度在热像仪中占据三个以上像素时，取中间像素进行类似阔叶的处理。当像素宽度只有 1 个甚至小于 1 个时，必须借助热像仪的点扩散函数（MTF）进行反卷积运算。

值得注意的是，天空亮度温度通常很低，一旦超过热像仪的量程（<-40℃)，会显著影响 MTF 效应的去除。这时候应该先纠正天空下行辐射，可以用诸如刀刃法（秦荣君和龚健雅，2011）的思路求解。纠正后，可以获得更加准确的权重和天空下行辐射。基于公式（6.8）和公式（6.9）就可以求得叶片温度。

$$T_R = B_\lambda^{-1}\left[\frac{B_\lambda(T_B) - f_{sky}L_\lambda^{\downarrow}}{\varepsilon_\lambda - f_{sky}\varepsilon_\lambda}\right] \quad (6.10)$$

6.2.3　机载和星载地表温度反演

对机载和星载热红外数据来说，面临的两个主要预处理工作分别是大气纠正和发射率纠正。其中大气纠正的主要目的是消除大气水汽和 CO_2 的影响。地表温度反演常见的方法有单窗算法、分裂窗算法、组分温度反演算法和日夜法等。本节主要介绍较为常用的单窗算法和分裂窗算法。

1. 单窗算法

单窗算法是覃志豪等（2001）根据地表热传导方程，推导出的可用于仅有一个热波段（10.40～12.50μm）的 Landsat TM/ETM+数据（以下简称 TM6）反演地表温度的算法。Landsat-8 卫星设计有两个热红外波段，但第 11 波段定标误差较大（Julia et al.，2014），所以有的研究将 TM6 方法移植到 Landsat-8 TIRS 的第 10 波段（高文升等，2017；胡德勇等，2015）。

遥感数据反演地表温度都是以地表热辐射传导方程为基础的。传感器所观测到的热辐射总强度由地表的热辐射、大气向上和向下热辐射共同组成，这些热辐射成分均因大气层的吸收而受到衰减。以 TM 的热红外传感器（第 6 波段）为例介绍单窗算法。

传感器所接收到的热辐射强度可以表述为

$$B_6(T_6) = \tau_6[\varepsilon_6 B_6(T_s) + (1-\varepsilon_6)I_6^{\downarrow}] + I_6^{\uparrow} \quad (6.11)$$

式中，T_s 为地表温度；T_6 为 TM6 的亮度温度；τ_6 为大气透射率；ε_6 为地表发射率；B_6（T_6）为 TM6 所接收到的热辐射强度；B_6（T_s）为地表在 TM6 波段区间的实际热辐射强度，直接取决于地表温度；$I_6^{\uparrow}$和 $I_6^{\downarrow}$分别为大气在 TM6 波段范围内的向上和向下热辐射强度。

大气的向上热辐射强度通常可近似为

$$I_6^{\uparrow} = (1-\tau_6)B_6(T_a^{\uparrow}) \quad (6.12)$$

式中，T_a 为大气的向上平均作用温度（又称大气平均作用温度）；$B_6(T_a^{\uparrow})$ 为大气向上平均作用温度为 T_a 时的大气热辐射强度。

大气向下热辐射总强度可视作来自一个半球天空的大气热辐射的积分。当天空晴朗时，对于整个大气的每一个薄层（如 1km）而言，向上和向下透射率一般可合理地假定相等。以这个假定为依据，大气的向下热辐射强度可以近似地表示为

$$I_6^{\downarrow} = (1-\tau_6)B_6(T_a^{\downarrow}) \quad (6.13)$$

式中，$T_a^{\downarrow}$为大气的向下平均作用温度；$B_6(T_a^{\downarrow})$ 为大气向下平均作用温度为 T_a 时的大气热辐射强度。

因此，将 $I_a^{\uparrow}$和 $I_a^{\downarrow}$代入地表的热辐射传导公式（6.11）中，得

$$B_6(T_6) = \tau_6[\varepsilon_6 B_6(T_s) + (1-\varepsilon_6)(1-\tau_6)B_6(T_a^{\downarrow})] + (1-\tau_6)B_6(T_a^{\uparrow}) \quad (6.14)$$

为了推导出一个简便的地表温度反演公式，覃志豪等（2001）通过大气平均作用温度的替代性分析发现，用 T_a 替换 $T_a^{\downarrow}$对于公式（6.14）求解地表温度不会产生实质性的误差。

因此，TM6 所观测到的热辐射强度可简化为

$$B_6(T_6)=\tau_6\varepsilon_6 B_6(T_s)+(1-\tau_6)[1+\tau_6(1-\varepsilon_6)]B_6(T_a) \tag{6.15}$$

在一定温度范围内，普朗克函数随温度的变化接近于线性。对于某个特定的波长区间（如 TM6），在较窄的温度区间（如<15℃）内，这种线性特征更为明显。因此，可运用 Taylor 展开式对普朗克函数进行线性展开。由于线性特征较显著，保留 Taylor 展开式的前两项一般即可保证足够的精度。因此，

$$B_6(T_j)=B_6(T)+(T_j-T)\partial B_6(T_j)/\partial T=(L_6+T_j-T)\partial B_6(T_j)/\partial T \tag{6.16}$$

式中，T_j为波段 6 的亮度温度（当j=6 时）、地表温度（当j=s 时）或者大气平均作用温度（当j=a 时）；参数L_6为一个温度参数（K），定义为

$$L_6=B_6(T)/[\partial B_6(T_j)/\partial T] \tag{6.17}$$

对普朗克函数进行线性化的实质意义是，把 B_6（T_j）所代表的热辐射强度与有一个固定温度 T 的 B_6（T）关联起来，而这一固定温度 T 则是进一步推导的关键。考虑到大多数情况下，通常有 $T_s>T_6>T_a$，因此可以定义这一固定温度 T 为 T_6。这样，对于 TM6 的区间而言，将 T_s、T_6和 T_a所对应的普朗克函数进一步展开后带入公式（6.15），并消除公式两边的$\partial B_6(T_6)/\partial T$ 项，得

$$L_6=C_6(L_6+T_s-T_6)+D_6(L_6+T_a-T_6) \tag{6.18}$$

式中，参数 C_6和 D_6分别为

$$C_6=\varepsilon_6\tau_6 \tag{6.19}$$

$$D_6=(1-\tau_6)[1+\tau_6(1-\varepsilon_6)] \tag{6.20}$$

式中，参数L_6的数值与温度有密切的关系，根据这一特性，可以用如下回归方程来估计L_6：

$$L_6=a_6+b_6T_6 \tag{6.21}$$

式中，a_6和 b_6为回归系数。

把公式（6.21）代入公式（6.18）中，可以解得

$$T_s=\{a_6(1-C_6-D_6)+[b_6(1-C_6-D_6)+C_6+D_6]T_6-D_6T_a\}/C_6 \tag{6.22}$$

式中，C_6和 D_6都是与地表发射率（ε_6）和大气透射率（τ_6）相关的参数。地表发射率可以由实验室或野外测量得到，也可通过一些算法来求取。大气平均作用温度（T_a）可以用平均气温（T_0）估算。大气透射率可以根据大气水分含量近似估算。将计算得到的地表发射率（ε_6）、大气透射率（τ_6）和大气平均作用温度（T_a）带入公式（6.22）中即可反演地表温度（T_s）。

案例 6.1：基于单窗算法的 Landsat-8 影像地表温度反演

研究区位于云南省大理白族自治州祥云县，范围为北纬 25°20′6″～25°17′33″，东经 100°51′51″～100°55′5″［图 6.4（a）］。卫星数据有 2018 年 10 月 18 日的 Landsat-8 影像（图幅号：LC81300422018291），用于反演地表温度；对应时段的 MODIS L1B 数据（即 MOD02 产品）影像（图幅号：MOD021KM.A2018291.0445.061）用于反演大气水汽含量。

本案例采用 Landsat-8 波段 10 的热红外通道 TIRS，利用单窗算法来反演地表温度，将单窗算法公式（6.22）修改如下。

$$
\left.\begin{aligned}
T_s &= \frac{\{a(1-C_{10}-D_{10})+[b(1-C_{10}-D_{10})+C_{10}+D_{10}]T_{10}-D_{10}T_a\}}{C_{10}} \\
C_{10} &= \varepsilon_{10}\tau_{10} \\
D_{10} &= (1-\tau_{10})[1+(1-\varepsilon_{10})\tau_{10}]
\end{aligned}\right\} \tag{6.23}
$$

式中，a、b 为线性回归系数，与实验区域的温度变化范围有关，不同温度变化范围的 a_{10} 和 b_{10} 值如表 6.2 所示；T_a 为大气平均作用温度，T_a 与 T_0 的关系式如表 6.3 所示，T_0 为近地面温度，可以通过气象数据查询。

表 6.2　不同温度范围内的 TIRS 的反演回归系数

温度范围（℃）	a_{10}	b_{10}	相对误差（%）
0～70	−67.355 35	0.458 608	0.32
0～30	−60.326 30	0.434 360	0.08
20～50	−67.954 20	0.459 870	0.12

表 6.3　大气平均作用温度估算方程

大气剖面	关系式
美国 1976 年平均大气	T_a= 25.9396+0.88045T_0
热带平均大气	T_a= 17.9769+0.91715T_0
中纬度夏季大气	T_a= 16.0110+0.92621T_0
中纬度冬季大气	T_a=19.2704+0.91118T_0

大气水汽含量（w）使用与 Landsat-8 影像同一天的 MODIS 数据第 2 波段和第 19 波段来反演。大气透射率（τ_{10}）与大气水汽含量（w）的关系使用 Rozenstein 等（2014）根据大气辐射传输软件 LOWTRAN 模拟得到的大气透过率估算方程进行估算（表 6.4），采用中纬度夏季的方程。

表 6.4　不同热红外通道大气透过率 τ_{10}、τ_{11} 估计方程

大气剖面	大气透过率估算方程	R^2
美国 1976 年标准大气	τ_{10}=−0.1146ω+1.0286	0.9882
	τ_{11}=−0.1568ω+1.0083	0.9947
中纬度夏季	τ_{10}=−0.1134ω+1.0335	0.9860
	τ_{11}=−0.1546ω+1.0078	0.9960

地表发射率（ε_{10}）的估算选用覃志豪等（2003）提出的地表比辐射率估算方法。首先利用 NDVI、MNDWI 与 NDBI 三种植被指数将研究区的土地覆盖类型进行分类，然后分别计算不同地物类型的地表发射率。将计算得到的大气透过率（τ_{10}）、地表发射率（ε_{10}）[图 6.4（f）] 和大气平均作用温度（T_a）带入公式（6.23）中即可得到反演的地表温度（T_s）（图 6.5）。

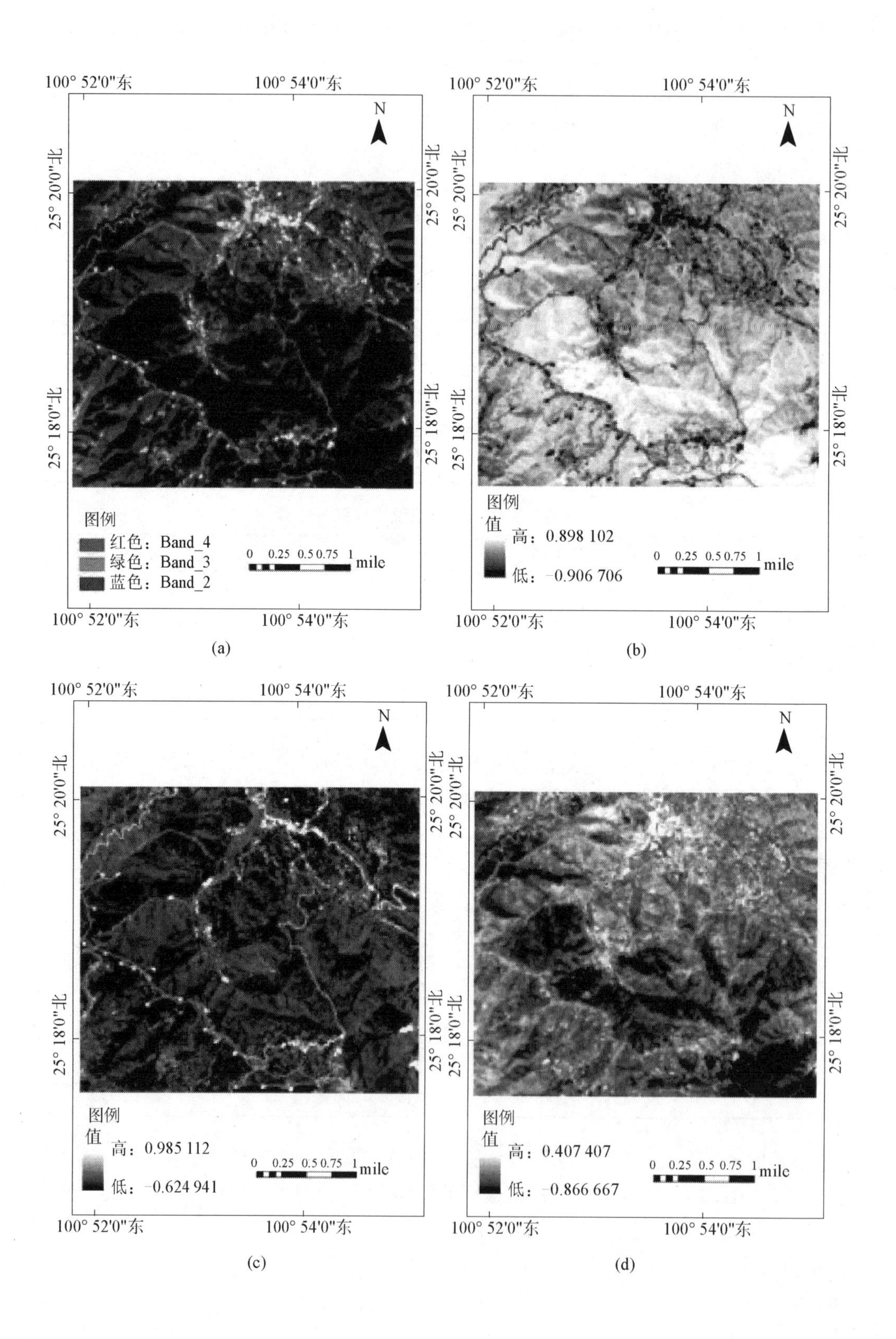
100° 52'0"东
100° 54'0"东
25° 20'0"北
25° 18'0"北
N
图例
红色：Band_4
绿色：Band_3
蓝色：Band_2
0 0.25 0.5 0.75 1 mile
(a)
图例
值
高：0.898 102
低：-0.906 706
(b)
图例
值
高：0.985 112
低：-0.624 941
(c)
图例
值
高：0.407 407
低：-0.866 667
(d)

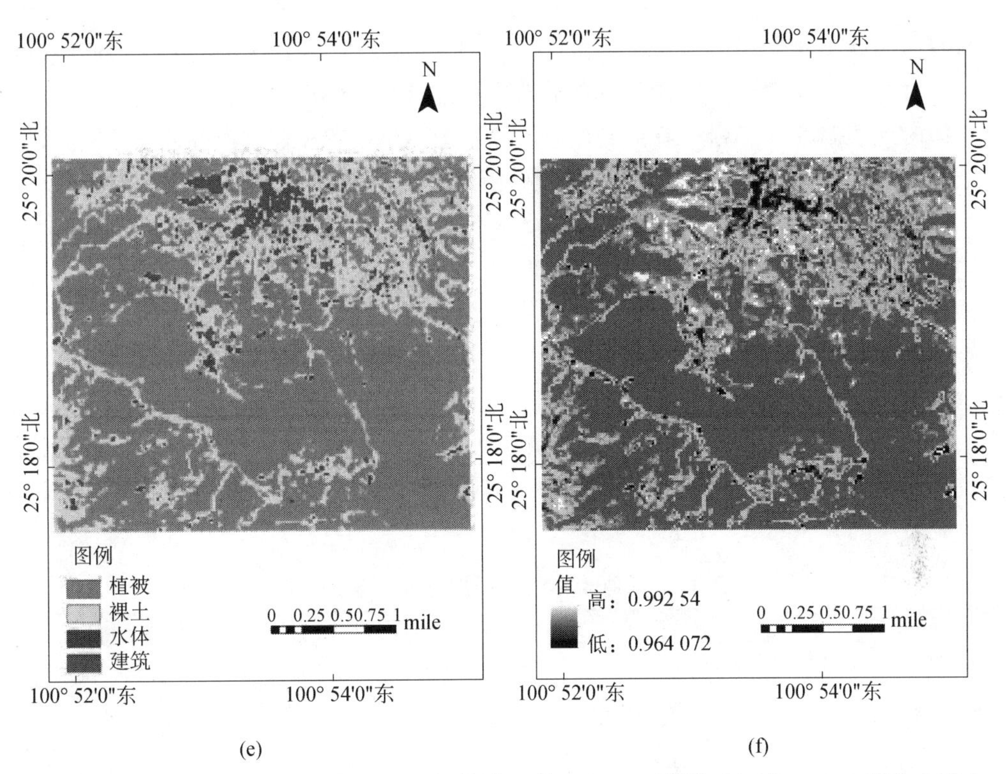

图 6.4 研究区真彩色影像［(a)］、NDVI 指数［(b)］、MNDWI 指数［(c)］、NDBI 指数［(d)］、土地覆盖类型分布图［(e)］和波段 10 地表发射率（ε_{10}）［(f)］

1mile=1.609 344km

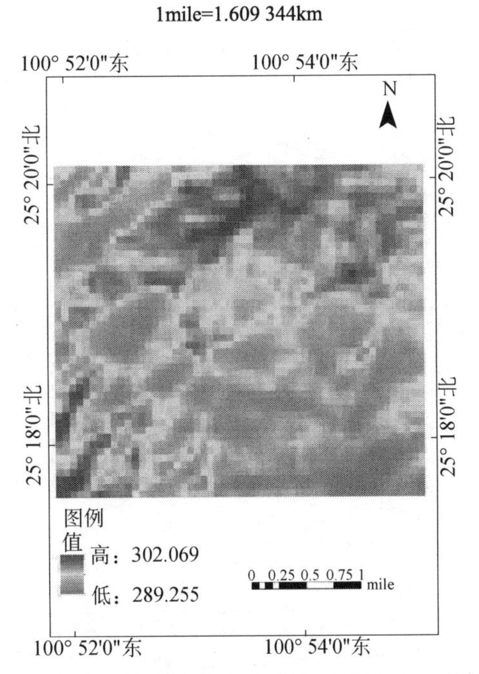

图 6.5 单窗算法反演云南山区地表温度（K）的结果

2. 分裂窗算法

分裂窗（split window）算法，也称为劈窗算法，是以地表热辐射传输方程为基础，利用大气窗口内两个热红外通道（一般为 10.5～11.5μm、11.5～12.5μm）对大气吸收作用的不同，通过两个通道测量值的各种组合来剔除大气影响，进行大气和地表发射率修正，从而得到瞬时地表温度。该算法最初主要是针对 NOAA/AVHRR 遥感产品开发的。经过多年的发展和研究，国内外众多学者将该原理应用于不同星载传感器获取的遥感数据，通过不同的推导方式，提出了多种地温反演公式，目前公开发表的分裂窗算法已有 20 多种。

（1）适用于 AVHRR 数据的分裂窗算法

假设 T_4、T_5 分别为 AVHRR 通道 4 和通道 5 的亮度温度，那么分裂窗算法的一般形式可用下式来表示。

$$T_s = T_4 + A（T_4 - T_5）+ B \tag{6.24}$$

式中，T_s 为地表温度；经验系数 A、B 取决于大气状况及其他影响通道 4 和通道 5 的辐射及透过率的相关因子。不同的分裂窗算法有不同的 A、B 值。表 6.5 给出了几种主要的地表温度分裂窗反演算法的 A、B 值。

表 6.5 几种地表温度分裂窗反演算法的系数

参考文献	系数 A	系数 B
Price，1984	3.33	0
Coll et al.，1994	$[1-\tau_4(\theta)]/[\tau_4(\theta)-\tau_5(\theta)]$	$\frac{1-\varepsilon_4}{\varepsilon_4}b_4 + A\tau_5(\theta)\left[\frac{1-\varepsilon_4}{\varepsilon_4}b_4 - \frac{1-\varepsilon_5}{\varepsilon_5}b_5\right]$
Coll and Caselles，1997	$1.34+0.39(T_4-T_5)$	$0.56+\alpha(1-\varepsilon)-\beta\Delta\tau$
Franc and Cracknell，1994	$(D_5C_4+D_4C_5)/(D_5C_4-D_4C_5)$	$\frac{(1-\varepsilon_4)(1-2W_4)L_4D_5C_4}{\varepsilon_4(D_5C_4-D_4C_5)} - \frac{(1-\varepsilon_5)(1-2W_5)L_5D_4C_5}{\varepsilon_5(D_5C_4-D_4C_5)}$
Sobrino et al.，1994	$(M-P)/2$	$A_0+T_4(P-1)$

注：下标 4、5 表示通道 4 和 5；ε 为地表发射率；$\tau（\theta）$为大气在 θ 方向透过率；τ 为亮温；b、C、D 等符号均为大气或地表相关的拟合系数

分裂窗算法除了如公式（6.24）的一般表示形式以外，一些学者还提出了陆地表面温度反演的其他算法（表 6.6）。

表 6.6 分裂窗反演算法的几种其他表示形式

参考文献	反演算法	系数
Becker and Li，1990	$T_s = A_0 + P(T_4+T_5)/2 + M(T_4-T_5)/2$	$A_0 = 1.274$ $P = 1+0.15616(1-\varepsilon)/\varepsilon - 0.482\Delta\varepsilon/\varepsilon^2$ $M = 6.26+3.89(1-\varepsilon)/\varepsilon + 38.33\Delta\varepsilon/\varepsilon^2$
Wan and Dozier，1996	$T_s = A_0 + P(T_4+T_5)/2 + M(T_4-T_5)/2$	$P = A_1 + A_2\Delta\varepsilon/\varepsilon^2 + A_3(1-\varepsilon)/\varepsilon$ $P = B_1 + B_2\Delta\varepsilon/\varepsilon^2 + B_3(1-\varepsilon)/\varepsilon$
Ottlé and Vidal-Madjar，1992	$T_s = \alpha_0 + \alpha_1 T_4 + \alpha_2 T_5$	
Kerr et al.，1992	$T_s = CT_v + (1-C)T_{bs}$	$C = (\mathrm{NDVI}-\mathrm{NDVI_{bs}})/(\mathrm{NDVI_v}-\mathrm{NDVI_{bs}})$

注：ε 为地表发射率；α_1、α_2、α_3 系数表示大气和地表发射率的总效应；T_v 为植被表面温度；T_{bs} 为裸露土壤温度；C 为半干旱-干旱地区植被覆盖的比例系数；$\mathrm{NDVI_{bs}}$ 为所选区域中裸露土壤的 NDVI 最小值；$\mathrm{NDVI_v}$ 为纯植被像元的 NDVI 最大值

分裂窗算法计算的具体过程如下。

1）将两个热红外通道的 DN 定标为热辐射强度 B_4 和 B_5。

2）根据波段响应函数，用普朗克函数积分建立查找表，建立热辐射强度和亮度温度的

关系，然后从 B_4 和 B_5 推算星上亮度温度 T_4 和 T_5。

3）计算两个热红外通道的大气透过率。大气透过率可以通过其与大气水汽含量的关系进行计算。大气透过率与大气水汽含量的关系通常是使用诸如 MODTRAN、6S 和 LOWTRAN 等大气辐射传输模型模拟确定。

4）计算地表发射率。地表发射率主要取决于地表的物质结构，是反演地表温度的重要参数之一。通常假设地表发射率是植被和裸土组成的混合发射率。

5）根据大气透过率和发射率估算系数 A 和 B，然后可用公式（6.24）计算出 LST。

（2）适用于 MODIS 数据的分裂窗算法

覃志豪等（2005）在针对 AVHRR 提出的分裂窗算法的基础上，改进并提出了适用于 MODIS 数据的地表温度反演算法，并用 IDL（interactive data language）编程语言实现了业务化应用（姜立鹏等，2006）。该反演算法的公式如下。

$$T_s = A_0 + A_1 T_{31} - A_2 T_{32} \tag{6.25}$$

式中，T_s 为地表温度（单位为 K）；T_{31} 和 T_{32} 分别为 MODIS 第 31 和 32 波段的亮度温度；A_0、A_1 和 A_2 为分裂窗算法的参数，分别定义如下。

$$A_0 = a_{31} D_{32}(1 - C_{31} - D_{31}) / (D_{32}C_{31} - D_{31}C_{32}) - a_{32} D_{31}(1 - C_{32} - D_{32}) / (D_{32}C_{31} - D_{31}C_{32}) \tag{6.26}$$

$$A_1 = 1 + D_{31} / (D_{32}C_{31} - D_{31}C_{32}) + b_{31} D_{32}(1 - C_{31} - D_{31}) / (D_{32}C_{31} - D_{31}C_{32}) \tag{6.27}$$

$$A_2 = D_{31} / (D_{32}C_{31} - D_{31}C_{32}) + b_{32} D_{31}(1 - C_{32} - D_{32}) / (D_{32}C_{31} - D_{31}C_{32}) \tag{6.28}$$

式中，a_{31}、b_{31}、a_{32}、b_{32} 为常量，可取 a_{31}=−64.603 63，b_{31}=0.440 817，a_{32}=−68.725 75，b_{32}=0.473 453；参数 C 和 D 的计算公式如下。

$$C_i = \varepsilon_i \tau_i(\theta) \tag{6.29}$$

$$D_i = [1 - \tau_i(\theta)]\{1 + [1 - \varepsilon_i(\theta)]\tau_i(\theta)\} \tag{6.30}$$

适用于 MODIS 数据的地表温度反演流程如图 6.6 所示。

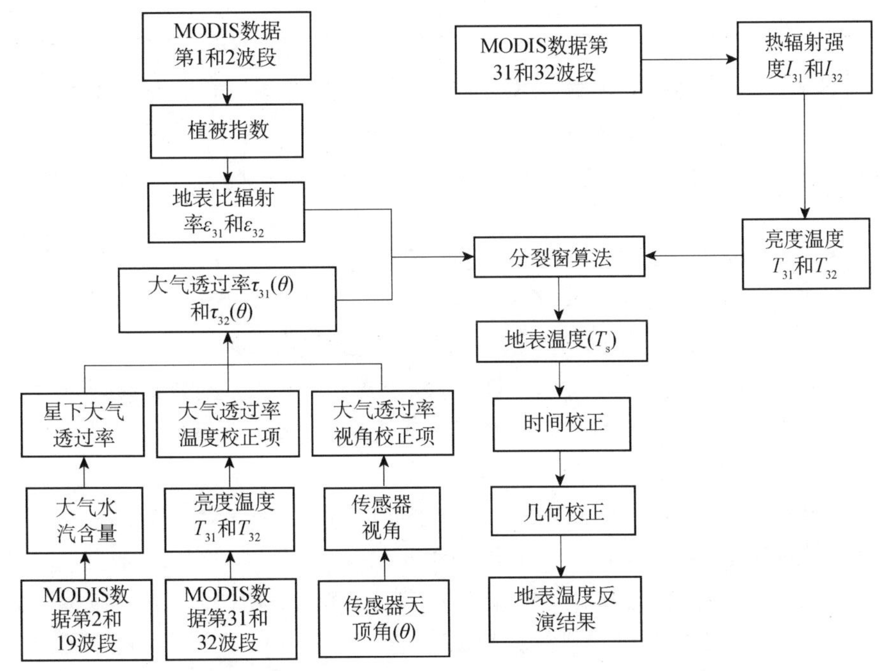

图 6.6 适用于 MODIS 数据的地表温度反演流程

案例 6.2：基于分裂窗算法的 Landsat-8 影像地表温度反演

本案例采用与案例 6.1 相同的数据源，采用分裂窗算法来反演地表温度。利用 Landsat-8 数据中处于大气窗口内的 B_{10} 和 B_{11} 波段数据反演地表温度，推导后的分裂窗算法如下。

$$
\left.\begin{aligned}
&T_s = A_0 + A_1 T_{10} - A_2 T_{11} \\
&C_i = \varepsilon_i \tau_i \\
&D_i = (1-\tau_i)[1+(1-\varepsilon_i)\tau_i] \\
\\
&A_0 = a_{10}E_1 - a_{11}E_2 \\
&A_1 = 1 + A + b_{10}E_1 - a_{11}E_2 \\
&A_2 = A + b_{11}E_2 \\
\\
&E_1 = D_{11}(1 - C_{10} - D_{10}) / E_0 \\
&E_2 = D_{10}(1 - C_{11} - D_{11}) / E_0 \\
&A = D_{10} / E_0 \\
&E_0 = D_{11}C_{10} - D_{10}C_{11}
\end{aligned}\right\} \tag{6.31}
$$

式中，a、b 为线性回归系数，取值参考表 6.7（Rozenstein et al.，2014）。本案例中 a、b 取值对应的温度为 10～40℃。

表 6.7 不同温度范围内的 TIRS 的反演回归系数

T（℃）	a_{10}	b_{10}	r_{10}^2	a_{11}	b_{11}	r_{11}^2
0～30	−59.139	0.421	0.9991	−63.392	0.457	0.9991
0～40	−60.919	0.428	0.9985	−65.224	0.463	0.9985
10～40	−62.806	0.434	0.9992	−67.173	0.470	0.9992
10～50	−64.608	0.440	0.9986	−69.022	0.476	0.9986

大气透过率（τ）和地表比辐射率（ε）的计算方法参考案例 6.1。本案例中，由于选择了 Landsat-8 数据中的两个热红外通道，因此计算得到的大气透过率和地表比辐射率均会有两个，即 τ_{10}、τ_{11} 和 ε_{10}、ε_{11}，然后将其带入推导后的公式（6.31）中便可得到地表温度（T_s），如图 6.7 所示。

案例 6.3：基于分裂窗算法的 TG-2 影像地表温度反演

在反演地表温度的遥感数据中，并不是所有的热红外数据均为 10～13μm，也有的热红外数据为 8～10μm。但是由于传感器通道设计的问题，现有分裂窗算法反演地表温度波段集中在 10～14μm，很少涉及 8～10μm。本小节接下来介绍林业定量遥感团队利用天宫二号（TG-2）宽波段成像仪（WIS）的热红外通道数据（8～10μm）开展山区地表温度反演，并分析地表温度与 NDVI 关系的研究。

天宫二号的宽波段成像仪热红外谱段有两个通道：B_1，8.125～8.825μm；B_2，8.925～9.275μm，获取的热红外数据空间分辨率达到 400m。适合 TG-2 的 WIS 数据的分裂窗算法较少，限制了 TG-2 的使用。因此，尝试改进分裂窗算法，利用 WIS 数据反演地表温度，并将反演结果与 MODIS LST 产品进行比较。在此基础上，分析了不同坡度下 LST 与 NDVI 的关系。

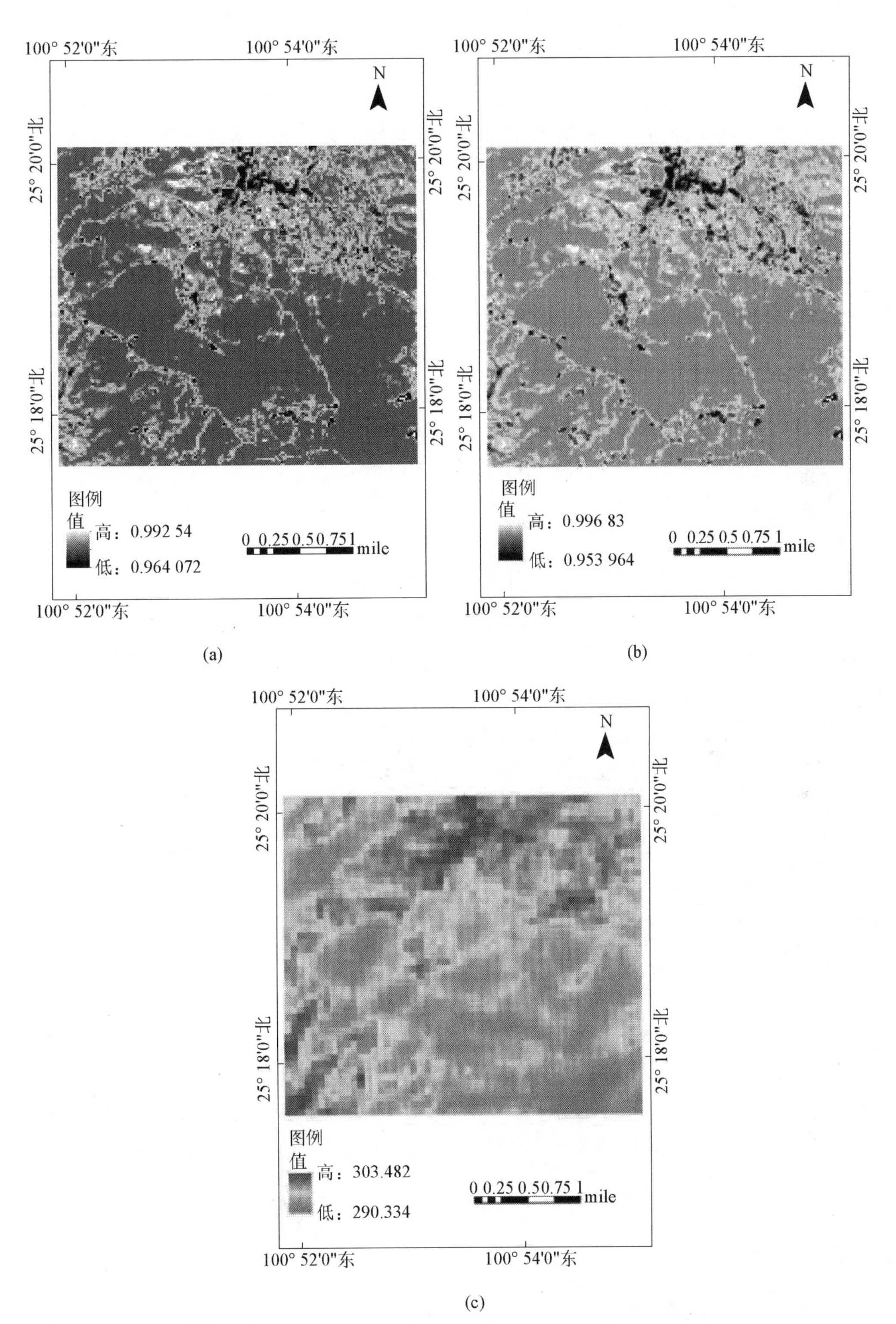

图 6.7　波段 10 地表发射率（ε_{10}）[（a）]、波段 11 地表发射率（ε_{11}）[（b）] 和分裂窗算法反演地表温度结果 [（c）]

本案例的分裂窗算法是将 Sobrino 等（1994）针对 NOAA/AVHRR 的通道 4 和通道 5 数据提出的分裂窗算法应用于 TG-2 的 WIS 的通道 1 和通道 2 数据中，对部分与通道有关的参数计算公式进行了修改，公式如下。

$$T_s = T_1 + A(T_1 - T_2) + B \tag{6.32}$$

式中，T_1 和 T_2 为两个通道的亮度温度；T_s 为待反演的地表温度。参数 A 和 B 的计算公式为

$$A = (C_1D_2 + C_2D_1) / (C_1D_2 - C_2D_1) \tag{6.33}$$

$$B = [(1-\frac{1}{\varepsilon_2})(1-2W_2)C_2D_1L_2 - (1-\frac{1}{\varepsilon_1})(1-2W_1)C_1D_2L_1] / (C_1D_2 - C_2D_1) \tag{6.34}$$

式中，L_i 为 i 通道上与亮度温度相关的参数；W_i 为大气吸收的相关参数；由于 L_i 与 TIR 通道有很大的相关性，张晓等（2015）针对 B_1 和 B_2 通道数据，仿照 Sobrino 等（1994）所用方式，用普朗克函数计算 260～320K 的辐射值，线性拟合出 L_1 和 L_2 的计算公式，公式如下。

$$L_1=0.33T_1-47.49 \tag{6.35}$$

$$L_2=0.3607T_2-50.83 \tag{6.36}$$

参数 C 和 D 导出如下。

$$C_i = \varepsilon_i \tau_i \cos\theta \tag{6.37}$$

$$D_i = W_i[1 + 2\tau_i(1-\varepsilon_i)\cos\theta] \tag{6.38}$$

式中，τ_i 为通道 i 的大气透过率；ε_i 为通道 i 的地物发射率；θ 为天顶角；W_i 为一个有关大气吸收能力的参数，定义为大气水汽含量的抛物线函数，即 $W_i = a_1\omega + a_2\omega^2$，其中 ω 是大气水汽含量（单位为 g/cm^3）。

反演的地表温度结果见图 6.8。可以发现：①TG-2 的 LST 估计值约比 MODIS 的 LST 值高 3.5K，但二者有较强的相关性（R^2=0.74），所以仍需对改进的分裂窗算法做进一步改

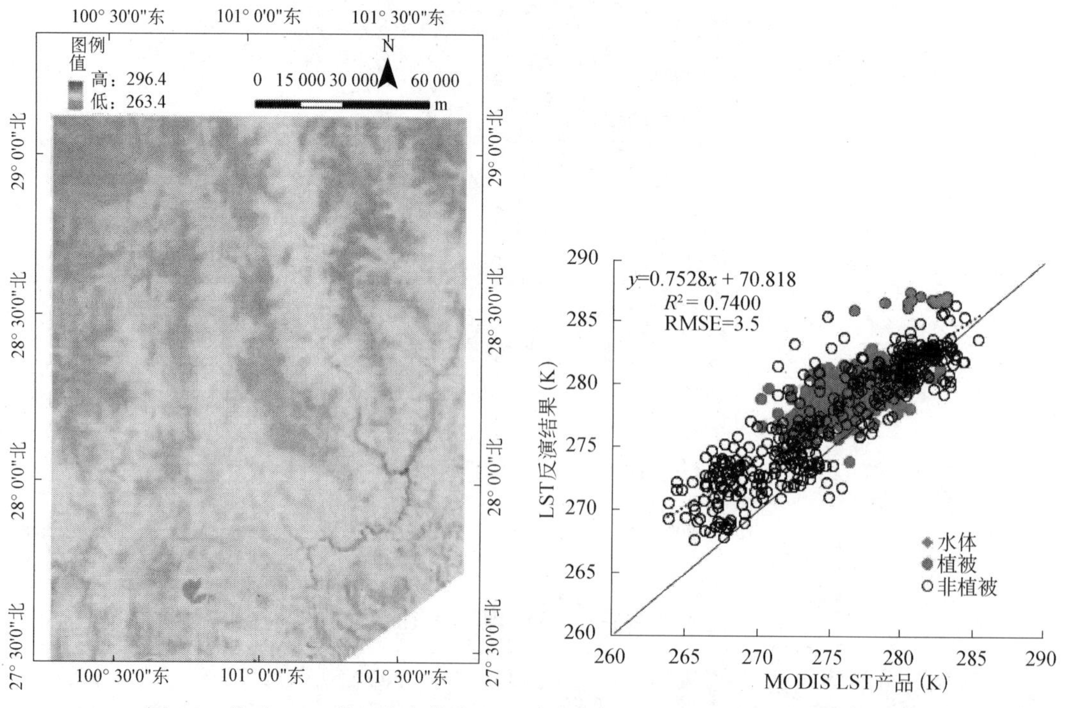

图 6.8 基于 TG-2 的云南省某地 LST 反演结果及与 MODIS LST 产品的对比

进。②非植被区 LST 反演结果比植被区域的精度高。非植被区域的 NDVI 变化较小，像元较为纯净，因此反演精度也会较准确。随坡度的增加，非植被区域的 LST 反演精度会有所提高，而植被区域的 LST 与坡度无关，其 NDVI 变化较大，像元组分比较复杂。可见像元纯净度会对 LST 的反演精度造成较大的影响，其原因就是对于反演过程中参数的影响，如地表比辐射率。MODIS 的 LST 产品和反演结果在植被和非植被区域数据变化相一致，尽管反演数据存在一定误差，但是可以通过改进算法及反演过程来提高 LST 精度。

以上结果表明，天宫二号宽波段成像仪（8～10μm）热红外通道数据反演地表温度有一定的可行性，但 WIS 的热红外数据最初设计是用于海洋卫星遥感，对于复杂山区地表来说，LST 反演的影响因素更多，反演温度误差可能也就会更大。尽管 TG-2 数据用于反演山区地表温度精度较低，但对于 8～10μm 通道的热红外是很好的尝试，在以后的研究中，分裂窗算法中参数精度的提高或者对 LST 影响因素进一步的探索可能会对反演精度有很大的提升。

6.2.4　温度和发射率分离

温度和发射率的分离是热红外遥感反演中的基础和核心问题。温度和发射率分离（temperature and emissivity separation，TES）算法所构造的方程属于欠定方程。在精确获得大气参数的前提下，通过红外传感器的辐射测量值来反演地表温度和发射率仍然需构造额外方程来对 TES 方程求解。根据所构造的不同的额外方程差异，也就形成了不同特色的温度与发射率分离的算法。这里主要介绍光谱平滑的温度发射率迭代反演（iterative spectrally smooth temperature-emissivity separation，ISSTES）算法和基于相关性的温度与发射率分离（the correlation based temperature emissivity separation algorithm，CBTES）算法。

1. 大气下行辐射与地表发射率的关系

地表的热红外辐射亮度可以表示为

$$\begin{aligned} L_j(\theta_{\mathrm{r}},\varphi_{\mathrm{r}}) &= \tau_j(\theta_{\mathrm{r}},\varphi_{\mathrm{r}})\varepsilon_j(\theta_{\mathrm{r}},\varphi_{\mathrm{r}})B_j(T_{\mathrm{s}}) + L_{\mathrm{atm}\uparrow,j}(\theta_{\mathrm{r}},\varphi_{\mathrm{r}}) \\ &+ \tau_j(\theta_{\mathrm{r}},\varphi_{\mathrm{r}})\int_{2\pi}\rho_{\mathrm{b},i}(\theta_i,\varphi_i,\theta_{\mathrm{r}},\varphi_{\mathrm{r}})L_{\mathrm{atm}\downarrow,j}(\theta_i,\varphi_i)\cos\theta_i \mathrm{d}\Omega_i \end{aligned} \tag{6.39}$$

式中，$L_j(\theta_{\mathrm{r}},\varphi_{\mathrm{r}})$ 为传感器第 j 波段接收到的方向辐亮度；$\tau_j(\theta_{\mathrm{r}},\varphi_{\mathrm{r}})$ 为第 j 波段的大气方向透过率；$\varepsilon_j(\theta_{\mathrm{r}},\varphi_{\mathrm{r}})$ 为地物第 j 波段的方向发射率；$B_j(T_{\mathrm{s}})$ 为温度是 T_{s} 时的普朗克函数；$L_{\mathrm{atm}\uparrow,j}(\theta_r,\varphi_r)$ 为大气的上行辐射；$\rho_{\mathrm{b},i}(\theta_i,\varphi_i,\theta_{\mathrm{r}},\varphi_{\mathrm{r}})$ 为双向反射分布函数（BRDF）；$L_{\mathrm{atm}\downarrow,j}(\theta_i,\varphi_i)$ 为大气的下行辐射；$\mathrm{d}\Omega_i$ 为单位立体角；θ_i 为 Ω_i 方向的天顶角。地面测量时，传感器和地面之间的距离约为 1m，传感器和地表之间的大气影响可以忽略。

$$L_j(\theta_{\mathrm{r}},\varphi_{\mathrm{r}}) = \varepsilon_j(\theta_{\mathrm{r}},\varphi_{\mathrm{r}})B_j(T_{\mathrm{s}}) + \int_{2\pi}\rho_{b,i}(\theta_i,\varphi_i,\theta_{\mathrm{r}},\varphi_{\mathrm{r}})L_{\mathrm{atm}\downarrow,j}(\theta_i,\varphi_i)\cos\theta_i \mathrm{d}\Omega_i \tag{6.40}$$

假设地表为朗伯体，根据基尔霍夫定律，传感器入瞳辐亮度可以近似为

$$L_j(\theta_{\mathrm{r}},\varphi_{\mathrm{r}}) = \varepsilon_j(\theta_{\mathrm{r}},\varphi_{\mathrm{r}})B_j(T_{\mathrm{s}}) + [1-\varepsilon_j(\theta_{\mathrm{r}},\varphi_{\mathrm{r}})]\overline{L_{\mathrm{atm}\downarrow,j}} \tag{6.41}$$

式中，$\overline{L_{\mathrm{atm}\downarrow,j}}$ 为等效大气下行辐射，表达式如下。

$$\overline{L_{\text{atm}\downarrow,j}} = \frac{1}{\pi}\int_{2\pi} L_{\text{atm}\downarrow,j}(\theta_{\text{r}},\varphi_{\text{r}})\cos\theta_i \text{d}\Omega_i \tag{6.42}$$

由公式（6.41）可以得到发射率的表达式如下。

$$\varepsilon_j(\theta_{\text{r}},\varphi_{\text{r}}) = \frac{L_j(\theta_{\text{r}},\varphi_{\text{r}}) - \overline{L_{\text{atm}\downarrow,j}}}{B_j(T_{\text{s}}) - \overline{L_{\text{atm}\downarrow,j}}} \tag{6.43}$$

从公式（6.43）可知，准确地估算地表温度是温度与发射率分离算法成败的关键。

2. ISSTES 算法

ISSTES 算法是通过研究红外高光谱分辨率测量的结果与大气吸收线之间的关系提出的。因为地表热辐射值包含了地表反射的大气下行辐射，可通过估计和不断优化地表温度，使得到的地表红外发射率曲线达到最大平滑度。

肖青等（2003）模拟了不同温度下的一组土壤发射率曲线（图 6.9），最下方的曲线对应的模拟温度为 298K，最上方的曲线对应的模拟温度为 302K，相邻曲线之间的温度间隔 0.2K。可以看出，不同的温度下模拟得到的发射率光谱曲线的平滑度是不同的，其中最平滑的粗线为优化地表温度与实际地表温度（300K）相等时的结果，曲线的平滑度（S）可以由公式（6.44）度量。

$$S = \sum_{i=2}^{N-1}\left(\varepsilon_i - \frac{\varepsilon_{i-1} + \varepsilon_i + \varepsilon_{i+1}}{3}\right) \tag{6.44}$$

式中，N 为波段数；ε_i 为第 i 波段的发射率。优化地表温度的过程就是使 S 最小。

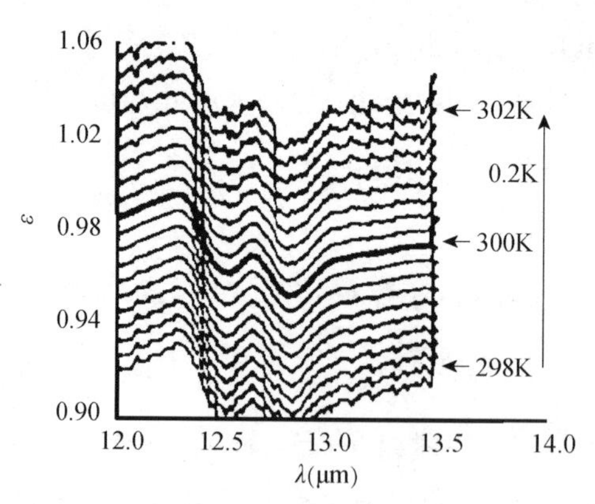

图 6.9　不同模拟温度下得到的发射率曲线

3. CBTES 算法

不准确的地表温度估计值会造成地表发射率光谱仍然有残留的大气光谱。当反演得到的地表温度不等于真实地表温度时，残留的程度主要和大气光谱中发射线的强度呈正相关。程洁等（2008）模拟了不同土壤温度对应的发射率曲线（图 6.10），模拟中采取的大气模式为标准大气，光谱分辨率为 1cm^{-1}（1μm），地表发射率为 ASTER 光谱库中的土壤发射率的均值，地表真实温度为 300K。从图 6.10（b）可知，当地表温度的估计值小于真值时，提取的发射率曲线整体偏高，此时发射率曲线和等效大气下行辐射形状相似，呈正相关；当地表温度的估值大于真值时，提取的发射率曲线整体偏低，此时发射率曲线和等效大气下行辐射形状相似，呈负相关。相关的程度和地表温度估值与真值的偏差相关，偏差越大，相关性越好，而真实的地表发射率和等效大气下行辐射在理论上是没有相关性的。CBTES 算法正是基于这一原理提出的。

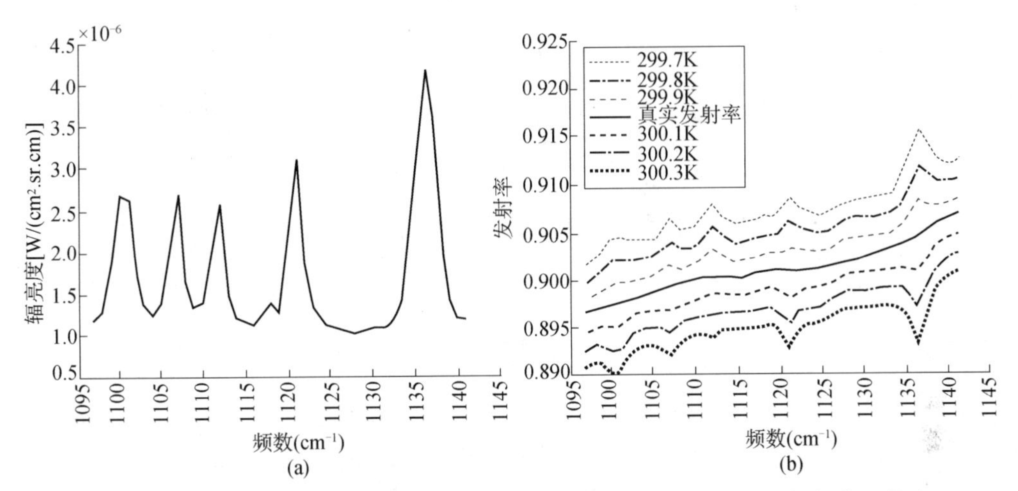

图 6.10 1097～1141cm^{-1} 光谱区间（8.76～9.12μm）等效大气下行辐亮度［(a)］和不同土壤温度的发射率曲线［(b)］（程洁等，2008）

CBTES 算法将等效大气下行辐射和地表发射率的相关性作为地表温度优化的判据，将地表发射率和等效大气下行辐射分别看作 n 维的向量 X 和 Y，以地表出射辐射所对应亮度温度的最大值为中心，仪器的等效噪声温差为间隔，产生一系列地表温度，由公式（6.45）分别计算每个地表温度对应的发射率 X_i 及其与等效大气下行辐射 Y 的相关性，取其绝对值，具有最小相关性对应的地表温度即地表温度的最佳估值，然后由传感器的辐射测量和地表温度的最佳估值计算地表发射率。

$$\mathrm{corr}(i)=\frac{X_i \bullet Y}{\|X_i\|\,\|Y\|}, X_i \in R^n, Y \in R^n \tag{6.45}$$

$$\mathrm{optimal}T = T_i\big|_{\min\{\mathrm{abs}[\mathrm{corr}(i)]\}} \tag{6.46}$$

式中，corr 为相关系数；optimal 为最优；T_i 为反演温度；• 为向量内积；‖ ‖为向量的模；abs 为取绝对值；min 为取最小值。

6.2.5 热辐射方向性

有野外观测试验表明，地物的辐射亮度在 2π 的空间中通常随观测角度的变化而发生变化，因此热辐射不能用简单的平均温度代表，而需要用热辐射方向性来描述。因此，热辐射方向性是指随着红外传感器观测角度的变化，接收到的地表热辐射随之变化的现象。由于土壤和植被温度有很大的差异，多角度热红外遥感信息包含地物的几何结构信息和组分温度信息，这些可以提高地表温度反演精度，但其前提是正确认识非同温混合像元热辐射亮度的方向性规律。

近年来，国内外专家设计并实施了很多实验来分析地表热辐射方向性规律。已有的植被热辐射野外观测相关的主要文献按照发表时间进行统计，见表 6.8，主要包括野外采集方式、研究区范围、测量时间、研究对象和文献。

表 6.8 国内外植被热辐射研究区域详细情况

野外采集方式	研究区范围	测量时间	研究对象	参考文献
单杆倾斜观测架	<1m 半径圆	<1min	苏丹、苜蓿、大豆	Fuchs et al.，1967
山顶架设可旋转观测平台	50m 半径圆	20min	落叶混交林	Balick et al.，1986
双平臂绕轴观测架	（1.3m×1.3m）～（1.8m×1.8m）	—	玉米、苜蓿、草地、裸土	Lagouarde et al.，1995
瑞士地面多角度系统	2m 半径圆	18min	均匀稠密植被冠层（黑麦草）、裸土	Sandmeier et al.，1995
机载热红外相机	400m×400m	≤2min	纯海岸松森林	Lagouarde et al.，2000
多角度自动观测架搭载便携式非制冷的热红外热像仪	<1m 半径圆	≤2min	不同湿度的土壤和植被	张仁华等，2000
航空搭载热像仪	4600m×7200m	1s/张	小麦、向日葵、玉米、草地	柳钦火等，2000
多高度热像仪搭建平台	≤5m 半径圆	—	格兰马草、画眉草	Chehbouni et al.，2001
轨道式平臂观测台	≤1m 半径圆	20min	裸土、草地	Jia，2004
半圆轨道多角度观测架	≤1.5m 半径圆	12min	玉米、裸地	Cuenca et al.，2005
热红外相机控制方位角直接拍摄地表	0.15m 半径圆	10min	小麦	黄华国等，2007
轨道式平臂观测台	≤1m 半径圆	45min	草地、玉米、大麦、小麦、甜菜	Timmermans et al.，2009
高塔搭载多角度观测仪	≤116m 半径圆	15min	黑松林	Hilker et al.，2009
WiDAS 红外广角双模式成像仪	2500m×1900m	15s/张	水、荒漠、玉米	方莉等，2009
轨道式平臂观测台	0.6m×0.8m	10min	小麦	杨贵军等，2010
便携式自动多角度观测系统	—	—	—	阎广建等，2012
WiDAS	90m×90m	16min	玉米	Cao et al.，2015
轨道式平臂观测台	≤1m 半径圆	10min	草地	彭硕等，2016

可以看出，针对林业尤其是森林的热辐射方向性观测的研究较少。为了更好地解释森林热辐射方向性的规律，既要开展针对性试验，也需要结合地表组分温度模型和辐射传输模型进行模拟分析。因此，我们在天然林下冠层、人工林上冠层和农林景观三个尺度进行了系统观测，提供了林业中的热辐射方向性第一手资料，并提出三维小气候模型 ENVI-met 和三维热辐射传输模型 RAPID 的耦合方法，用于分析热辐射方向性。ENVI-met 模型可以模拟森林小气候环境的组分温度，RAPID 模型的主要作用是模拟地物二向反射和热辐射分布，将二者耦合可进行三维复杂场景热辐射方向性的连续动态模拟（图 6.11）。

图 6.12～图 6.15 分别给出了三个尺度的观测图像、热辐射方向性和部分模拟对比结果。图 6.12 为叶片尺度上天然林下场景的热辐射方向性观测。图 6.13 和图 6.14 为冠层尺度上人工林上冠层不同观测方向上的热辐射方向性。图 6.15 是农林景观尺度上 ENVI-met 和 RAPID 的耦合模拟热图像与美国航空飞行热图像 G-LiHT（NASA Goddard's LiDAR, hyperspectral and thermal airborne imager）数据的对比。

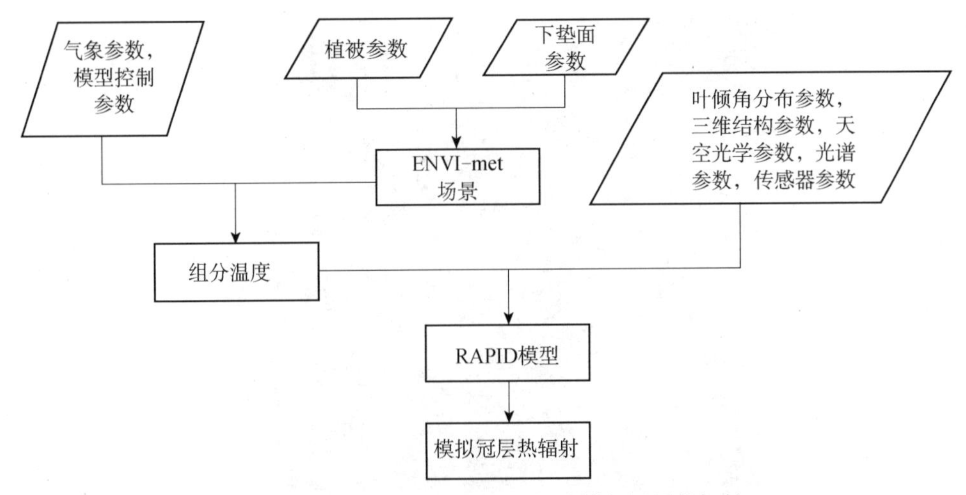

图 6.11　ENVI-met 与 RAPID 耦合模拟冠层热辐射

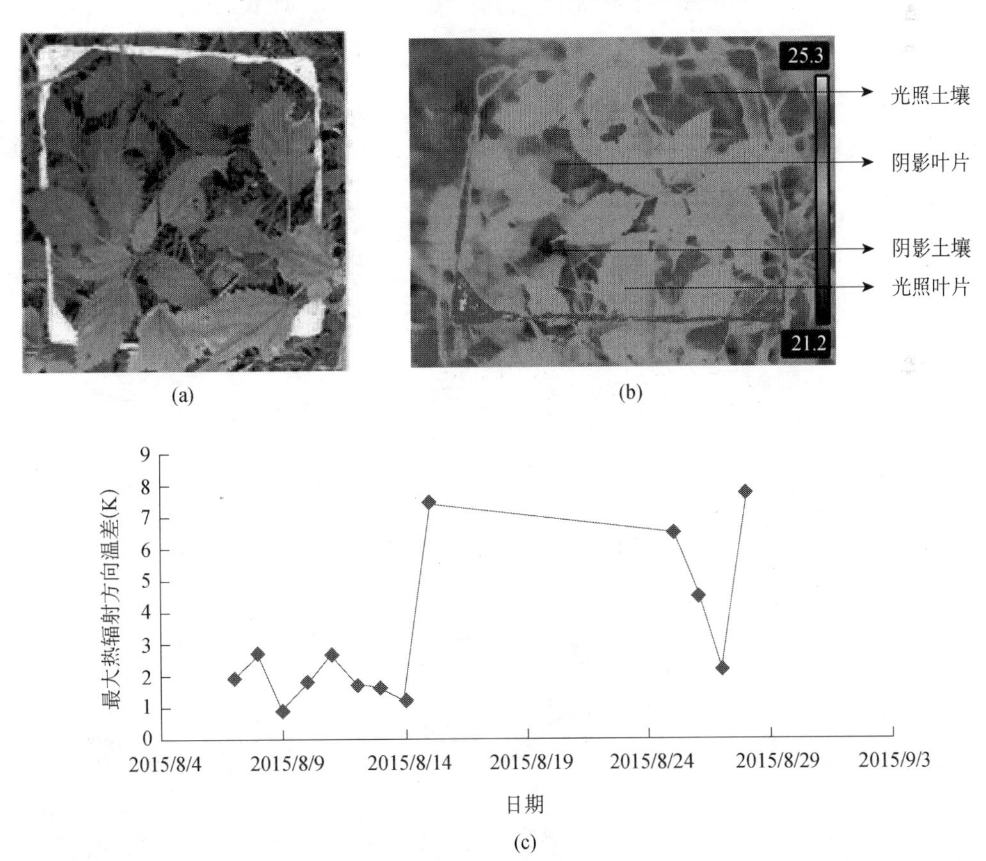

图 6.12　天然林下场景地面观测的光学影像 [(a)]、手持热像仪 FLIR T420 图像 [(b)] 和方向温差 [(c)]

图 6.13 中显示 S（南）、N（北）、W（西）、E（东）四个方向上侧柏、油松、山杨的热图像，温度显示范围为 290～345K。观测方向的不同会引起树木冠层亮度温度存在 7K 左右的温差。具体各剖面的角度变化见图 6.14。

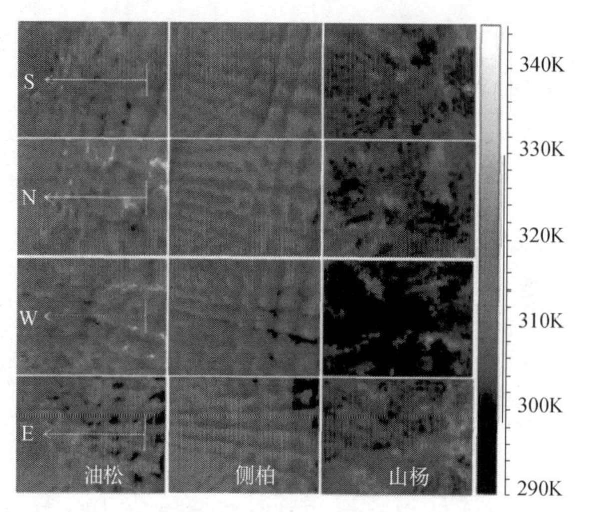

图 6.13　塔基热像仪观测的油松、侧柏和山杨方向亮度温度

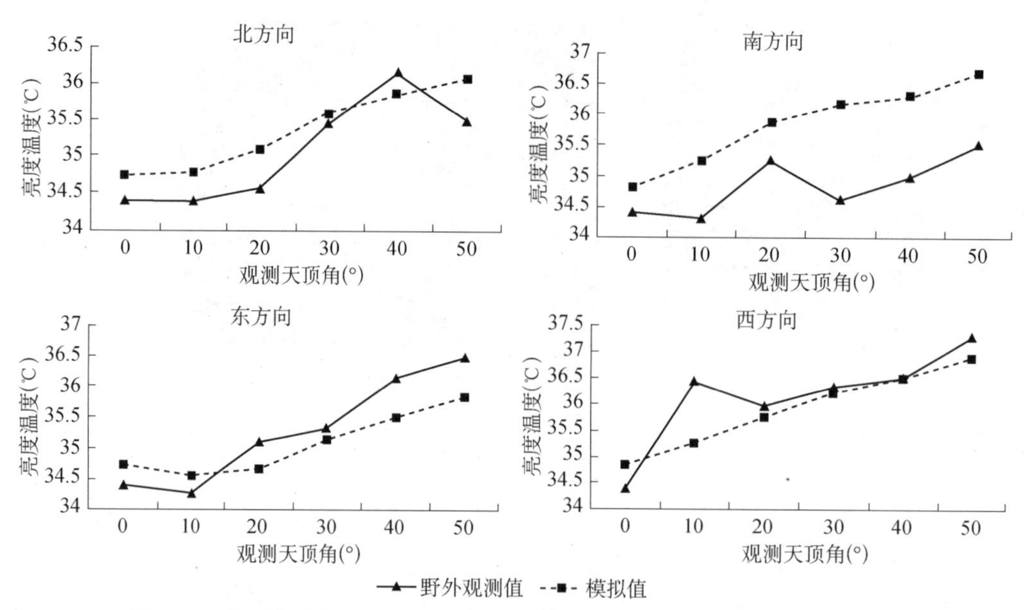

图 6.14　基于塔吊的河北人工侧柏林多角度热辐射野外观测值与模拟值对比

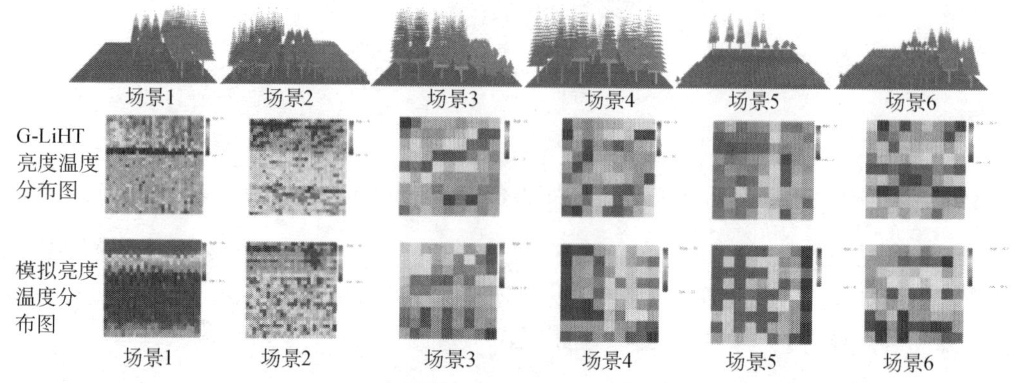

图 6.15　美国某湿地 6 个场景的三维结构模型、航空飞行（美国 G-LiHT 系统）热图像（5m）与 ENVI-met 和 RAPID 的耦合模拟热图像

6.3　热红外在林业上的应用

6.3.1　干旱

干旱是指供水不能满足植物正常需要的一种不平衡的缺水现象，当缺水超过一定界限值后便形成旱灾。影响干旱的主要因素包括降水、蒸发、气温等自然条件因素。对干旱的及时评估可以为有关部门提供旱情信息，以便及时采取抗旱措施消除旱情。

1. 热红外监测方法

遥感监测干旱的主要指标之一就是土壤含水量。通过对土壤含水量的估测来评价旱情等级。由于土壤温度对于水分变化较为敏感，并且热惯量随着土壤含水量的增加而增大，热红外遥感可以凭借观测地表温度的优势，来估算地表热惯量和土壤含水量。

对于裸土或低植被覆盖度土壤，表面温度与土壤含水量密切相关。对于地表温度与土壤含水量关系的研究，许多模型都用于估测地表有效水分、地表能量通量、热惯量等。惯量法是在低植被覆盖度下土壤水分监测的有效方法。在植被覆盖区域，土壤水分的缺乏会对植物根部吸水造成胁迫，引起冠层温度升高。因此，叶片温度与土壤含水量和植物水分胁迫有关。

利用热红外遥感温度和气象资料计算获得的作物水分胁迫指数（CWSI）可以用来监测作物根层土壤有效水分。Moran 等（1994）将该指数推广到部分植被覆盖区域，提出了水分亏缺指数（WDI）。

然而，单纯地采用热红外遥感获取地表温度来监测土壤含水量的可行性较小。因为影响地表温度的因素较多，如表面特性（冠层覆盖度、孔隙率、冠层三维结构、植被根系结构、土壤湿度、土壤特性和地形坡度等）、大气环境参数（如太阳辐射强度、大气温度、水蒸气亏缺和风速等）及观测角度等。

2. 光学-热红外综合监测方法

随着遥感手段的丰富，可以同时获取土壤和植被在不同敏感波段的数据，实现信息互补。可见光、近红外和热红外的结合可以提供更多地面辐射和反射信息，提高水分监测精度。最常见的用法就是利用可见光和近红外波段计算植被指数，利用热红外数据反演地表温度，根据地表温度和植被指数的特征空间估测土壤湿度。植被指数可以反映植被覆盖度，地表温度显示了土壤含水量。通常，植被覆盖度不同，地表温度不同；土壤含水量不同，地表温度也不同。而两者的结合为土壤湿度估测提供了重要信息。

常见的土壤水分综合监测指数如下。

1）作物缺水指数（CWSI）（Jackson，1982；Jackson et al.，1983）：

$$\mathrm{CWSI} = 1 - E_d / E_p \tag{6.47}$$

式中，E_d为蒸散量；E_p为蒸散能力。E_d越小，CWSI 越大，反映出土壤供水能力越差，即土地越干旱。由于蒸散量和土壤有效水分状态有很大的关系，CWSI 和土壤含水量也有密切的关系。分析试验表明，二者之间呈对数关系，而且 CWSI 与地表以下至 50cm 的土壤含水量的关系更好。一般来说，CWSI 划分干旱的标准为：CWSI>0.913 为重旱；CWSI 为 0.912～0.765 为中旱；CWSI 为 0.764～0.617 为轻旱；CWSI 为 0.616～0.322 为正常；CWSI <0.321 为湿润。

2）供水植被指数（WSVI）（刘丽等，1998）：

$$\text{WSVI}=\text{NDVI}/T_s \tag{6.48}$$

式中，NDVI 为归一化植被指数；T_s 为地表温度。

3）植被状态指数（VCI）和温度状态指数（TCI）（Kogon，1995）：

$$\text{VCI}=(\text{NDVI}-\text{NDVI}_{min})/(\text{NDVI}_{max}-\text{NDVI}_{min}) \tag{6.49}$$

式中，NDVI_{max} 为观测时期中的最大 NDVI；NDVI_{min} 为同期最小 NDVI。VCI 反映了当前观测结果的 NDVI 在整个观测序列 NDVI 区间中的相对位置。该指数可以反映出 NDVI 随气候变化的季节性响应。该方法在一定程度上消除或弱化了地理环境条件差异对 NDVI 的影响，适用于大范围干旱状况监测。

VCI 通常用于监测某一时段或生长季的干旱，对于短时的水分胁迫不敏感，只有当水分胁迫严重影响到植物生长时才会引起变化。在类似于 VCI 指数的形式上，Kogon（1995）又提出了温度状态指数（TCI）及植被温度混合状态指数（VTCI）。

$$\text{TCI}=(T_{max}-T)/(T_{max}-T_{min}) \tag{6.50}$$

$$\text{VTCI}=\alpha\times\text{VCI}+\beta\times\text{TCI} \tag{6.51}$$

式中，T、T_{max}、T_{min} 分别为每月或每旬的地表温度、多年的最大值和最小值；α、β 为权重系数，与植被类型和时间等有关。

4）距平植被指数（陈维英等，1994）：

$$\begin{aligned}&\text{DVI}=\text{NDVI}-\text{NDVI}_{avg}\\&\text{或}\ \ \text{AVI}=\text{NDVI}/\text{NDVI}_{avg}\times 100\%\end{aligned} \tag{6.52}$$

式中，DVI 为距平植被指数；AVI 为偏差植被指数；NDVI 为当前植被指数；NDVI_{avg} 为同期平均植被指数。DVI 和 AVI 是在多年累积的气象资料的基础上，计算各地方、各时间的 NDVI 均值，该均值可以大体反映土壤供水的平均状况。根据当时 NDVI 与平均值的离差来反映干旱或湿润程度。

5）地表温度植被指数斜率（Moran et al.，1994）：

$$\theta=\alpha+\beta\times\sigma \tag{6.53}$$

式中，θ 为土壤湿度；σ 为地表温度/植被指数的斜率；α、β 为系数。

利用遥感监测数据时，植被指数与地表温度存在很强的负相关，通过对植被指数与地表温度的散点图进行线性拟合，得到的直线斜率与土壤湿度密切相关，这一结论在许多研究中都得到了验证。该方法适用于观测区域内土壤湿度均匀、具有不同植被覆盖率的条件。

6）温度植被干旱指数（TVDI，见 6.1.3）（Sandholt et al.，2002）：

$$\text{TVDI}=(T-T_{min})/(T_{max}-T_{min}) \tag{6.54}$$

式中，T 为表面温度；$T_{min}=a+b\times\text{NDVI}$，为 NDVI 对应的温度最小值，即湿边；$T_{max}=c+d\times\text{NDVI}$，为 NDVI 对应的温度最大值，即干边；NDVI 为植被指数。

干边上的 TVDI=1，湿边上的 TVDI=0。地表温度 T 越接近干边，TVDI 越大，土壤含水量越低；反之，T 越接近湿边，TVDI 越小，土壤含水量越高。但是，TVDI 的缺点是适用性不足，即 TVDI 只是反映了同一图像水分状况的相对值，并不一定是最低土壤含水量；TVDI 不适用于较大区域，因为空间区域太大时，不同区域的干湿边方程不同；而区域较小时，干湿边方程不易获取，而且 TVDI 不能跨区域对比；TVDI 仅能定性地反映土壤湿度情况。

7）归一化温度指数（NDTI）（Jackson et al.，1983）：

$$NDTI = (T_{\infty} - T_{s}) / (T_{\infty} - T_{0}) \tag{6.55}$$

式中，T_{∞}为理论上土壤没有水分可利用时（水分阻力为无穷大）的地表温度；T_{0}为土壤水分饱和时（水分阻力为 0）的地表温度；T_{s}为地表温度。

8）归一化水分指数（NDWI）：

$$NDWI = (\rho_{860} - \rho_{1240}) / (\rho_{860} + \rho_{1240}) \tag{6.56}$$

式中，ρ_{860}和ρ_{1240}分别为 860nm 和 1240nm 波段处的反射率。由于这两个波段位于冠层的高反射区，冠层反射区域相似。在 860nm 波段，植被对液态水的吸收可以忽略不计，而在 1240nm 波段有微弱的水吸收。而分散的冠层又加强对水的吸收，NDWI 从而可以较为灵敏地反映植被冠层的含水量。与 NDVI 一样，NDWI 同样没有完全去除土壤背景影响的能力。

6.3.2　病虫害

根据病虫害对于植被生理的影响机理（6.1.3），随着植物受害，其叶片会自动地调节蒸腾作用以减少蒸腾对水分的需求，这必然会造成叶温的变化，而这正是热红外遥感监测病虫害的主要手段。食叶害虫危害明显，监测相对简单，钻蛀型害虫这种隐蔽性强的虫害监测是当前监测难题。本小节以云南切梢小蠹为例，介绍利用热红外遥感监测植物病虫害的方法。

近几年，云南切梢小蠹对于云南松的危害非常严重，具有隐蔽性强、危害期长、扩散速度快、危害严重的特点，且症状滞后明显，其侵入特点包括蛀梢和蛀干两部分。每年的 5～11 月为蛀梢期，主要以成虫钻蛀云南松树梢，造成针叶梢死亡。在危害严重的林分中，小蠹的成虫会危害整株云南松的全部树梢，导致树木死亡。从 11 月到第二年 5 月为蛀干期，成虫钻蛀到树干，蛀食坑道并产卵。到夏季温度升高后，又从树干转到树梢进行扩散。图 6.16 显示了切梢小蠹的不同危害程度。

理论上，蛀干阶段影响树干内部的水分和营养运输，蛀梢阶段会对植物叶片的水分蒸发及光合作用产生影响。因此，无论是蛀干和蛀梢都会对植物叶片水分产生影响，进而影响叶片气孔的开闭和叶温。受害云南松针叶的蒸腾作用变化会引起叶温的变化，在热红外图像中表现出温度的差异。在云南松受虫害胁迫早期，叶片的水分亏缺还没有达到生理的极限值，植物叶片还未表现出可见症状，但植物生理因子已发生变化，如叶温、气孔和蒸腾速率等（图 6.17）。因此利用热红外技术，可在植物表现出明显症状之前，根据受害叶片的叶表温度差异，尽早检测出虫害，从而采取相应的防治措施。

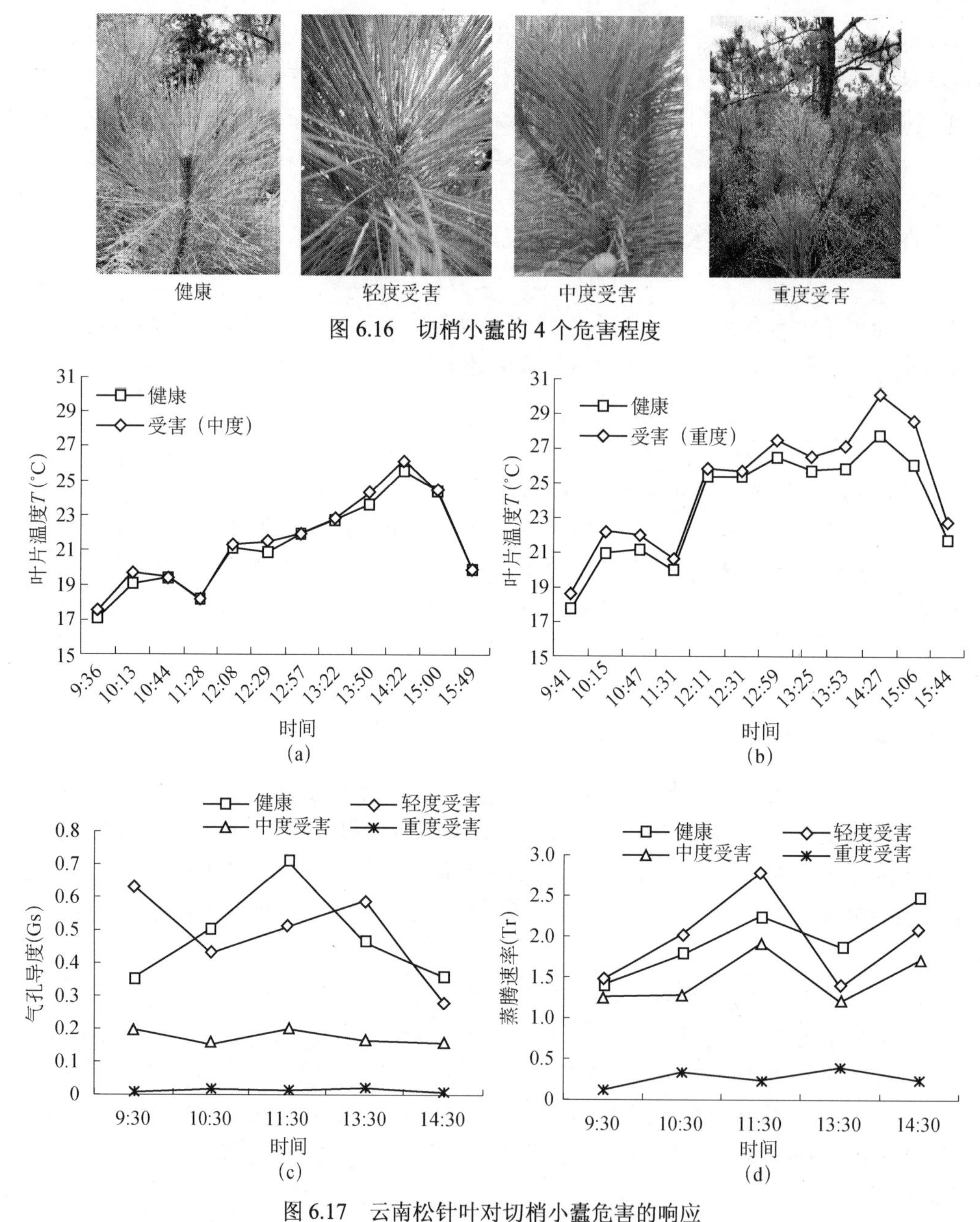

图 6.16 切梢小蠹的 4 个危害程度

图 6.17 云南松针叶对切梢小蠹危害的响应

（a）重度危害温度 T 的响应；（b）中度危害温度 T 的响应；（c）气孔导度（Gs）的响应；（d）蒸腾速率（Tr）的响应；横轴是一天内的监测时间

6.3.3 火灾

森林火灾突发性强，蔓延速度快，破坏性大。遥感卫星的覆盖范围广，时空分辨率高，有利于及时发现火灾、估计火灾蔓延方向、评估火烧强度和损失，为扑救和灾后恢复提供参考。利用热红外遥感图像，可以确定森林火灾的火头位置、火灾范围，有利于消防部门及时采取有效的措施，避免更大的损失。因此，热红外遥感技术可以在森林火灾中得到更好的应用，比如森林火点识别和蔓延动态监测。

对火点识别的工作可以追溯到 20 世纪 60 年代初的 NOAA 系列卫星监测。根据 NOAA/AVHRR 的 5 个通道，常采用固定阈值法、邻近像元法和亮度温度结合归一化植被指数法等火点判别算法。其中，固定阈值法是先通过 NOAA 卫星的 3 通道找出高温点，然后通过设置 3、4 通道的亮度温度差阈值来排除假火点。MODIS 具有较高分辨率、大覆盖范围、免费使用的特点，因此 MODIS 遥感数据被应用得更广（张婕等，2016）。MODIS 的火点判别方法是在 NOAA/AVHRR 的基础上改进而成的，主要算法有绝对火点识别法、上下文法和三通道合成法等。

不论是 AVHRR 还是 MODIS，其空间分辨率都在公里级别，识别大火较为容易。但是由于森林火灾最开始的起火点面积一般较小，精确的起火点还需要更好的数据源。当前，中国的高分四号卫星和高分五号卫星（见 6.2.1）具有更大的潜力。

在火灾灾后评估方面，通常结合多时相的光学数据（尤其是短波红外）和中红外来完成。火灾前后，地物的光谱特征会有差异。基于这一原理，通过一些波段组合计算可以对火灾区域进行识别，这些指数包括归一化燃烧指数（NBR）、火灾前后差异性归一化燃烧指数差异（dNBR）及增强植被指数（EVI）等（表 6.9）。Landsat 第 7 波段（B7）是中红外波段。根据维恩位移定律，非高强度火灾的温度在 600K 左右，其能量峰值正好在中红外波段。因此，B7 参与构建的 NBR 和 dNBR 对于火灾动态变化识别非常敏感。

表 6.9 火灾灾害评估常用的光学遥感指数（以 Landsat-5 为例）

变量	描述/公式
NBR1	归一化燃烧指数，（B4−B7）/（B4+B7）
NBR2	归一化燃烧指数，（B5−B7）/（B5+B7）
dNBR	差异性归一化燃烧指数，NBR（火灾前）−NBR（火灾后）
NDVI	归一化植被指数，（B4−B3）/（B4+B3）
NDMI	归一化水体指数，（B4−B5）/（B4+B5）
EVI	增强植被指数，2.5×（B4−B3）/（B4+0.6×B3−7.5×B1+1）
SAVI	土壤调整植被指数，（B4−B3）×（1+L）/（B4+B3+L）
TCW	穗帽变换湿度指数，B1×0.26+B2×0.21+B3×0.09+B4×0.06+（−0.76×B5）+（−0.54×B7）
TCB	穗帽变换亮度指数，B1×0.35+B2×0.40+B3×0.39+B4×0.69+B5×0.23+B7×0.16
TCG	穗帽变换绿度指数，0.33×B1+（−0.35×B2）+（−0.45×B3）+0.69×B4+（−0.02×B5）+（−0.26×B7）

火灾严重程度评价在湿地生物多样性及生态系统的管理方面发挥着重要的作用。dNBR 被认为是评价火烧严重程度的优选方法之一，但由于湿地植被存在季相和年相变化的特殊性，遥感在湿地火烧严重程度评价方面的研究甚少。林思美等（2019）针对扎龙湿地 2001 年火灾事件，通过 K-means 分析，调整湿地火烧严重程度的 dNBR 判断阈值（表 6.10），获取不同火烧等级的训练样本。然后利用随机森林机器学习的方法建立样本与光谱指数间的分类模型，从而得到一个适用于湿地火烧严重程度的遥感评价方法。

表 6.10　2001 年扎龙湿地火灾严重程度的燃烧指数阈值

严重等级	dNBR1 范围	dNBR2 范围
未燃烧	0～180	0～550
低燃烧	200～400	600～700
中燃烧	400～600	730～800
高燃烧	600～900	810～900

6.3.4　城市热岛

城市气候最显著的特征之一是城市热岛效应。城市热岛效应是指城市地区整体或局部温度高于周围地区，温度较高的城市地区被温度较低的郊区所包围或部分包围，类似高温孤岛的现象。城市热岛产生的原因，是城市化产生了大量的人工构筑物，如混凝土、柏油路面，各种建筑墙面等，改变了城市下垫面的性质和结构。在相同的太阳辐射条件下，人工构筑物比自然下垫面热容量小、吸热快、升温快。

早期的城市热岛研究，主要基于气象站长期的观测资料进行统计分析，但由于观测站点的分布较为稀疏，且分布不均匀，有一定的局限性，影响城市热场空间分布特征的准确性。遥感反演 LST 被用来研究城市热岛效应的平面布局、内部结构等特征，具有显著的优势，逐渐成为城市热岛研究的主要方法。在地面可以在高处用热像仪进行连续观测，掌握各类地物的时间变化规律（林辉等，2015）。机载热红外数据能够获得更大范围的温度分布（Lo et al.，1997）。不过，大多数仍然采用卫星数据进行分析。

常见的分析方法主要是利用热红外波段数据反演 LST，然后基于反演的 LST 计算城市热场变异指数来定量分析城市热岛效应（张勇等，2006）。城市热场变异指数是某点的 LST 与研究区域平均 LST 的差值同研究区域平均 LST 之比，计算公式如下。

$$\mathrm{HI}(T) = (T - T_{\mathrm{mean}}) / T_{\mathrm{mean}} \tag{6.57}$$

式中，HI（T）为热场变异指数；T 为城市某点的遥感反演 LST；T_{mean} 为城市研究区域的平均 LST。

热岛效应的强弱可以通过阈值法将热场变异指数分为若干等级，比如以下 6 个等级。

1）HI（T）≤0 表示无热岛效应；

2）0<HI（T）<0.005 表示弱热岛效应；

3）0.005≤HI（T）<0.010 表示中热岛效应；

4）0.010≤HI（T）<0.015 表示较强热岛效应；

5）0.015≤HI（T）<0.020 表示强热岛效应；

6）HI（T）≥0.020 表示极强热岛效应。

对于不同时相间城市热岛情况对比分析，需要对地表温度进行归一化处理，计算公式如下。

$$L = (T_i - T_{\min}) / (T_{\max} - T_{\min}) \tag{6.58}$$

式中，L 为热红外波段中第 i 个像元亮度温度的归一化值；T_i 为第 i 个像元温度；$T_{\min}$ 为温度最小值；$T_{\max}$ 为温度最大值。

温度归一化处理后，可以将城市热岛效应强度划分为以下 5 个级别：$0.8<L\leq1.0$ 表示强热岛区；$0.6<L\leq0.8$ 表示热岛区；$0.4<L\leq0.6$ 表示正常区；$0.2<L\leq0.4$ 表示绿岛区；0<

$L \leqslant 0.2$ 表示强绿岛区（盛辉等，2010）。

【思考：城市热岛可以用异常阈值来区分，有没有可能用这种方法来探测异常的森林干扰区域？】

6.4　热红外遥感的发展需求

6.4.1　高时空分辨率

林业应用需要大范围、高精度、快速变化的地表温度监测，因此对高时空分辨率的遥感数据的需求日益迫切。然而，由于热辐射信号偏弱、变化快的特点，以及硬件条件的限制，热红外波段影像的空间分辨率较可见光和近红外波段影像低。因此，热红外图像中的像元大多为混合像元，采用反演地表温度所获取的真实温度为多个地物的温度混合，不能真实地反映地物的实际情况，制约了热红外遥感影像的应用。

在 6.2.1 中介绍了几种常用来获取热红外遥感影像的传感器。实际上，根据分辨率的不同，它们大致可以分为两类：一类是高空间分辨率/低时间分辨率，如 Landsat 卫星的 TM/ETM+和 EOS 卫星的 ASTER 等；另一类为低空间分辨率/高时间分辨率，如 NOAA 卫星平台的 AVHRR、EOS 卫星的 MODIS 和风云卫星等。近年来，许多国内外学者从提高热红外应用的角度出发，采用对多源遥感时空融合的方法，将高空间低时间分辨率数据与低空间高时间分辨率数据相结合，生成具有高时空分辨率的地表温度数据（全金玲等，2013；庞庆非和权凌，2014）。

6.4.2　地面机理研究

卫星尺度上的热红外遥感受到空间分辨率的限制而不能发挥足够的优势，而地面观测则弥补了热红外遥感在这方面的劣势。地面观测的手段较多，可以通过热像仪及搭载热红外镜头的无人机来进行近地表温度观测。在地面观测中，热红外的空间分辨率能达到厘米级的空间分辨率，但缺点是观测区域范围有限。

因此，地面遥感观测可以作为卫星尺度上热红外遥感手段的补充，或者是为未来大面积遥感监测提供前期的数据储备。由于地面遥感观测可人为地控制空间分辨率的大小，可以作为研究地表热辐射机理的数据，为下一步大面积的遥感观测积累先验知识。事实上，森林、湿度和草原等林业地表及其内部的温度场分布研究很少。比如，不同类型火灾的温度场、不同虫害程度的森林温度场、山地温度场等，都需要有人对其进行深入研究。

习　题

1. 热红外监测早期病虫害的原理是什么？
2. 热红外林业应用应该需要什么样的时间和空间分辨率？
3. 地表温度和发射率分离有几种方法？
4. 准确的地表温度获取需要去除大气、发射率和时间变化的影响，还需要考虑热辐射方向性等问题，非常复杂。你觉得热红外遥感的实用性如何，未来潜力在哪里？
5. 结合自己的研究课题，谈谈热红外遥感还可以有哪些创新性的应用点？

参考文献

陈维英，肖乾广，盛永伟. 1994. 距平植被指数在1992年特大干旱监测中的应用[J]. 环境遥感，9(2)：106-112.

程洁，柳钦火，李小文，等. 2008. 基于相关性的热红外温度与发射率分离算法[J]. 中国科学：地球科学，38（2）：261-272.

方莉，刘强，肖青，等. 2009. 黑河试验中机载红外广角双模式成像仪的设计及实现[J]. 地球科学进展，(7)：696-704.

高文升，张雨泽，房世峰，等. 2017. 基于Landsat-8 TIRS的大气参数快速估算方法[J]. 地球信息科学学报，19（1）：110-116.

胡德勇，乔琨，王兴玲，等. 2015. 单窗算法结合Landsat-8热红外数据反演地表温度[J]. 遥感学报，19（6）：964-976.

黄华国，柳钦火，刘强，等. 2007. 利用多角度热图像提取冠层组分温度和方向亮温[J]. 北京师范大学学报（自然科学版），(3)：292-297.

黄华国，辛晓洲，柳钦火，等. 2007. 用CUPID模型模拟小麦组分温度分布：敏感性分析与验证[J]. 遥感学报，11（1）：94-102.

姜立鹏，覃志豪，谢雯. 2006. MODIS数据地表温度反演分裂窗算法的IDL实现[J]. 测绘与空间地理信息，29（3）：114-117.

林辉，朱烨昕，顾持真，等. 2015. 基于红外传感的城市下垫面热环境监测[C]. 北京：第十七届中国科协年会——分16大数据与城乡治理研讨会.

林思美，黄华国，陈玲. 2019. 结合随机森林与K-means聚类评价湿地火烧严重程度[J]. 遥感信息，34（2）：51-57.

刘丽，周颖，杨凤，等. 1998. 用遥感植被供水指数监测贵州干旱[J]. 贵州气象，(6)：17-21.

柳钦火，顾行法，李小文，等. 2000. 地表热红外辐射方向特性的航空飞行试验研究[J]. 中国科学E辑：技术科学，(S1)：99-105.

庞庆非，权凌. 2014. 改进的DisTrad模型在地形起伏区地表温度空间分辨率提升的应用[J]. 地球信息科学学报，16（1）：45-53.

彭硕，唐伯惠，李召良，等. 2016. 热红外地表方向性辐射温度与半球辐射温度关系研究[J]. 地球信息科学学报，(1)：106-116.

秦荣君，龚健雅. 2011. 不受刀刃边缘倾角约束的遥感影像点扩散函数稳健计算方法[J]. 遥感学报，15（5）：895-907.

全金玲，占文凤，陈云浩，等. 2013. 遥感地表温度降尺度方法比较——性能对比及适应性评价[J]. 遥感学报，17（2）：374-387.

盛辉，万红，崔建勇，等. 2010. 基于TM影像的城市热岛效应监测与预测分析[J]. 遥感技术与应用，25（1）：8-14.

覃志豪，Li W J，Zhang M H，等. 2003. 单窗算法的大气参数估计方法[J]. 国土资源遥感，56（2）：37-43.

覃志豪，Zhang M H，Karnieli A，等. 2001. 用陆地卫星TM6数据演算地表温度的单窗算法[J]. 地理学报，56（4）：456-466.

覃志豪，高懋芳，秦晓敏，等. 2005. 农业旱灾监测中的地表温度遥感反演方法——以MODIS数据为例[J]. 自然灾害学报，14（4）：64-71.

王鹏新，刘丽娜，刘峻明，等. 2018. 基于 WOFOST-SHAW 耦合模型的冬小麦冠层气温模拟[J]. 农业机械学报，（1）：164-172.

肖青，柳钦火，李小文，等. 2003. 热红外发射率光谱的野外测量方法与土壤热红外发射率特性研究[J]. 红外与毫米波学报，22（5）：373-378.

阎广建，孟夏，张吴明，等. 2012. 便携式自动多角度观测装置，中国：201210589574.8[P].

杨贵军，柳钦火，刘强，等. 2010. 植被冠层 3D 辐射传输模型及热辐射方向性模拟[J]. 红外与毫米波学报，（1）：38-44.

俞宏，石汉青. 2002. 利用分裂窗算法反演陆地表面温度的研究进展[J]. 气象科学，22（4）：494-500.

张婕，张文煜，冯建东，等. 2016. 基于亮温-植被指数-气溶胶光学厚度的 MODIS 火点监测算法研究[J]. 遥感技术与应用，31（5）：886-892.

张仁华，孙晓敏，李召良，等. 2000. 地物热辐射方向性影响主因子的揭示——提高辐射温度方向性观测精度的新途径及数据剖析[J]. 中国科学 E 辑，30（z1）：39-44.

张晓，汤瑜瑜，黄小仙，等. 2015. 用 8.0-9.3μm 遥感数据反演地温的分裂窗算法性能分析[J]. 国土资源遥感，27（2）：88-93.

张勇，余涛，顾行发，等. 2006. CBERS-02 IRMSS 热红外数据地表温度反演及其在城市热岛效应定量化分析中的应用[J]. 遥感学报，10（5）：789-797.

Allen R G，Pereira L S，Raes D，et al. 1998. Crop evapotranspiration-guidelines for computing crop water requirements[M]. Rome：FAO Irrigation and drainage paper 56，Food and Agriculture Organization of the United Nations.

Allen R G. 1986. A Penman for all seasons[J]. Journal of Irrigation and Drainage Engineering，112：348-369.

Balick L K，Hutchinson B A. 1986. Directional thernal infrared exitance distributions from a leafless deciduous forest[J]. IEEE Transactions on Geoscience and Remote Sensing，24（5）：693-698.

Becker F，Li Z L. 1990. Towards a local split window method over land surfaces[J]. International Journal of Remote Sensing，11（3）：369-393.

Bruse M，Fleer H. 1998. Simulating surface-plant-air interactions inside urban environments with a three dimensional numerical model[J]. Environmental Modelling & Software，13（3-4）：373-384.

Cao B，Liu Q，Du Y，et al. 2015. Modeling directional brightness temperature over mixed scenes of continuous crop and road：a case study of the heihe river basin[J]. IEEE Geoscience and Remote Sensing Letters，12（2）：234-238.

Chehbouni A，Nouvellon Y，Kerr Y H，et al. 2001. Directional effect on radiative surface temperature measurements over a semiarid grassland site[J]. Remote Sensing of Environment，76（3）：360-372.

Coll C，Caselles V. 1997. A split-window algorithm for land surface temperature from advanced very high resolution radiometer data：Validation and algorithm comparison[J]. Journal of Geophysical Research Atmospheres，102（D14）：16697-16713.

Coll C，Caselles V，Sobrino J A，et al. 1994. On the atmospheric dependence of the split-window equation for land surface temperature[J]. International Journal of Remote Sensing，15（1）：105-122.

Cuenca J，Sobrino J A，Soria G. 2005. An experimental study of angular variations of brightness surface temperature for some natural surfaces[J]. Science of Aging Knowledge Environment Sage Ke，597（597）：33.

Dauzat J，Rapidel B，Berger A. 2001. Simulation of leaf transportation and sap flow in virtual plants：model description and application to a coffee plantation in Costa Rica[J]. Agriculture and Forest Management，109：143-160.

Fahmy M，Sharples S，Yahiya M. 2010. LAI based trees selection for mid latitude urban developments：A microclimatic study in Cairo，Egypt[J]. Building & Environment，45（2）：345-357.

Fang Q X，Ma L，Flerchinger G N，et al. 2014. Modeling evapotranspiration and energy balance in a wheat-maize cropping system using the revised RZ-SHAW model[J]. Agricultural and Forest Meteorology，194：218-229.

Flerchinger G N，Kustas W P，Weltz M A. 1998. Simulating surface energy fluxes and radiometric surface temperatures for two arid vegetation communities using the SHAW model[J]. Journal of Applied Meteorology and Climatology，37（5）：449-460.

Franc G B，Cracknell A P. 1994. Retrieval of land and sea surface temperature using NOAA-11 AVHRR data in north-eastern Brazil[J]. International Journal of Remote Sensing，15（8）：1695-1712.

Francois C，Ottle C. 1996. Atmospheric corrections in the thermal infrared：global and water vapor dependent split-window algorithms-applications to ATSR and AVHRR data[J]. Geoscience & Remote Sensing IEEE Transactions，34（2）：457-470.

Fuchs M，Kanemasu E T，Kerr J P，et al. 1967. Effect of viewing angle on canopy temperature measurements with infrared thermometers[J]. Agronomy Journal，39：494-496.

Gastellu-Etchegorry J P，Martin E，Gascon F. 2004. DART：a 3D model for simulating satellite images and studying surface radiation budget[J]. International Journal of Remote Sensing，25（1）：24.

Gates D M，Alderfer R G，Taylor E. 1968. Leaf temperatures of desert plants[J]. Science，159：994-995.

Hilker T，Coops N C，Coggins S B，et al. 2009. Detection of foliage conditions and disturbance from multi-angular high spectral resolution remote sensing[J]. Remote Sensing of Environment，113（2）：421-434.

Huang H，Xie W，Hao S. 2015. Simulating 3D urban surface temperature distribution using ENVI-MET model：Case study on a forest park[C]. Milan：IEEE Geoscience & Remote Sensing Symposium.

Huang H，Xin X，Liu Q H，et al. 2007. Modeling soil component temperature distribution by extending CUPID model[J]. Transactions of the Chinese Society of Agricultural Engineering，23（1）：1370-1373.

Jackson R D，Slaler P N，Pinter P J. 1983. Discrimination of growth and water stress in wheat by various vegetation indices through clear and turbid atmosphere[J]. Remote Sensing of Environment，13（3）：187-208.

Jackson R D. 1982. Canopy temperature and crop water stress[J]. Advances in Irrigation，1：43-45.

Jarvis P G. 1976. The interpretation of the variations in leaf water potential and stomatal conductance found in canopies in the field[J]. Philosophical Transactions of the Royal Society of London，273：593-610.

Jia L. 2004. Modeling heat exchanges at the land-atmosphere interface using multi-angular thermal infrared measurements[M]. Wageningen：Wageningen University：199.

Julia B，John S，Simon H，et al. 2014. Landsat-8 thermal infrared sensor（TIRS）vicarious radiometric calibration[J]. Remote Sensing，6（11）：11607-11626.

Kerr Y H，Lagouarde J P，Imbernon J. 1992. Accurate land surface temperature retrieval from AVHRR data with use of an improved split window algorithm[J]. Remote Sensing of Environment，41（2/3）：197-209.

Kogon F N. 1995. Application of vegetation index and brightness temperature for drought detection[J]. Advances in Space Research，15：91-100.

Lagouarde J P，Kerr Y H，Brunet Y. 1995. An experimental study of angular effects on surface temperature for various plant canopies and bare soils[J]. Agricultural and Forest Meteorology，77（3-4）：167-190.

Lagouarde J, Ballans H, Moreau P, et al. 2000. Experimental study of brightness surface temperature angular variations of maritime pine（*Pinus pinaster*） stands[J]. Remote Sensing of Environment，72（1）：17-34.

Lo C P，Quattrochi D A，Luvall J C. 1997. Application of high-resolution thermal infrared remote sensing and GIS to assess the urban heat island effect[J]. International Journal of Remote Sensing，18（2）：287-304.

Luquet D，Vidal A，Dauzat J，et al. 2004. Using directional TIR measurements and 3D simulations to assess the limitations and opportunities of water stress indices[J]. Remote Sensing of Environment，90（1）：53-62.

Moran M S，Clarke T R，Inoue Y，et al. 1994. Estimating crop water deficit using the relation between surface air temperature and spectral vegetation index[J]. Remote Sensing of Environment，49：246-263.

Noilhan J，Planton S. 1989. A simple parameterization of land surface process for meteorological models[J]. Mothly Weather Rev，117：536-549.

Norman J M. 1979. Modeling the complete crop canopy[J]. Modification of the Aerial Environment of Plants，2：249-277.

Ottlé C，Vidal-Madjar D. 1992. Estimation of land surface temperature with NOAA9 data[J]. Remote Sensing of Environment，40（1）：27-41.

Price J C. 1984. Land surface temperature measurements from the split window channels of the NOAA 7 Advanced Very High Resolution Radiometer[J]. Journal of Geophysical Research Atmospheres，89（D5）：7231.

Qin Z，Dall'Olmo G，Karnieli A，et al. 2001. Derivation of split window algorithm and its sensitivity analysis for retrieving land surface temperature from NOAA-advanced very high resolution radiometer data[J]. Journal of Geophysical Research Atmospheres，106（D19）：22655-22670.

Quattrochi D A，Luvall J C. 1999. Thermal infrared remote sensing for analysis of landscape ecological processes：methods and applications[J]. Landscape Ecology，14（6）：577-598.

Rozenstein O，Qin Z，Derimian Y，et al. 2014. Derivation of land surface temperature for landsat-8 TIRS using a split window algorithm[J]. Sensors，14（4）：5768-5780.

Samaali M，Courault D，Bruse M，et al. 2007. Analysis of a 3D boundary layer model at local scale：Validation on soybean surface radiative measurements[J]. Atmospheric Research，85（2）：183-198.

Sandholt I，Rasmussen K，Andersen J. 2002. A simple interpretation of the surface temperature/vegetation index space for assessment of surface moisture status[J]. Remote Sensing of Environment，79：213-224.

Sandmeier S, Sandmeier W, Itten K I, et al. 1995. The Swiss field-goniometer system（FIGOS）[C]//IEEE Geoscience and Remote Sensing Symposium，IGARSS 95. Quantitative Remote Sensing for Science and Applications.

Sobrino J，Li Z L，Stoll M P，et al. 1994. Improvements in the split-window technique for land surface temperature determination[J]. IEEE Trans Geosci Remote Sens，32（2）：243-253.

Timmermans J，Ambro Gieske A S M，van der Tol C，et al. 2009. Automated directional measurement system for the acquisition of thermal radiative measurements of vegetative canopies[J]. Sensors，9（3）：1409-1422.

Wan Z M，Dozier J. 1996. A generalized split-window algorithm for retrieving land-surface temperature from space[J]. IEEE Transactions on Geoscience and Remote Sensing，34（4）：892-905.

Wang Y P，Jarvis P G. 1990. Description and validation of an array model—MAESTRO[J]. Agricultural & Forest Meteorology，51（3）：257-280.

第七章　高光谱遥感的林业应用

扫码见彩图

赤橙黄绿青蓝紫，谁持彩练当空舞？

——【中国·当代政治家、思想家、军事家和诗人】

毛泽东《菩萨蛮·大柏地》

高光谱数据是林业应用的主要数据源之一，是定量遥感最早关注的数据源之一（浦瑞良和宫鹏，2000）。一般认为，光谱分辨率在 $10^{-1}\lambda$ 数量级范围内的遥感称为多光谱（muti-spectral）遥感，光谱分辨率在 $10^{-2}\lambda$ 数量级范围内的遥感称为高光谱（hyper-spectral）遥感，光谱分辨率在 $10^{-3}\lambda$ 数量级范围内的遥感称为超光谱（ultra-spectral）遥感。早期的高光谱多是非成像的光谱曲线。随后，成像光谱技术将高光谱曲线和多光谱成像结合，把遥感波段从几个、几十个推向数百个、上千个。在高光谱成像数据中，每个像元都有几乎连续的地物光谱曲线，这使得利用高光谱数据反演地物信息成为可能（童庆禧，2006）。

高光谱信息可以用于树种分类（林辉，2011）、提取叶绿素等生理生化参数（殷晓飞，2017）、监测森林健康（Weyermann，2012）等。之所以把这些放在后面讲解，是因为光学数据的林业定量应用相对于微波、激光雷达和热红外来说，读者通常更为熟悉。为了避免重复常识性的内容，本章主要针对林业应用中的使用规范和当前的前沿研究进行介绍。根据高光谱数据源的不同，其可被分为地面、机载和星载三个类型分别阐述。

7.1　地面高光谱曲线的观测和应用

野外地物光谱测量仪器，简称光谱仪或波谱仪，是地面获取高光谱数据的主要工具。利用光谱仪在地面同步测量不同地物反射光谱特性，是高光谱遥感研究的重要环节，是进行思路探索和算法验证的必要步骤，也是为反演提供光谱库作为先验知识。光谱仪能够捕获可见和近红外光谱（visible and near-infrared，VNIR）和短波红外光谱（short-wave infrared，SWIR）范围内的地物反射和透射信息。

7.1.1　常用的光谱仪

为了研究不同地物在野外自然条件下的反射光谱，需要有适用于野外测量的光谱仪器。目前，国内较为常用的光谱仪是美国 ASD 公司（Analytical Spectral Devices.，Inc）的 FieldSpec 系列便携式光谱分析仪。但是，根据价格和定位不同，有些光谱仪只能覆盖 VNIR（如 ASD HandHeld 手持式），有的可以覆盖 350～2500nm 的光谱（如 ASD FieldSpec）。

除了 ASD 公司的光谱议，国际上还有一些比较常见的光谱仪，比如美国 Spectral Vista

Corporation（SVC）公司的 GER 系列，美国的 Ocean Optics 公司产品和荷兰的 Avantes 公司产品。Ocean Potics 公司生产的光谱仪小巧便宜，光谱响应范围（200～1100nm）能满足大多数测量要求。Avantes 公司的光纤光谱仪性价比也较高。专门针对植物测量的还有一套英国 PP System 公司生产的 UniSpec-SC 光谱仪。UniSpec-SC 为单通道便携式光谱分析仪，整合式电脑，内置光源，可在田间及室内各种条件下测定物体的光谱反射。其被用于测定各种类型植物叶片、群体冠层的叶绿素指标、氮素营养指标、叶黄素循环组分、植被指标（NDVI）、光能利用效率、CO_2 通量、H_2O 通量及群体结构等生理生态指标。

林业遥感中常用的 ASD 光谱仪主要有两种：FieldSpec Pro FR 全光谱便携式光谱分析仪和 FieldSpec HandHeld 手持便携式光谱分析仪。FieldSpec Pro FR 是 ASD 公司的拳头产品，波长范围很宽（350～2500nm），适用于遥感测量、农作物监测、森林研究到工业照明测量、海洋学研究和矿物勘察等各方面。但是价格较高，为 60 万～80 万元。相比而言，FieldSpec HandHeld 手持便携式光谱分析仪的波长范围较窄（300～1100nm），但是基本覆盖了植被和水体的特征波段，精度较高，价格较低（<10 万元），因此应用最广。

7.1.2　光谱仪的组成和功能

光谱仪主要由主机、探头、光纤、附属手提电脑及数据连接线等其他配件组成。测量过程中，含有地物信息的反射光信号通过光谱仪探头接收，经过光纤传导到主机中转化成电信号，再经过电脑软件处理得到研究者所需要的地物高光谱信息。

在室内测量叶片光谱时，需要配套一些附件，包括光源、光纤、叶片夹和积分球等。光源模仿太阳光谱，提供稳定的照明，通常是卤素灯。光纤可以延长主机和目标的距离，方便测量。此外，光纤也可以设计为一分二型号，用于面向反射率或者透过率测量。通常使用叶片夹连接光纤探头和叶片，有固定的作用，可以提高测量的精准性。

叶片夹分为普通叶片夹和针叶特定叶片夹，其中普通叶片夹适用于阔叶树种叶片，针叶特定叶片夹适用于特别细小的针叶。但是叶片夹测量的反射率和透过率误差仍然较为明显。

因此，当精确测量植物叶片光谱时通常会用到积分球。积分球是一个内壁涂有白色漫反射材料的空腔球体，球壁上开一个或几个窗孔，用作进光孔和放置光接收器件的接收孔。球内壁上涂以理想的漫反射材料，也就是漫反射系数接近于 1 的材料。常用的材料是氧化镁或硫酸钡，将它和胶质黏合剂混合均匀后，喷涂在内壁上。

不论室内还是室外，均需要白板（反射率接近 100%的漫反射体）作为反射率的参考。在野外光纤很强的时候，需要用灰板（反射率小于 100%的漫反射体）。白板一定要保持干净，妥善保管。图 7.1 显示了光谱仪常见配件。

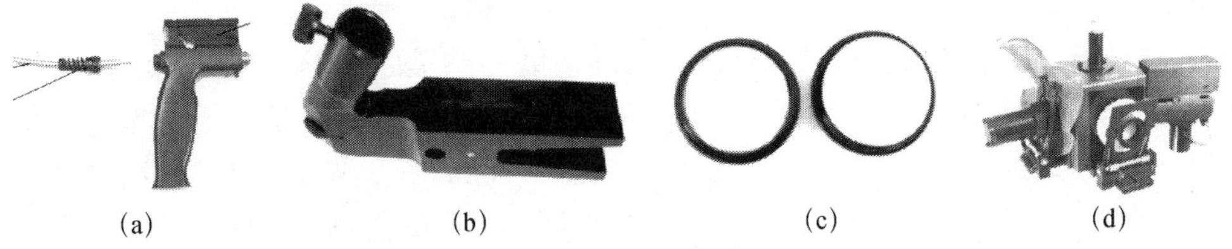

(a)　(b)　(c)　(d)

图 7.1　光谱仪常用配件：光纤［(a)］、叶片夹［(b)］、白板［(c)］和积分球［(d)］

7.1.3 反射率测量原理和规范

采用地物的反射率，也就是地物的反射能量与入射的总能量之比，来表示地物反射特征。根据能量守恒定律，反射率高的地物，其吸收率低。地物的反射率可以被测定，吸收率可以通过反射率推求。

野外测量地物反射率时，需要白板用来反射太阳光，测量其辐射作为入射总能量。然后，拿开白板后测量地物获得反射总能量，两者之比就是反射率。光谱测量的基本步骤有：采集暗电流；光强饱和优化；观测参考白板；观测地物。每种地物光谱测量前，都需要对准参考板进行定标校准，以得到接近100%的基线，然后对着目标地物测量。

然而，野外地物光谱测量是一个需要综合考虑各种影响因素的复杂过程，获取的光谱数据主要受以下因素共同影响：太阳高度角、太阳方位角、云、风、相对湿度、入射角、探测角、仪器扫描速度、仪器视场角、仪器的采样间隔、光谱分辨率、坡向、坡度及目标本身光谱特性等。因此，光谱测定前要根据测定的目标对象与任务制定相对应的试验方案，尽可能排除各种干扰因素对所测结果的影响，使所得的光谱数据能如实反映目标本身的光谱特性。

首先，除了多角度遥感观测需要外，测量仪器通常垂直向下进行测量，方便数据的比较。探头高度的确定和视场角有关，在野外尽量选择宽视域探头，以便获取平均光谱。根据光谱仪探头的视场角和距离，确定目标大小，然后选择具有代表性的测量对象（如叶片、草地、土壤等），以反映被测目标的平均状态。

其次，测量应该选择稳定的天气（晴空、太阳周围无云、能见度高、风速小）和恰当的时间（10时～15时太阳光强稳定）。

最后，测量土壤光谱时，应该考虑土壤湿度的影响，一般应该在下雨过后3天进行。

另外，为使数据具有稳定性和代表性，同一种地物至少测量5次，取平均值以保证测试结果的准确性。

测量过程中还应该注意以下几点。

1）避免阴影：探头定位时必须避免人和探头的阴影影响视场内目标，通常人应该面向阳光，这样可以得到一致的测量结果。

2）白板要准确：天气较好时每隔几分钟就要用白板校正一次，以防止传感器发生响应漂移和太阳位置发生变化，如果天气较差，应增加校正次数。针对不同测量对象，参考板的选择也不相同，不能一概而论，校正时白板应放置水平，放置白板时切记要戴手套。

3）避免人为干扰：不要穿戴浅色、鲜艳的衣帽，因为穿戴白色、亮红色、黄色、绿色、蓝色的衣帽会干扰环境光，进而改变反射物体的反射光谱特征。

4）避免随机误差：在时间允许的条件下，尽量多测一些光谱，降低测量异常出现的概率。每个测点测试5个数据，求平均值，以降低噪声和随机性。

5）记录辅助信息：在所有的测试地点必须采集GPS数据，详细记录测点的位置、植被覆盖度、类型及异常条件、探头的高度，配以野外照相记录，便于后续的解译分析。

6）1350～1416nm、1796～1970nm和2470～2500nm三个波段范围的水汽吸收带非常强烈。吸收强度会随时间和空间发生变化，参考板和目标的测量时间差异可能导致所采集的光谱特征存在误差，在处理野外数据时需要将这些波段测量值去除。

7）测量人员与参考板和目标物之间的位置要相对固定。将镜头远离身体是最佳选择，固定在身体侧面，距离肩部 1m，保持恒定的几何结构。

8）室内测定叶片时，由于卤光灯会发热，1.5h 左右应关灯休息 0.5h 左右。

7.1.4　叶片光谱应用实例

理论上，不同树种的叶片光谱之间存在差异，因此有可能可以利用叶片光谱来区分不同的树种。选取吉林省蛟河市蛟河林业实验区白桦、白牛槭、春榆、红松、裂叶榆、蒙古栎、青楷槭、色木槭、紫椴等 9 个树种为研究对象进行分类试验（李瑞平等，2015）。由于树木较高，只能采集树冠中低层叶片作为样本。将采集好的叶片保存于塑封袋内，带回实验室进行光谱采集。每个树种都分别采集了反射率和透射率数据，以及叶片正面（近轴面、叶片上表面）和叶片反面（远轴面、叶片下表面）的数据。

使用 UniSpec-SC 光谱仪测量反射率和透过率数据，光谱为 300～1150nm，光谱间距为 3.3～3.4nm。测量的不同树种的反射率和透过率光谱数据，包括正面和反面，见图 7.2。对应反射率和透过率的一阶导数见图 7.3。可以发现，针阔树种间的差异性更多地体现在可见光部分，所有树种之间的差异性多来自于红边波段和近红外波段，其中红边波段对树种分类的影响最大。

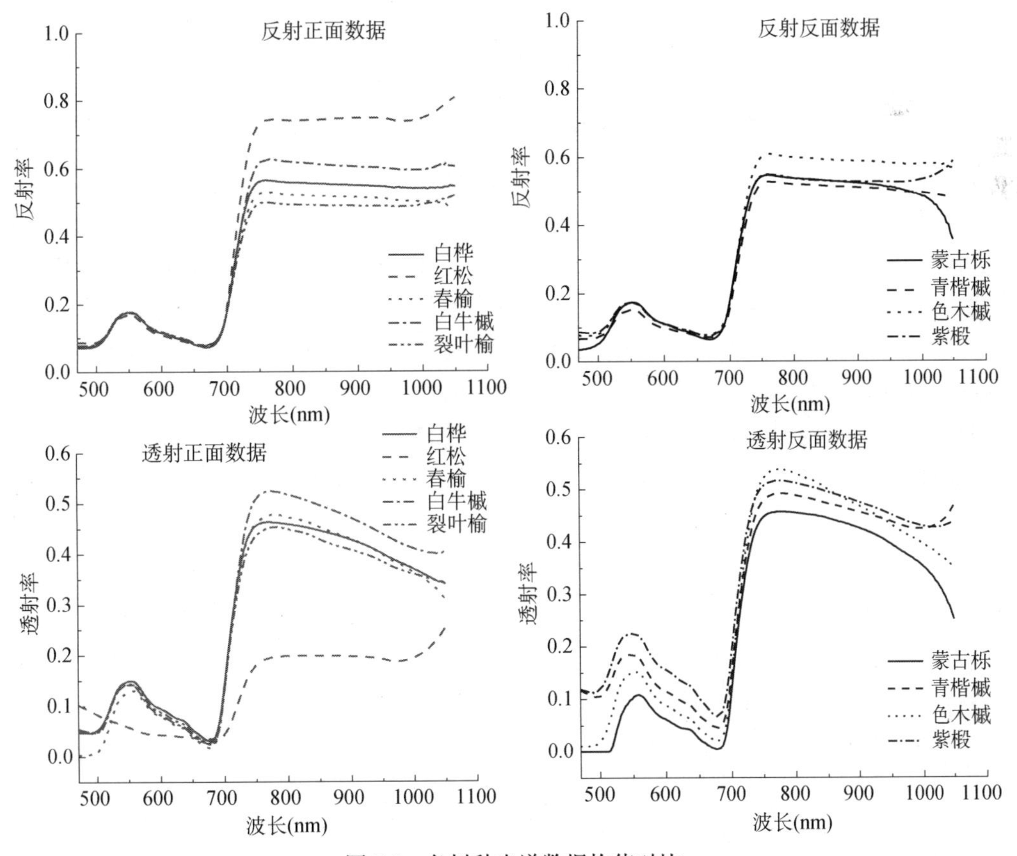

图 7.2　各树种光谱数据均值对比

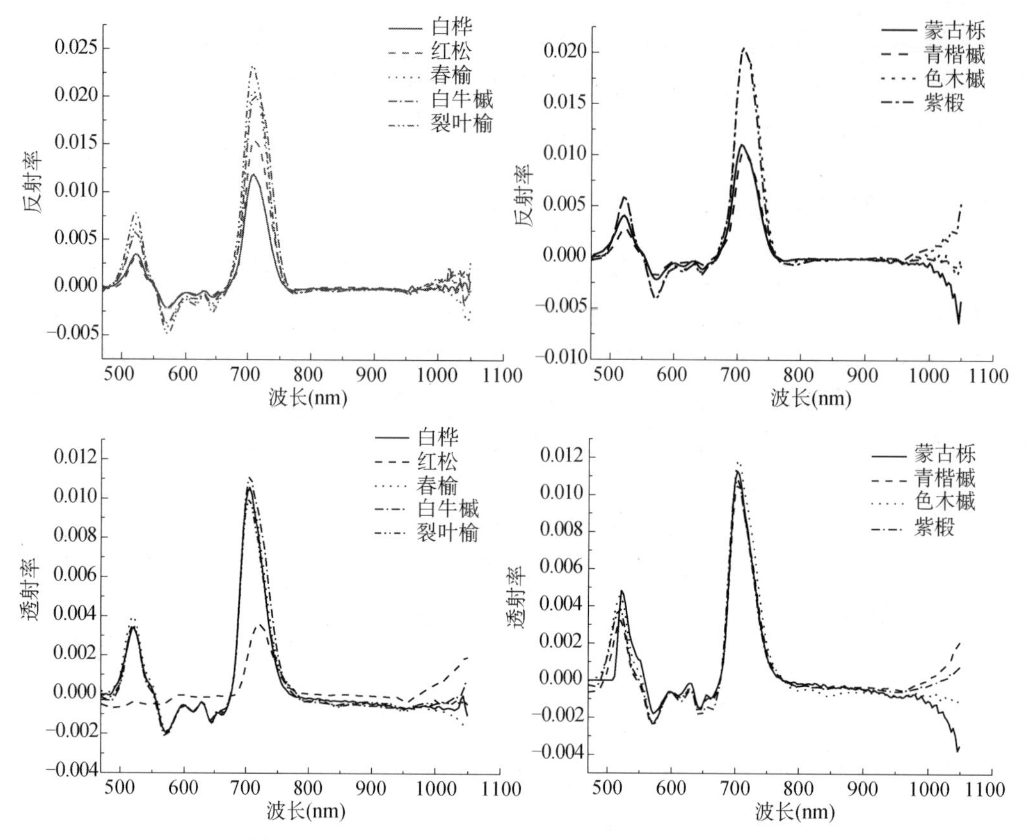

图 7.3　各树种反射率和透过率的一阶导数均值对比

光谱曲线还可以用于叶片水分状况诊断。如图 7.4 所示，植物的光谱曲线中，植被叶片在 1100nm 以后，由于水分吸收加强，反射率下降，尤其是在几个水分吸收带形成吸收谷。水分亏缺时，叶片在可见光近红外区域（400～1300nm）和短波红外区域（1300～2500nm）的反射率增加，这种现象不仅和叶片中水分及其他物质（色素、糖分）的辐射特性有关，还和叶片的内部结构有关。对于不同种类植物叶片在不同水分含量下的光谱反射特性，水分含量对 400～1300nm 和 1300～2500nm 两部分波段范围吸收的机理不同，前者由水分含量造成叶片内部结构引起，后者由水分含量对辐射的直接吸收造成。

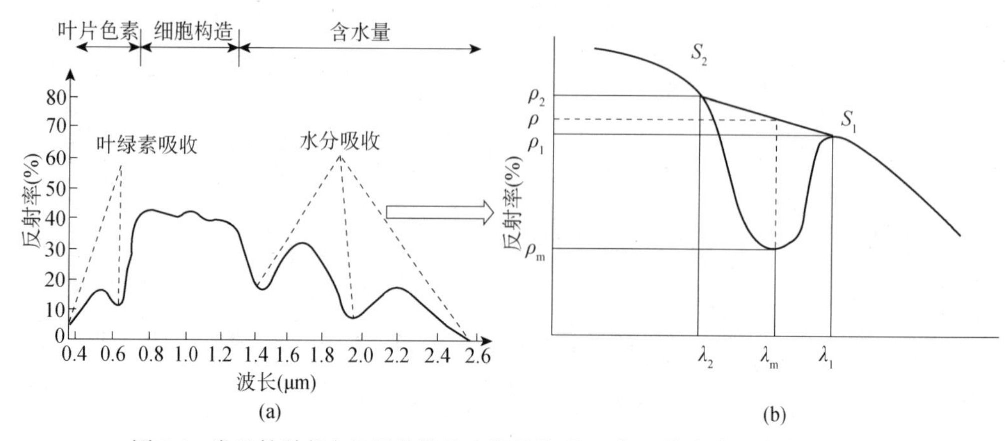

图 7.4　常见教科书中的经典植物光谱曲线［(a)］及其水分吸收峰［(b)］

根据水分的吸收峰特点，可以从光谱曲线中提取特殊的波段，构建植物水分光谱指数，然后建立植物水分光谱指数和含水量之间的定量关系(Clevers et al., 2010; Liu et al., 2016)。常见的水分光谱指数有差值植被指数（DR）、土壤调节植被指数（SWAI）、归一化差异水分指数（NDII、NDWI）、水分指数（WI_1、WI_2）等。

$$DR = R_{1600} - R_{820} \tag{7.1}$$

$$SWAI = \frac{R_{820} - R_{1600}}{R_{820} + R_{1600} + L} \times (1 + L) \tag{7.2}$$

$$NDII = (R_{820} - R_{1600}) / (R_{820} + R_{1600}) \tag{7.3}$$

$$WI_1 = R_{970} / R_{900} \tag{7.4}$$

$$NDWI = (R_{860} - R_{1240})(R_{860} + R_{1240}) \tag{7.5}$$

$$WI_2 = R_{950} / R_{900} \tag{7.6}$$

式中，R 为反射率；L 为调整参数，默认取值 0.5。

通过从光谱曲线中提取 820nm、860nm、900nm、950nm、970nm、1240nm、1600nm 等波段处的反射率，然后代入上述公式，就可以计算出对应的水分指数。然后，应用最小二乘法建立水分指数和可燃物含水量（FMC）或者等效水厚度（EWT）的关系即可。

例 7.1：请用 PROSPECT 模型模拟不同含水量条件下的叶片光谱曲线，观察是否符合经典遥感教科书所示（图 7.5）的反射率变化趋势，并计算植物水分光谱指数，绘制散点图分析光谱指数和含水量的关系。

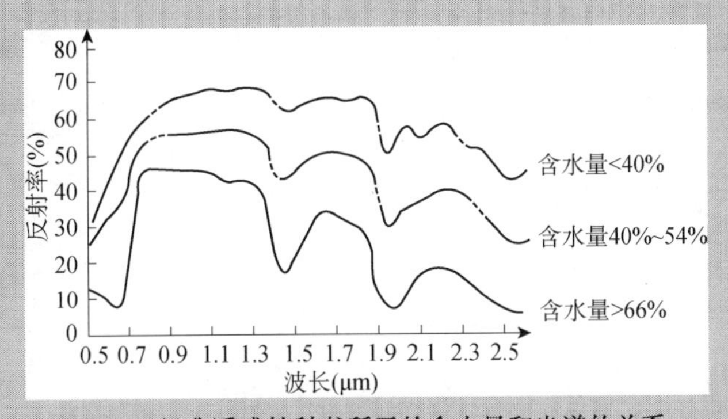

图 7.5　经典遥感教科书所示的含水量和光谱的关系

答案：在 Matlab 中，PROSPECT 代码里使其他变量不变，利用 for 循环改变 EWT 值，得到不同含水量下的叶片光谱曲线，见图 7.6。其中 FMC=EWT/DMC。式中，DMC 为干物质重量。

和图 7.5 相比，模拟的含水量变化图（图 7.6），在近红外到短波红外，变化效果类似。但是，在可见光到红边范围，PROSPECT 模拟的结果几乎没有变化，这个现象和图 7.5 不符合。其主要原因是含水量变化会造成叶片内部结构变化，但是此次模拟只改变了含水量，没有考虑水分和叶片内部结构的联动关系。不过，图 7.6 对理解水分含量对反射率的影响是有效的，可以用于分析含水量和水分光谱指数的关系。

如图 7.7 所示，所得光谱指数中为负值的仅有 SR，且其随含水量的增大而减小；光谱指数中 SWAI、NDII 与 NDWI 随含水量的增大而增大，且增大幅度在允许范围内越来越明显；WI_1 与 WI_2 随含水量的增大而减小，且减小的幅度越来越明显。

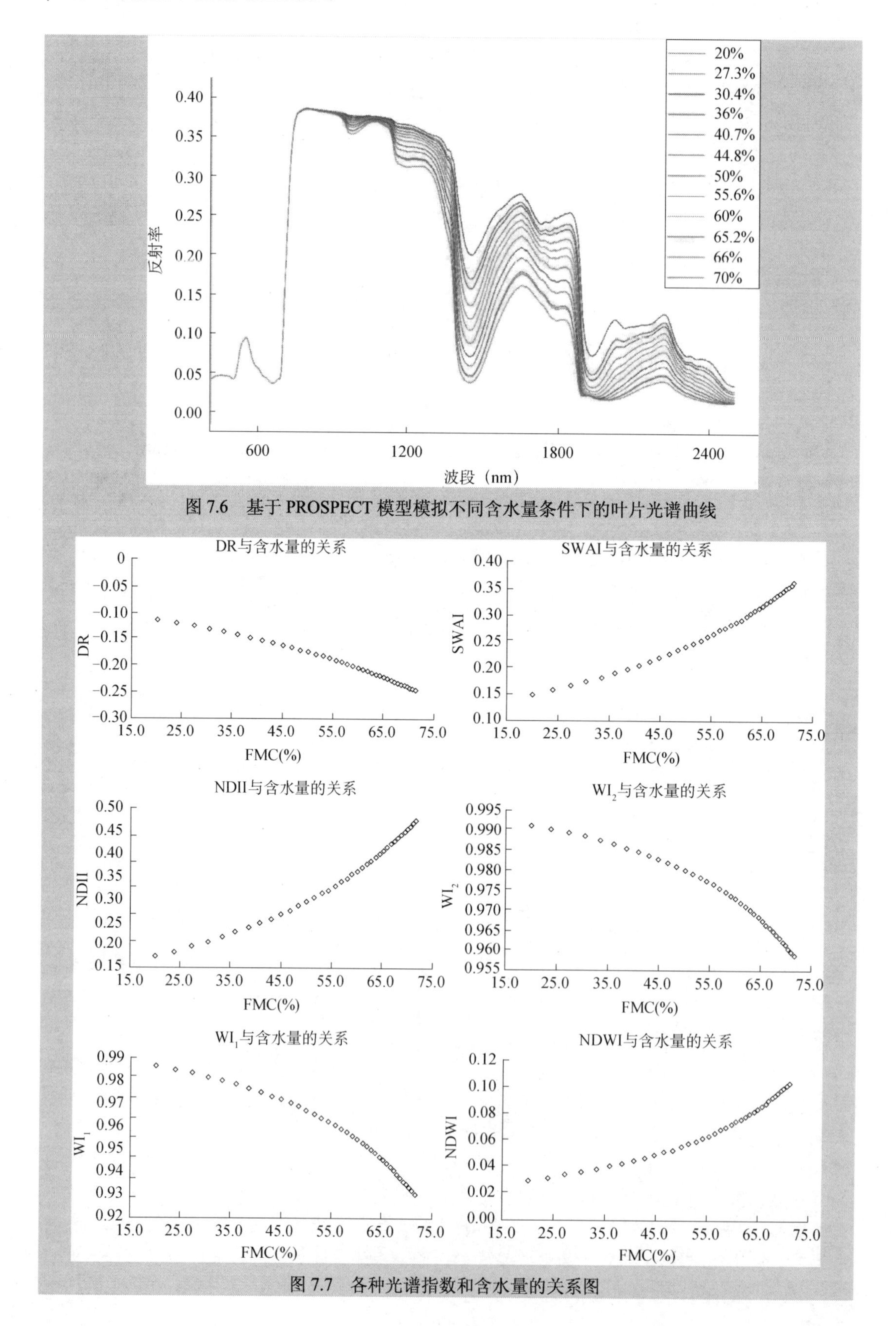

图 7.6　基于 PROSPECT 模型模拟不同含水量条件下的叶片光谱曲线

图 7.7　各种光谱指数和含水量的关系图

7.2 机载高光谱图像的处理和应用

7.2.1 常见机载平台

根据平台划分，机载高光谱遥感可以划分为载人机遥感平台和无人机遥感平台，其中无人机包括固定翼无人机、小型无人机、多旋翼无人机和无人直升机。

1983 年，世界上第一台成像光谱仪 Airborne Imaging Spectrometer-1（AIS-1）在美国研制成功，并在矿物填图、植被生化特征等方面取得了成功。目前，可搭载的高光谱成像传感器也越来越多。比如，芬兰 SPECIM 公司的 AISA 机载成像光谱测量系统，涵盖 VNIR（380～1000nm）、SWIR（1000～2500nm）和用于热成像的 LWIR（7.6～12.4um）光谱范围。加拿大轻便机载光谱成像仪（CASI）、短波机载光谱成像仪（SASI）、热红外成像光谱仪（TASI）、荧光成像光谱仪（FLI）等，美国的机载红外成像光谱仪（AVIRIS）、数字机载成像光谱仪（DAIS），德国的反射光学系统成像光谱仪（ROSIS），澳大利亚的 HyMAP 机载成像光谱测量系统，中国的推扫式成像光谱仪（PHI）、模块化成像光谱仪（OMIS）。

随着无人机技术的日益成熟，基于无人机平台的高光谱系统逐渐得到认可。比如，Nano-Hyperspec 就是一款由 Headwall Photonics 公司针对无人机载平台开发的新型微型机载高光谱成像仪。Nano-Hyperspec 的光谱为 400～1000nm，光谱通道数为 270，光谱采样率约为 2.2nm，最长约 8.7cm，重量＜0.6kg，功耗≤13W。

7.2.2 数据采集和处理流程

以无人机为例，机载高光谱遥感数据从获得到处理主要经过以下步骤。

（1）数据采集

具体步骤如下。

1）设定执行任务区域：对整个覆盖面进行测量，确定飞行面积和飞行航线长度。

2）规划任务航线：根据无人机的测控半径和航行能力，参考转弯和盘旋所消耗的时长，将任务区域进行规则矩形划分，尽量减少后期的图像拼接工作量。

3）设置飞行程序：将目标区域 4 个顶点的经纬度、高度和特征信息上传到飞机数据库中，设置飞行程序。

4）设定测量高度：根据期望的分辨率，计算飞行高度。

5）根据飞行高度、航向角、旁向角、航向重叠率和旁向重叠率，计算出分行间距和拍照间距，确定航线上传到无人机数据库。

6）实施扫描航测，飞机按预定的航向、航速、航线、高度进入第一个拍摄点进行循环往复的拍摄，每隔一个拍摄距离拍摄一次。

（2）辐射定标和辐射校正

辐射定标就是建立机载传感器记录的 DN 与对应视场中实际地物的表观反射率或者辐射亮度之间的关系。辐射定标一般在实验室完成，并提供标定系数。一般情况下，单条航带在采集数据结束后，传感器会自动记录暗电流。在林区，受起伏地形的坡度和太阳高度角的影响，山体一般会存在阴面和阳面。为了归一化阴面和阳面的反射率，消除不同成像和光照条件的影响，通常需要地形辐射校正。有时候，需要考虑植被的 BRDF 效应，以更加准确地消除地形的影响。

（3）几何校正

几何校正也叫地理坐标校正。原始机载影像一般没有准确的地理坐标信息。此外，由于飞行器的姿态、高度和速度的抖动，以及传感器扫描方法等因素，机载高光谱影像一般还会有地物的形状扭曲变形。因此，地理坐标校正是非常重要的一个步骤。校正需要结合同一平台的外部 GPS 和 IMU 惯性导航装置，解算航迹信息，然后提供给传感器中心位置的地理坐标。对每个影像航带，根据高分辨率 DEM 数据（或平均高程信息）和相机阵列的像元个数，进行坐标重采样，最后得到每个像元的地理坐标。可见，高精度的 GPS、IMU、航迹和 DEM 是实现原始影像的高精度地理坐标校正的关键。

（4）大气校正

太阳辐射在太阳-地面-传感器的过程中至少有两次受到大气的分子瑞利散射、气溶胶米氏散射和极化效应，以及大气中气体吸收的影响。经过辐射定标和几何校正后的反射率叫表观反射率，仍然受到大气的干扰，并且和太阳天顶角、日地距离和太阳辐射量有关。大气校正就是去掉大气的影响，恢复地表本身的反射率。粗略的纠正可以采用一些地面暗目标进行拟合。准确地去除大气效应，通常需要得到 MODTRAN 或者 6S 等大气辐射传输模型的支持。

7.2.3 常见应用

在当前星载高光谱数据严重缺乏的时代，机载数据是相对可靠的来源。同时，为了给星载传感器提供技术支撑，国内外也进行了很多航空飞行试验，获得了一些测试数据。根据这些数据展开了一些林业相关应用，主要包括 LAI 估算、树种识别、郁闭度信息提取、生理生化参数反演、森林健康监测等。

高光谱图像提取上述林业参数具有显著优势，基本原理在于高光谱的波段极多，提供了更多的已知变量，有利于提高混合像元分解的精度；光谱分辨率更细，能探测到色素浓度、树种之间、健康和胁迫之间微小的光谱差异。常用的反演方法包括植被指数和物理模型反演两种。

董文雪等（2018）基于固定翼机载激光雷达和高光谱进行湖北省神农架国家级自然保护区内的乔木物种多样性监测的研究。该研究由搭载在运 5 飞机上的 PHI-3（push broom hyperspectral image-3）高光谱传感器获得高光谱图像。该传感器有两个探测器，光谱范围和分辨率分别为 450～1000nm、5nm 和 1000～2500nm、10nm，成像空间分辨率为 1m。和 7.2.2 一致，采集的高光谱数据预处理包括辐射定标、地形校正、几何校正和大气校正，都集成在 ACTOR4 模块中完成。值得注意的是，高光谱数据是由 21 条航带组成的，不同航带时间不同，存在一定的 BRDF 效应，也使用 ACTOR4 软件进行了归一化。

以 LiDAR 提取的指标和高光谱的各种植被指数为自变量，进行多样性指数的聚类分析。聚类的类别是物种丰富度和香农（Shannon-Wiener）多样性指数。具体路线参见图 7.8。结果表明，单独依靠高光谱的最优植被指数［包括类胡萝卜素反射指数（CRI）、优化土壤调节植被指数（OSAVI）、比值植被指数（SR）、窄带 NDVI（narrow band NDVI）、Vogelmann 红边指数（Vogelmann index 1）、光化学反射指数（PDI）]，可以获得较为显著的相关性（R^2=0.37～0.45，P<0.01）。如果加入激光雷达的指标，预测精度显著提高。其中，物种丰富度的预测精度为 R^2=0.69，RMSE=3.11；香农多样性指数的预测精度为 R^2=0.70，RMSE=0.32。

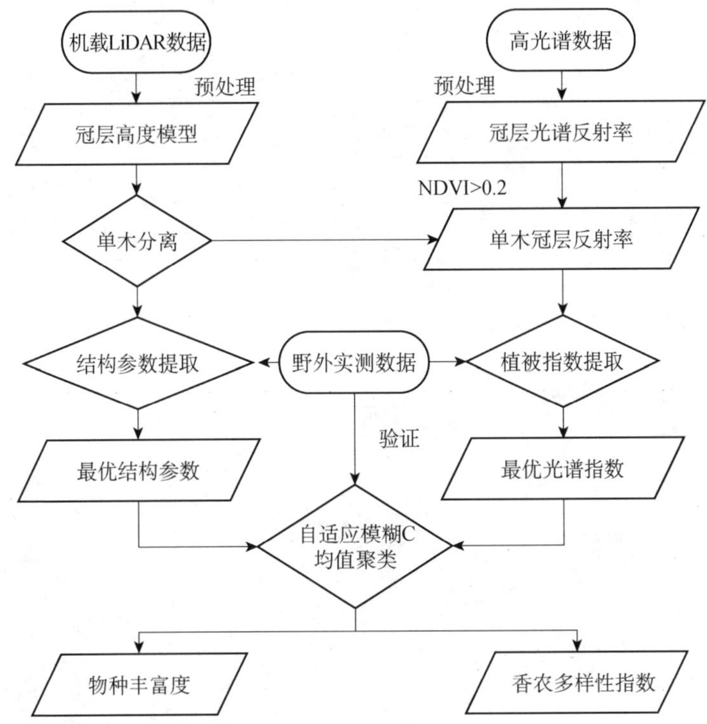

图 7.8 联合机载 LiDAR 的高光谱数据乔木多样性遥感（董文雪等，2018）

接下来介绍利用多旋翼无人机对云南省普溯镇天峰山研究区进行高光谱观测，对云南省的虫害进行监测。所用到的无人机型号为深圳市大疆创新科技有限公司 DJI M600 PRO，高光谱相机为前面介绍过的美国 Nano-Hyperspec（图 7.9）。采集的单幅影像大小为 480×640 像素，空间分辨率为 1.7cm，视场角为 16°。

图 7.9 深圳市大疆创新科技有限公司 DJI M600 PRO 无人机平台及其搭载的 Nano-Hyperspec 高光谱相机

图7.10和图7.11展示了云南省普溯镇天峰山研究区无人机航拍路线图(共两个试验区，对应两块大样地)和多个条带的影像的拼接图。根据实地调查的云南松单木枯梢率(SDR)，提取了对应的高光谱曲线（图7.12），可以看出SDR显著影响了光谱，尤其是近红外波段反射率随着SDR的增加而降低。

图7.10 云南省普溯镇天峰山研究区无人机航拍路线图（蓝色为重点样地，绿色为航带规划）

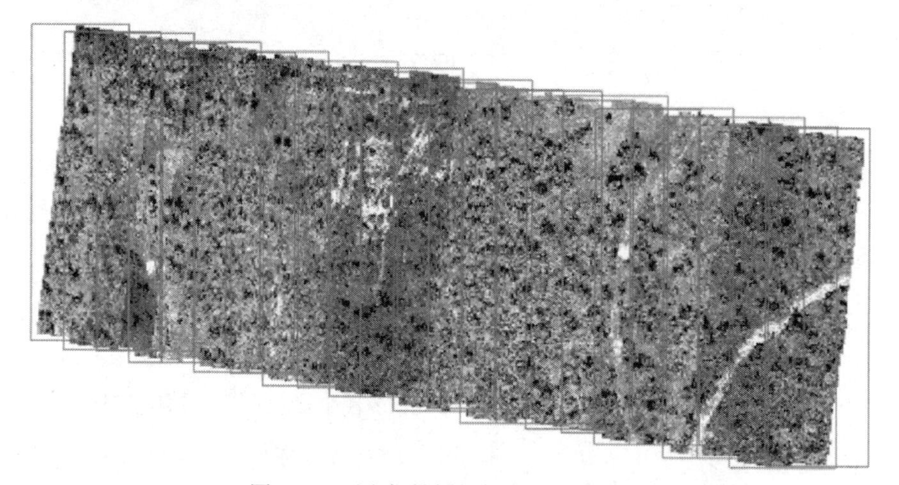

图7.11 无人机拍摄的航带影像拼接图

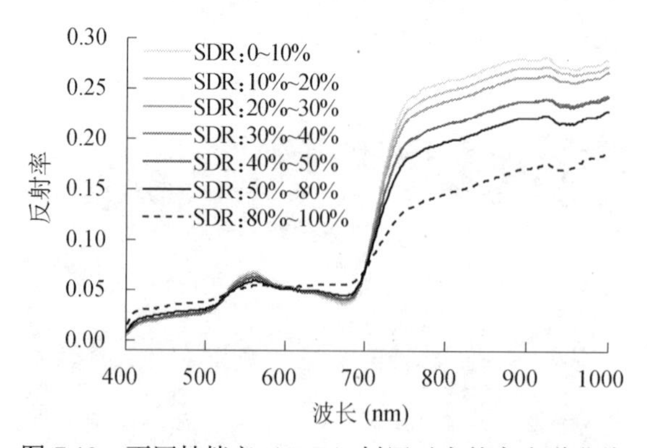

图7.12 不同枯梢率（SDR）树冠对应的高光谱曲线

7.2.4 主要问题

理论上，机载成像高光谱数据可以采用和地面光谱数据同样的反演方法进行植被和土壤调查及其定量化分析。但在实际应用中，机载成像高光谱数据的反演结果会受低信噪比、大气扰动和混合像元的影响而精度下降（秦凯，2018）。随着观测范围的增加，通常伴随有复杂的地形、不同条带的光照条件等影响光谱特征的因素，这些都需要进行有效的去除。因此，机载高光谱应用有其自身的技术难点和关键问题。

1）噪声问题：由于机载成像光谱仪的光散射特征及光学组件间的微小偏差，传感器中心像元的波长位置和边缘像元的波长位置有差异；此外，在机载飞行过程中，震动、设备压力和温度变化等都有可能导致波长位置的偏移和光谱分辨率的改变；复杂的地形，大气中水汽、气溶胶等因素也会对机载成像光谱信息定量化分析应用产生影响。目前的方法难以同时消除以上误差干扰。

2）阴影问题：在机载高光谱遥感传感器灵敏度不断提高的同时，影像分辨率也不断上升，与此同时阴影问题也变得格外突出。一方面，阴影可以作为信息使用，比如被用来推测投射物体的外形和位置、光源的强度和位置等信息，进行虚拟现实建模等。另一方面，阴影于航空遥感影像中，会在一定程度上削弱影像的光学特征，被阴影覆盖的地物特征受噪声影响明显，变得不清晰，从而导致所覆盖区域部分或者全部信息的缺失。直观来理解，阴影的存在破坏了图像的可视性，这将为相应区域地物的边缘检测、目标识别与地物分类、图像匹配算法的成功率计算等带来困难和负面影响。

3）BRDF 问题：不同条带的飞行时间差异可以达到几小时，光照条件显著不同。因此，拼接后的色调和反射率值有差异。通常在条带内进行信息提取，然后合并提取结果，回避 BRDF 问题。但是，也可以用 BRDF 模型进行校正后再拼接。

综上所述，机载成像光谱技术具有特殊性，不能简单地套用地面和实验室的光谱测量和分析技术，需要针对其特点，开展关键技术研究。

7.3　星载高光谱数据的处理和应用

7.3.1　常见的星载高光谱

美国发射的 EO-1 卫星，装载了高光谱成像仪 Hyperion，是世界上第一颗成功发射的民用星载成像光谱仪平台。Hyperion 在可见光、近红外及短波红外分别采用了不同的色散型光谱仪，使用推扫型的数据获取方式，在 350～2600nm 拥有 242 个探测波段，光谱分辨率为 10nm，空间分辨率为 30m。其高光谱特性设计可以实现精确的农作物估产、地质填图、精确制图，在采矿、地质、森林、农业及环保中被应用（谭炳香等，2005）。不过 Hyperion 已经停止工作了。

1999 年和 2002 年，地球观测系统（EOS）分别发射了 Terra 上午星和 Aqua 下午星，其上搭载了中分辨率成像光谱仪（moderate-resolution imaging spectroradiometer，MODIS）。MODIS 每天观测地球表面至少两次，用于动态测量大范围全球数据。MODIS 共有 36 个光谱波段，光谱为 0.4～14.4μm，含三级空间分辨率：250m、500m 和 1000m，带宽 2330km。MODIS 的时间分辨率高，免费使用，目前仍然超期服役，应用非常广泛。

欧洲航天局 PROBA 卫星搭载的紧凑型高分辨率成像光谱仪（CHIRS）是另外一个曾

经好用的高光谱数据源。CHIRS 采用推扫型数据获取方式，探测光谱覆盖 405～1050nm，共有 5 种探测模式，最多的波段数为 64 个，光谱分辨率为 5～12nm，星下点空间分辨率为 20m。最有特点的是，CHRIS 提供多角度观测，可用于提取地表 BRDF。

环境一号卫星（全称：环境与灾害监测预报小卫星星座，简称“环境一号”，代号 HJ-1）是中国第一个用于环境与灾害预报的小卫星星座，由两颗光学小卫星（HJ-1A、HJ-1B）和一颗合成孔径雷达小卫星（HJ-1C）组成。HJ-1A 和 HJ-1B 于 2008 年成功发射。其中 HJ-1A 搭载了 CCD 相机和超光谱成像仪（HSI）。HSI 的波长为 450～950nm，有 115 个波段，空间分辨率为 100m。但是 HJ-1A 的辐射定标精度不高，限制了其定量化应用。

高光谱观测卫星（高分五号）是我国第一颗高光谱综合观测卫星，轨道高度为 705km，主要用于获取从紫外到长波红外谱段的高光谱分辨率遥感数据产品，是实现高分专项“形成高空间分辨率、高时间分辨率、高光谱分辨率和高精度观测的时空协调、全天候、全天时的对地观测系统”目标的重要组成部分。高分五号卫星共装载有效载荷 6 台，其中对地成像载荷 2 台，分别为可见短波红外高光谱相机（AHSI）和全谱段光谱成像仪（VIMI）。AHSI 共有 330 个波段，分两个文件提供，分别包含 150 个和 180 个波段。VIMI 共 12 个波段，波长覆盖范围较广，覆盖可见、短波、中波及长波红外，前 6 个波段分辨率为 20m，后 6 个波段分辨率为 40m。

此外，还有天宫一号，短波红外探测设备空间分辨率为 20m，共有 73 个波段，光谱分辨率达到 23nm，不过覆盖面积和过境时间限制较大。碳卫星 TANSAT（http://data.nsmc.org.cn）的光谱分辨率可达 0.04nm，利用其获取的超高光谱分辨率数据，不仅能够对全球大气中二氧化碳浓度进行动态监测，还能高精度反演植被叶绿素荧光。不过，对于林业精细化应用来说，其空间分辨率（1～2km）不足。

值得一提的是我国国产商业卫星异军突起，比如珠海欧比特宇航科技股份有限公司启动投资建设的“珠海一号”遥感微纳卫星星座项目。其中，4 颗高光谱卫星空间分辨率为 10m，成像范围为 150km×2500km，谱段数为 32 个，光谱分辨率为 2.5nm，波谱 400～1000nm。

7.3.2 处理流程

星载高光谱数据处理流程包括几何校正、辐射定标、大气校正等步骤。

几何校正就是按照地图投影规则，将图像数据投影到平面上赋予地理坐标，并且校正成像过程中造成的各种几何畸变的过程。由于所有地图投影系统都遵循一定的地图坐标系统，几何校正的过程中包含了地理编码的过程。几何校正一般可分为几何粗校正和几何精校正。几何粗校正是考虑成像几何，依赖卫星辅助参数的几何畸变校正，一般无须地面有控制点。几何精校正则需要利用地面控制点，建立标准图像与畸变的遥感图像之间的一些对应点（地面控制点数据对），以此求得这个几何畸变的数学模型来近似描述遥感图像的几何畸变过程。然后，利用此模型进行几何畸变的校正，这种校正不考虑畸变的具体形成原因，而只考虑如何利用畸变模型来校正遥感图像。

遥感的辐射定标和机载处理是类似的。但是，星载高光谱的定标系数需要从产品中获取，而且这些系数可能随着时间发生变化。如果卫星提供的定标系数不准确，用户可能还需要建立定标场自行纠正定标系数。

大气校正是星载高光谱遥感的关键环节。因为卫星距离地面更远，大气层对图像的影响比机载数据更大。大气纠正的目的是消除大气和光照等因素对地物反射的影响，获得地物反射率和辐射率、地表温度等真实物理模型的参数，并用来消除大气中水蒸气、氧气、二氧化碳、甲烷和臭氧对地物反射的影响，以及大气分子和气溶胶散射的影响。星载高光谱数据具有非常高的光谱分辨率，其在成像过程中会探测到更精细的大气吸收特征，图像上反映的光谱是大气与地物的综合辐射信息。因此，只有经过大气校正才能正确地反演地物光谱，才能进行有效的定量分析。

卫星遥感影像的大气校正始于 20 世纪 70 年代，经过 40 多年的发展，产生了许多的大气校正方法，大致可以归纳为基于图像特征的相对校正法、基于地面线性回归模型法与基于大气辐射传输模型法三种。下面分别对这三种方法进行介绍，并总结各种方法的优缺点与适用范围。

1. 基于图像特征的相对校正法

大气校正是相当复杂的。但在许多遥感应用中，往往不一定需要绝对的辐射校正，或者说没有地面同步测量大气参数的条件，这时基于图像的相对校正就能满足要求。从理论上来讲，基于图像特征的大气校正方法不需要进行实际地面光谱及大气环境参数的测量，而是直接从图像特征本身出发消除大气影响，进行反射率反演。

广泛使用的此类方法包括暗目标法、平面场模型法（FFC）、内部平均相对反射率转换法（IARRC）、对数残差模型法，另外常用的归一化植被指数等在一定意义上也属于此范畴。尽管这类方法简便易用，仅需要影像信息，不需要任何其他辅助信息，但是此类方法归根结底属于数据归一化的范畴，研究人员无法利用其获取地物的真实反射率。

2. 基于地面线性回归模型法

该方法是一个比较简便的定标和大气纠正一体化的算法。它首先假设地面目标的反射率与遥感器探测的信号之间具有线性关系，通过获取遥感影像上特定地物的灰度值及其成像时相应的地面目标反射光谱的测量值，建立两者之间的线性回归方程式，在此基础上对整幅遥感影像进行辐射校正。该方法的数学和物理意义明确、计算简单，但必须以野外光谱测量为前提，因此成本较高，对野外工作依赖性强，且对地面定标点的要求比较严格；而且，线性回归法也存在明显的缺点，比如它假设整幅影像具有相同的大气状况，同时散射和邻近像元的影响也认为是一致的，这与实际情况往往有出入，给大气纠正带来一定的误差。

3. 基于大气辐射传输模型法

1972 年，Turner 和 Spencer 提出通过模拟大气-地表系统来评估大气影响的方法，可作为最早的大气辐射传输模型之一。20 世纪 80 年代，卫星影像的大气校正研究得很多，出现了一系列辐射传输模型，包括 LOWTRAN 系列模型和 5S（simulation of the satellite signal in the solar spectrum）模型。LOWTRAN 系列是由美国空军地球物理实验室用 FORTRAN 语言编写的计算大气透过率及辐射的软件包。5S 是法国里尔科技大学开发的简化大气辐射传输模拟程序。随后，这些辐射传输模型不断更新完善。比如，MODTRAN 是 LOWTRAN 的改进模型，它将分辨率从 LOWTRAN 的 $20cm^{-1}$ 提高到 $2cm^{-1}$，主要改进包括发展了一种

$2cm^{-1}$的光谱分辨率的分子吸收的算法，并更新了对分子吸收的气压、温度关系的处理，同时维持LOWTRAN 7的基本程序和使用结构。6S是5S的改进，将光谱积分的步长从5nm改进到2.5nm，还可以模拟机载观测、设置目标高程、解释BRDF作用和邻近效应等。使用大气辐射传输模型可以模拟查找表用于反演，在商业软件中操作则更为方便，比如ENVI中的FLAASH就嵌入了MODTRAN模型。

7.3.3 常见应用

星载数据较为缺乏，早期主要数据源是Hyperion，随后是CHRIS。MODIS勉强算高光谱数据，但是空间分辨率太低。

（1）森林分类

星载高光谱数据最常见的应用是森林类型分类、优势树种分类（林辉，2011）。基于高光谱遥感森林树种分类的关键是高光谱识别技术。与多光谱数据相比，高光谱数据同时具有图谱合一、数据量大及波段多等特点，需要开发针对高光谱的有效识别算法才能更好地实现森林树种识别。近年来，学者以传统算法为基础开发了许多用于高光谱遥感的识别算法，主要为基于光谱特征、基于光谱匹配和基于统计分析方法等，以此实现在森林中的树种分类，进行森林调查。所用的分类方法包括最大似然法（MLC）、最小距离法、支持向量机法（SVM）、神经网络和光谱角填图法（SAM）等。

这些分类算法在ENVI软件和ERDAS软件中都有集成，读者可以自行用自带的示例数据进行实验。张雨等（2013）进行了各种分类方法对比，发现支持向量机、神经网络和马氏距离三种分类方法较适合森林信息的提取，总体精度分别仅为60%～68%，但阔叶林和竹林的精度约为80%。

（2）湿地应用

在湿地遥感中，高光谱技术主要应用于湿地土壤、植被和水体信息提取的研究。其中，利用高光谱技术在湿地植被监测、植被群落精细分类、植被生物量估算等方面的研究较为广泛；在湿地水体信息提取、湖泊边界划分及水位线提取等方面做了许多方法研究。

韦玮和李增元（2011）采用青海省隆宝滩地区的多角度高光谱CHRIS遥感数据，通过研究+36°、0°和-36°三个角度影像的组合变换，提出影像变换加不同角度波段组合的方法，用以获取地物的分类信息。虽然其目的是定性分类，但是该方法综合应用了多角度信息和高光谱信息，具有定量的内涵。下面进行算法流程介绍。

首先，使用HDFclean软件对CHRIS影像进行缺失像元填充和条带去除。然后，进行大气校正和几何校正。预处理完毕后，对0°影像进行穗帽变换，保留其湿度图像。再提取36°和-36°影像的第4波段（0.461μm）和湿度图像进行RGB组合，生成新的假彩色合成影像。基于这个考虑多角度的降维数据，用支持向量机（SVM）进行监督分类。结果显示，湿地分类的精度可达到90.02%，远高于利用传统监督分类对0°影像的分类精度（75.46%）。

另外，高光谱遥感技术也应用于湿地土壤湿度和土壤含水量的反演研究中。同时，星载高光谱传感器经常用于水质监测，国内已经在太湖、巢湖、珠江口、三峡、查干湖、淀山湖等水体进行了广泛研究。所用的数据包括Hyperion、CHRIS及HJ-1A上的超光谱成像仪（HSI）。其主要思路是建立卫星数据特征和水质参数监测的关系。多数采用波段比值、差值和 NDVI 算法，建立与叶绿素、悬浮物浓度的相关性，从而建立并验证了水质参数高光谱遥感反演模型。

（3）生理参数提取和植物胁迫信息反演

森林生态物理参数是指森林含水量、色素含量、叶面积指数等表征林学信息的参数。目前，森林生态物理参数高光谱反演与提取的方法有很多种，包括利用光谱指数法反演和利用物理模型反演参数。林木养分主要有氮、磷、钾等元素，其缺乏将引起光合效率降低，生长不良。氮、磷、钾含量是林木长势评价的重要指标，以高光谱技术提取林木养分参数的理论依据是：由于叶片内碳、氢、氧、氮分子有机键的弯曲和振动，其短波红外波段的反射波谱将显示典型的吸收特征，以及可见光波段的电子跃迁所产生的吸收特征。林木养分高光谱监测方法主要有多元统计回归和基于波谱特征参数的方法。

遥感已在森林病虫害监测、森林火灾监测等方面得到了广泛的应用。高光谱遥感的大范围周期性观测、光谱分辨率高等特性为森林灾害的及时监测预警提供了有利条件。

类似机载数据，星载数据也可以用于植被胁迫遥感监测。潘灼坤等（2012）采用 EO-1 卫星的 Hyperion 高光谱影像，对广州市东边建成区的植物胁迫进行了估算。采用的是植被指数（绿度指数、色素指数和水分指数等）方法和混合像元分解获得植被丰度的方法。

刘圣伟等（2004）也是利用 Hyperion 高光谱数据，通过反演表征植物生理状态的光谱特征参数（红边位置和最大吸收深度）变异，提取与污染相关的信息，获取了矿山植被污染生态效应概况，为矿山污染的诊断和监测提供新技术和知识支撑。

（4）草原监测应用

在草原研究中，高光谱遥感应用主要包括估算草地生物量、分类、草地种类识别和草地化学成分估测。测量草原的生物量经常用到的参数是 NDVI、“红边”（red edge），随着高光谱遥感的出现，NDVI 有更多的可选择波段来表征植物信息，但对土壤和大气环境的变化太敏感，而“红边”则更稳定。通过高光谱遥感精确地估测草地的可食牧草量，从而可以合理控制牲畜量，维持草畜的动态平衡。

草地退化已经成为草地畜牧业可持续发展所面临的最严重的问题。因此，高光谱遥感对草地种类识别的主要目的就是监测草地的退化程度。目前监测草地退化主要还是基于植被指数变化的方法，但是植被指数容易受到环境变化的影响，从而不利于草地监测。因此，更有效的途径应该是找到表征草地退化的指示种的特征波段，从而实现在高光谱图像上进行识别。

高光谱遥感技术的出现已使从遥感数据提取生物化学信息参数成为可能。应用遥感技术测量和分析草地的生物化学信息在时间、空间的变化，可以了解植物的生产率、凋落物的分解速度及营养成分的有效性。根据各种化学成分的浓度变化可以评价草地的长势状况。殷晓飞（2017）利用高光谱数据分析了不同退化梯度下和相同退化梯度下，鄂尔多斯荒漠草原草地冠层、典型植物群落冠层及典型植物植株冠层的原始光谱、一阶微分及二阶微分光谱特征的异同点，并根据植株含水量敏感的光谱变量，比较不同退化梯度下和全范围内典型植物植株含水量估算模型，确定了最优估算模型，以此提供荒漠化草原动态监测的技术支持。

7.3.4 主要问题

除了机载的常见问题外，星载高光谱卫星还存在之前提到的混合像元的问题。混合像元是指在一个像元内有不同类型的地物，主要出现在地类的边界处。混合像元的存在是影响识别分类精度的主要因素之一，特别是对线状地类和细小地物的分类识别影响较为突出，在土地利用遥感动态监测工作中，经常遇到混合像元的难题，解决这一问题的关键在于通过一定方法找出组成混合像元的各种典型地物的比例。从理论上讲，混合像元形成的主要原因有以下三个。

1）不同成分物质的光谱、几何结构及在像元中的分布：这些成分可以称为端元；端元越多，越分散，分解越复杂。

2）大气传输过程中的混合效应：大气和地表交互作用后，有邻近效应，造成模糊效应。

3）传感器本身的混合效应：传感器本身的 MTF（调制传递函数）也会混合周围像元的贡献。

7.4 高光谱遥感的发展需求

7.4.1 更多的数据源

随着小型无人机遥感技术及微纳米卫星技术的发展，高光谱遥感也正在向着低成本、灵活机动、集成化及实时性强等方向发展。目前，基于小型无人机的轻小型高光谱遥感技术在农林病虫害领域已经开始应用。无人机高光谱仪器的价格越来越低，可提供更为精细的调查手段。但是，大面积调查仍然需要星载高光谱数据。当前高光谱卫星的发展趋势如下。

1）微纳米卫星星座：微纳米卫星具有成本低、灵活性高、功耗低、开发周期短等优势，能够开展更为复杂的空间探测任务。高光谱遥感与微纳米卫星技术的结合，将促进一体化多功能结构、综合集成化空间探测载荷的创新发展，对未来高光谱遥感轻量化、集成化、系统化，实现空间组网、全天候实时探测具有重要的推动作用。前面提到的“珠海一号”遥感微纳卫星星座就是典型的例子。

2）超光谱卫星：2016 年 12 月，中国首颗全球二氧化碳监测科学实验卫星（简称“碳卫星”）发射成功。这颗卫星上搭载了高光谱与高空间分辨率 CO_2 探测仪、多谱段云与气溶胶探测仪两台载荷。CO_2 探测仪采用大面积衍射光栅对吸收光谱进行细分，能够探测 2.06μm、1.6μm、0.76μm 三个大气吸收光谱通道，最高分辨率达到 0.04nm。

3）全谱段卫星：以高分五号为典型，搭载全谱段光谱成像仪。能够为用户提供从可见到长波的 12 个谱段的全谱段遥感图像，其中包含 4 个细分的长波红外谱段数据。尤其是长波热红外的高光谱和可见光属于同时成像、相同的几何观测条件，能够更好地为林业、环保、国土资源、气象、农业、减灾等部门的遥感业务应用提供服务。

7.4.2 提高数据质量

高光谱遥感技术在早期发展阶段，主要发展目标为提高光谱分辨率，以适应高精度、定量化遥感探测的需要。而随着大面阵高分辨率探测器技术的进步，高光谱遥感技术在提高光谱分辨率的同时，开始注重向提高信噪比、提高空间分辨率方向发展。目前，国际上已经存在多种高光谱遥感观测卫星系统，探测波段范围覆盖了从可见光到热红外，光谱分辨率达到纳米级，波段数增至数百个，大大增强了遥感信息的获取能力，有利于提高林业应用精度。

7.4.3 新的应用方向

高光谱遥感在林业中的应用新方向还需要进一步发掘，荧光遥感就是其中很有潜力的一个。太阳光能在叶片的分配途径包括反射、透射和吸收，遥感通常只是关心反射信号。实际上，吸收的光能一部分被叶绿素利用进行光合作用，未进行光合作用的光能会以长波的形式发射荧光，或者以热的形式向外耗散。发射的荧光位于植物红光区和近红外光区（650～800nm）。已有大量室内和野外实验证明，叶绿素荧光动力学技术作为研究植物光合功能的探针，可以快速、灵敏和无损伤地研究和探测完整植株光合作用的真实行为，经常被用于评价植物光合的功能和环境胁迫对其的影响，通过植物光合过程中荧光特性的探测可以了解植物的生长、病害及受胁迫等生理状况。目前地面观测和卫星观测都已经有了较为成熟的荧光提取手段（张永江等，2009；纪梦豪等，2019）。中国碳卫星已经支持并产生了首个全球叶绿素荧光产品。

习　题

1. 高光谱遥感监测森林健康的原理和方法有哪些？
2. 为什么高光谱可以识别树种？
3. 利用光谱仪测量地物反射波谱需要注意哪些问题？怎样测量 BRDF 呢？
4. 联系本人课题方向，思考如何应用高光谱数据？分辨率是否能满足要求？
5. 有哪些干扰因素响应机载高光谱观测的数据质量？
6. 基于超光谱卫星数据提取荧光信号的主要算法有哪些？

参考文献

董文雪，曾源，赵玉金，等. 2018. 机载激光雷达及高光谱的森林乔木物种多样性遥感监测[J]. 遥感学报，22（5）：125-139.

纪梦豪，唐伯惠，李召良. 2019. 太阳诱导叶绿素荧光的卫星遥感反演方法研究进展[J]. 遥感技术与应用，34（3）：455-466.

李瑞平，黄侃，黄华国. 2015. 吉林蛟河主要树种叶片光谱分类[J]. 东北林业大学学报，（3）：48-55.

林辉. 2011. 森林树种高光谱遥感研究[M]. 北京：中国林业出版社.

刘圣伟，甘甫平，王润生. 2004. 用卫星高光谱数据提取德兴铜矿区植被污染信息[J]. 国土资源遥感，16（1）：6-10.

潘灼坤，王芳，夏丽华，等. 2012. 高光谱遥感城市植被胁迫监测研究[J]. 遥感技术与应用，27（1）：68-76.

浦瑞良，宫鹏. 2000. 高光谱遥感及其应用[M]. 北京：高等教育出版社.

秦凯. 2018. 机载成像高光谱遥感及应用关键技术研究[D]. 北京：中国地质大学博士学位论文.

谭炳香，李增元，陈尔学，等. 2005. EO-1 Hyperion 高光谱数据的预处理[J]. 遥感信息，（6）：36-41.

童庆禧. 2006. 高光谱遥感[M]. 北京：高等教育出版社.

韦玮，李增元. 2011. 基于高光谱影像融合的湿地植被类型信息提取技术研究[J]. 林业科学研究，24（3）：300-306.

殷晓飞. 2017. 基于高光谱荒漠草原生物物理参数估算研究[D]. 呼和浩特：内蒙古农业大学博士学位论文.

张永江，刘良云，侯名语，等. 2009. 植物叶绿素荧光遥感研究进展[J]. 遥感学报，13（5）：963-978.

张雨，林辉，臧卓，等. 2013. 高光谱遥感影像森林信息提取方法比较[J]. 中南林业科技大学学报，(1)：75-79.

Clevers J G P W，Kooistra L，Schaepman M E. 2010. Estimating canopy water content using hyperspectral remote sensing data[J]. International Journal of Applied Earth Observation & Geoinformation，12（2）：120-125.

Liu L，Su Z，Bing Z. 2016. Evaluation of hyperspectral indices for retrieval of canopy equivalent water thickness and gravimetric water content[J]. International Journal of Remote Sensing，37（14）：3384-3399.

Turner R E，Spencer M M. 1972. Atmospheric model for correction of spacecraft data[C]. Ann Arbor：Proceedings of the Eighth International Symposium on Remote Sensing of the Environment：895-934.

Weyermann J. 2012. Utilization of hyperspectral image optical indices to assess the Norway spruce forest health status[J]. Journal of Applied Remote Sensing，6（2）：206-217.

第八章　多源数据融合机理及其应用

扫码见彩图

科学研究好像钻木板，有人喜欢钻薄的；而我喜欢钻厚的。

——【美国·物理学家】爱因斯坦（Albert Einstein）

自 20 世纪 80 年代起就有 HSV 变换、主成分变换、小波变换等实现高低分辨率数据的融合方法，因此多源数据融合这个主题并不新鲜（张良培和沈焕锋，2016）。尽管有少数研究用微波数据参与这些变换，得到光学和微波的数据融合结果，但是绝大多数融合还是光学图像之间的同质遥感数据融合。这些融合结果的可视化效果会增强，但是定量应用尚显不足。多源数据，尤其是异质多尺度、多角度、多谱段、多极化特征，成像机理差异大，很难用一个简单的合成图像来表达，导致多源数据融合仍然有很多方面值得深入研究。

异质性数据源的融合，多在特征层次上相互提供输入实现融合，比如光学模型反演得到叶面积指数（LAI），然后和微波的植被层消光系数建立统计关系，就可以用微波水云模型实现土壤水分反演。又比如，利用 NDVI 和后向散射系数的相关性，用微波数据内插缺失的光学 NDVI 数据。这些融合实现了信息互享，但是没有实现精度的提高。有些研究人员试图联合光学和微波数据参与分类来提高分类精度，但是结果并不理想。因此，有必要建立统一的融合框架，实现对多时相、多谱段、多尺度数据的联合建模与处理（张良培和沈焕锋，2016）。

从概念上来看，传统的“融合”是为了满足传感器在时-空-谱上图像质量的提升，多为对等的两两融合，缺少核心，缺少可扩展性和机理解释。以森林参数为例，树高、叶绿素含量、郁闭度等参数不同，需要融合的数据源和方法可能也不同。因此，单纯的“融合”难以回答每个数据源的信息量究竟有多少，对目标反演参数精度提升贡献究竟有多少等问题。联合所有波段的机理模型，甚至构建一个统一的模拟框架，将有助于提高用户对数据融合的认知，提高林业定量遥感的应用深度。因此，本章以全谱段模型 RAPID2（见 2.4.3.2 小节）为基础，从三维全波段统一建模的角度进行融合机理分析，并给出一些融合应用案例。

8.1　全谱段多传感器的统一辐射传输机理

8.1.1　全谱段统一建模的可能性

尽管麦克斯韦电磁波理论可以描述所有波段，但由于目标参数、成像过程和观测手段的差异很大，统一的遥感机理模型出现得较晚。在 2000 年前，光学、热红外和微波的机理模型几乎都是独立发展，少有交叉。经过近 20 年的发展，光学和热红外的辐射传输模型基本统一了。光学波段本身也出现了很多突破性进展，包括连续-非连续植被的统一反射率模型（Xu et al.，2017）及考虑偏振、荧光和激光雷达（LiDAR）的三维模型（Gastellu-Etchegorry et al.，2017）。相对光学波段，微波森林遥感模型偏少，除了前面提到的水云模型和 MIMICS 模型外，还有 PolSARproSim（Pottier et al.，2009）、SUN 模型（Sun and Ranson，1995）和 Tao 模拟器（Tao et al.，2014）。但到目前为止，遥感领域的光学微波统一机理模型研究得非常少。多数研究是通过场景等效来联合分离的光学和微波模型（Disney et al.，2006）。

第一个模拟光学、微波和 LiDAR 的 3D 统一模型是 DIRSIG（Gartley et al.，2010），它采用的是光线追踪原理。但是，DIRSIG 版权复杂，共享限制大，而且内部核心机制不公开。2018 年，我们扩展了辐射度理论，使之不仅适用于光学，也可用于微波，推出了国际上第一个理论清晰并完全共享的 3D 模型——RAPID2（Huang et al.，2018）。RAPID2 目前可以构建统一的场景和输入参数来模拟光学、热红外、LiDAR 和微波后向散射。总体而言，全谱段统一建模仍然存在很多难点，首先来看光学和微波建模的主要差异。

1. 光学和微波建模的主要差异

由于波长差异太大，有 4 点主要差异导致光学微波统一建模非常困难。

首先，冠层的直射穿透性不一样。光学波段一般只能穿透玻璃和非常干净的水体等透明物体，而微波波长更长，可以部分穿透植被冠层和土壤等不透明物体。所以，光学波段假设光线透过叶片面元后，全部变成散射光，叶片会挡住光而呈现明显的阴影。而微波的直射辐射能部分穿透不透明物体，叶片不能完全挡住微波，因此是不完全的阴影。所以，微波必须考虑体散射和次表面（sub-surface）散射。

其次，干涉响应有差异。植被冠层内的干涉在光学范围内几乎不会发生。但是合成孔径雷达（SAR）信号中干涉非常明显，很多小叶片的散射合成后产生干涉条纹，导致很多斑点噪声。

再次，光源有差异。光学波段的光源来自于太阳，属于连续光源。被动微波属于自身辐射。主动微波则采用自主发射的脉冲，属于非连续光源。成像雷达的空间分辨率和距离相关，依赖于脉冲返回的时间长短。因此，雷达建模必须考虑时间因素，而光学波段通常不考虑（除了 LiDAR）。

最后，信号存在敏感性差异。相对树干和枝条，光学反射率一般对叶片，主要是其生理生化组分，更加敏感。而雷达除了对水分敏感外，对几何形状、大小、朝向也非常敏感。通常雷达对大目标（如枝条、厚叶）比对小目标（小枝、薄叶片）更敏感。

2. 统一建模的障碍

看到了光学和微波的差异，并不意味着容易解决。从辐射传输建模角度来看，统一建模仍然存在诸多障碍。

第一个障碍就是散射函数的复杂性差异。光学波段通常采用半球反射率和透过率来描述树干、叶片和土壤的光学特征，都是面积归一化的标量，和大小、朝向几乎无关，属于固有属性。换句话说，一片树叶在剪成两半后，每一半的反射率和透过率并不发生变化，一般都可以假设是朗伯体。但是，微波散射则不同。由于叶片厚度相对微波波长太小，在微波看来叶片只是一个粒子而已。粒子的散射存在显著的方向性，并且和叶片的大小、厚度、朝向密切相关。因此，微波通常使用矢量散射矩阵来描述组分的散射特征，而不是用标量。而且，不同大小的目标，其散射矩阵求解也大不相同。比如，根据目标和波长的相对大小，也称为电尺寸（electrical size），会分别选择几何光学近似或者物理光学近似来求解散射矩阵。另外，散射量会随着时间震荡。这种复杂性目前很难直接统一，但是可以封装成统一的接口。

第二个障碍是极化（在光学中是偏振）程度的差异。极化是电磁波横波特有的属性，表征了电磁振荡（如电场）的朝向。极化求解需要将光学的辐射量分解为水平极化和垂直极化两部分。通常可以用斯托克斯矢量（Stokes vector）描述。对于入射电磁波，光学模型使用非偏振的太阳光。在辐射传输过程中，只有太阳光在布鲁斯特角入射到镜面目标时才会发生起偏现象。因此，大多数光学模型通常都是标量模型，并未考虑森林冠层中的偏振（即矢量辐射传输）。但是，雷达使用单个或者双极化的天线，发射和接收的都是极化状态的电磁波。所以，微波模型几乎都是矢量的，天然带有极化属性。因此，统一模型必须考虑极化，可以用斯托克斯矢量描述。

第三个障碍是不同的成像几何。光学的二维图像基于太阳-目标-传感器几何，其中观测方向可以垂直也可以倾斜。如果观测方向和太阳方向重合，就看不到阴影，形成热点方向的图像。不论是用平行投影还是透视投影，目标的二维像素位置主要由像素分辨率和目标到成像场景中心的距离决定。对于单站雷达而言，入射和回波方向是重合的，类似光学热点方向，但是像素位置的确定和光学不同，需要考虑顺轨（方位角方向）和垂直轨道（距离方向）两个方向。在距离方向，目标之间是否能够区分，主要依靠回波的时间差异。考虑到微波雷达主要是侧视成像，所成图像还有其特殊的几何特点，包括叠掩、透视收缩和阴影。

虽然这三个障碍阻碍了统一建模的开展，但是逐一攻克是完全可能的。毕竟一个统一的三维模型对于数据融合的机理研究来说至关重要。

3. 统一建模的优势、潜在途径和 RAPID 的策略

相对于独立的光学和微波模型来说，统一的三维模型的优势如下。

1）相同物理量的定义统一、三维结构的统一和辐射传输理论的统一将降低两个谱段之间的不一致性，获得更可信的结果。

2）大多数用户不会同时熟悉两个谱段。统一的三维模型及其配套软件将搭建雷达和光学建模者之间的桥梁。

3）统一的三维模型更适合进行多传感器模拟，并支持森林参数联合反演。因此，统一的三维模型为林学家和遥感科学家提供了有用的数据融合试验平台。

目前有两个辐射传输理论适合进行三维统一模型：蒙特卡洛光线跟踪技术（Monte Carlo-based ray tracing techniques，MCRT）和辐射度理论（radiosity）。在光学波段，MCRT 和辐射度是模拟辐射传输的两个主要方法（Widlowski et al.，2013）。而在微波波段，MCRT 已经被用于验证植被消光和散射，包括真实结构林木（Mani and Oestges，2012；Leonor et al.，2014；Lin and Sarabandi，1999）和细胞状结构（Sun and Ranson，1995）。因此，MCRT 是很好的统一理论。不过，MCRT 比较耗时，光学和微波的实现还有差异，因此还需要更多的工作来统一输入参数，还需要提高散射光的运行效率。

与 MCRT 模型相比，辐射度模型的漫散射计算效率更高。当然对于真实结构的森林来

说，辐射度的内存需求和计算时间也不少。通过建立子场景分割技术（Huang et al.，2009）和孔隙面元假设（Huang et al.，2013）大幅提升了效率。因此，辐射度理论也非常适合用于建立统一的三维模型。通过扩展辐射度到微波波段，也会极大地丰富该理论的适用范围。

基于上述考虑，RAPID2 模型作为第一个用辐射度理论来同时模拟光学和微波的模型，应运而生。下面就进行 RAPID2 理论框架的介绍。

8.1.2 光学和微波物理量的统一

光学和微波的很多物理量是不同的（Ulaby and Long，2013）。在光学波段，辐照度和辐射出射度的单位都是 W/m^2，是基于平面表面的，表征入射和出射的辐射通量密度。而在微波波段，对应的是电场强度和波印亭矢量（Poynting vector），单位中没有归一化表面的概念。类似的，光学模型常用 radiance［单位：W/（m^2 • sr)］来代表方向辐射通量密度，用强度（单位：W/sr）来代表入射或者出射的单位立体角的通量。但是，微波中使用“特殊”（special）或者“亮度”（brightness）强度（intensity）来表示单位立体角的能量（单位：W）（Fung，1994）。因此，微波的 intensity 和光学的 radiance，意思是一致的，实质上都是强度。

上述物理量概念上是相关的，但是中英文都存在不统一的定义，对沟通两个波段构建统一模型来说是一个问题。表 8.1 给出了这些定义的对应关系。

表 8.1　光学和微波典型物理量之间的关系

微波物理量	光学物理量	单位
能量（energy）	辐射能（radiant energy）	J
功率（power）	辐射通量（radiant flux）	W
功率密度（power density）	通量密度（flux density）	W/m^2
波印亭矢量（Poynting vector）	辐照度（irradiance）	W/m^2
亮度强度（brightness intensity）	辐亮度（radiance）	W/（m^2·sr）

8.1.3 雷达散射截面和光学 BRDF 的统一

光学模型通常采用方向反射率（BRDF 和 BRF）模拟目标的反射特征，而雷达模型则模拟双站（bi-static）的雷达散射截面（radar cross section，RCS）及其归一化的后向散射系数。下面讨论两者之间的关系。

RCS 是一种描述雷达接收方向、目标阻截和反射雷达信号能力的指标。为了定义方便，通常用一个椭球来近似代表目标，散射在椭球的各个方向都有可能。于是，RCS 被定义为一个在接收方向得到的散射功率密度与目标阻截的功率密度的比值（Fung，1994）。具体公式如下。

$$\mathrm{RCS}(\theta_i,\varphi_i;\theta_s,\varphi_s)=\frac{4\pi r^2 S_{\mathrm{reci}}(\theta_s,\varphi_s)}{S_{\mathrm{tran}}(\theta_i,\varphi_i)} \tag{8.1}$$

式中，r 为雷达和目标的距离（m）；S_{tran} 和 S_{reci} 分别为入射和接收的功率密度（W/m^2）；θ 和 φ 分别为入射和接收的天顶角和方位角，下标 i 和 s 分别代表入射和接收。

反射率是光学波段描述辐射出射度（E）（单位：W/m^2）和辐照度（M）（单位：W/m^2）的比值。一个理想的朗伯体在所有方向上反射的强度［W/（m^2 • sr)］是一样的。而对于非朗伯体而言就存在方向上的强度差异，采用 BRDF 来描述。BRDF 也可以用类似一个球的描述，入射和出射都是一个单位立体角的方向概念。因此，BRDF 和 RCS 在概念上是可以统一的（Tomiyasu，1988；Bass et al.，2010）：

$$\mathrm{RCS}(\theta_\mathrm{i},\varphi_\mathrm{i};\theta_\mathrm{s},\varphi_\mathrm{s})=\mathrm{BRDF}(\theta_\mathrm{i},\varphi_\mathrm{i};\theta_\mathrm{s},\varphi_\mathrm{s})\times(4\pi A_0\cos\theta_\mathrm{i}\cos\theta_\mathrm{s}) \tag{8.2}$$

式中，A_0 为辐照表面的面积。因此，BRDF 模型也被用于模拟 RCS（Gartley et al.，2010）。

考虑到 BRDF 在野外难以观测，常用 BRF 来代替。以一个表面作为参考，相同光照条件下，分别在其上放置理想白板和观测目标，在特定方向上观测的辐射通量之比就是 BRF。因为 BRF 在量级上是 BRDF 的 π 倍，公式（8.2）可以修改为

$$\mathrm{RCS}(\theta_\mathrm{i},\varphi_\mathrm{i};\theta_\mathrm{s},\varphi_\mathrm{s})=\mathrm{BRF}(\theta_\mathrm{i},\varphi_\mathrm{i};\theta_\mathrm{s},\varphi_\mathrm{s})\times(4A_0\cos\theta_\mathrm{i}\cos\theta_\mathrm{s}) \tag{8.3}$$

一个双站雷达系统的发射器和接收器的位置和方位都不同。但是几乎所有的卫星雷达系统都是单站雷达，发射器和接收器是一个位置。因此，单站雷达的 RCS 更常用，可以进一步简化。此外，RCS 没有进行面积的归一化，不方便对比。常用的后向散射系数就是归一化的 RCS，也叫差分散射系数，用符号 σ 表示：

$$\sigma=\frac{\mathrm{RCS}}{A_0}=\mathrm{BRF}\times\left(4\cos^2\theta_\mathrm{i}\right) \tag{8.4}$$

8.1.4　斯托克斯矢量和穆勒矩阵

标准的双站或者单站雷达系统都使用平面波作为入射波。一个椭球极化单色电磁波(E)可以描述为

$$E=\left(E_\mathrm{v}\hat{v}+E_\mathrm{h}\hat{h}\right)\mathrm{e}^{j\hat{k}r} \tag{8.5}$$

式中，$\hat{k}$ 为传播方向矢量，其长度等于波数（$2\pi/\lambda$）；j 为虚数；r 为一个位置矢量；v 和 h 分别为垂直和水平极化；$\hat{v}$ 和 $\hat{h}$ 分别为垂直和水平极化的单位矢量。

平面波的振幅（$\mathrm{W/m^2}$）由波印亭矢量表达（$|E|^2/\eta$）(Griffiths，1999)。其中，η 是自由空间的本征阻抗（大约 377Ohms）。斯托克斯矢量（Stokes vector）通常用于描述亮度强度（表 8.1）及其极化分解。这里给出一个将总强度（I）直接分解为 v 和 h 的变型形式（Ulaby et al.，1990）：

$$I=\begin{bmatrix}I_\mathrm{v}\\ I_\mathrm{h}\\ U\\ V\end{bmatrix}=\frac{1}{\eta}\begin{bmatrix}|E_\mathrm{v}|^2\\ |E_\mathrm{h}|^2\\ 2\mathrm{Re}\left(E_\mathrm{v}E_\mathrm{h}^*\right)\\ 2\mathrm{Im}\left(E_\mathrm{v}E_\mathrm{h}^*\right)\end{bmatrix} \tag{8.6}$$

式中，上标“*”是复数的共轭操作符；I_v 和 I_h 分别为波印亭矢量模的垂直和水平分量（$\mathrm{W/m^2}$）；U 为 45°振动方向的线极化强度；V 为圆极化分量；Re 为取实部；Im 为取虚部。对一个表面而言，I 等同于考虑了偏振的光学辐照度概念，考虑入射角时，辐照度为 $I\cos\theta_\mathrm{i}$。

当目标散射回来时，接收的位置通常较远，可以视为远场（far-field）。远场波通常被视为球面波。接收的能量密度是球面波中的一个立体角部分（$A_0\cos\theta_s/r^2$）。将角度归一化到一个单位立体角后，可以得到散射的强度矢量（I^s）[单位：W（$\mathrm{m^2}$ • sr)] 为

$$I^{\mathrm{s}}=\begin{bmatrix} I_{\mathrm{v}}^{\mathrm{s}} \\ I_{\mathrm{h}}^{\mathrm{s}} \\ U^{\mathrm{s}} \\ V^{\mathrm{s}} \end{bmatrix}=\frac{r^2}{\eta A_0\cos\theta_{\mathrm{s}}}\begin{bmatrix} \left|E_{\mathrm{v}}^{\mathrm{s}}\right|^2 \\ \left|E_{\mathrm{h}}^{\mathrm{s}}\right|^2 \\ 2\operatorname{Re}\left(E_{\mathrm{v}}^{\mathrm{s}}E_{\mathrm{h}}^{\mathrm{s}*}\right) \\ 2\operatorname{Im}\left(E_{\mathrm{v}}^{\mathrm{s}}E_{\mathrm{h}}^{\mathrm{s}*}\right) \end{bmatrix} \tag{8.7}$$

如何将入射电磁波（入射方向为 Ω_{in} ）转化为接收电磁波（散射方向为 Ω_{out} ），就需要用到类似光学反射率概念的散射矩阵。这个矩阵就是 4×4 的穆勒矩阵（Mueller matrix，M），它能反映目标的极化特征（Tsang et al.，1985）：

$$\begin{aligned} I^{\mathrm{s}}\left(\Omega_{\mathrm{out}}\right) &= \frac{r^2}{A_0\cos\theta_{\mathrm{s}}}\times O^{-1}\left(\Omega_{\mathrm{out}},\vec{p}_{\mathrm{i}}\right)\times\frac{M\left(\Omega_{\mathrm{in}},\vec{p}_{\mathrm{i}},\Omega_{\mathrm{out}}\right)}{r^2}\times O\left(\Omega_{\mathrm{in}},\vec{p}_{\mathrm{i}}\right)\times I\left(\Omega_{\mathrm{in}}\right) \\ &= O^{-1}\left(\Omega_{\mathrm{out}},\vec{p}_{\mathrm{i}}\right)\times\frac{M\left(\Omega_{\mathrm{in}},\vec{p}_{\mathrm{i}},\Omega_{\mathrm{out}}\right)}{A_0\cos\theta_{\mathrm{s}}}\times O\left(\Omega_{\mathrm{in}},\vec{p}_{\mathrm{i}}\right)\times I\left(\Omega_{\mathrm{in}}\right) \end{aligned} \tag{8.8}$$

$$M\left(\Omega_{\mathrm{in}},\vec{p}_{\mathrm{i}},\Omega_{\mathrm{out}}\right)=\begin{bmatrix} \left|S_{\mathrm{VV}}\right|^2 & \left|S_{\mathrm{VH}}\right|^2 & \operatorname{Re}\left(S_{\mathrm{VH}}^{*}S_{\mathrm{VV}}\right) & -\operatorname{Im}\left(S_{\mathrm{VH}}^{*}S_{\mathrm{VV}}\right) \\ \left|S_{\mathrm{HV}}\right|^2 & \left|S_{\mathrm{HH}}\right|^2 & \operatorname{Re}\left(S_{\mathrm{HH}}^{*}S_{\mathrm{HV}}\right) & -\operatorname{Im}\left(S_{\mathrm{HH}}^{*}S_{\mathrm{HV}}\right) \\ 2\operatorname{Re}\left(S_{\mathrm{VV}}S_{\mathrm{HV}}^{*}\right) & 2\operatorname{Re}\left(S_{\mathrm{VH}}S_{\mathrm{HH}}^{*}\right) & \operatorname{Re}\left(S_{\mathrm{VV}}S_{\mathrm{HH}}^{*}+S_{\mathrm{VH}}S_{\mathrm{HV}}^{*}\right) & -\operatorname{Im}\left(S_{\mathrm{VV}}S_{\mathrm{HH}}^{*}-S_{\mathrm{VH}}S_{\mathrm{HV}}^{*}\right) \\ 2\operatorname{Im}\left(S_{\mathrm{VV}}S_{\mathrm{HV}}^{*}\right) & 2\operatorname{Im}\left(S_{\mathrm{VH}}S_{\mathrm{HH}}^{*}\right) & \operatorname{Im}\left(S_{\mathrm{VV}}S_{\mathrm{HH}}^{*}+S_{\mathrm{VH}}S_{\mathrm{HV}}^{*}\right) & \operatorname{Re}\left(S_{\mathrm{VV}}S_{\mathrm{HH}}^{*}-S_{\mathrm{VH}}S_{\mathrm{HV}}^{*}\right) \end{bmatrix} \tag{8.9}$$

式中，带下标 p、q 的 S 是发射为 q 极化、接收为 p 极化的复散射分量，p、q 为 v 或 h。对于某些物体（如椭球粒子、树干和土壤）而言，交叉极化分量通常较低，甚至为 0。矩阵 M 通常定义在一个有入射和目标法向矢量决定的散射平面中，属于局部转换。因此在冠层中，可能需要进行坐标变换，包括全局转局部 O 再乘以 M，然后局部转全局（O^{-1}），才能获得散射后的矢量。

一个冠层包含很多目标物体，它的穆勒矩阵将是这些子目标散射矩阵的合成。在辐射传输理论中，斯托克斯参数是非相干合成的，因此冠层矩阵是树叶（圆盘模型）、枝条（圆柱模型）或者针叶（圆柱模型）的平均散射矩阵。需要考虑到这些组分的密度、大小和朝向。具体的组分散射矩阵公式请参考 Ulaby 等（1990）的文献。

到目前为止，散射矩阵没有进行目标面积归一化。归一化后，更容易和光学反射率类比来加强理解：

$$P\left(\Omega_{\mathrm{in}},\vec{p}_{\mathrm{i}},\Omega_{\mathrm{out}}\right)=\frac{M\left(\Omega_{\mathrm{in}},\vec{p}_{\mathrm{i}},\Omega_{\mathrm{out}}\right)}{A_0\cos\theta_{\mathrm{s}}} \tag{8.10}$$

8.1.5 辐射度理论的光学和微波统一

经典的辐射度理论来源于热工程学，通常已知每个面元的温度或者自身热辐射下，解决封闭环境下面元之间的热量交换问题。求解的思想是利用一个系数（可视因子或者形状因子）来表征两两之间多次散射贡献能力。基本公式如下。

$$B_i = E_i + \rho_i\sum\nolimits_j F_{ij}B_j \tag{8.11}$$

式中，B_i为面元 i 的辐射度（W/m^2）；j 为另外一个面元编号；F_{ij}为面元 i 和 j 之间的可视因子（view factor 或 form factor）；E_i为自身热辐射，扩展到计算机图形学后，表示光源辐射；ρ_i 为反射率。

上面的公式适用于封闭的房间，不考虑透过率问题。但是遥感观测对象为室外自然景观，和室内有很大的不同。首先，光源不同，室内是热源或者灯光源，光源多但是平行性不强。自然光源主要是直射的平行太阳光加上天空光。其次，叶片是有透过率的，尤其是在近红外。于是，完整的光学遥感辐射度公式如下。

$$B_i = E_i + \rho_i \sum_j F_{ij} B_j + \tau_i \sum_k F_{ik} B_k \tag{8.12}$$

式中，增加的第三项为叶片反面接收到贡献，k 为叶片反面可能看到的另外一个面元编号；τ_i 为叶片透过率；E_i则变成了太阳辐射的单次散射和面元自身热辐射的综合。

辐射度理论原则上用于漫散射体，不过也有研究突破了限制，加入了镜面反射和透射。（Rushmeier and Torrance，1990），正好为微波的矢量传输提供了可能。实际上，将辐射度公式两边同时除以 π，就可以将通量密度转换为辐亮度单位的表达方式。

$$L_i = L_{i,0} + \rho_i \sum_j F_{ij} L_j + \tau_i \sum_k F_{ik} L_k \tag{8.13}$$

式中，L 为辐亮度［单位为 $W/(m^2 \cdot sr)$］；$L_{i,0}$为自身发射或者单次散射的太阳辐射。根据 8.1.4 节的描述，回波的斯托克斯矢量和辐亮度的单位是相同的。因此，在微波波段，辐亮度标量可以扩展为斯托克斯矢量。反射率 ρ 可以扩展为散射矩阵 P。为了方便统一描述，仍然使用光学的符号 L 和 ρ 来代表 I 和 P。当然，到现在为止，适用的仍然是漫反射。

对于镜面反射而言，上述公式需要明确给出方向矢量（Ω），比如入射和镜面方向等：

$$L_i(\Omega) = L_{i,0}(\Omega) + \sum_j \rho_i(\Omega_j, \Omega) F_{ij}(\Omega_j) L_j(\Omega_j) + \sum_k \tau_i(\Omega_j, \Omega) F_{ik}(\Omega_k) L_k(\Omega_k) \tag{8.14}$$

式中，Ω_j 和 Ω_k 是从面元 j 和 k 到面元 i 的方向矢量；ρ 和 τ 为对应的方向反射率和透过率；可视因子也必须更新为方向性指标。

通过将实际散射简化为部分漫散射和部分镜面反射的合成模式，就可以兼容两种散射模式［图 8.1（a）］。最后，对于一个面元 i 来说，有 4 种辐亮度：朗伯体反射（L_i^+）、朗伯体透射（L_i^-）、镜面反射［$L_i(\Omega_{spec})$］和镜面透射［$L_i(\Omega_{fore})$］。

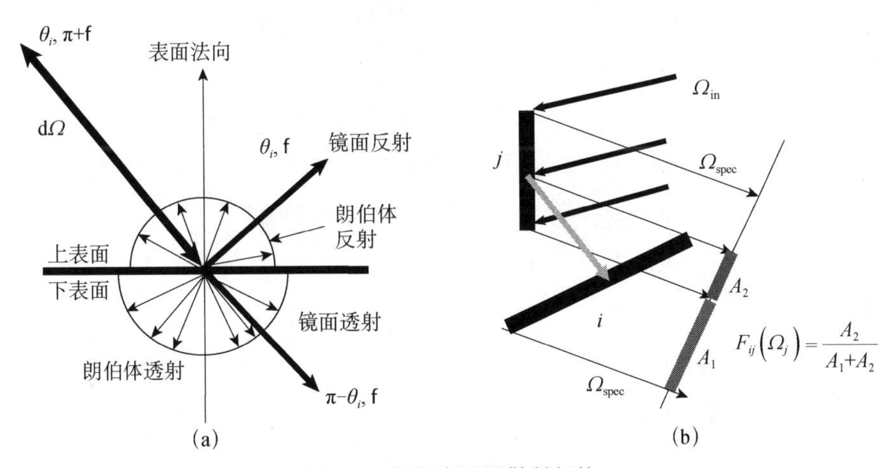

图 8.1　辐射度通用散射架构

（a）镜面散射和漫反射的理想混合；（b）镜面形状因子定义

不过镜面形状因子$F_{ij}\left(\Omega_j\right)$是一个新的概念，需要给出定义。因为镜面反射和入射、反射两个目标都有关，因此是入射辐射方向、反射面元法向和接收面元朝向的函数。为了简化计算，将形状因子定义为镜面反射方向Ω_{spec}上，两个面元的投影面积重叠比率［图8.1（b）］。比如面元j和i的重叠面积为A_2，而i的投影总面积为A_1+A_2，那么面元j对i的形状因子就是$A_2/(A_1+A_2)$。实际上，镜面反射是经典朗伯体形状因子在一个方向上的特例。

8.1.6 全谱段多次散射统一建模

在假设镜面散射独立于朗伯体散射，二次散射对于镜面散射足够的前提下，将整个散射过程分解为如下步骤。

1）单次散射步骤：使用改进后的光线投射（ray casting）算法，计算单次散射$L_{i,0}^{+}$、$L_{i,0}^{-}$、$L_{i,0}\left(\Omega_{spec}\right)$和$L_{i,0}\left(\Omega_{fore}\right)$及其散射矩阵。任一面元$i$和雷达的距离记为$d_{i,0}$。

2）二次散射步骤：从单次朗伯体散射（$L_{j,0}^{+}$和$L_{j,0}^{-}$）和传统形状因子估计朗伯体-朗伯体二次散射（$L_{i,1}^{+}$和$L_{i,1}^{-}$）；从单次镜面散射$L_{j,0}\left(\Omega_{spec}\right)$、$L_{j,0}\left(\Omega_{fore}\right)$和镜面形状因子估计镜面-镜面二次散射$L_{i,1}\left(\Omega_{spec,j}\right)$和$L_{i,1}\left(\Omega_{fore,j}\right)$。如果$L_{i,1}\left(\Omega_{spec,j}\right)$和$L_{i,1}\left(\Omega_{fore,j}\right)$正好位于后向散射方向，其数值累积到$L_{i,1}\left(\Omega_{spec}\right)$。超过二次的镜面反射将合并到漫散射，不再进行多次镜面散射。类似的，镜面-朗伯体二次散射合并到漫散射强度分量（$L_{i,1}^{+}$和$L_{i,1}^{-}$），朗伯体-镜面散射合并到镜面强度分量$L_{i,1}\left(\Omega_{spec}\right)$。如果二次镜面反射不在后向散射方向，直接合并到漫反射分量。两个面元（i和j）的距离记为$d_{ij,1}$。

3）多次散射步骤：该步骤不再有镜面反射参与，故用经典的形状因子即可。使用公式（8.13）就可以用二次散射的结果，即$L_{i,0}$、L_j和L_k，作为初值进行迭代求解。具体而言，在第一次迭代时（m=1），从二次散射结果（$L_{i,1}^{+}$或$L_{i,1}^{-}$）求解三次散射结果（$L_{i,2}^{+}$和$L_{i,2}^{-}$）；在第二次迭代时（m=2），从三次散射结果（$L_{i,2}^{+}$和$L_{i,2}^{-}$）预测四次散射结果（$L_{i,3}^{+}$和$L_{i,3}^{-}$）。迭代一直运行，直到信号超出雷达接收范围。最终的强度记为$L_{i,2}$。

对目标i，最终的合并强度为

$$L_i\left(\Omega_{back}\right)=L_{i,2}^{+}+L_{i,1}\left(\Omega_{spec}\right) \tag{8.15}$$

图8.2显示了RAPID2的整个理论框架，但是具体如何用计算机图形学实现上述理论，不是本书的重点。如需详情，请参考Huang等（2018）的文献。

【思考：统一建模的全波段模型有什么潜在的理论和应用价值？如果用几何光学模型进行统一有没有可能？】

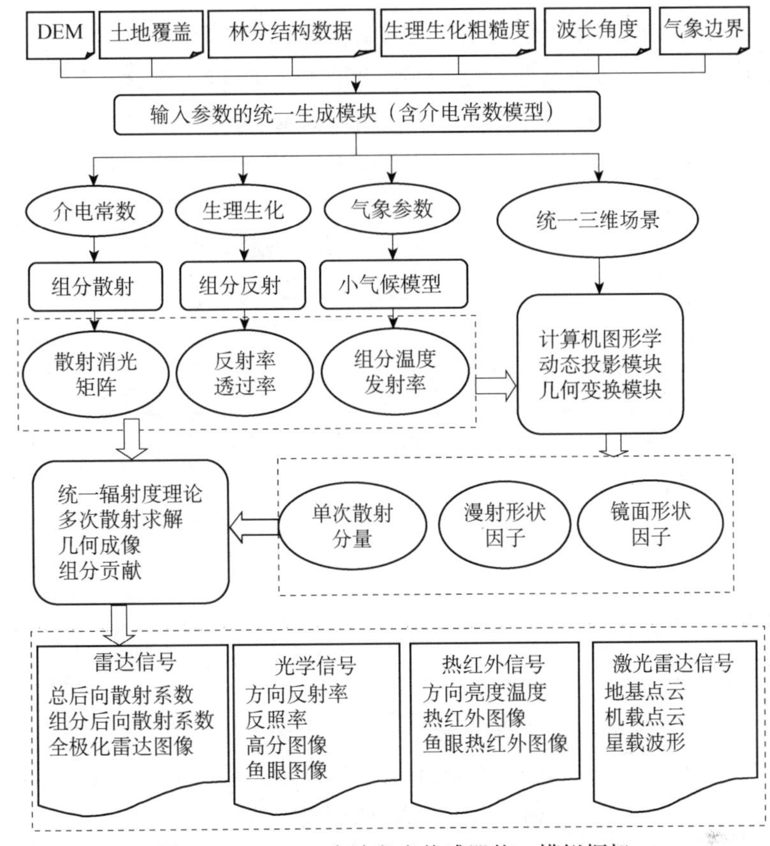

图 8.2　RAPID2 全波段多传感器统一模拟框架

8.2　基于统一模型的多源数据信息量模拟分析

多源数据融合的信息量分析是开展融合机理研究的主要内容之一。不过，其长期以来主要通过统计分析方法完成，定量较好，但机理不足。实际上，信息量分析非常复杂。首先，从互补角度看，多源遥感数据极有可能包含不同的信息增量，但同时也会引入噪声。如果噪声比信息量小，则融合是有价值的；反之则没有必要融合。其次，从相关角度看，数据源之间可能存在共线性，或者说对同一个参数有相似的贡献。如果相关性很高，说明两种数据源保留一个即可；反过来思考，说明两者之间可以互相替代。此外，不同的时空分辨率和观测几何也约束着数据源的贡献能力。

因此，有必要基于统一的机理模型来深化相关研究。通过大量模拟，可以展示或者度量各类数据源的信息量贡献。不过完整的信息量贡献评价较为困难。本节仅仅基于 RAPID2 模型，演示如何构建多源数据的模拟数据库，来展示各个数据源的信息量。更完整或者有针对性的敏感性分析（sensitivity analysis），或者灵敏度分析，请读者自行尝试。

8.2.1　模拟和分析方法

本节介绍如何使用 RAPID2 模型建立统一的三维场景，并设定不同的生物量和含水量梯度的方法，以分析不同波段下遥感对生物量和含水量的响应程度。

三维模型输入参数非常多，进行全局敏感性分析操作非常复杂。实际上，森林生长中存在大量的相关生长关系，也叫作异速生长（allometric growth），可以帮助快速建模。为了更容易观察模拟效果，参考 Wang 和 Qi（2008）的工作，基于异速生长关系对输入进行了若干简化（表 8.2）。首先，设定模拟三个标准森林类型场景：阔叶林、混交林和热带雨林。其中热带雨林场景中包括乔木、亚乔木、灌草三层。其次，叶片大小固定；采用树高（H）为变量的异速生长方程，来预测胸径、枝下高、冠幅、枝条半径等变量；以林分株数密度（S）为变量预测枝条密度。

表 8.2 基于树高（H）和株数密度（S）的相关生长方程

指标	阔叶林	混交林	热带雨林
冠幅（m）		$0.153\times H+0.784$	
冠层高（m）		$0.559\times H-1.328$	
胸径（cm）		$1.332\times H+4.29$	
枝下高（m）		$0.559\times H-1.328$	
枝条密度（个/m³）	$S\times 8$	$S\times 16$	$S\times 32$
枝条半径（cm）		$0.333\times H-1.082$	

对所有林分设置不同的树高、株数密度、LAI 和含水量梯度（表 8.3）。在每次模拟过程中，只改变一个输入参数，其他参数均用平均值表示，然后通过 RAPID2 模拟出对应的光学信号和微波信号。因此，本次模拟属于局部敏感性分析。

表 8.3 模拟输入的结构和水分参数

参数	取值范围	平均值
树高（m）	6～26	16
LAI（m^2/m^2）	1.0～5.0	3.0
含水量（%）	20～60	40
株数密度（株/hm^2）	400～800	600

输出方面，光学信号主要包括在 0°和 50°入射角的 18 个波段（450～1050nm）的多角度 BRF 及其 NDVI；微波信号主要包括 36°入射角和 HH 极化条件下 C 波段（6cm）、L 波段（25cm）和 P 波段（68cm）的后向散射系数。分别针对树高、LAI、含水量和株数密度 4 个输入参数，通过绘制散点图，分析反射率和后向散射系数两类输出参数的局部敏感性响应趋势。在量级上仅做描述性分析。

8.2.2 树高敏感性结果

不同林分随树高增加，其反射率和后向散射系数都有明显的变化。其中，在可见光波段呈现降低趋势；在红边和近红外波段呈现增加趋势，先迅速增加然后逐渐趋于稳定；在 P、L、C 波段中，后向散射系数均随着波长的增加而增加，随树高先增加后减小（图 8.3）；P 波段最强；C 波段后向散射系数最低，但是波动范围最大，说明中等株数密度条件下 C 波段较为敏感。

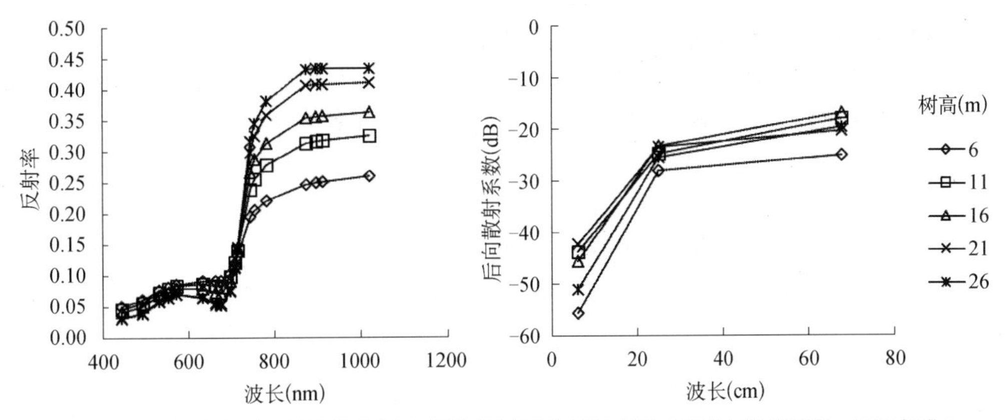

图 8.3　以混交林为例，随波长和树高变化的星下点反射率及 36°后向散射系数（HH 极化）

图 8.4 进一步显示：

1）光学方面，当树高从 6m 增加到 26m 时，阔叶林和混交林的 NDVI 线性变化趋势明显，阔叶林的斜率最大。而热带雨林 NDVI 则呈现先下降后上升的趋势。原因在于热带雨林场景垂直结构复杂，包括三层，在树高较低时亚乔木和灌木对 NDVI 的贡献最大；随着树高增加，乔木层带来的阴影降低了下层木的贡献，乔木的贡献逐渐增加。

2）微波方面，没有明显的后向散射和树高的线性关系。阔叶林的关系相对稳定，呈现先快速增长，达到 16m 后缓慢增长（C、L 波段）或者下降（P 波段）的趋势。对 P 波段，三个森林类型的变化趋势类似，先增加后降低。在 C 和 L 波段，混交林变化最小（10dB、5dB），热带雨林居中（17dB、5dB），阔叶林最大（160dB、15dB）。

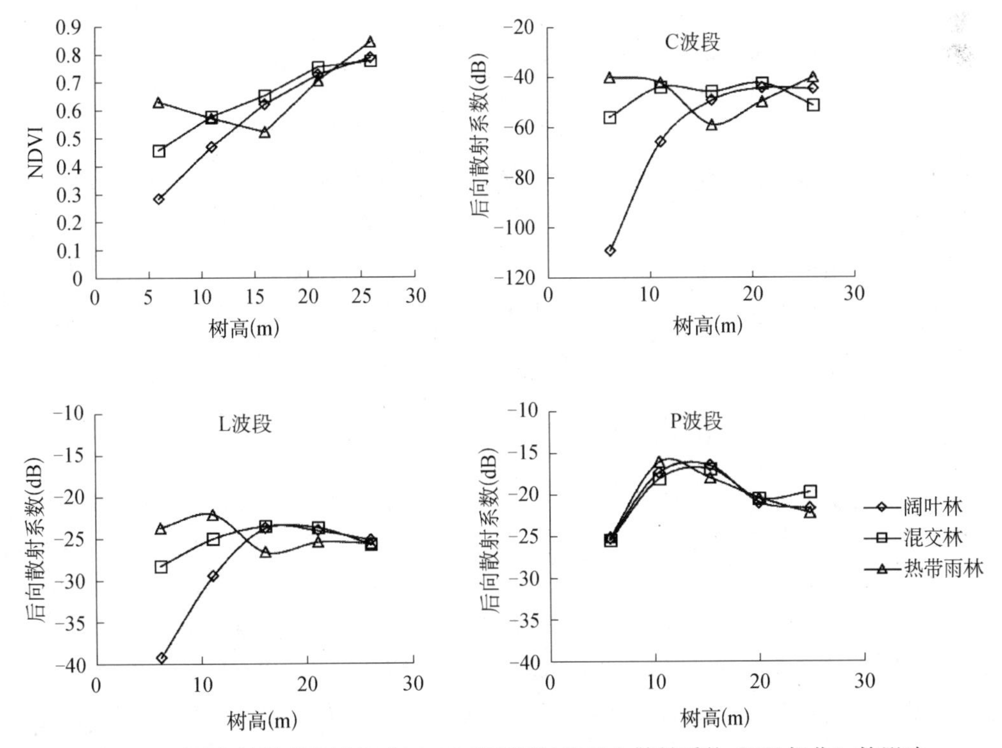

图 8.4　不同森林类型的树高对 NDVI 和不同波段后向散射系数（HH 极化）的影响

总体来看，NDVI 和微波后向散射系数对树高的响应有类似的趋势，但也有差异。这表明，两个波段范围的信号既有相关性，也有互补性，具体还需要深入分析。要注意的是，不同森林类型的响应是不同的，这说明准确提取树高需要考虑复杂的三维垂直结构。

本模拟显示 NDVI 和 C 波段对树高变化较为敏感，这个和通常认识的 P 波段森林生物量敏感性最强的规律似乎有出入。不过，上述模拟采用的株数密度为平均值 600 株/hm^2，LAI 也为平均值 3，接近但并未达到光学的饱和点。此外，模拟中并未区分大枝和小枝。实际上，大小枝条对 C 和 L 波段的响应不同，因而模拟结果还可以进一步完善。

8.2.3 LAI 敏感性结果

进一步，通过改变 LAI 来测试饱和点问题（图 8.5）。森林反射率随 LAI 的增加变化明显，LAI 越大，反射率越大，最后变化趋缓，逐渐接近饱和状态的反射率曲线。P 波段的后向散射系数最大，差异为 5dB，显著高于 C 和 L 波段变化，说明 P 波段对 LAI 的敏感性最强。

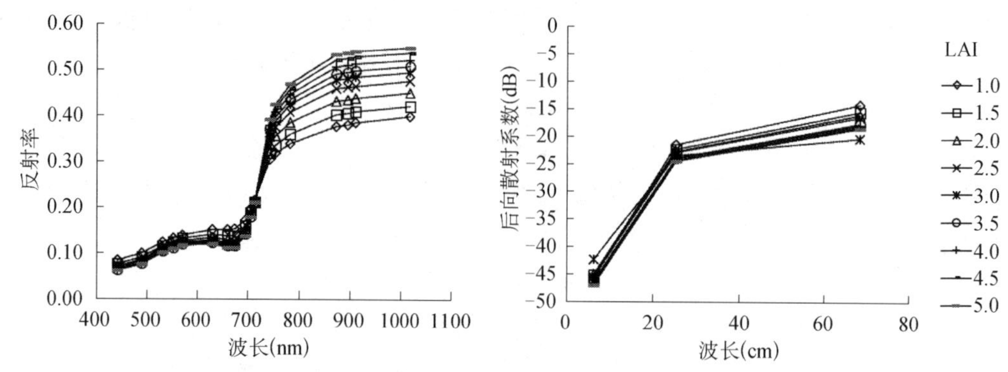

图 8.5 LAI 变化对混交林模拟的反射率及后向散射系数（HH 极化）的影响

图 8.6 显示了 NDVI 和后向散射系数随着 LAI 的变化结果。这时候，NDVI 出现了饱和，当 LAI 超过 3 以后，NDVI 增长率显著降低。后向散射系数整体呈现稳定（C 波段）或者稳步下降的趋势（L 和 P 波段），其中 P 波段的下降趋势最为明显。这种下降可以解释为冠层郁闭度增加导致树干信号（后向散射系数敏感信号）的穿透性降低。有意思的是，在 LAI 为 3 时，C 和 L 波段有突然增大，P 波段有突然降低的现象。具体原因有待进一步探究。

8.2.4 叶片含水量敏感性结果

对三个森林类型来说，叶片含水量对反射率没有明显的影响（图 8.7）。主要是因为水分的敏感波段并不在模拟的波段范围内。对后向散射系数而言，含水量的影响随着波长增加而减小。

图 8.8 显示，叶片含水量的增加与 NDVI 值几乎没有相关性；相比之下，微波信号对含水量有非线性的响应。阔叶林后向散射系数呈现一定的正相关。混交林和热带雨林处于中等含水量 40%时，在 C、L 波段出现最大值，在 P 波段呈现最小值，变化幅度可达 5dB。

水分变化主要影响叶片的介电常数，因而改变冠层的散射特性。不过由于只是变动叶片含水量，并未考虑土壤和树干含水量的变化，模拟结果仅作为参考。

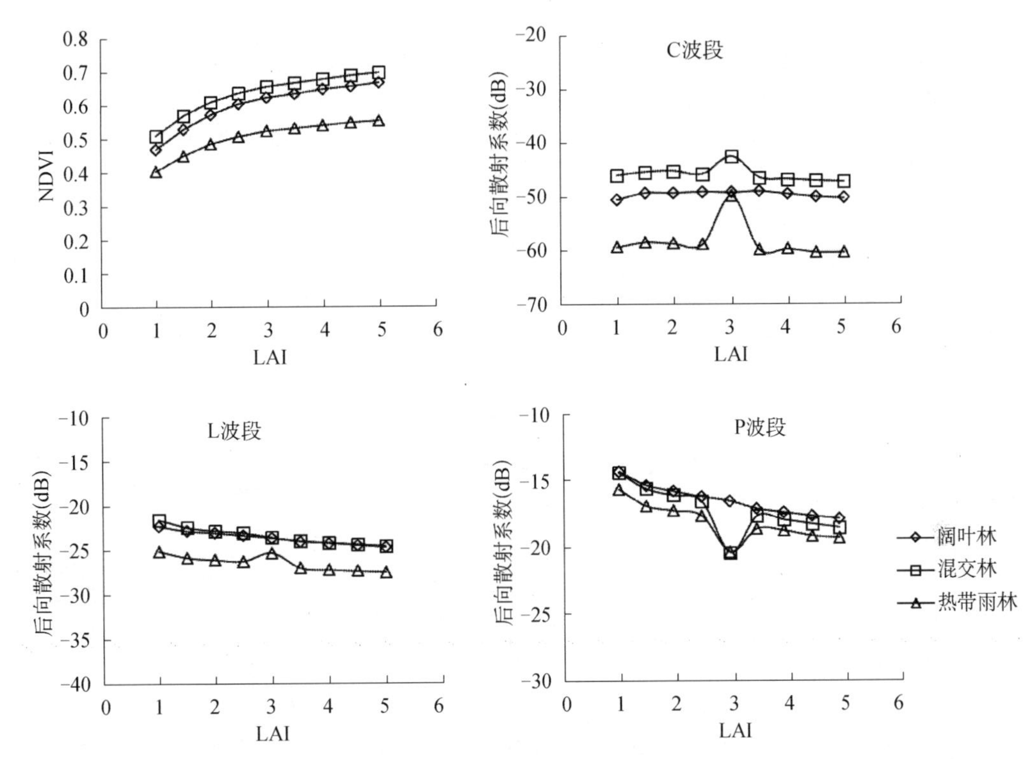

图 8.6 不同森林类型 LAI 与模拟 NDVI 和不同波段后向散射系数（HH 极化）的相关性

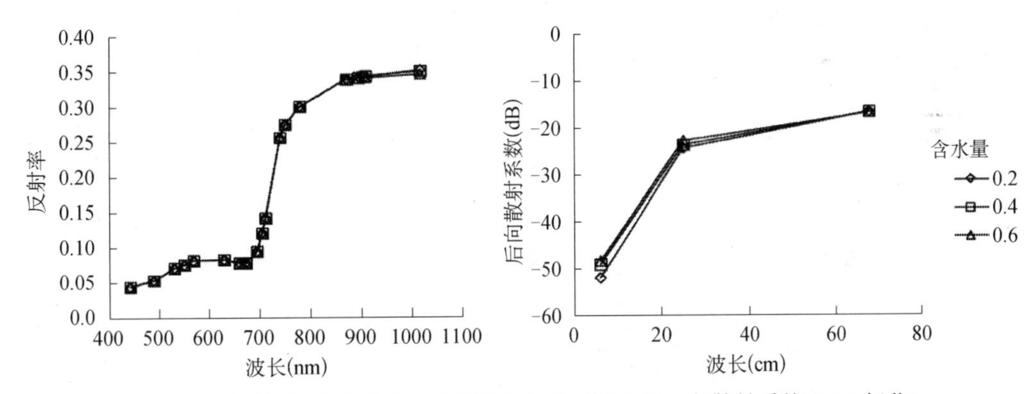

图 8.7 阔叶林随波长和叶片含水量变化时的反射率及后向散射系数（HH 极化）

【思考：叶片含水量、土壤含水量和树干含水量是否也有相关性？】

8.2.5 林分密度敏感性结果

在混交林中，随着林分密度的增加，反射率和后向散射系数也随之增加，林分密度对近红外波段反射率的影响较为明显（图 8.9）。与树高类似，C 波段波动较大。其原因是 C 波段对冠层很敏感，当林分密度增大时，冠层郁闭度和 LAI 显著增加，导致 C 波段后向散射增强，则导致 C 波段较 P 波段对林分密度更为敏感。模拟的所有林分中，NDVI 和 C、L 波段后向散射系数随林分密度增加均表现出增加的趋势。在 P 波段，阔叶林有线性增长趋势，但是混交林和热带雨林与林分密度的关系不明确（图 8.10）。

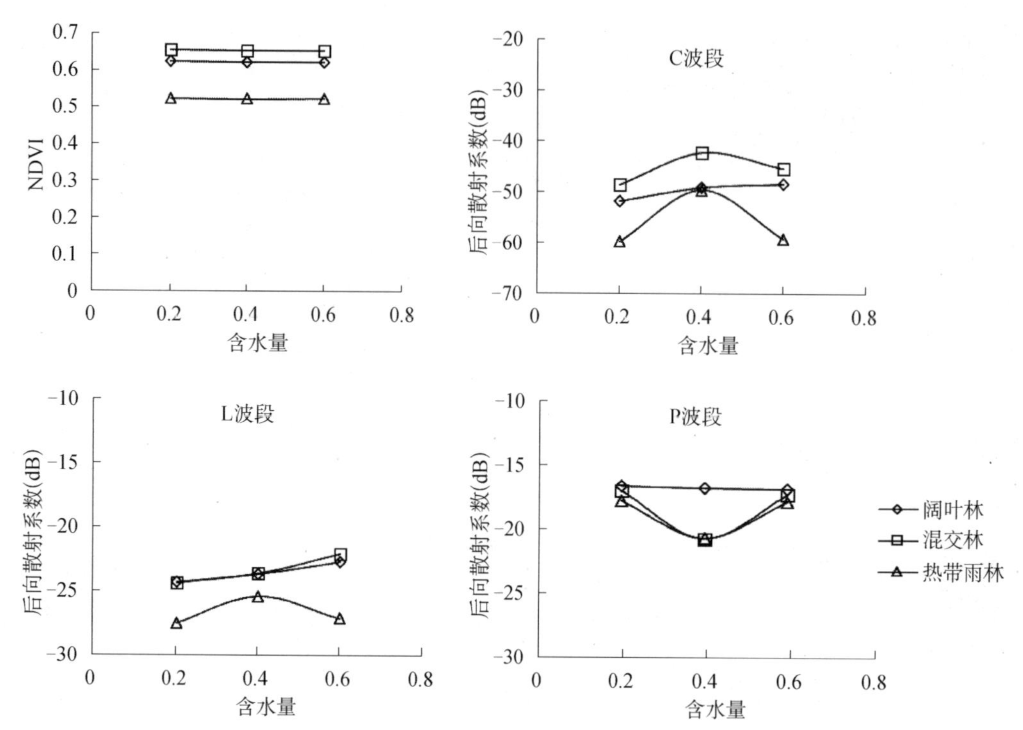

图 8.8　不同森林类型含水量与模拟 NDVI 和不同波段后向散射系数（HH 极化）的相关性

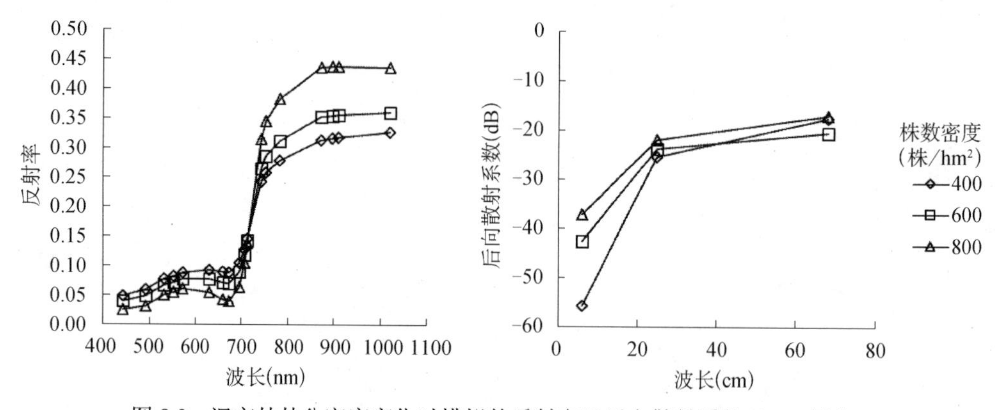

图 8.9　混交林林分密度变化时模拟的反射率及后向散射系数（HH 极化）

综上所述，光学信号 BRF、NDVI 和微波信号（C、L、P 波段）对树高、含水量和林分密度有相似但是不同的贡献。在设定的非水分敏感波段范围内，NDVI 和 BRF 对含水量变化不敏感，但是微波信号较为敏感，因此两者可以互补。NDVI 与 LAI 正向相关，但是 L、P 波段信号则呈现负向相关。株数密度和光学雷达信号都有一定的正向关系，但是在 P 波段中不稳定。

严格意义上，上述分析并非敏感性分析，只是改变了某些输入，观察输出的变化而已。读者如果需要开展详细的敏感性分析，可以采用全局敏感性方法，如扩展傅里叶幅度敏感性检验（EFAST），开展模拟分析（何维和杨华，2013）。

为了方便读者使用，RAPID2 模型配套软件已经实现了光学和微波联合模拟功能，简化了上述模拟过程。具体下载和使用说明请访问网址 http://www.3dforest.cn/rapid.html。

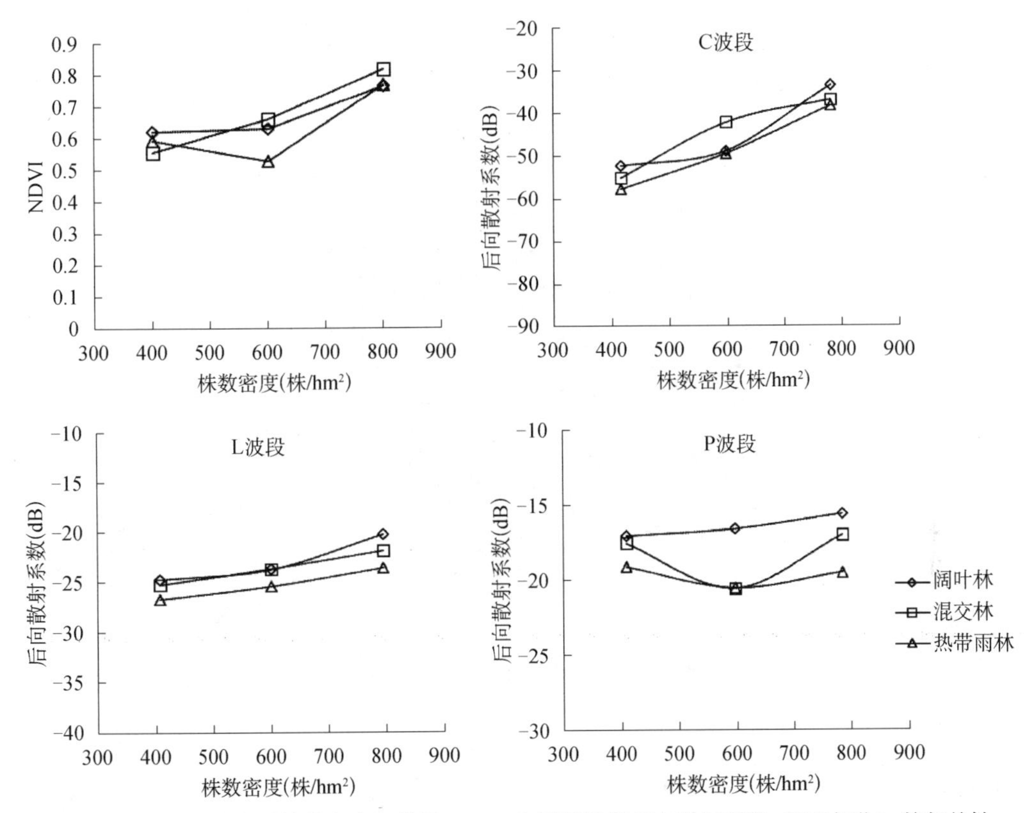

图 8.10　不同森林类型株数密度与模拟 NDVI 和不同波段后向散射系数（HH 极化）的相关性

【思考：NDVI、NDWI 和后向散射系数可能存在什么关系？尝试用 RAPID2 开展模拟分析。】

8.3　利用机理模型耦合多源数据反演树高和生物量

从这里开始将介绍机理模型如何参与多源数据融合的几个典型案例，包括树高和生物量的反演、火烧迹地恢复预测、病虫害监测和时序图像模拟等。本节主要参考谷成燕(2018)的工作，以树高和生物量反演为例，阐述如何用遥感机理模型来耦合多源数据。

8.3.1　研究区

研究区在大兴安岭西部（图 8.11），海拔为 384～516m，平均坡度为 15°，属于典型的寒温带大陆性季风气候，年平均温度为-3.5℃，年降水量为 10～280mm，降水多集中在 7～8 月。土壤以棕色针叶林土和暗棕壤为主。土地覆盖类型包括阔叶落叶林、针叶落叶林、湿地、农田、平原草地、草地和野火扰动区等。主要树种有兴安落叶松（*Larix gmelinii*）、白桦（*Betula platyphylla*）、樟子松（*Pinus sylvestris*）和山杨（*Populus davidians*）。其中，重点研究区为根河生态保护区（后面的几个案例也多集中在该研究区），位于研究区东部，占地约 1 万 hm^2（图 8.11）。

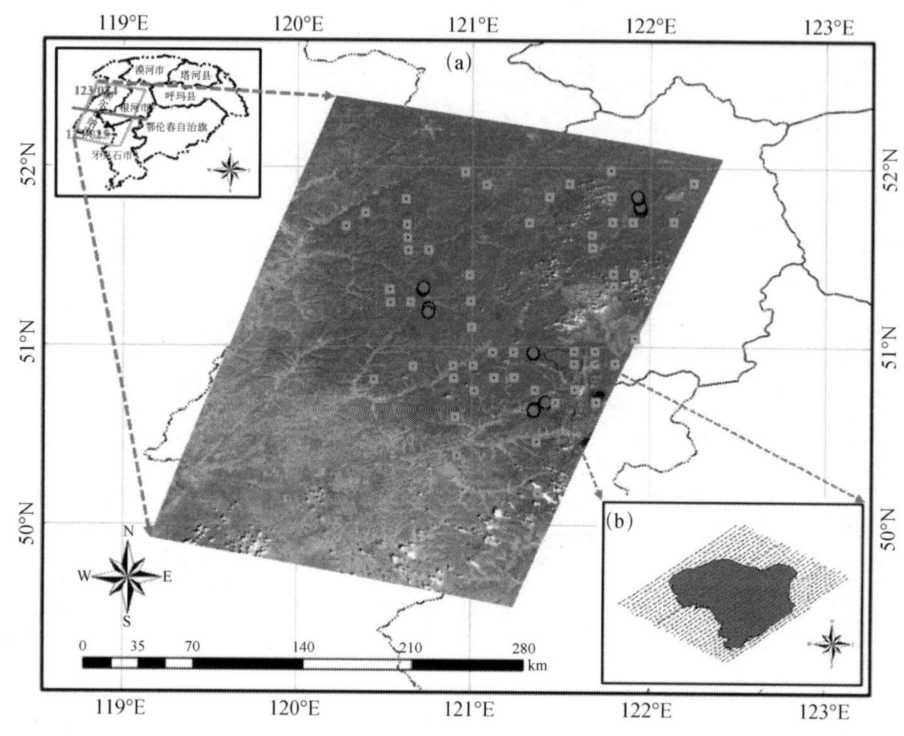

图 8.11　大兴安岭试验区

其中底图为 Landsat 7 假彩色合成图像（2012 年 8 月，波段 5、4、3），点状符号代表 102 块样地，其中绿色点为 2013 年测量的 54 个样地，红色点为 2012 年 8 月测量的 48 个样地，蓝色区域为根河生态保护区范围；在蓝色保护区上方的虚线为机载 LiDAR 的飞行轨迹

8.3.2　多源数据

本案例涉及的主要数据包括机载 LiDAR 数据、陆地卫星多光谱数据、ICESat 卫星 GLAS 波形数据、ASTER 数字高程模型（DEM）数据、样地数据和土地覆盖数据。

1. LiDAR 点云数据

机载 LiDAR 数据采集于 2012 年 8 月 16 日至 9 月 25 日（Tian et al.，2015）。飞行轨迹覆盖了整个根河生态保护区［图 8.11（b）］。平台为 ALS60 机载 LiDAR 系统，搭载 CCD 与徕卡 RCD105 系统，飞行高度约为 2700m，脉冲频率为 100～200kHz。近红外波段扫描角度为±30°，CCD 图像分辨率为 0.2m（Huang and Lian，2015）。

该点云的投影坐标系统为 UTMZone 51N/WGS-84。类似 4.5 节的方法，分别得出 DEM、DSM 和 CHM。为了与 Landsat 7 空间分辨率 30m 相同，通过 ArcGIS 10.3 构建 30m 大小的网格，统计样方水平的森林指标（如平均高度、树木数量），其中最小树高为 2m，最大树高为 42.39m，平均树高为 23.54m，平均每个网格有 175 棵树。

2. Landsat 多光谱数据

研究区覆盖了两幅 Landsat 7 影像的范围，行列号为 123/024 和 123/025。按照最接近 LiDAR 数据采集时间和样地调查时间、云量低的原则，选择 2012 年 8 月 30 日过境（太阳天顶角为 38°，太阳方位角为 149°）数据，云量低于 10%。在对 ETM+传感器的扫描线校正器（SLC）错误数据进行填补后，将灰度值（DN）辐射定标，并计算大气层顶（TOA）反射率，进一步基于6S辐射传输模型得到地表反射率。利用Fmask算法（Zhu and Woodcock，2012）进一步消除厚云层、云阴影、地形阴影和水的影响。上述处理是星载多光谱数据的常见处理流程，请读者参考借鉴。

3. 样地和GLAS数据

对48个圆形样地半径（15m）进行了现地测量。树高（*H*）和第一分枝高（FBH）用激光测高计测量。胸径（DBH）用胸径尺测量，单株树在两个正交各向异性方向的冠幅用卷尺测量，记录每个样地的坐标、海拔、坡度、坡向、森林类型和优势树种。LAI通过LAI-2000和植物冠层分析仪（TRAC）测量，郁闭度（CC）使用HemiView2.1设备（英国Delta-T公司）测量。注意：这48个样地也位于ICESat/GLAS的脚印位置，因此提取了GLAS波形数据，并提取树高进行对比。另外54个样地来自2013年国家森林资源清查数据中30m×30m的样地。

4. DEM数据

DEM数据来自基于ASTER立体像对提取的DEM产品。地形指数（坡度、坡向）是从ASTER DEM数据中提取的。

5. 土地覆盖产品

研究区域以内的30m分辨率的土地覆盖产品（2009年）从清华大学网站下载（http://data.ess.tsinghua.edu.cn/index.html）（Gong et al.，2013）。

8.3.3　几何光学模型作为机理模型

使用几何光学模型GOST（Fan et al.，2014）作为机理模型，生成模拟数据库作为查找表（LUT）进行树高反演模型的训练。GOST是一种考虑倾斜地形的几何光学场景模型（见2.4.4.2），被开发用来模拟三分量（阳光直接照射的树冠、直接照射的地面和阴影）面积比例的复杂关系和冠层结构（空间分布、树冠分枝和枝条）（Fan et al.，2014）。GOST的输入包括样地参数（如样地大小、树木数量、LAI、林分密度、观测天顶角、太阳方位角、观测方位角、坡向和坡度等）、树形结构参数（如每个树冠的树高、冠幅和高度、冠形、枝下高和丛生指数等）、地面和叶片光谱反射率等。针叶树的冠形假设为“圆锥+圆柱”，阔叶树的冠形假定为“椭球形”。本案例研究中，GOST模型将树高和反射率作为主要的输入输出参数进行大量LUT构建，是耦合多源数据的核心。

8.3.4　利用机理模型耦合多源数据反演树高的方法

耦合反演的总体思路如图8.12所示，包括以下主要步骤。

1）基于混合像元分解，从Landsat 7影像生成准确的场景分量（光照背景、光照冠层、阴影背景和阴影冠层）数据。

2）使用几何光学模型GOST构建LUT。

3）通过机载LiDAR数据、样地数据和GLAS数据训练反向传播人工神经网络（BPNN）

算法预测森林树高、郁闭度和 LAI。

4）统计预测地上生物量 AGB。

上述步骤中，混合像元分解是否正确是成败的关键，基于 LUT 的林分平均高的反演是主要创新。下面分别针对前三个步骤展开描述。

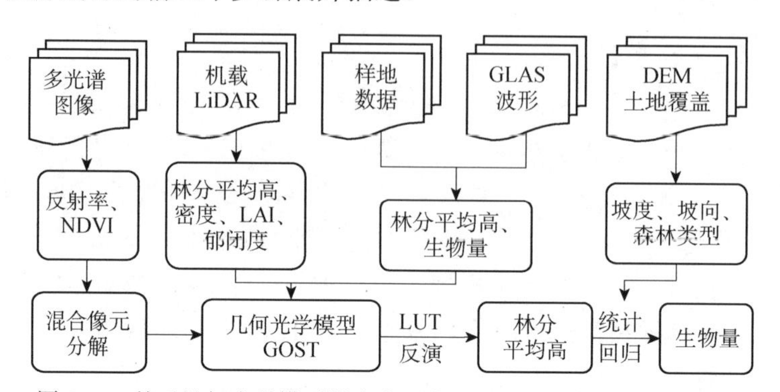

图 8.12 基于几何光学模型耦合多源数据的树高和生物量提取流程

1. 混合像元分解提取场景分量

准确估算森林高度的关键步骤，是从 Landsat 7 影像中获得 4 个场景分量的准确数据。因为阴影背景的端元和阴影冠层的端元反射特性相似，合并成一个阴影丰度。因此，GOST 的 4 个场景分量可以组合成三个，即光照冠层、光照背景和阴影。使用连续最大角凸锥（SMACC）算法实现。由于端元光谱异质性，SMACC 算法提取的端元可能与三个场景分量不一致，即可能存在两个或者更多的端元对应于同一分量。因此，必须在 GOST 的帮助下将 SMACC 端元结合到这三个分量中。为了提高 GOST 这三个分量的可信度，采用机载 LiDAR 数据和 DEM 数据作为大量样本来校准 GOST 模型。

2. 利用 GOST 模型构建 LUT

GOST 是一个多参数非线性复杂模型。如果输入参数范围广泛且合理，其将生成可以代表大多数森林特征的大量数据集。然而，由于 GOST 需要许多输入项，很难保证每个参数都有实测数据。因此，本研究中假设不同的生物群将具有相似的结构特征和地面特征，并且混交林和针叶林具有相似的冠层结构（Nelson，1997）。此外，根据研究区域的实际情况设置输入。在各种森林的不同高度（2～23m，间隔 1 m）、坡度（0°～63.5°，间隔 10°）和坡向（0°～359°，间隔 2°）中进行 GOST 模拟，共输出了 3 万多条数据。每条数据都包含输入和输出，这些输入和相应的输出存储在一个 LUT 中。构建 LUT 和预测森林高度的流程如图 8.13 所示。

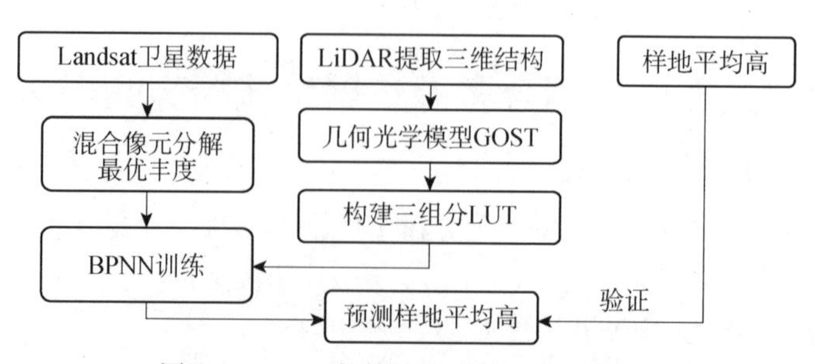

图 8.13 LUT 的构建及森林高度的估测

3. 利用 BPNN 训练和反演森林高度

基于 LUT 设计多层 BPNN 来估算森林高度。BPNN 的网络设计为 4 层。输入层包含坡向、坡度及光照背景、光照树冠和阴影三个分量的丰度，输出层是森林高度。BPNN 第一和第二隐藏层的节点数分别设置为 20 和 40。两个隐藏层和输出层的传递函数设置为“tansig”；训练函数设置为“traingdm”（梯度下降算法）；训练的重复次数为 1000 次，学习效率为 0.1。在 BPNN 训练之前，LUT 的数据首先被标准化在［-1，1］之内。共有 80%的 LUT 数据用于训练，其余 20%的数据用于验证 BPNN 估测的精度。在训练结束后，使用验证数据集评估 BPNN 的性能，如果相关系数大于 0.9，说明构建的网络模型可以很好地用于估测森林高度，可结合 Landsat 影像估算研究区的森林高度。

【思考：如果不用 BPNN，还有什么其他方法可以预测树高？】

8.3.5 树高估计精度评价

BPNN 的模拟性能如图 8.14 所示。可以看出，基于 GOST 模型自身模拟数据的反演精度较高（R=0.963 14）。基于样地数据的反演结果表明，地形对阔叶林和混交林的精度有很大影响。当坡度低于 10°时，针叶林、阔叶林和混交林均具有较高的 R^2 值和较低的 RMSE 值。当坡度大于 10°时，只有针叶林具有显著的 R^2 值（R^2=0.88，RMSE=0.80m），阔叶林和混交林的结果无统计学意义。针叶林在各个坡向准确度都很高，R^2 值均在 0.6 以上。阔叶林在各个坡向上的回归均无统计学意义。混交林的回归仅在半阴坡上有统计学意义，R^2=0.89。

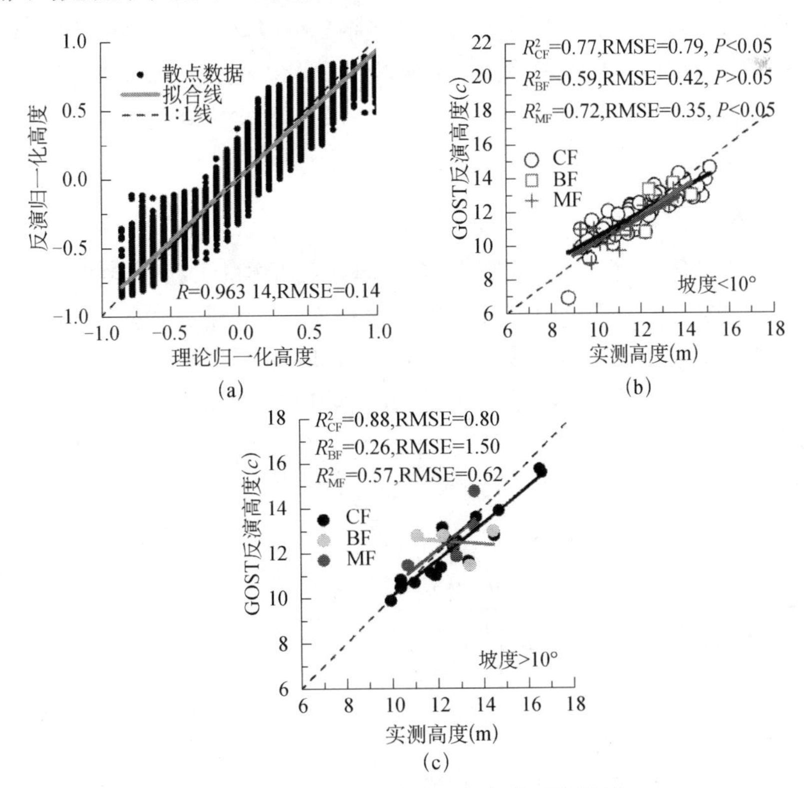

图 8.14　基于参考林分平均高的反演效果

其中 CF 表示针叶林，BF 表示阔叶林，MF 表示混交林；（a）归一化高度结果；（b）坡度小于 10°反演精度；（c）坡度大于 10°反演精度

【思考：为什么针叶林的反演精度要高于阔叶林？阔叶林在陡坡下如何反演才能提高精度？】

8.4 耦合多源数据和过程模型监测火烧迹地植被恢复

林火是大兴安岭林区主要的干扰因子，且对森林生态系统的碳平衡有着重要影响。火干扰强度及不同地形条件件所导致的山地气候差异是影响火后植被净初级生产力（NPP）恢复过程的主导因素。本研究案例以内蒙古根河林区（同 8.3 节）为例，使用多时相的 Landsat TM 遥感数据（2008～2012 年）和 1980～2010 年的气象资料，结合山地小气候模拟模型（MTCLIM）与基于生理的森林生长（3PGS）模型，模拟森林火后植被 NPP 的时空恢复过程，并探讨不同火烧强度和地形因子对 NPP 恢复进程的影响。该案例参考林思美和黄华国（2018）的工作，主要阐述如何使用过程模型来耦合多源数据。

8.4.1 火烧迹地调查

据根河市林业局火情统计结果，自 20 世纪 60 年代开始，该区域发生火灾的记录多达 126 起，其中重大森林火灾 21 起，是我国森林火灾危害最严重的地区之一。由于地势较为平缓，山间分布较宽的河谷，形成了大面积的沟塘草甸，是林区最易燃烧的地段。林区内火源分为人为火源与自然火源，其中人为火源包括野外吸烟、玩火、防火线跑火、外来火等；而自然火源主要指雷击火，常发生于春夏交替之际。根据实际起火时间和遥感历史数据的存档情况，选择根河林区境内过火面积较大的 8 起历史火烧为研究对象（表 8.4），并对其中 5 起火烧迹地开展了样地调查。

1. 样地设置与调查

本研究案例共包含 45 块样地，分别为 2013 年调查所得的大兴安岭根河生态站样地（30 块）数据，以及 2018 年 7～8 月调查的火烧迹地（15 块）数据。生态站样地根据不同年龄大小确定恢复阶段；火烧迹地则根据不同火烧年代和火烧强度分成不同恢复阶段的火烧迹地。火烧迹地样本选择包括火烧对照、中度火烧（树冠烧死比例 30%～50%）、重度（树冠烧死比例 50%～70%）和极重度（树冠烧死比例>70%）4 种类型。每块样地大小为 30m×30m，并对乔木进行每木定位和每木检尺，起测径阶为 5cm，分别记录树种、株树、胸径、树高和冠幅等参数。

表 8.4 火烧迹地基本信息

火烧迹地	经度（E）	纬度（N）	起火原因	火烧面积（万 hm^2）	火烧年份
潮中	121°20′13″	50°54′48″	—	0.213	1987
阿龙山	122°40′28″	51°48′17″	雷击火	0.641	1992
牛尔河	122°19′12″	51°33′36″	雷击火	0.195	1999
满归	122°07′48″	51°50′24″	—	0.807	2001
金河	121°44′24″	51°09′00″	人为火	7.537	2003
满归	122°10′18″	52°17′42″	—	0.484	2006

续表

火烧迹地	经度（E）	纬度（N）	起火原因	火烧面积（万 hm^2）	火烧年份
阿龙山	122°22′12″	51°40′48″	—	0.615	2010
开拉气	122°20′13″	51°01′00″	雷击火	0.098	2015

2. 样地冠层 LAI 测定

分别采用鱼眼镜头与 LAI 2200 两种方法测定样地 LAI。首先，利用手机搭载鱼眼镜头，借助自拍杆保持镜头水平，在阴天或云遮挡的天气条件下，每块样地按对角线划分在 9 个点离地面 1～2m 处拍摄向上和向下的鱼眼图像，并通过法国农业科学研究院开发的 CAN-EYE 软件提取 LAI 与郁闭度（Wang et al.，2018）。然后，利用 LAI-2200 冠层分析仪，采用一主机两光学传感器模式测量 LAI。在样地外开阔地自动记录 A 杆值时，按对角线共选 9 个点手动操作记录 B 杆值，保证 A、B 杆值的记录方向相同，并通过配套的 FV2200 软件处理记录的数据，获得样地平均冠层 LAI。两种方法测定样地结果如表 8.5 所示。可以看出，受不良天气因素影响，部分样地 LAI-2200 测量数据缺失。

表 8.5　根河样地调查 LAI 数据汇总表

火烧迹地			生态站样地			
样地编号	鱼眼 LAI	LAI-2200	样地编号	LAI-2200	样地编号	LAI-2200
顶级对照	4.44	3.60	A1	3.72	CC03	2.31
2015 对照	3.49	2.62	A2	4.03	CC04	1.82
2010 对照	3.05	2.52	A3	3.54	CC06	1.42
2003 对照	3.60	3.87	A4	4.69	CC08	3.36
1998 对照	3.59	2.88	A8	3.46	CC10	3.16
1987 对照	3.56	3.59	A9	3.23	CC15	2.85
1987 中度	3.35	3.90	L1	3.61	CC19	2.50
1998 重度	1.82	1.71	L2	4.30	CC21	1.34
2003 中度	2.76	—	L3	3.54	CC23	4.27
2003 重度	3.31	2.07	L4	4.99	CC24	2.04
2010 中度	1.28	—	L5	3.34	CC25	1.84
2010 重度	0.76	—	L8	3.75	CC27	1.69
2015 中度	1.08	—	L9	3.11	CC30	2.85
2015 重度	0.92	—	CC01	4.50	CC33	2.55
2015 极重度	0.75	—	CC02	4.78	CC35	2.41

3. 年轮条获取

遵循年轮年代学的基本原理，选择北向、无节疤处，利用生长锥在每棵树胸径处钻取年轮样芯并编号。将野外采集的年轮样芯自然风干后，依次进行木条固定、机器打磨和砂纸打磨，使得样本年轮清晰分明。使用德国的 LINTAB 6.0 树轮测量仪（精度为 0.01mm），测量年轮宽度。采用 COFFCHA 程序，对交叉定年和测量结果进行检验。基于样芯间高频变化的相关系数应该最高的假设，开展分段计算相关系数，实现检验。对于程序输出所指出的问题段、造成低相关系数的年份、相邻年份间轮宽变化超过序列 4 个标准差的年份和主序列的均值正负4.5个标准差的年份均进行了再次检查，以最大限度地减少人为误差，保证定年和测量的准确性。

8.4.2 多源数据

1. 卫星影像

依据根河市林业局的历史火灾登记数据，结合该区域植被生长实际情况，选择遥感的影像时间包含2002～2018年植被生长季内（6～9月）共68景影像数据，其中Landsat TM与Landsat ETM+数据分别为27景，Landsat OLI数据有14景，影像数据时间分布范围如图8.15所示，影像行列号为122/24。为保证能获得较为完整的恢复序列，降低人工影像预处理带来的误差，本研究通过USGS网站（http://glovis.usgs.gov）获取云量小于20%的Landsat目标影像产品序列号，并通过USGS官方产品订单网站（http://espa.cr.usgs.gov/ordering/new）批量预处理下载得到经过辐射定标、大气校正、几何校正与波段运算后的Level 2地表反射率与光谱指数产品，统一设定产品输出的投影坐标系为UTMZone 51N/WGS-84。

【注意：这里使用的是一个小技巧，以使更快地下载云量小的Landsat数据，但要提前注册一个免费账号。】

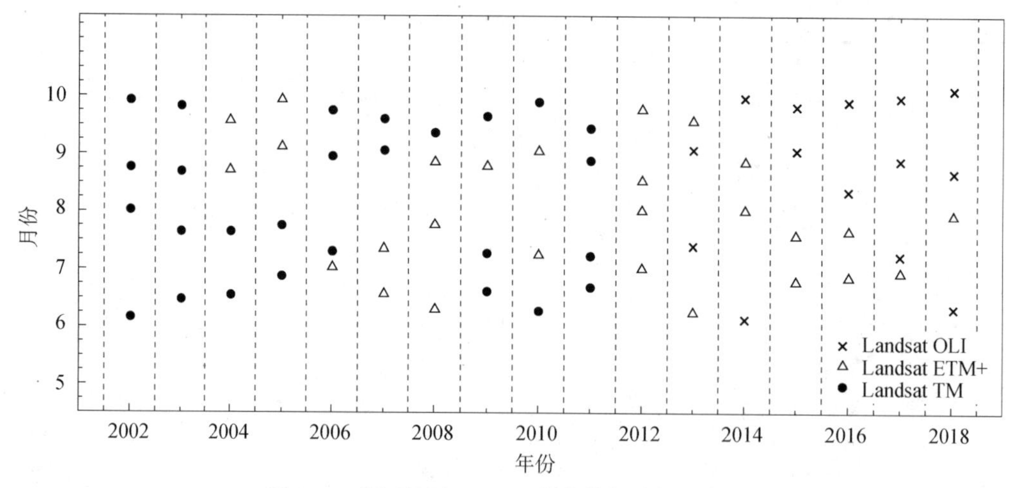

图8.15 根河林区Landsat影像数据时间分布图

2. 气象数据

气象数据来自国家气象科学数据中心共享服务平台（http://data.cma.cn），主要为遥感驱动的生理生态碳循环模型3PGS服务。3PGS模型所需要的气候数据包括月平均太阳辐射（S_{rad}）、月平均气温（T）、饱和水汽压（VPD）、降水量（P）和霜冻日数（F_f）。利用根河地区生态气象站1980～2010年的日累计平均值数据，结合DEM与MTCLIM将单站点的日值气候数据在不同的海拔、坡度和坡向上进行调整［见式（8-16）］，再计算每个点的月平均值（如T为T_a的月平均值），从而生成分辨率为30m的栅格数据。

$$T_{(\mathrm{max/min})} = \mathrm{TB}_{(\mathrm{max/min})} + D_Z \times \mathrm{LR}_{(1/2)} \tag{8.16}$$

$$T_a = \left[\left(T_{\mathrm{max}} - T_{\mathrm{means}}\right) \times T_{\mathrm{daycoef}}\right] + T_{\mathrm{means}} \tag{8.17}$$

式中，D_Z 为海拔；$T_{(max/min)}$ 为每栅格的最高、最低温度；$TB_{(max/min)}$ 为基站测的最高、最低温度；$LR_{(1/2)}$ 为最高和最低温度的垂直递减率；T_a 为日平均温度；T_{means} 为 T_{max} 和 T_{min} 的平均值；$T_{daycoef}$ 为相关系数。

$$\mathrm{VPD} = e_0 \times \left[\exp\left(\frac{17.269 \times T_a}{237.3 + T_a} \right) - \exp\left(\frac{17.269 \times T_{min}}{237.3 + T_{min}} \right) \right] \tag{8.18}$$

式中，e_0 为 0℃时的饱和水汽压（6.1078 kPa）。

$$R_{gh} = T_{tmax} \left[1 - \exp\left(-B \times \Delta T^C \right) \right] \times R_{pot} \tag{8.19}$$

式中，R_{gh} 为日天文辐射；ΔT 是日气温差；T_{tmax} 为晴空条件下最大透射率；R_{pot} 为瞬时天文辐射；B 和 C 为经验系数。

执行 MTCLIM 程序（mtclim43.exe）得到月平均气象因子的空间分布（图 8.16），其中月平均温度（T）与饱和水汽压（VPD）主要受海拔的影响，随海拔升高而递减；太阳短波辐射（Rad）受太阳角度和地形相互作用的影响，即太阳角度与坡度、坡向的关系；而平均降水量（PTT）则对地形的响应不明显。

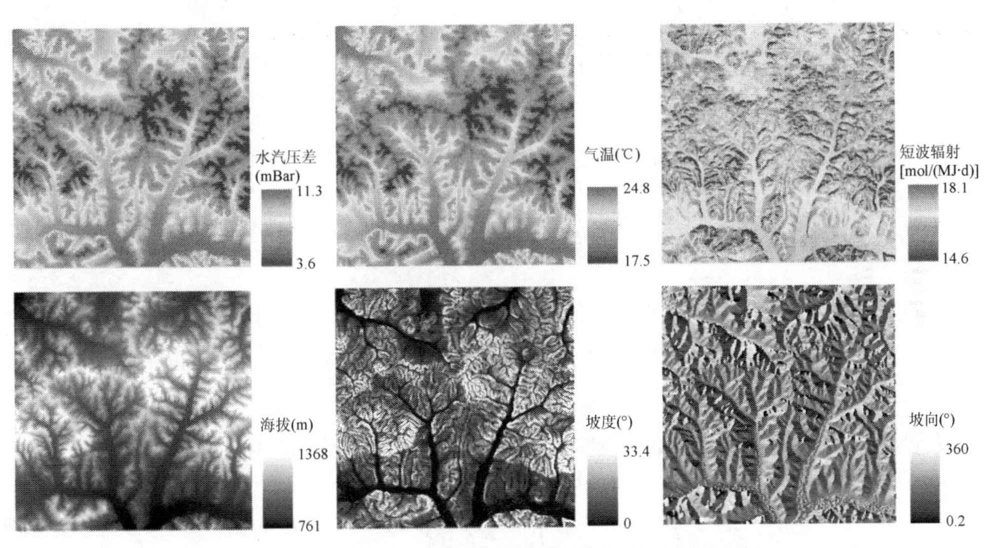

图 8.16　MTCLIM 的山地气象参数空间分布（7 月）

8.4.3　模型和框架

综合利用多时相 Landsat 遥感数据、气象资料、DEM、MTCLIM 和 3PGS 模型，模拟近 30 年根河林区森林火后 NPP 的时空恢复过程，并进行恢复评价。整体的技术流程参见图 8.17。

1. 3PGS 模型

3PGS 模型是在林分生理生长模型（3PG 模型）的基础上，应用空间遥感数据发展形成的一种简化了的空间过程模型（Coops and Waring，2001）。由于该模型只考虑了地上植被的生态过程，并以固定的比值来计算生态系统的呼吸消耗，使得模型计算过程相对便捷（刘建锋等，2011）。该模型从月尺度的 NDVI 中估算植被光合有效辐射吸收分量（f_{APAR}），并结合植被冠层量子效率（a_c）来计算森林的 NPP，同时还考虑了一系列环境修正因子气温（f_T）、霜冻日数（f_F）、水汽压差（f_D）和土壤有效含水量（f_θ）的影响。

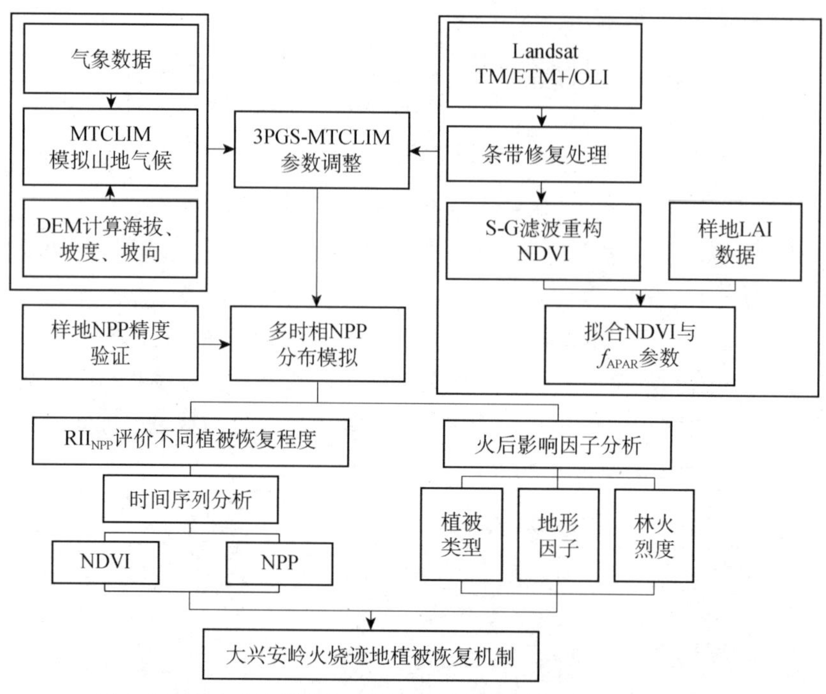

图 8.17 耦合多源数据的大兴安岭火烧迹地植被恢复技术框架

RII_{NPP} 为基于 NPP 变化的相对恢复指数

树木的正常生长需要适当的温度范围，而能让叶片进行光合作用的生长温度范围则更为狭窄。温度可以影响光合作用酶促反应中酶的活性，因此温度对植被的光合作用有着很大的影响。一般情况下，植被可以在 10～35℃条件下正常进行光合作用，过高或过低的温度都会使酶散失活性。净光合作用受温度影响的函数可用下列公式来计算。

$$f_T = \left(\frac{T_a - T_{min}}{T_{opt} - T_{min}}\right)\left(\frac{T_{max} - T_a}{T_{max} - T_{opt}}\right)^{(T_{max} - T_{opt})/(T_{opt} - T_{min})} \tag{8.20}$$

式中，T_a 为月平均日温度；T_{min} 为植被生长最低温度；T_{opt} 为植被生长最适温度；T_{max} 为植被生长最高温度。

在 3PGS 模型中，一般认为树种在霜冻期间即停止了光合作用，细胞结冰造成了细胞生理干旱，细胞与叶绿体受到机械损伤导致细胞透性改变，因此受霜冻影响的计算公式可表述为

$$f_F = 1 - k_F\left(d_F / d\right) \tag{8.21}$$

式中，d_F 为一个月中的霜冻天数；k_F 为每天霜冻损失的生产天数；d 为每月天数。

蒸腾作用是水分从活的植物体表面以水蒸气状态散失到大气中的过程。树木的蒸腾作用受到大气水汽压的影响。当外界水汽压增大时，叶片内外水汽压差变小，蒸腾作用变慢，反之变快（花利忠等，2004）。同时，水汽压还与叶片的气孔导度相关，对叶片的光合作用影响较大。在模型中水汽压差（f_D）的变化可用下式表示。

$$f_D = e^{-k_D D} \tag{8.22}$$

式中，D 为当前饱和水汽压差；k_D 为饱和水汽压差的响应强度。

树木的吸水能力与土壤有效含水量相关。当土壤含水量在永久萎蔫系数与田间持水量之间时，土壤水分对植被是有效的。在该范围内，土壤含水量越高，其保水能力越弱，根系吸水越容易。土壤有效含水量与通气状况对林木的根系吸水有着重要的影响，同时不同的土壤质地也影响着土壤的有效含水量，砂质土壤有效含水量小，而壤土有效含水量范围最大。不同土壤类型有效含水量变化公式表达为

$$f_\theta = \frac{1}{1+\left[\left(1-\theta/\theta_x\right)/c_\theta\right]^{n_\theta}} \tag{8.23}$$

式中，θ 为当前有效土壤含水量；θ_x 为最大有效土壤含水量；c_θ 为土壤含水量降低 50%时相对含水量亏缺；n_θ 为土壤水分形状响应函数幂值。

由于 3PGS 模型是基于卫星遥感数据而驱动的机理模型，可以不考虑树种的专一性从而在不同空间尺度上模拟生产力变化过程，因此可以应用于 NPP 的恢复生长过程模拟。其总体计算公式可表达为

$$\text{NPP} = C_{pp} \times f_{\text{APAR}} \times \text{PAR} \times \alpha_c \times f_T \times f_F \times \text{Min}\left(f_D, f_\theta\right) \tag{8.24}$$

式中，C_{pp} 为植被总初级生产力（GPP）转化为 NPP 的系数，模型默认为 0.47；f_{APAR} 为光合有效辐射吸收分量；PAR 为光合有效辐射；α_c 为植被冠层量子效率；f_T、f_F、f_D 和 f_θ 分别为气温、霜冻日数、水汽压差和土壤有效含水量，每个参数描述一种限制因子，其值为 0～1。

2. 标定 3PGS 模型参数

f_{APAR} 作为 3PGS 模型的关键参数之一，通常可以通过遥感影像来估算。由于植被受到土壤背景、光散射比例、冠层结构和叶片光化学等敏感因素的影响，NDVI 与 f_{APAR} 之间在特定的研究区内存在一种线性相关关系（Myneni et al.，1994；Huemmrich and Goward，1997）。因此，可以通过拟合计算 NDVI 与 f_{APAR} 之间的线性相关系数来获得 f_{APAR} 数据，这也是目前大多数在全球或区域相关研究中估算 f_{APAR} 的常用方法之一（李贺丽等，2013）。

本研究中，样地 f_{APAR} 是根据样地冠层 LAI 和比尔-朗伯定律来估算，记为 f_{APAR1}（Ruimy et al.，1996），用于计算 f_{APAR1} 的 NDVI 数据来源于 USGS 网站分辨率为 30m 的 Landsat TM 遥感数据。分别对应每块样地的调查日期，选择与之最相近的一景影像时间。而用于模型输入的是月值 NDVI 数据，由于 Landsat 数据周期较长（16 天重访），且存在云雨天气的干扰，为了能有效地获得月尺度的 NDVI 平均值，本研究对每个月的三旬数据进行平均值求算获得逐月的 NDVI 数据。

$$f_{\text{APAR1}} = 1 - \exp\left(-k \times \text{LAI}\right) \tag{8.25}$$

式中，k 为消光系数，一般取 0.5。

为了获得 3PGS 模型中 f_{APAR} 与 NDVI 的拟合参数，本研究通过火烧迹地及生态站样地 LAI 数据得到森林冠层 f_{APAR1}，并将其与对应时间的 NDVI 作线性回归分析，其结果如图 8.18 所示。可以看出，森林冠层 f_{APAR1} 与 NDVI 之间存在显著的相关关系（相关系数 R^2=0.76，P<0.01，n=30），因此针对本研究区的冠层、土壤和大气条件，二者之间的线性关系为

$$f_{\text{APAR1}} = 1.279\text{NDVI} - 0.167 \tag{8.26}$$

除了 f_{APAR} 之外，3PGS 模型还需要对模型内部其他生理生态输入参数进行给定或者调整，使之符合研究区植被的实际情况。表 8.6 列出了主要的调整参数及其调整方法。

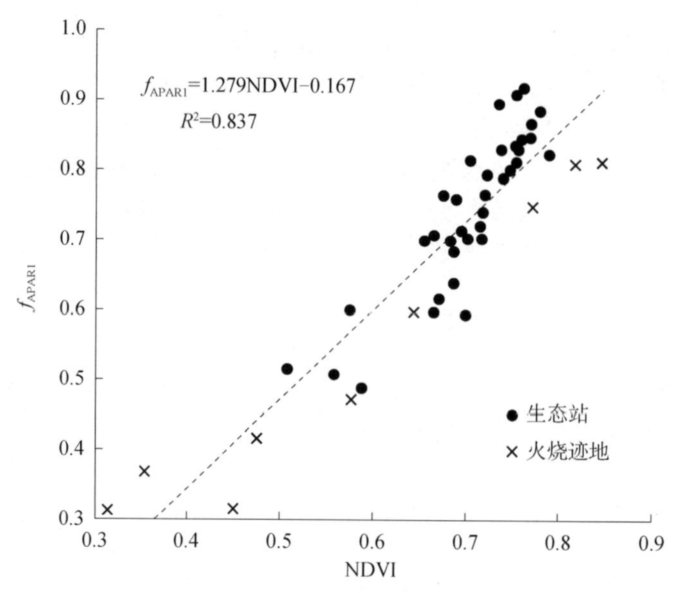

图 8.18 f_{APAR1} 与植被指数 NDVI 相关性分析

表 8.6 3PGS 模型参数设置

变量		值	来源
土壤含水量修正因子	当 f_θ=0.5 时的含水量差	0.5	默认值
	含水量差的幂值	5	默认值
气温修正	最低生长气温	3℃	气象资料
	最适生长气温	16℃	气象资料
	最高生长气温	27℃	气象资料
霜冻修正	每次霜冻生产力流失天数	1 天	默认值
传导度	树冠边缘导度	0.2m/s	默认值
	最大冠层导度	0.02m/s	默认值
	最大冠层导度时的 LAI	3.3m^2/m^2	默认值
冠层结构	成熟叶比叶面积	11m^2/kg	赵晓焱等，2008
	冠层量子效率	0.035mol C/mol PAR	
	林冠降水蒸发的最大比例	0.2	石磊等，2016
	消光系数	0.8	王秀伟和毛子军，2007
	最大降水截留时的 LAI	4	观测值
肥力效应因子（m、f_N）	当施肥率为 0 时 m 值大小	0	默认值
	当施肥率为 0 时 f_N 值大小	1	默认值
转换因子	截距	−90W/m^2	默认值
	斜率	0.8	默认值
f_{APAR} 和 NDVI	f_{APAR} 与 NDVI 线性关系的截距	−0.167	拟合值
	f_{APAR} 与 NDVI 线性关系的斜率	1.279	拟合值
样地初始条件	海拔	700～1400m	观测值
	纬度	50.5°	观测值
	初始种植年份	1900～2020 年	观测值
	最大土壤有效含水量	200mm	Feng et al.，2007
	最小土壤有效含水量	100mm	
	土壤类型	黏壤土	观测值
	土壤肥力	0.6	观测值

3. 驱动 3PGS 模型

将MTCLIM模拟的30m空间分辨率的月平均空间气象栅格数据作为3PGS模型的气候参数输入；将时序 NDVI 作为遥感输入参数；结合上述标定或者调整的系数，可以驱动 3PGS 运行，实现山地植被恢复的过程模拟。输入主要体现在两个文本文件，即 species.txt 与 site.txt，其中，species.txt 文件中需写入模型的生理参数信息，如消光系数和冠层量子效率等（表 8.6）。site.txt 文件则需写入立地条件参数、气候参数、NDVI、模拟时长及输出要素等。

3PGS 模型由 C++编写生成，在 DOS 平台界面下运行。首先，定位到包含 3PGS.exe 模型的根目录下。然后输入 DOS 命令行（如 3pg d species.txt s site.txt），调用 3PGS.exe 模型，并进行模型运算。3PGS 的输出模式为空间输出模式，模型默认输出文件为浮点型栅格矩阵.flt 文件系列，包括月平均 NPP 值、月平均 LAI 等。不过，该文件不带投影信息，可以手动添加和输入影像一致的投影信息即可。

4. 时序数据滤波

火烧迹地的植被恢复是生态功能恢复的基础，林火驱动了森林演替的发生，而森林演替反过来又可以调整生态系统的功能。因此，准确地描述火后北方森林的恢复过程对理解火干扰在生态系统演替过程中的作用至关重要。对于高纬度地区（如大兴安岭）的森林，生长周期长，并且具有显著的季节性差异，单靠地面调查难以全面掌握恢复信息。

长时序的遥感影像，为植被恢复演替的研究提供了新的手段，可以在大范围进行时空分析，挖掘更多的历史信息。通过对火烧迹地具有显著响应的光谱指数进行时序分析，可以准确地反映火烧迹地的时空变化特征。在这里，根据 NPP 的相对变化，提出一个用于评价植被恢复程度的指数，并应用时间序列分析大兴安岭火烧迹地植被指数及 NPP 的恢复特征。

首先，使用 S-G 滤波处理方法对遥感影像时间序列进行重构，以达到降低大气和光照条件所引起的噪声的目的。S-G 滤波是由 Savitzky 和 Golay（1964）提出的一种移动窗口的加权平均算法，可以直接用来处理时间域内的数据平滑度，以达到去云、消除异常值的目的。其基本原理是通过取点 x_i 附近固定个数的点拟合一个多项式，通过多项式得到光滑数值 g_i。这种方法对电脑内存和数据处理能力要求较低，能更大程度地保留地物本身的信息，具有更加简单、快速的特点。

具体步骤和操作可以通过数学公式表达出来。利用一个移动的长度 $2m+1$ 的窗口对每一个像素点进行平滑滤波处理，综合起来表达式为

$$Y_{\mathrm{f}}^{*}=\frac{\sum_{i=-m}^{m}C_iY_{J+i}}{N} \tag{8.27}$$

式中，Y_{f}^{*} 为影像拟合值；Y_{J+i} 为影像导入原始值；C_i 为第 i 个像元值滤波时的系数；m 为半个滤波窗口的宽度；N 为滤波器长度。

通过 TIMESAT 软件实现 S-G 滤波，重构 NDVI 时间序列，以方便对火后植被的恢复时空变化进行分析。TIMESAT 软件是由 Jönsson 和 Eklundh（2004）共同开发的应用于不同空间尺度的遥感植被指数时间序列滤波重建及物候参数提取的程序包，该程序包可以直接通过 http://web.nateko.lu.se/TIMESAT/TIMESAT.asp 网址获取，并通过 MATLAB 软件来

运行。该软件已被应用到多个领域中，TIMESAT 软件包内部滤波函数包括多项式 S-G 滤波函数、非对称高斯函数和双逻辑斯谛曲线（Logistic curve）函数等多种拟合方法。

【注意：TIMESAT 支持的.img 格式，文件类型为 16-bit signed integer，并需要去除.img 的后缀名，设置影像的文件类型与行列数才可以正常运行。】

图 8.19 显示了 TIMESAT 软件的 TSM_GUI 的滤波示意图。经过多次试验将影像数据范围设置为-8000～8000，窗口大小设置为 2，多项式次数为 2，并将设置好的 S-G 滤波曲线保存成 set 文件，运行 set 文件滤波影像，即可获得不同地物类型滤波后的光谱指数时间序列。

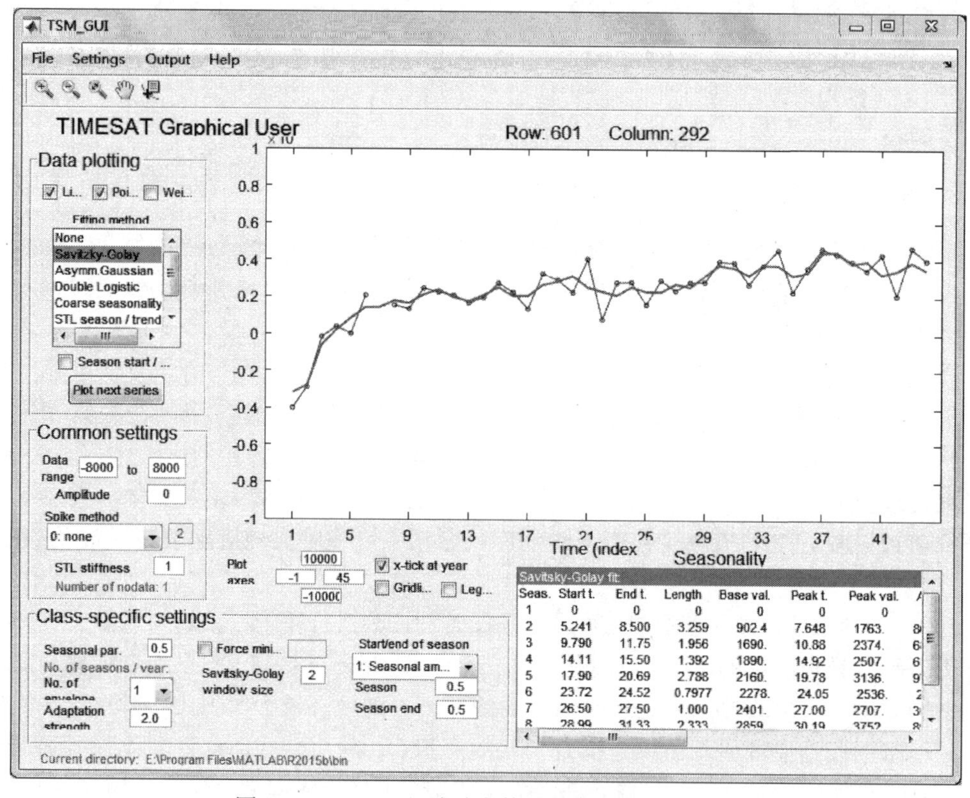

图 8.19 TIMESAT 滤波参数设置的图形用户界面

5. 基于 NPP 变化的植被恢复程度评价

火后植被恢复生长可分为不同的演替阶段，植被在不同阶段生长的光谱特征可能存在明显的差异。一般来说，植被指数在火后短期内会快速增加，而后在一定时间后趋于饱和。Schroeder 等（2011）发现用 NDVI 与 TCA（缨帽变换）的关系计算的火后恢复周期约为 5 年，而用归一化燃烧比率计算的火后恢复周期则约为 7 年。为捕捉火后植被光谱的动态变化特征，根据大兴安岭地区植被 NPP 恢复特征，本研究针对火后恢复早期（1～5 年）的光谱特征，提出基于 NPP 变化的相对恢复指数（RII_{NPP}）：

$$RII_{NPP}=\frac{\mathrm{Max}\left(NPP_{r+5},NPP_{r+4}\right)-NPP_{r0}}{NPP_{pre}-NPP_{r0}} \tag{8.28}$$

式中，RII_{NPP} 为 NPP 相对恢复指数；Max（NPP_{r+5}，NPP_{r+4}）为火后第四或第五年中 NPP

的最大值；NPP_{r0}为火烧当年 NPP 值；NPP_{pre}为火前 NPP 水平值。对确定的火烧迹地来说，RII_{NPP}值越大，说明植被恢复程度越高；反之，则表明其植被恢复程度越低。

【思考：上述监测流程中，3PGS 模型是如何将多源数据耦合在一起的？落脚点在哪里？】

8.4.4　监测效果

1. NPP 模拟结果

3PGS-MTCLIM 耦合模拟的 NPP 结果与样地实测的乔木层生物量生产力变化趋势一致，存在较好的对数增长关系（R^2=0.8403，P<0.001），呈显著相关（图 8.20）。

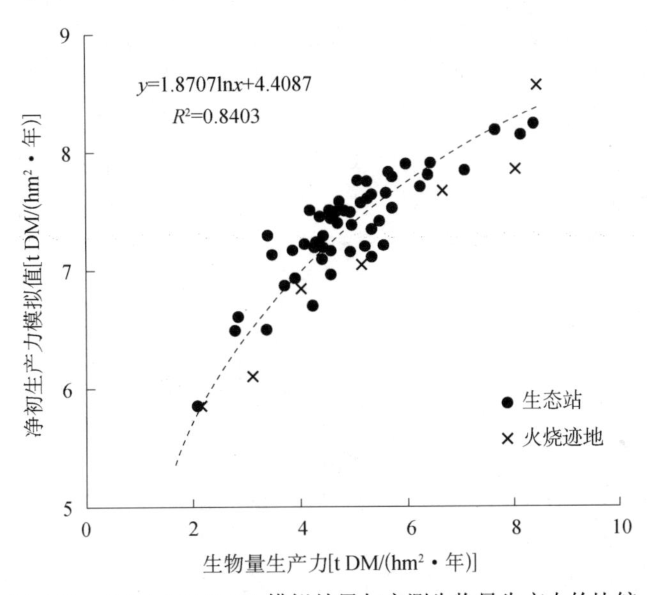

图 8.20　3PGS-MTCLIM 模拟结果与实测生物量生产力的比较

【思考：如何更好地验证模拟结果？】

通过和前人模拟结果进行对比，可以一定程度上检验模拟的合理性。表 8.7 给出了基于不同 NPP 估算方法和不同空间尺度获得的我国北方森林的 NPP 模拟范围与均值，可以看出存在一定差异。相比较而言，本研究基于 3PGS-MTCLIM 使用 30m 空间分辨率数据的模拟值较高，模拟结果更接近该地区样地测量值。一方面，由于前人研究的空间尺度较大（>1km），空间异质性较低，导致模拟结果较低。另一方面，前人的模型忽略了山地小气候对植被生长的影响。该结果进一步说明，本研究所采用的模型模拟的方法能够较准确地在小尺度范围内对根河林区 NPP 进行估算。

表 8.7　3PGS-MTCLIM 估算的 NPP 与其他研究结果的比较

森林类型	位置	估算方法	分辨率	NPP [t DM/（hm² · 年）]	参考文献
落叶针叶林	中国	CASA	0.04°	4.32（4.0～5.2）	朴世龙等，2001
针阔混交林	东北林区	GLO_PEM	1km	5.38（3.56～7.11）	赵国帅等，2011
针阔混交林	东北林区	BEPS	1km	3.81（1.61～6.33）	李明泽等，2015

续表

森林类型	位置	估算方法	分辨率	NPP [t DM/（hm^2·年）]	参考文献
针阔混交林	大兴安岭	Biome-BGC	1km	5.72（2.01～7.83）	国志兴等，2008
兴安落叶松林	根河	样地测量	样地	8.08（6.42～11.6）	Ni et al.，2001
兴安落叶松-白桦	根河	3PGS-MTCLIM	30m	7.57（5.18～9.26）	本研究

2. 植被恢复阶段估计

图 8.21 显示了植被恢复的时序特征。从火烧强度上看，轻度、中度和重度火烧火后 NPP 下降百分比分别为 43%、64%和 87%，中度和重度火烧的 NPP 下降比例明显大于轻度火烧，这主要由于轻度火烧后林分生产力的损失主要为一些草本和灌木，对乔木层的影响较小，而中度和重度火烧后大部分林冠层被破坏，使得林分郁闭度迅速降低。从 NPP 恢复时间上看，根河林区火烧迹地的 NPP 恢复周期在 10 年左右。其中，在火后大约 5 年时，轻度火烧迹地基本可达到火烧前植被的平均生长水平；相比于轻度火烧，中度和重度火烧迹地则需要更长的周期，大约为 11 年，且不同火强度的火烧迹地在 NPP 达到火前水平之后均呈现继续增加趋势。

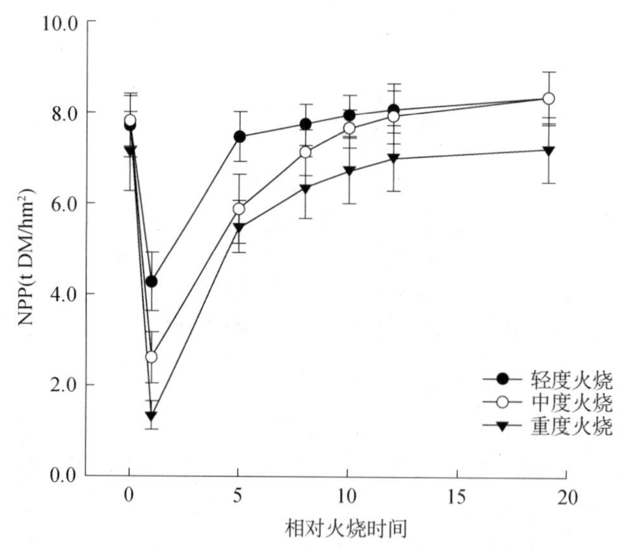

图 8.21 不同火烧严重程度迹地 NPP 恢复过程

选择根河林区内不同时间发生的 6 起火烧事件构建“空间代替时间”的时序数据，以便计算 RII_{NPP}。结果显示，植被在火后早期时间内均呈现正向生长恢复的趋势，但不同的地形条件、火烈度与植被类型对 NPP 的恢复存在一定的影响，使得 RII_{NPP} 呈现明显的空间分布差异（图 8.22）。为了便于直观反映植被恢复再生能力水平，将 RII_{NPP} 以 0.2 作为间隔进行密度分割，越小说明恢复情况越差，越大说明恢复情况越好。

总体而言，3PGS-MTCLIM 能够较准确地在小尺度范围内模拟 NPP 的空间分布格局，模拟结果与样地具有较好的对应关系（R^2=0.828）；3PGS-MTCLIM 模拟火后 NPP 下降百分比在 43%～80%，相对于火前 NPP 水平，该区域的平均恢复周期大约为 10 年；火烧强度对火后恢复具有显著影响，火烧强度越强，NPP 恢复所需要的周期越长，火后 NPP 恢复速

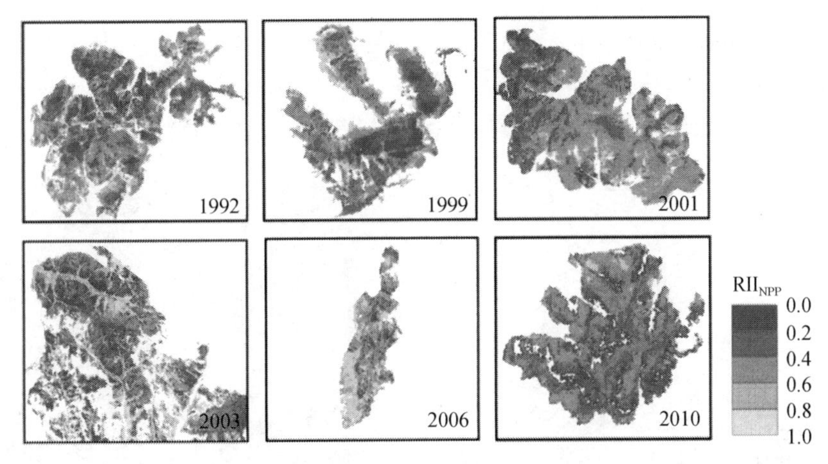

图 8.22　不同火烧迹地 RII_{NPP} 空间分布图

度呈现先快后慢的增长趋势。实际上，海拔和坡度对火后 NPP 恢复程度也有影响，本研究未开展相关探讨。

【思考：海拔和坡度对火后 NPP 恢复程度可能有什么影响？参考图 8.16 和图 8.22 找找规律。】

8.5　联合多源数据监测森林病虫害

森林病虫害是威胁森林健康的重要因素。近年来，国内外森林病虫害呈增长趋势，严重程度也在不断增加，合理有效地开展病虫害遥感监测对林业资源保护具有重要意义。林区多云雨，光学的及时性受到限制；而 SAR 具有全天时、全天候获取数据的特点，同时可提取后向散射、干涉和极化等信息，可为森林病虫害信息的提取提供更有利的数据支持。本节主要参考薛娟等（2018）的工作，展示联合光学和微波数据监测云南松林虫害的潜力。

8.5.1　研究区

研究区位于云南省大理白族自治州祥云县（图 8.23），地理范围为 25°12'N～25°52'N，100°25'E～101°02'E。该区地形以山地为主，亚热带高原季风气候。年均降水量为 810.8mm，年均温为 14.7℃。但是，年降雨分布不均，分为干湿两季。雨季为 6～9 月，降水量和云量较大；9 月到次年 5 月则干旱少雨。该气候条件容易造成当地大面积持续干旱。祥云县森林覆盖率高达 65%，其中以云南松纯林为主，森林稳定性较低。近年来切梢小蠹（*Tomicus yunnanensis* 和 *Tomicus minor*）的大面积爆发导致云南松林遭到了严重破坏，给当地林业发展带来了巨大损失。

切梢小蠹以顶部枯梢为典型表现，因此一般按照枯梢率对云南松进行病虫害危害程度划分。对样地内单木的总梢与健康梢进行计数得到单木枯梢率。但是，为了和卫星像元匹配，需要将样地所有单木枯梢率换算为林分尺度的枯梢率，这里取算术平均值作为该林分的枯梢率。根据林业有害生物发生（危害）程度标准，并结合当地的受害情况，将枯梢率低于 10%的林分划为健康林，10%～50%的林分划为轻度受害林，50%以上的林分划为重度受害林（图 8.24）。

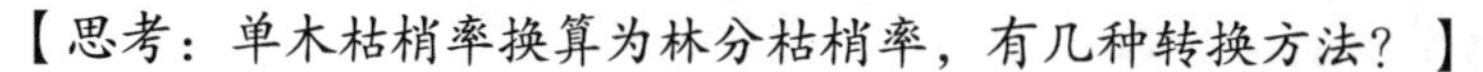
【思考：单木枯梢率换算为林分枯梢率，有几种转换方法？】

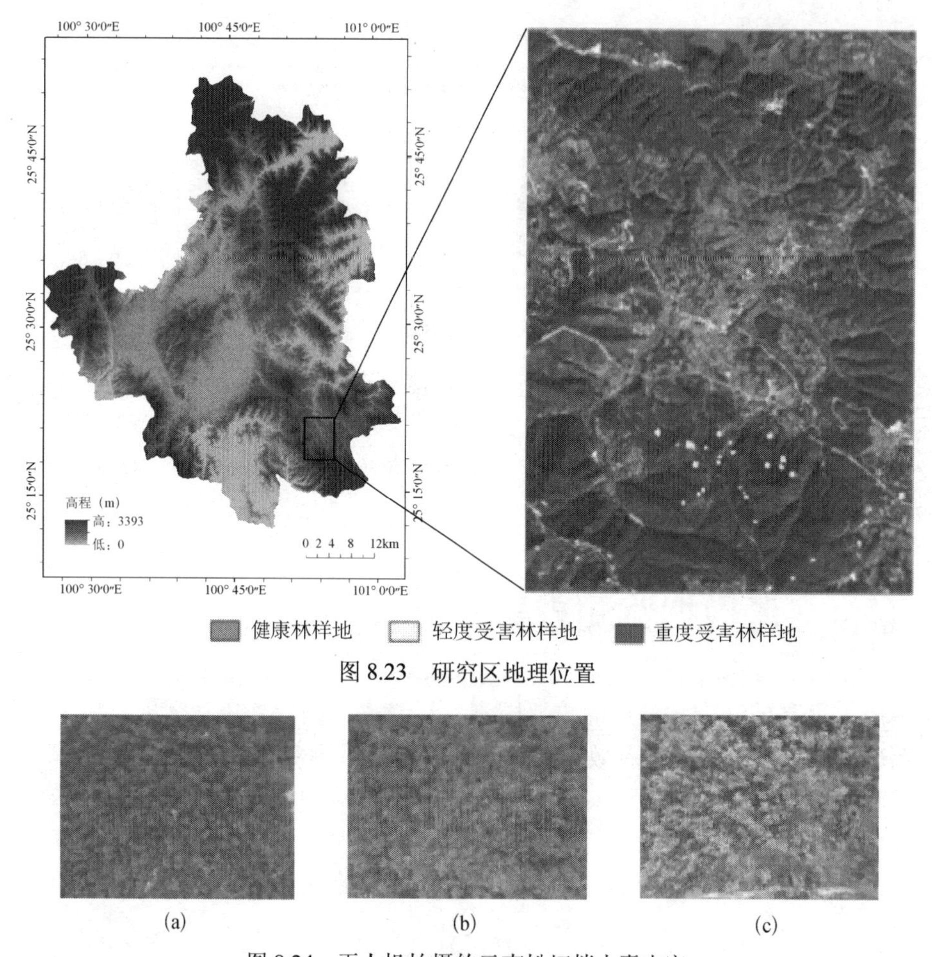

图 8.23 研究区地理位置

图 8.24 无人机拍摄的云南松切梢小蠹虫害

（a）健康林，枯梢率<10%；（b）轻度受害林，枯梢率为 10%～50%；（c）重度受害林，枯梢率>50%

8.5.2 数据源

1. 遥感数据源

选择欧洲航天局的 Sentinel-1 雷达数据和 Sentinel-2 光学数据。Sentinel 数据可免费获取（https://scihub.copernicus.eu/dhus/#/home）。

【思考：为什么选择这两个数据源？】

Sentinel-1 卫星载有 C 波段雷达，工作频率为 5.4GHz，可以获取包括条带成像（SM）、干涉宽幅（IW）、超宽幅（EW）、波浪（WV）4 种成像模式的数据，分辨率最高为 5m、幅宽达到 400km，具备单极化（HH/VV）或双极化（HH+HV/VH+VV）的数据获取能力。最高空间分辨率为 1.73m×4.3m（距离向×方位向），单颗卫星重访周期为 12 天。

Sentinel-2 卫星上搭载高分辨率多光谱成像仪（MSI），获取的多光谱数据包含 13 个通道，从可见光到短波红外，不同通道的空间分辨率也不同，为 10～60m，其中 4 个波段（中心波长分别为 490nm、560nm、665nm 和 842nm）的空间分辨率为 10m，6 个波段（中心波长分别为 705nm、740nm、783nm、865nm、1610nm 和 2190nm）的分辨率为 20m，三个波段（中心波长分别为 443nm、945nm 和 1375nm）的分辨率为 60m。Sentinel-2 增加了三个红边波段，对植物生长及健康状况监测更有利。

在虫害危害时间段，云雨天气多导致光学波段的数据质量不高，仅能选取相近时间段内 2016 年云量较少、质量较高的 1 幅影像。因此，重点是使用 Sentinel-1A 的干涉宽幅（IW）模式 VV 极化的单视复数据，获取时间为 2015 年 5 月至 2016 年 9 月，包括 19 景升轨数据和 12 景降轨数据。

2. 其他数据

采用 SRTM DEM 作为辅助数据支持。此外，包含野外采样点获得的 55 块样地数据、气象数据（http://rp5.ru）及物候数据。这里重点介绍一下物候数据。

2016 年，在云南省祥云县普淜镇天峰山云南松林进行了为期一年的地面物候观测，林内设置固定样木，每旬观察一次，观测指标有顶芽萌发、枝梢长度、针叶颜色、球果等，根据观测指标，把云南松物候分为 5 个时期，分别为顶芽萌发期、抽梢期、针叶生长盛期、营养生长期和休眠期，具体情况见表 8.8。

表 8.8 云南松物候期及生长特点

时间	云南松物候期	特点
3 月上旬	顶芽萌发期	树液流动，顶芽萌发
4～5 月	抽梢期	新梢生长，针叶抽长变绿
7 月	针叶生长盛期	枝梢高，生长缓慢
9 月	营养生长期	高生长、粗生长缓慢
11 月至次年 2 月	休眠期	树液停止流动，生长停止

8.5.3 监测方法

图 8.25 显示了对虫害危害程度进行分类的总体技术流程。

【思考：怎样证明光学和微波联合分类的精度更高？】

从图 8.25 中可以看出，研究同时计算了只使用光学或者只使用 SAR 数据的分类精度，用于和联合分类精度进行比较。

在 SAR 数据应用方面，联合云南松物候及气象因子对相干系数（描述干涉像对相位质量的参数，越大表示质量越好）和后向散射系数的时变特征进行分析；利用统计原理中的方差分析、判别分析比较健康林、轻度林和重度林的差异性；并结合 SAR 数据的散射机理分析产生差异的原因，探究 InSAR 数据进行虫害分类的潜力。

在光学数据分析方面，利用 NDVI 和 $NDVI_{re}$（红边 NDVI）分析不同虫害类型在植被指数上的差异性。

在融合方面，尝试时序 SAR 数据和植被指数的联合分类潜力。分类均采用 ENVI 软件的监督分类（以 SVM 最优）实现。

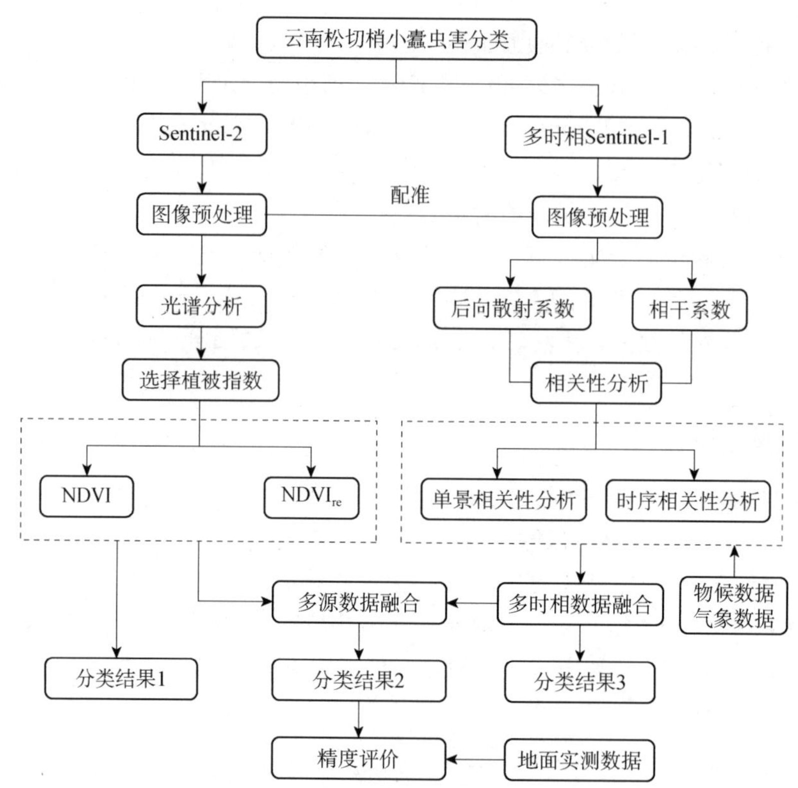

图 8.25　融合 Sentinel-1 和 Sentinel-2 数据的虫害监测技术流程

8.5.4　结果和讨论

1. 基于光学数据的虫害信息提取

由图 8.26 可以看出，虽然 NDVI 值域范围大于 $NDVI_{re}$，但是 $NDVI_{re}$ 的标准差更小，受害程度之间的差异更明显，所以基于 $NDVI_{re}$ 分类精度较高。健康林与重度受害林的 NDVI 值、$NDVI_{re}$ 较高，中度受害林的 NDVI 值、$NDVI_{re}$ 值较低。但是，方差分析显示，NDVI 和 $NDVI_{re}$ 的 P 值分别为 0.829 和 0.726，故在 0.05 水平上不显著，表明在 Sentinel-2 影像上，健康林与不同程度受害林在影像光谱特征上区分程度有限。事实上，单靠一期 NDVI 和 $NDVI_{re}$ 分类总精度分别为 38.25%和 44.96%，无法满足精度要求。

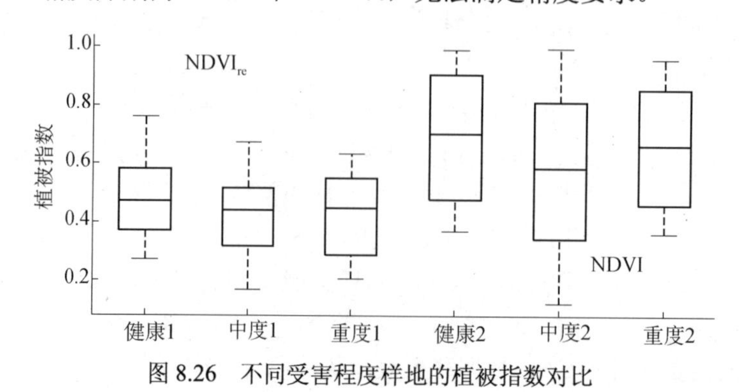

图 8.26　不同受害程度样地的植被指数对比

【思考：为什么不用多期光学图像？】

2. 基于 SAR 数据的虫害信息提取

运用 SARscape 对 Sentinel-1 数据进行预处理，包括影像配准、辐射定标和多视化处理、相干性估计、滤波和地理编码等。为去除地形影响，使用 SRTM DEM 数据进行地形校正，最终得到空间分辨率为 20m 的时间序列的强度影像和干涉影像。对影像取 3×3 像素窗口的均值作为样地的影像数值。利用相关分析的方法来研究病虫害危害程度与后向散射系数及相干系数之间的关系，包括单景相关性分析、时序相关性分析、物候期与气象数据因素贡献分析，以及结合实地野外调查数据与 Landsat8 OLI 影像目视解译数据进行验证。

相干系数与后向散射系数的时序曲线如图 8.27 所示。

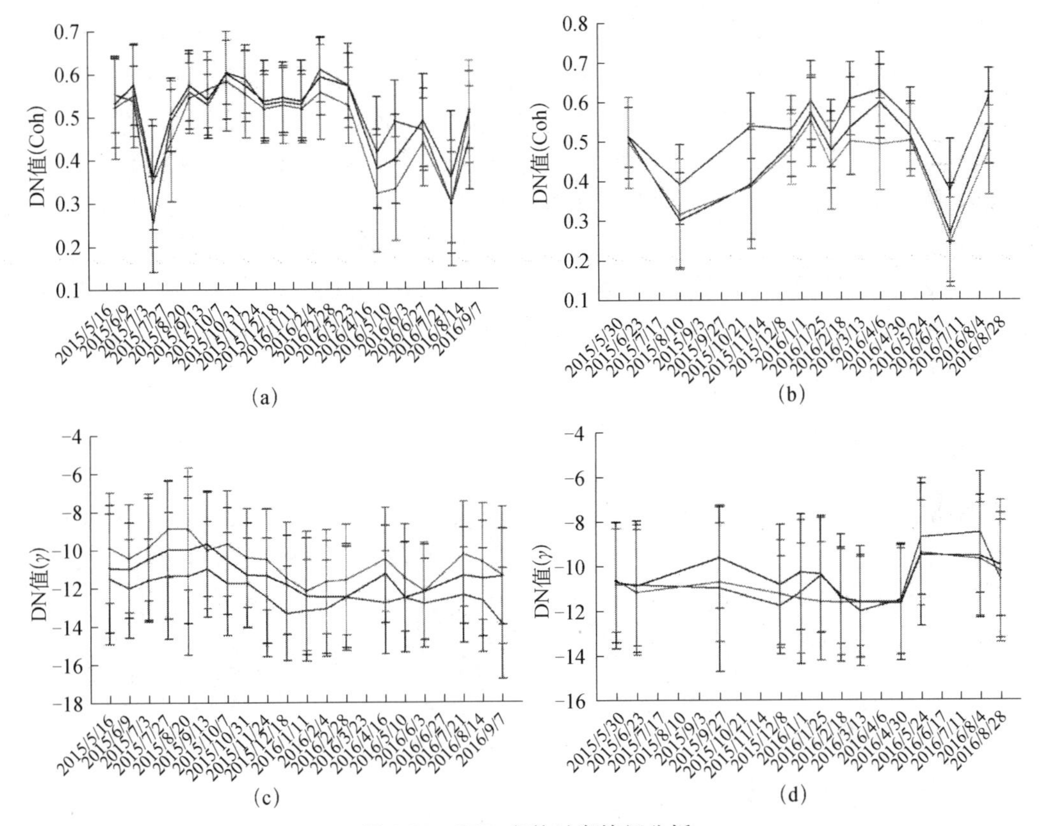

图 8.27　SAR 参数时序特征分析

（a）升轨数据相干系数；（b）降轨数据相干系数；（c）升轨数据后向散射系数；（d）降轨数据后向散射系数

其中黄色代表严重受害，红色代表轻度受害，蓝色代表健康；Coh.相干系数；γ.后向散射系数

虫害分类结果显示：单景影像的相干系数与后向散射系数均不能完全区分健康林、轻度林及重度林。时序相干系数进行虫害等级分类的正确率（90%～96.7%）高于时序后向散射系数（70%～90%），表明相干系数对于森林受害的敏感性较高。升轨数据的可分性（90%）高于降轨数据（70%），表明 SAR 的入射方位角会影响森林受害的敏感性。

进一步分析发现，后向散射系数和相干系数的时序变化与云南松物候相关，且相干系数的相关性较高，采用相干系数能够指示云南松物候期各个生长节点；相干系数与相对湿度基本不相关。相比之下，后向散射系数与相对湿度有一定的相关性，其与受害林相对湿度的相关性比健康林高，特别是降轨数据，相关性高达 0.78。

【思考：升轨和降轨为什么结果不一样？】

总之，单时相 SAR 数据中，健康林与受害林的后向散射系数与相干系数差别很小，不易进行林地受害程度的有效区分，故需综合 SAR 数据的时相信息与干涉信息，考虑将多时相 InSAR 数据进行融合参与分类。实地精度验证表明，多时相 InSAR 可用于森林病虫害监测。

8.6 利用 RAPID 耦合多源数据模拟时序光学图像

光学遥感图像已广泛用于监测森林生态系统。空间分辨率、时间分辨率和光谱分辨率是大多数应用中需要考虑的三个关键指标。在全球环境中监测森林健康和生物量随时间的变化需要提供连续的卫星图像。但对于多云雨地带的森林地区，时间分辨率通常会因频繁的降雨或云层覆盖而降低，这会使得用户无法获得连续、清晰的光学遥感图像。假定短时间内森林的结构变化不大，被云雨遮挡的像元可以由邻近时间的图像来代替。但是这种替代没有考虑太阳高度角的变化和森林 LAI 的时间变化，存在明显的误差来源。这种情况下，可以使用 RAPID 模型的三维模拟功能，融合 LiDAR 和 MODIS 的数据，来模拟高时空分辨率光学遥感图像。本节主要内容参考自 Huangt 和 Lian（2015）的工作，展示如何用三维遥感机理模型耦合多源数据预测遥感图像。

8.6.1 研究区

研究区位于大兴安岭根河林场（属于生态保护区）100hm^2 的森林地区（50°54'N，121°54'E），研究区概况及地理位置分布详见 8.3 节。值得注意的是，落叶松林的林下植被是单层常绿灌木，其中野生蓝莓分布广泛。白桦林的林下植物有草或落叶灌木，如绣线菊或悬钩子。根河林场也存在一些早期的带状采伐试验区。

8.6.2 数据源

1. 机载 LiDAR 数据

2012 年夏末秋初，获取了小脚印全波形 LiDAR 点云数据。载人飞机的飞行高度约为 2700m，平均条带宽度为 1km，扫描角度小于 35°，回波平均 8 点/m^2。首先进行点云滤波和地面点分离；然后生成 DEM、DSM 和 CHM，空间分辨率设定为 0.5m。

使用基于 CHM 的单木树冠分割软件“TreeVaw”（Popescu and Zhao，2008）对优势树冠进行分割。TreeVaw 的基本原理是使用圆形窗口滤波器，找到最大值作为树冠中心点，然后动态调整半径直到碰到周围的树冠。分割结果产生若干棵单木，包含每棵树的空间位置（X_i，Y_i）、高度（H_i）和冠半径（R_i）。

2. 光学卫星图像

使用了三个不同空间分辨率的卫星图像，包括 SPOT（1.5m）、Landsat（30m）和 MODIS（250m）。在生长季节（5～9 月）经常有云层覆盖，SPOT 和 Landsat 在雨天无法捕捉到清晰的林区图像。因此，需要高时间分辨率的 MODIS 图像支持数据融合。尽管 MODIS LAI 的分辨率很低，但它是唯一保持业务化运行、达到 500m 分辨率、时间连续的全球 LAI 产品，时间分辨率有很大优势。因此，本案例下载了 MODIS 2013 全年每 16 天的 NDVI（250m）和 LAI 产品（500m）。由于采用了最大值过滤方法，NDVI 和 LAI 产品的云覆盖问题明显减少。其中，NDVI 数据用于确定包括桦树、落叶松和林下植物在内的北方森林物候规律。

对 Landsat 数据采用 Gram-Schmidt 光谱锐化图像融合技术保留原始光谱信息，用于生成分辨率为 15m 的多光谱图像，支持三维场景重建。SPOT-6 数据用于区分草地和森林。

MODIS LAI 产品用于估算每日的林分 LAI。通过和 LiDAR 提取的单木信息进行匹配，结合异速生长方程估算出每棵树的 LAI。

3. 组分反射率

为了给 RAPID 模型提供关键的组分光学属性，图 8.28 对测量的各种组分光谱曲线按照 CHRIS 波段进行光谱重采样。

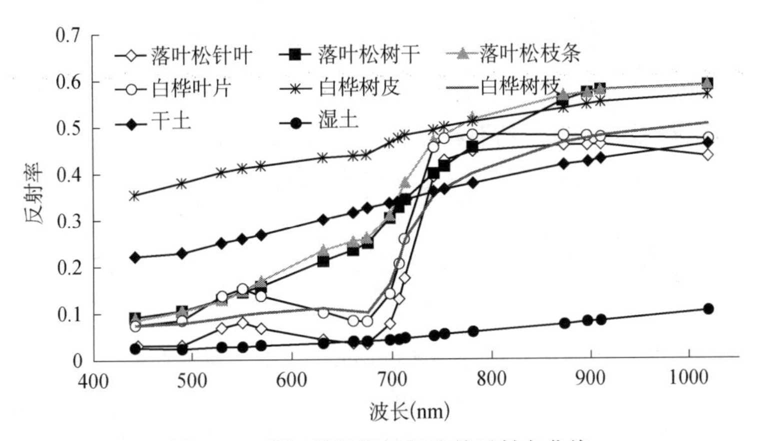

图 8.28 根河林场常见组分的反射率曲线

8.6.3 数据耦合方法

图 8.29 显示了 3D 模拟框架，包括从 LiDAR 数据、野外样地调查数据、Landsat 图像和 MODIS 图像中提取模拟所需数据；输入到 RAPID 模型；最后模拟出具有多个视角、18 个光谱带和 0.5m 空间分辨率的虚拟传感器的多光谱图像的过程。

该虚拟传感器设置参考了紧凑型高分辨率成像光谱仪（CHRIS）的参数。CHRIS 的空间分辨率为 17m，18 个光谱波段，光谱分辨率为 20～40nm，对于任何选定的目标，在 2.5min 短时间内可以拍摄 5 张不同视角的图像（−55°、−36°、0°、36°和 55°）。不过，模拟的空间分辨率提升到 0.5m。

随着季相变化，地表的结构组成和生理生化等都发生一些周期性的变化。比如 LAI、林下反射率和土壤湿度，在生长季节变化很大，因此准确模拟这些季节变化非常困难。鉴于数据来源相对有限，提出 5 个基本假设以减少未知数。

1）数字地形模型（DTM）保持不变。

2）树冠呈椭圆形或圆锥形，与几何光学模型相似。

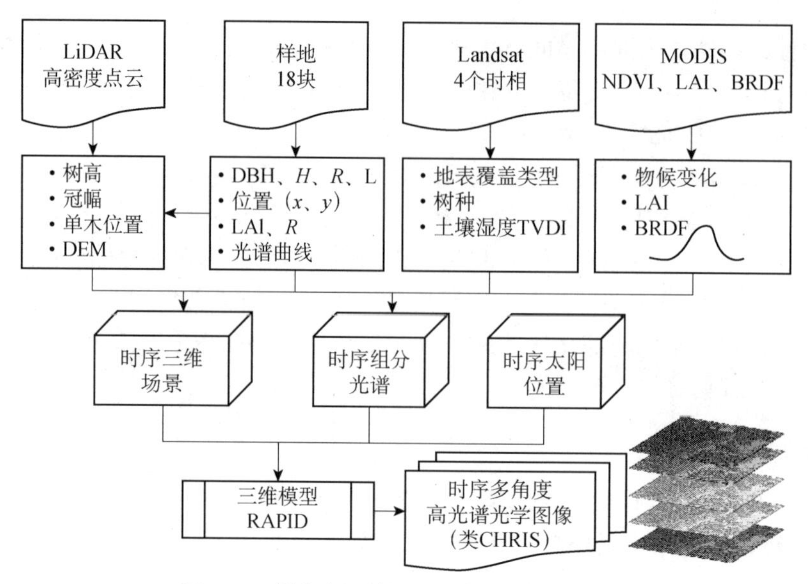

图 8.29　耦合多源数据的时序图像模拟框架

3）从树高来预测个体树的最大潜在 LAI，两者呈现线性关系。

4）由于缺少测量结果，假设所有树木为球面叶角分布。

5）土壤反射率用温度植被干旱指数（TVDI）进行修正，其他非植被体的组分反射率保持不变。

在这些假设的前提下，开展输入参数准备。

【思考：这些假设是否合理？为什么？】

主要有两种类型的输入参数：固定参数和动态参数。固定参数主要为结构参数，包括 DEM、土地覆盖图、单木数据（如坐标、胸径、高度、树冠半径和树冠长度）。DEM 和土地覆盖图重新采样，分辨率为 1m。没有现成的高分辨率的土地覆盖图可用，因此采用决策树方法生成，主要分为 6 类：裸土、道路、桦树林、落叶松林、水面和建筑物。决策规则主要基于比值植被指数（RVI）、归一化水分指数（NDWI）和 CHM。动态参数决定了反射率的季节性变化，如组分反射率、LAI 和太阳位置，主要由 MODIS 产品的时间序列获得，包括 NDVI、LAI 和地表温度（LST）。

首先，估算任意时间的单木 LAI。根据线性假设，考虑树种差异和时间变化，提出如下公式。

$$\mathrm{LAI}_{\mathrm{tree}} = f(\mathrm{specie}) \times g(\mathrm{DOY}) \times H_{\mathrm{tree}} \tag{8.29}$$

式中，f 和树种（specie）有关，用于从树高 H_{tree} 预测 $\mathrm{LAI}_{\mathrm{tree}}$；$g$ 为时间纠正因子，和天数（day of year，DOY）有关，需要从 MODIS 数据中获得。样地数据用于帮助确定白桦和落叶松的 f 值。

$$\begin{gathered}\sum f \times H_i \times \left(\pi R_i^2\right) = \mathrm{LAI}_{\mathrm{plot}} \times \mathrm{Area}_{\mathrm{plot}} \\ \Rightarrow f = \frac{\mathrm{LAI}_{\mathrm{plot}} \times \mathrm{Area}_{\mathrm{plot}}}{\sum H_i \times \left(\pi R_i^2\right)}\end{gathered} \tag{8.30}$$

式中，$\mathrm{LAI}_{\mathrm{plot}}$ 为样地 LAI；$\mathrm{Area}_{\mathrm{plot}}$ 为样地面积；H_i 和 R_i 分别为样地内第 i 株树的树高和冠幅。

最后标定的f对白桦和落叶松而言分别为 0.25 和 0.2。根据前人研究，落叶松和白桦的物候变化较为相似（Delbart et al.，2005），因此统一使用 MODIS LAI 对两个树种进行标定。

$$\sum g(\mathrm{DOY}) \times f_i \times H_i \times \left(\pi R_i^2\right) = \mathrm{LAI}_{\mathrm{MODIS}} \times \mathrm{Area}_{\mathrm{MODIS}}$$
$$\Rightarrow g(\mathrm{DOY}) = \frac{\mathrm{LAI}_{\mathrm{MODIS}} \times \mathrm{Area}_{\mathrm{MODIS}}}{\sum f_i \times H_i \times \left(\pi R_i^2\right)} \tag{8.31}$$

式中，$\mathrm{LAI}_{\mathrm{MODIS}}$为 MODIS 的 LAI；$\mathrm{Area}_{\mathrm{MODIS}}$为 MODIS 像元大小（500m×500m）。

土壤反射率是干土和湿土反射率的加权。干土权重采用温度植被干旱指数（TVDI）代替，湿土对应为 1-TVDI。土壤上方的灌草假定光学属性和白桦一致，LAI 固定为 0.5。

8.6.4 模拟图像效果

图 8.30 给出了模拟的星下点图像（0.5m 分辨率）的假彩色合成图像，并与飞行获得的 CCD 真彩色图像进行比较。从空间纹理和土地覆盖差异上来看，两者相似度高，不过模拟森林看起来更稀疏。

【思考：从 CHM 提取单木的精度角度来分析为什么模拟的森林更稀疏？】

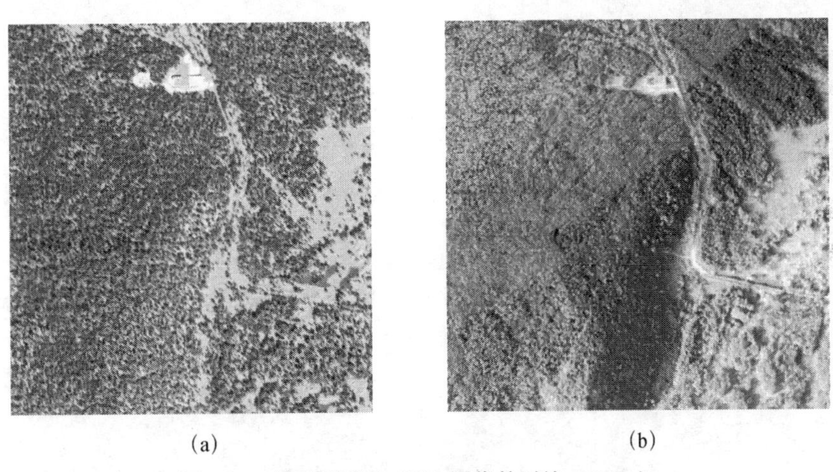

(a) (b)

图 8.30 模拟图像和 CCD 图像的对比（0.5m）

（a）模拟图像（R=NIR，G=Red，B=Green）；（b）机载 CCD 图像拼接图，日期不同有一定的条带效应

从反射光谱上看，模拟结果与 Landsat 8 反射率图像（2014 年 5 月 24 日）较为接近（图 8.31）。模拟图像和 Landsat 图像都显示了典型的植被反射光谱（低红色反射和高近红外反射）。蓝色波段的模拟结果明显较低（0.02～0.06）。

图 8.32 给出了一个采伐带周边的多时相模拟和真实 Landsat 图像结果对比。该区域包含白桦林和落叶松林，大小为 600m×600m。除 2013 年 9 月 5 日的 LandsatTM 图像（30m）外，空间分辨率均为 15m。桦木带（标记为 A）的反射比从棕色（裸土）、红色（绿色树冠）、粉色（浓密树冠）到混合色（变色树冠）的变化非常显著。在 Landsat ETM+图像的下部，由于传感器错误（SLC-OFF），出现了一个黑色的无数据区；但是模拟图像将该区域进行了填补。2013 年 9 月 5 日的结果显示差异较大。

【思考：秋季模拟和实际图像差异大的原因有哪些？RAPID 模拟的时序图像对你有什么启发？】

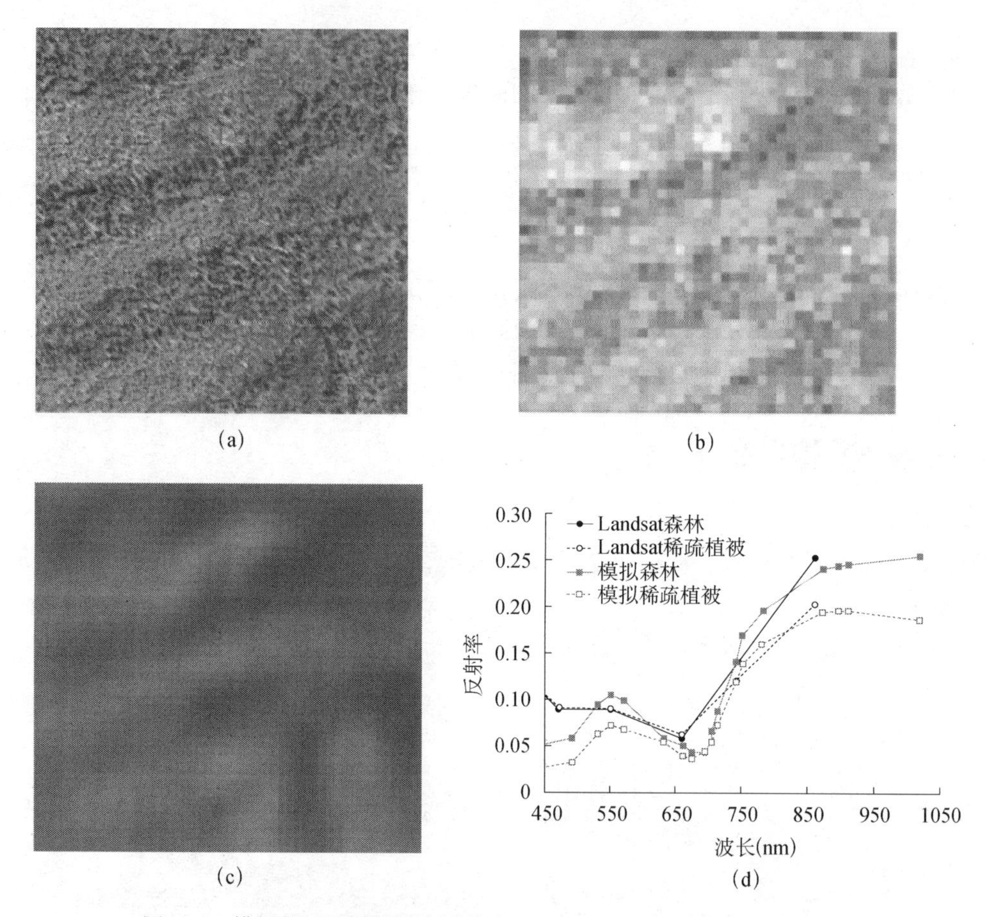

图 8.31　模拟的冠层顶反射率图像和 Landsat 8 图像反射率的线性拉伸

（a）模拟图像（0.5m，R=NIR，G=Red，B=Green）；（b）将（a）重采样为 15m 效果；（c）2014 年 5 月 24 日的 Landsat-8 图像（15m）（R=NIR，G=red，B=green）；（d）浓密和稀疏区域的光谱曲线

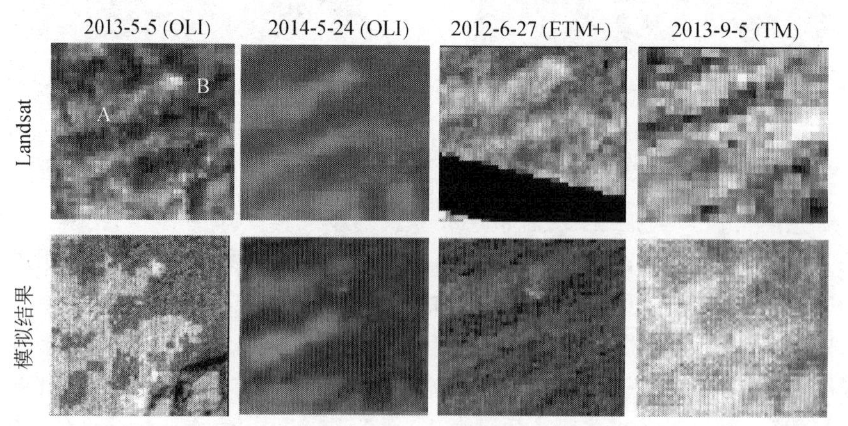

图 8.32　对比模拟图像和真实 Landsat 的假彩色合成图像（RGB=［NIR，RED，GREEN］）

A 和 B 分别代表白桦林和落叶松林

习 题

1. 请用 RAPID2 模型模拟同一片森林在不同地形下的光学图像，并分析其变化原因。

2. 请用 RAPID2 模型模拟光学和微波信号，分析 NDVI 和后向散射系数是否存在相关性。

3. 多源数据在树种分类中各自有哪些优点，如何融合？

4. 全波谱融合研究的难点在哪里？

5. 融合光学和微波数据能否支持山区病虫害监测？还存在哪些障碍？

6. 请下载 TIMESAT 软件，用示例数据实现 S-G 滤波，重构 NDVI 时间序列。

参考文献

谷成燕. 2018. 利用几何光学模型耦合多源遥感数据的山地森林参数估测研究[D]. 北京：中国林业科学研究院博士学位论文.

国志兴，王宗明，张柏，等. 2008. 2000 年～2006 年东北地区植被 NPP 的时空特征及影响因素分析[J]. 资源科学，30（8）：1226-1235.

何维，杨华. 2013. 模型参数全局敏感性分析的 EFAST 方法[J]. 遥感技术与应用，28（5）：836-843.

花利忠，徐大平，江希钿，等. 2004. 桉树人工林 3PG 模型[J]. 森林与环境学报，24（2）：140-143.

李贺丽，罗毅，赵春江，等. 2013. 基于冠层光谱植被指数的冬小麦作物系数估算[J]. 农业工程学报，29（20）：118-127.

李明泽，王斌，范文义，等. 2015. 东北林区净初级生产力及大兴安岭地区林火干扰影响的模拟研究[J]. 植物生态学报，39（4）：322-332.

林思美，黄华国. 2018. 基于 3PGS-MTCLIM 模型模拟根河林区火后植被净初级生产力恢复及其影响因子[J]. 应用生态学报，29（11）：213-223.

刘建锋，肖文发，郭明春，等. 2011. 基于 3-PGS 模型的中国陆地植被 NPP 格局[J]. 林业科学，47（5）：16-22.

朴世龙，方精云，郭庆华. 2001. 利用 CASA 模型估算我国植被净第一性生产力[J]. 植物生态学报，25（5）：603-608.

石磊，盛后财，满秀玲，等. 2016. 不同尺度林木蒸腾耗水测算方法述评[J]. 南京林业大学学报（自然科学版），40（4）：149-156.

王秀伟，毛子军. 2007. 兴安落叶松人工林冠层气体交换的时空特性[J]. 林业科学，43（11）：43-49.

薛娟. 2018. 联合多时相光学和 InSAR 数据的云南松切梢小蠹虫害监测研究[D]. 北京：北京林业大学硕士学位论文.

张良培，沈焕锋. 2016. 遥感数据融合的进展与前瞻[J]. 遥感学报，20（5）：1050-1061.

赵国帅，王军邦，范文义，等. 2011. 2000-2008 年中国东北地区植被净初级生产力的模拟及季节变化[J]. 应用生态学报，22（3）：621-630.

赵晓焱，王传宽，霍宏. 2008. 兴安落叶松（*Larix gmelinii*）光合能力及相关因子的种源差异[J]. 生态学报，28（8）：3798-3807.

Bass M，DeCusatis C，Enoch J，et al. 2010. Handbook of Optics，Third Edition Volume I：Geometrical and Physical Optics，Polarized Light，Components and Instruments[M]. New York：McGraw-Hill.

Coops N C，Waring R H. 2001. Estimating forest productivity in the eastern Siskiyou Mountains of southwestern oregon using a satellite driven process model，3-PGS[J]. Canadian Journal of Forest Research，31（1）：143-154.

Delbart N，Kergoat L，Le Toan T，et al. 2005. Determination of phenological dates in boreal regions using normalized difference water index[J]. Remote Sensing Of Environment，97（1）：26-38.

Disney M，Lewis P，Saich P. 2006. 3D modelling of forest canopy structure for remote sensing simulations in the optical and microwave domains[J]. Remote Sensing of Environment，100（1）：114-132.

Fan W，Chen J M，Ju W，et al. 2014. GOST：A geometric-optical model for sloping terrains[J]. IEEE Transactions on Geoscience & Remote Sensing，52（9）：5469-5482.

Feng X，Liu G，Chen J M，et al. 2007. Net primary productivity of China's terrestrial ecosystems from a process model driven by remote sensing[J]. Journal of Environmental Management，85（3）：563-573.

Fung A K. 1994. Microwave Scattering and Emission Models and Their Applications[M]. Boston and London：Artech House Remote Sensing Library，Artech House Publishers.

Gartley M，Goodenough A，Brown S，et al. 2010. A comparison of spatial sampling techniques enabling first principles modeling of a synthetic aperture RADAR imaging platform[C]. Washington：PROC of SPIE，Algorithms for Synthetic Aperture Radar Imagery XVII：7699.

Gastellu-Etchegorry J P，Lauret N，Yin T，et al. 2017. DART：Recent advances in remote sensing data modeling with atmosphere，polarization，and chlorophyll fluorescence[J]. IEEE Journal of Selected Topics in Applied Earth Observations & Remote Sensing，10（6）：2640-2649.

Gong P，Wang J，Yu L，et al. 2013. Finer resdution observation and monitoring of global land cover：First mapping results with lands at TM and ETM+data[J]. International Journal of Remote Sinsing，34（7）：2607-2654.

Griffiths D J. 1999. Introduction to Electrodynamics[M]. 3rd ed. New Jersey：Prentice Hall.

Gu D，Gillespie A. 1998. Topographic normalization of Landsat TM images of forest based on subpixel sun-canopy-sensor geometry[J]. Remote Sensing of Environment，64：166-175.

Huang H，Lian J. 2015. A 3D approach to reconstruct continuous optical images using lidar and MODIS[J]. Forest Ecosystems，2（1）：20.

Huang H，Min C，Liu Q，et al. 2009. A realistic structure model for large-scale surface leaving radiance simulation of forest canopy and accuracy assessment[J]. International Journal of Remote Sensing，30（20）：5421-5439.

Huang H，Qin W，Liu Q. 2013. RAPID：A radiosity applicable to porous individual objects for directional reflectance over complex vegetated scenes[J]. Remote Sensing of Environment，132：221-237.

Huang H，Zhang Z，Ni W，et al. 2018. Extending RAPID model to simulate forest microwave backscattering[J]. Remote Sensing of Environment，217：272-291.

Huemmrich K R，Goward S N. 1997. Vegetation canopy PAR absorptance and NDVI：an assessment for ten tree species with the SAIL model[J]. Remote Sensing of Environment，61（2）：254-269.

Jönsson P，Eklundh L. 2004. TIMESAT—a program for analyzing time-series of satellite sensor data[J]. Computers & Geosciences，30（8）：833-845.

Leonor N R，Caldeirinha R F S，Fernandes T R，et al. 2014. A 2D ray-tracing based model for micro- and millimeter-wave propagation through vegetation[J]. IEEE Transactions on Antennas & Propagation，62（12）：6443-6453.

Lin Y C，Sarabandi K. 1999. A Monte Carlo coherent scattering model for forest canopies using fractal-generated trees[J]. IEEE Transactions on Geoscience & Remote Sensing，37（1）：440-451.

Mani F，Oestges C. 2012. A ray based method to evaluate scattering by vegetation elements[J]. IEEE Transactions on Antennas & Propagation，60（60）：4006-4009.

Myneni R B，Williams D L，Myneni R B，et al. 1994. On the relationship between f_{APAR} and NDVI[J]. Remote Sensing of Environment，49（3）：200-211.

Nelson R. 1997. Modeling forest canopy heights：the effects of canopy shape[J]. Remote Sensing of Environment，60（3）：327-334.

Ni J，Zhang X S，Scurlock M O. 2001. Synthesis and analysis of biomass and net primary productivity in Chinese forests[J]. Annals of Forest Science，58（4）：351-384.

Popescu S C，Zhao K. 2008. A voxel-based lidar method for estimating crown base height for deciduous and pine trees[J]. Remote Sensing of Environment，112（3）：767-781.

Pottier E，Ferro-Famil L，Allain S，et al. 2009. Overview of the PolSARpro V4.0 software. the open source toolbox for polarimetric and interferometric polarimetric SAR data processing[C]. Washington：IEEE Geoscience & Remote Sensing Symposium.

Ruimy A，Dedieu G，Saugier B. 1996. TURC：A diagnostic model of continental gross primary productivity and net primary productivity[J]. Global Biogeochemical Cycles，10（2）：269-285.

Rushmeier H E，Torrance K E. 1990. Extending the radiosity method to include specularly reflecting and translucent materials[J]. ACM Transactions on Graphics，9（1）：1-27.

Savitzky A，Golay M J E. 1964. Smoothing and differentiation of data by simplified least squares Procedure[J]. Analytical Chemistry，36：1627-1639.

Schroeder T A，Wulder M A，Healey S P，et al. 2011. Mapping wildfire and clearcut harvest disturbances in boreal forests with Landsat time series data[J]. Remote Sensing of Environment，115（6）：1421-1433.

Sun G，Ranson K J. 1995. Three-dimensional radar backscatter model of forest canopies[J]. IEEE Transactions on Geoscience & Remote Sensing，33（2）：372-382.

Tao Z，Cheng H，Sun H，et al. 2014. A novel rapid SAR simulator based on equivalent scatterers for three-dimensional forest canopies[J]. IEEE Transactions on Geoscience & Remote Sensing，52（9）：5243-5255.

Tian X，Li Z Y，Chen E X，et al. 2015. The complicate observations and multi-parameter land information constructions on allied telemetry experiment（COMPLICATE）[J]. PLoS ONE，10（9）：e0137545.

Tomiyasu K. 1988. Relationship between and measurement of differential scattering coefficient（σ0）and bidirectional reflectance distribution function（BRDF）[J]. IEEE Transactions on Geoscience and Remote Sensing，26（5）：660-665.

Tsang L，Kong J A，Shin R T. 1985. Theory of Microwave Remote Sensing[M]. New York：Wiley.

Ulaby F T，Long D G. 2013. Microwave Radar and Radiometric Remote Sensing[M]. Ann Arbor：University of Michigan Press.

Ulaby F T，Sarabandi K，Mcdonald K，et al. 1990. Michigan microwave canopy scattering model[J]. International Journal of Remote Sensing，11（7）：1223-1253.

Wang C，Qi J. 2008. Biophysical estimation in tropical forests using JERS-1 SAR and VNIR imagery. Ⅱ. Aboveground woody biomass[J]. International Journal of Remote Sensing，29（23）：6827-6849.

Wang J X，Xiong Q C，Lin Q N，et al. 2018. Feasibility of using mobile phone to estimate forest leaf area index：a case study in Yunnan Pine[J]. Remote Sensing Letters，9（2）：180-188.

Widlowski J L，Pinty B，Lopatka M，et al. 2013. The fourth radiation transfer model intercomparison（RAMI-IV）：Proficiency testing of canopy reflectance models with ISO-13528[J]. Journal of Geophysical Research-Atmospheres，118（13）：6869-6890.

Xu X R，Fan W J，Cai L J，et al. 2017. A unified model of bidirectional reflectance distribution function for the vegetation canopy[J]. Science China（Earth Sciences），（3）：55-69.

Zhu Z，Woodcock C E. 2012. Object-based cloud and cloud shadow detection in landsat imagery[J]. Remote Sensing of Environment，118（6）：83-94.

后记：林业定量遥感研究生如何开展科研

古今之成大事业、大学问者，必经过三种之境界："昨夜西风凋碧树。独上高楼，望尽天涯路。"此第一境也。"衣带渐宽终不悔，为伊消得人憔悴。"此第二境也。"众里寻他千百度，蓦然回首，那人却在，灯火阑珊处。"此第三境也。

——【中国·近代著名学者】王国维《人间词话》

作为一个典型的交叉学科，林业遥感既具有林业的传统底蕴，也有遥感具备的快速发展的高科技特点。研究生选择这个方向开展科研，顺应时代潮流，但所需背景知识较多，入门较难。那么，林业定量遥感的研究生如何有序、有效地开展科学研究呢？根据多年科研经验，作者进行了思考和整理，供读者参考。

王国维提出了做学问的三种"境界"，分别对应科研的三个阶段：不得其门的迷茫阶段、找到目标的拼搏阶段和返璞归真的独创阶段。在第一阶段，迷茫是常态，但是一定要坚持寻找适合自己的路，不能放弃，可以通过阅读重要文献，理顺学科发展的脉络和逻辑，以明确研究的选题价值和创新点。在第二阶段，在导师和本人的共同努力下，初步有了好的想法和选题。因为选题一般是最前沿的，有失败风险，难度也大，必须坚定不移，经历反复失败和重试，不断完善理论和技术路线。同时，发表文章也可能经历反复被拒稿。这个阶段是攻坚阶段，必须坚持到底，学生的潜力和毅力在这个阶段体现得非常明显。第三阶段，一般研究生很难达到。不过我们可以认为学生经过训练后，能够跳出具体细节，独立提出科学问题并能持续发表论文，就满足了这个阶段的要求。

具体如何操作，也可以划分为三个阶段：模仿、修补和独创。

1）模仿阶段：在浩如烟海的文献中找到研究方向确实很难。尤其是林业定量遥感的硕士研究生，多数来自于林业行业，缺少物理、计算机和定量遥感背景；另外一部分虽然具有地理信息背景，但是遥感的背景以技术为主，理论功底欠缺。对这些学生而言，第一次阅读林业定量遥感内容，宛如天书。这时应该选择几篇符合该方向，同时较为简单的统计模型应用文章，进行模仿。模仿通常可以换一个研究地点、换一个森林类型或换一种遥感数据源，但是不换反演算法。下面推荐一个入门案例和一个提高案例。

案例 1（入门）：以蓄积量为例，选定多元线性回归模型为基础，把早期的 Landsat 卫星数据源，换成高分一号、高分六号、哨兵数据等，把别人的研究区换成自己的研究区。然后，按照经典文章的数据预处理步骤，进行数据的下载、大气纠正、几何纠正、地形纠正、波段指数计算、纹理指数计算、样地位置提取等。这里面需要学生逐一学习这些步骤的一些概念、常用的遥感软件操作等。比如，纹理计算可能需要用到易康（eCogniation）软件。然后，进行样地调查。这一部分让学生了解样本数量、样本分布和代表性、GPS 定位、胸径测量、郁闭度调查等常规的测量方法，回顾断面积、材积方程、材积表、蓄积量等概念，完成蓄积量计算。紧接着，学会用统计软件如 SPSS、Matlab、R 等进行样地数据的逐步回归分析。这个部分，学生需要掌握自变量、因变量、显著程度、自由度、共线性等概念；学会判断回归的“好”和“坏”；学会用部分样本进行训练、部分样本进行验证的方法。最后，回归模型完成后，学生需要学习如何生成一张蓄积量反演图。可以自己编写程序，也可以用 ENVI 的 Band math 功能。到这个程度后，学生基本已经掌握了主要的反演步骤。可以启发其进行思考和讨论，比如精度为什么不高，各个环节还存在哪些不足，哪个地方可以改进，怎么改进等。

案例 2（提高）：以叶绿素反演为例，选定 ProSAIL 模型，进行基于查找表的反演方法模仿。选择研究生较为熟悉的林区作为研究区；选定哨兵-2 数据作为遥感数据源。然后，进行哨兵-2 数据的下载、大气纠正、几何纠正、地形纠正、波段指数计算、纹理指数计算、样地位置提取等。然后，进行样地调查。同样，学生必须了解样本数量多少合适、样本分布和代表性、GPS 定位、LAI 调查常用方法、叶绿素调查等常规的测量方法；掌握单叶叶绿素含量和冠层叶绿素含量的关系；完成所有样方的冠层叶绿素调查和计算。接下来才是重头戏，学会用 Matlab 代码调用 ProSAIL 模型产生查找表，并进行最小误差的搜索匹配方法反演（参见第三章）。需要学会用部分样本进行训练、部分样本进行验证的方法。最后，学生需要生成一张叶绿素反演图。这个案例要求学生必须自己动手编写 Matlab 程序。到这个程度后，学生基本已经掌握了基于机理模型的反演步骤。然后启发其进行思考和讨论，比如精度如何，和统计模型比较一下试试，一维模型有哪些缺陷等。

2）修补阶段：模仿只是科研训练，如果学生自己能够发现前人的不足，并提出改进想法，那么就可以进入修补阶段。修补可以分为三个部分：模型修补、技术完善和科学问题修正。

模型修补：需要针对前人研究中所使用的正向模型或者反演模型的不足，进行新模型替换或者旧模型修正。比如，单波段的纹理指数可以修补为多波段指数；旧的深度学习网络换成新的网络；一维模型加上聚集指数；激光雷达点云分割阈值从固定到自适应等。

技术完善：主要是硬件改进及算法完善。比如，观测平台的改进，从塔基转换到了无人机；评价无人机多角度信息采集的可能性；多个传感器集成观测；多时相数据；地面的背包式激光雷达扫描新路线规划；多源数据融合方法等。

科学问题修正：主要针对前人已有的科学假设进行质疑和检验。比如，忽略热辐射方向性的城市热岛研究是否合理；纠正后能否获得更准确的研究结果；特殊的某个森林类型作为碳源还是碳汇；森林生产力和生物多样性正相关还是负相关。这些问题都是老问题，选择一个小的案例研究一下就是修补。

3）独创阶段：修补是科研主流，大多数博士研究生和研究人员都在修修补补。独创的要求较高，需要思路和技术独创，能够解决一些关键问题或者推动长期停滞的领域的发展。国家自然科学基金委员会近两年提出了“鼓励探索，突出原创；聚焦前沿，独辟蹊径；需求牵引，突破瓶颈；共性导向，交叉融通”的新时代资助导向。我们认为这是很好的独创指导方针。林业定量遥感本身具有交叉特征，应该针对林业的应用问题，不断提出新的遥感模型、算法和硬件。

最后，每个阶段都对科学研究有贡献，只是有大小差异和质量高低而已。哪怕是模仿研究，如果每个人都换一个地方，提供一点点经验，把全球结果统一起来，也许就能发现大问题。因此，建议研究生也不要妄自菲薄，从基础一步一步踏实研究，终究能提升个人的境界，为林业定量遥感的发展做出贡献。